AF664851

EUL VERLAG

Reihe: Planung, Organisation und Unternehmungsführung · Band 133

Herausgegeben von Prof. Dr. Dr. h. c. Norbert Szyperski, Köln, Prof. Dr. Udo Winand, Kassel, Prof. (em.) Dr. Joachim Griese, Bern, Prof. Dr. Harald F. O. von Kortzfleisch, Koblenz, Prof. Dr. Ludwig Theuvsen, Göttingen, und Prof. Dr. Andreas Al-Laham †, Mannheim

Dr. Christian Zuber

Kulturelle Veränderungen bei international handelnden Unternehmen

Der Bedarf eines kulturellen Managements im internationalen Wertschöpfungsverbund

Mit einem Geleitwort von Prof. Dr. Dr. h. c. Hans-Christian Pfohl, Technische Universität Darmstadt

EUL VERLAG

Bibliografische Information der Deutschen Nationalbibliothek

Die Deutsche Nationalbibliothek verzeichnet diese Publikation in der Deutschen Nationalbibliografie; detaillierte bibliografische Daten sind im Internet über <http://dnb.d-nb.de> abrufbar.

Dissertation, Technische Universität Darmstadt, 2013, unter dem Titel: Kulturelle Veränderungen bei international handelnden Unternehmen – Ein subjektivistischer Ansatz zur Analyse ausländischer Tochtergesellschaften im Wertschöpfungsverbund und ihrer Anforderungen an ein kulturelles Management

D 17

ISBN 978-3-8441-0254-3
1. Auflage Juni 2013

© JOSEF EUL VERLAG GmbH, Lohmar – Köln, 2013
Alle Rechte vorbehalten

JOSEF EUL VERLAG GmbH
Brandsberg 6
53797 Lohmar
Tel.: 0 22 05 / 90 10 6-6
Fax: 0 22 05 / 90 10 6-88
E-Mail: info@eul-verlag.de
http://www.eul-verlag.de

Bei der Herstellung unserer Bücher möchten wir die Umwelt schonen. Dieses Buch ist daher auf säurefreiem, 100% chlorfrei gebleichtem, alterungsbeständigem Papier nach DIN 6738 gedruckt.

Für meine Eltern

Geleitwort

Die Bedeutung globaler Wertschöpfungsketten zum Ausnutzen von Standardisierungs- und Lokalisierungsvorteilen hat in den vergangenen Jahren überproportional zugenommen. Selbst kleine und mittlere Unternehmen müssen sich vermehrt auf die Verlagerung einzelner Wertschöpfungsstufen und die länderübergreifende Bündelung von Unternehmensaktivitäten fokussieren, um ihren Status als wichtiger Zulieferer für OEMs oder ihre Marktposition als „Hidden Champion" nicht zu verlieren. Wie schwierig und komplex das internationale, unternehmerische Handeln ist, zeigen regelmäßig die Meldungen in der Fachpresse, beispielsweise über gescheiterte Mergers & Acquisitions oder die Entwicklung weg vom rein kostengetriebenen Offshoring hin zum Nearshoring oder die Wertschöpfung in der Nähe des Absatzmarktes.

Ein wesentlicher Komplexitätstreiber des internationalen unternehmerischen Handelns ist der Zugang zu entsprechend qualifiziertem Fachpersonal im Gastland. Neben der eigentlichen fachlichen Ausbildung werden die Unternehmen bei der Gestaltung ihrer internationalen Wertschöpfungsketten vor die Aufgabe gestellt, die Tochtergesellschaften – und damit auch die Gastlandarbeiter – in den Unternehmensverbund zu integrieren. In diesem Spannungsfeld zwischen strategischen Entscheidungen der Internationalisierung und der operativen Gestaltung der Wertschöpfungsprozesse ist der Unternehmenskultur jene Funktion zuzuschreiben, welche durch die implizite Koordination einen Beitrag zur Effizienz ausländischer Tochtergesellschaften leistet.

Ausgehend vom Unternehmensziel „organisatorische Effizienz", widmet sich Herr Zuber in der vorliegenden Arbeit den sich konfliktär gegenüber stehenden Anforderungen des internationalen Unternehmensverbundes auf der einen Seite und den landesspezifischen Eigenheiten der Gastlandarbeiter auf der anderen Seite. Mit dem wissenschaftlichen und pragmatischen Erkenntnisziel, die Verstehens- und Erklärungslücke beim kulturellen Management international handelnder Unternehmen zu schließen, gelingt Herrn Zuber eine Integration der Kernaussagen aus der Management- und der Kulturforschung. Insbesondere aus der kritischen Auseinandersetzung mit der kulturvergleichenden Forschung zieht er mikroanalytische Schlüsse, welche in einem neuen Verständnis über die kulturelle Integration von Gastlandarbeitern münden.

Ein wesentlicher Reizpunkt wird vom Autor durch die detaillierte Auseinandersetzung mit dem Begriff der Unternehmenskultur sowie ihrer Funktion und Beeinflussbarkeit im internationalen Verbund gesetzt. Neben dem in Wissenschaft und Praxis unterschiedlichen Begriffsverständnis liegen vor allem die Wechselwirkungen mit landeskulturellen Elementen im Vordergrund der Betrachtung. Auf Basis von kulturvergleichenden Studien entwickelt Herr Zuber ein mikroanalytisches Aussagensystem, ob bzw. wie die gelebte Unternehmenskultur in ausländischen Tochtergesellschaften beeinflusst werden kann und sich somit eine Reduktion des Spannungsfeldes aus den externen Anforderungen der Muttergesellschaft und der Landesumwelt einstellt.

Durch die Differenzierung von kulturellen Basiswertvorstellungen und veränderbaren Wertvorstellungen in den Subkulturen der Tochtergesellschaften wird von Herrn Zuber ein wesentlicher Erkenntnisbeitrag zum wissenschaftlichen Diskurs über das Culture-free-/Culture-bound-Kontinuum im Internationalen Management geleistet. Mit der Systematisierung von Managementinstrumenten zur zielführenden kulturellen Integration gelingt es dem Autor, die Lücke zur zielgerichteten Beeinflussung der organisatorischen Effizienz im internationalen unternehmerischen Handeln zu schließen.

In diesem Sinne wünsche ich Autor und Arbeit von Seiten des wissenschaftlichen Fachpublikums gebührende Anerkennung für die Erarbeitung der komplexen Zusammenhänge kultureller Elemente. Von Seiten der unternehmerischen Praxis erhoffe ich die Anerkennung und Nutzung der geschaffenen Sensibilität für die Probleme kultureller Unterschiede und der sich daraus ergebenden Chancen für die internationale Wertschöpfung.

Darmstadt, im April 2013,
Prof. Dr. Dr. h. c. Hans-Christian Pfohl

Vorwort

Die vorliegende Arbeit stellt eine nahezu unveränderte Fassung meiner Dissertation dar, die ich im Rahmen meiner Tätigkeit als wissenschaftlicher Mitarbeiter an der Technischen Universität Darmstadt verfasst habe. Nüchtern betrachtet, liegen dem Leser über 300 Seiten Text und Abbildungen zu einem spannenden und herausfordernden Themenfeld des Internationalen Managements vor, in welchem ein wissenschaftliches und pragmatisches Erkenntnisziel erarbeitet werden. Dahinter stecken jedoch Unmengen an neuen und vielfältigen Erfahrungen und Erkenntnissen. Für mich persönlich ist die Dissertation somit weit mehr als 300 Seiten Text. Sie ist vielmehr eine aufregende Reise, auf welcher ich neue Orte, neue Leute und vor allem neue Sichtweisen real existierender Probleme kennenlernen durfte. Das gewählte Thema ermöglichte es mir, tief in eine für mich vorab fremde Kultur eintauchen und eine Sensibilität für unterschiedliche Lebensarten entwickeln zu können. Letzen Endes ist es die Entdeckung neuer und anderer Perspektiven, die den persönlichen Wert dieser Dissertation ausmachen.

Mein besonderer Dank gilt vor allem meinem Doktorvater, Herrn PROFESSOR DR. DR. H. C. HANS-CHRISTIAN PFOHL für die Freiheiten, die er mir bei der Ausübung meiner Forschungstätigkeit gegeben hat. Diese Freiheiten waren die grundlegende Basis für meine fachliche, aber vor allem auch persönliche Entwicklung während der Promotionszeit. Im selben Maß möchte ich mich bei meinem Korreferenten und Mentor, Herrn PROFESSOR DR. RALF ELBERT bedanken. Seine stets zielführende – und meist den wunden Punkt treffende – Kritik sowie seine fachlichen und freundschaftlichen Ratschläge haben mich seit meiner Studienzeiten begleitet und geprägt.

Zum Gelingen der Forschungsarbeit hat auch das wissenschaftliche Umfeld einen maßgeblichen Anteil. Meinen Kollegen und meinem Studententeam möchte ich für die konstruktiven Ideen und die Möglichkeit zum kritischen Austausch recht herzlich danken. Besonderer Dank gilt hierbei meinen Kollegen und Freunden DR. CARSTEN RÖTH und DAVID THOMAS, welche durch ihre fachlich-konstruktive Kritik und vor allem durch ihre freundschaftliche Unterstützung wesentlich zum Gelingen des Forschungsvorhabens beigetragen haben.

Dass die im Rahmen dieser Forschungsarbeit durchgeführte Fallstudie in Ungarn überhaupt möglich war, liegt an der großen Unterstützung, die ich von Seiten unserer Partneruniversität in Veszprém erfahren habe. Mein Dank geht hier vor allem an PROFESSOR DR. LAJOS SZABÓ, PROFESSOR DR. ZOLTÁN KOVÁCS und BALÁZS SZENTES für die fachliche und persönliche Betreuung. Einen besonderen Wert haben für mich hierbei die von meinen Interview- und Praxispartnern gewährten Einblicke in die täglichen Herausforderungen des internationalen Handelns. Ihnen danke ich daher für ihren nicht selbstverständlichen Beitrag in besonderem Maße.

Dass ein solches Vorhaben nicht ohne Leidenszeiträume einhergeht, versteht sich fast schon von selbst. Lange Nächte, massiv gestiegener Kaffeekonsum und ein deutlich erweitertes Fluchvokabular sind in der Regel gute Indikatoren, dass man zum Kern der Fragestellung, aber vor allem zum Nerv anderer Leute vorgestoßen ist. Um diese schwierigen Phasen überwinden zu können, bedarf es eines stabilen Umfelds. Mein Dank gilt hier meiner Familie und meinen Freunden, die mir diesen Rückhalt mit viel Geduld gewährt haben. Vor allem möchte ich mich bei ÉVA liebevoll dafür bedanken, dass sie mir als Begleiterin auf meiner Reise zur Seite stand. Von ganzem Herzen möchte ich meinen Eltern, CHRISTINE und GÜNTER ZUBER danken. Ohne ihre Unterstützung und Förderung, die sie mir schon von jeher gewährt haben, hätte ich weder den Mut aufgebracht, noch die notwendige Erfahrung gehabt, diese Reise zu beginnen und zu bestehen. Ihnen widme ich dieses Buch.

Darmstadt, im April 2013,
Christian Zuber

Inhaltsverzeichnis

Abbildungsverzeichnis

Tabellenverzeichnis

Abkürzungsverzeichnis

Allgemeine Abkürzungen

DIHK	Deutsche Industrie- und Handelskammer
DIW	Deutsches Institut für Wirtschaftsforschung
EU	Europäische Union
GLOBE	Global Leadership and Organizational Behavior Effectiveness (GLOBE) research program
i.V.m.	in Verbindung mit
NAFTA	Nordamerikanische Freihandelsabkommen (North American Free Trade Agreement)
OEM	Original Equipment Manufacturer
WTO	World Trade Organization
WVS	World Value Survey

Abkürzungen in der Untersuchung zu kulturellen Veränderung

MG	Muttergesellschaft
TG	Tochtergesellschaft
g/f	gesellschaftlich/familiär
UK	Unternehmenskultur
LK	Landeskultur
BH	Bestimmtheit
GE	Geschlechtergleichheit
HO	Humanorientierung
K1	institutioneller Kollektivismus
K2	Gruppenkollektivismus
LO	Leistungsorientierung
MD	Machtdistanz
US	Unsicherheitsvermeidung
ZO	Zukunftsorientierung
CA	Clusteranalyse
DA	deskriptive Analyse
VA	Varianzanalyse
Max	Maximalwert
Min	Minimalwert
MW	Mittelwert

„The real voyage of discovery consists not in seeking new landscapes, but in having new eyes.“

MARCEL PROUST

1 Einführung in das Thema

Mit dem einleitenden Zitat von PROUST lässt sich für die Forschung die Notwendigkeit ableiten, dass man anders denken können muss, um entdecken zu können. Demnach sind Offenheit und Kreativität wichtige Bestandteile des Forschungsprozesses, sofern sie gemäß den Anforderungen an ein wissenschaftliches Arbeiten zielgerichtet und unter Berücksichtigung bestimmter Regeln eingesetzt werden. Wesentlich für die Forschung sind damit wissenschaftstheoretische Grundannahmen, die jeder Forschungsaktivität zugrunde liegen müssen. Sie bilden den Rahmen, um das allgemeine Ziel der Wissenschaft, neue Erkenntnisse und nicht nur Vermutungen oder Behauptungen zu gewinnen, erreichen zu können. Das Zitat von PROUST hat aber auch eine Aussagekraft für die Auswahl des Themas. Demnach bedarf es nicht nur der Identifikation einer Forschungslücke, sondern vor allem einer differenzierten Betrachtung von Problemen und von Herausforderungen. Andernfalls sehen beispielsweise ALVESSON/SANDBERG die Gefahr, dass die Bedeutung des Problems und die Darstellung der Erkenntnisse über Problemlösungsmöglichkeiten gegenüber methodischem Vorgehen und der Beschreibung der Analyseergebnisse vernachlässigt wird.[1]

Unter Berücksichtigung dieser Anforderung an die Erarbeitung von Thema und Forschungsfrage wird im folgenden Kapitel 1.1 die Ausgangssituation und Problemstellung beschrieben, während die Formulierung der Ziele der Forschungsarbeit und der Forschungsfrage in Kapitel 1.2 erfolgt. Mit der wissenschaftstheoretischen Einordnung in Kapitel 1.3 und dem daraus folgenden Aufbau dieser Arbeit schließt die Einführung.

1.1 Ausgangssituation und Problemstellung

Eine der wenigen Konstanten der heutigen Zeit ist die Veränderung. Zunehmende Volatilität in den Märkten, immer kürzer aufeinander folgende lokale und globale Schocks durch Kriege, Anschläge, Naturkatastrophen oder systembedingte Finanz- und Wirtschaftskrisen scheinen in immer kürzeren Abständen, aber mit umso größerem Ausmaß aufeinander zu folgen. Die Zeit steter Lebenszyklen, breiter Investitionen oder die Möglichkeit, Marktrisiken bewusst eingehen zu können, scheint vorüberzuziehen.[2] Eine multipolare Weltordnung mit den wachsenden Märkten in Indien, China oder Brasilien birgt für das Wirtschaftswachstum immense Chancen, ist aber gleichzeitig mit hohen Risiken bezüglich Rechtssicherheit, politischer Entscheidungen oder menschenwürdiger Arbeitsbedingungen behaftet.[3] Als „The Business of Managing and Marketing in the Age of Turbolence“[4] beschreiben KOTLER/CASLIONE die Herausforderung für Unternehmen der Neuzeit. Demnach sehen sich die Unternehmen mit einer

---

[1] Vgl. Alvesson/Sandberg (2011), S. 247 i.V.m. Daft/Lewin (2008); Ewenstein/Whyte (2009); Lüscher/Lewis (2008); Musson/Tietze (2004); Thornborrow/Brown (2009) und Westphal/Khanna (2003).

[2] Vgl. Kotler/Caslione (2009), S. 15f. und Friedman (2005).

[3] Zur Rolle der aufstrebenden Weltmärkte siehe z.B. Kolodko (2003).

[4] Titel des Buches von Kotler/Caslione (2009).

komplexen Weltordnung und nur schwer berechenbaren Märkten konfrontiert. Dass dieser Komplexität nicht allein mit Größe und noch mehr Komplexität begegnet werden kann, sollte jedermann spätestens seit dem gescheiterten Versuch des Aufbaus eines Weltkonzerns in den Dimensionen DaimlerChryslers erkannt haben.

Die heutigen ‚Global Player' sind zweifelsohne international vernetzt, nutzen nationale Unterschiede zur kosteneffizienten Herstellung und Distribution aus, bleiben jedoch in ihren Regionen behaftet. Apple wird immer ein amerikanisches Unternehmen bleiben, ebenso wie Siemens, Bosch oder BASF in Deutschland beheimatet bleiben werden. Zur Beherrschung der steigenden Komplexität in der Unternehmensumwelt und zum Begegnen der stetig steigenden Anforderungen von Märkten oder aus der eigenen Gesellschaft heraus besteht der Trend einer Regionalisierung. ‚Lokal to lokal', ‚Near Shoring' oder die Konzentration der Wertschöpfung in Industriecluster[5] sind jene Konzepte, die bei international handelnden Unternehmen[6] zur Begegnung der Herausforderungen aus der Globalisierung hoch im Kurs stehen.[7] So verwundert es kaum, dass für deutsche Unternehmen Osteuropa noch immer die zweitwichtigste Region für Direktinvestitionen ist.[8] Dass hieran die verarbeitende Industrie den größten Anteil hat, erklärt sich vor allem durch das relativ geringe Lohnkostenniveau in Osteuropa.[9] Die Marktmacht von OEMs und der stetig steigende Kostendruck zwingt nicht nur die Großen einer Branche zur Investition in Niedriglohnländer. Auch kleine und mittlere Unternehmen müssen sich diesen Marktbedingungen beugen und investieren vermehrt in andere Länder aus der Region. Der Trend zur regionalen Orientierung der großen Unternehmen kommt den kleinen und mittleren Unternehmen zu Gute, da bei Investitionen in geographisch und kulturell nahen Ländern deutlich weniger Probleme und niedrigere Barrieren vorhanden sind, als dies bei geokulturell weit entfernten Ländern der Fall ist.[10]

Mit steigenden Direktinvestitionen geht eine steigende Anzahl an ausländischen Tochtergesellschaften einher.[11] Demnach sind Erkenntnisse zur effizienten Steuerung von Tochtergesellschaften und auch zur Gestaltung des Austauschs von Ressourcen und Know-how nach wie vor von großer Bedeutung. Dies impliziert die Diskussion um die Rolle der Tochterge-

---

5 Zur Bedeutung regionaler Wertschöpfungscluster siehe u.a. Abele et al. (2012); Elbert/Müller (2008a); Elbert/Müller (2008b); Haasis/Elbert (2008); Elbert/Zuber (2008); Pfohl/Elbert/Zuber (2009a); Pfohl/Elbert/Zuber (2009b) und Pfohl/Häusler/Möller (2000).

6 Die hier gewählten Begriffsabgrenzung international handelnder Unternehmen wird in Kapitel 2.3 ausführlich diskutiert.

7 Nicht zwingend haben die Produktionsverlagerungen in die regionale Nähe das Ziel von Kosteneinsparungen. Im Gegensatz zu einigen Automobilherstellern, die ihre Produktion in Europa halten und in Milliardenhöhe in Mittel- und Osteuropa investieren sollte beispielsweise die von Apple bzw. Apples Lieferant Foxcon angekündigte Produktionsverlagerung von China zurück in die USA auch unter dem Aspekt des Imagegewinns betrachtet werden. Siehe zu den angekündigten bzw. durchgeführten Produktionsverlagerungen dpa (2012) und Menzel (2012).

8 Wichtigste Region ist für deutsche Unternehmen anhand der Direktinvestitionen die USA. Siehe hierzu Kapitel 4.1.2. Zur Bedeutung Osteuropas für international handelnde Unternehmen siehe auch Lang (1995).

9 Siehe zur Entwicklung der Lohnkosten und Direktinvestitionen die Kapitel 4.1.2 und 4.2.1.1.

10 Zur Relevanz der Internationalisierung für kleine und mittlere Unternehmen siehe u.a. Bartlett/Ghoshal (1986); Bartlett/Ghoshal (2000) oder Swoboda/Meyer (1999). Zu aktuellen Themen in der Forschung zu kleinen und mittleren Unternehmen unter Berücksichtigung der Internationalisierung siehe z.B. Kontinen/Ojala (2012); Lamb/Sandberg/Liesch (2011); Lee et al. (2012); Olejnik/Swoboda (2012); Pfohl (2006); Pfohl/Buse (1997) oder Torkkeli et al. (2012).

11 Die Anzahl an ausländischen Tochtergesellschaften hat sich in den neunziger Jahren und zu Beginn des neuen Jahrtausends mehr als verdoppelt. Vgl. Kutschker/Schmid (2008), S. 240.

sellschaft. Ist die Funktion der Tochtergesellschaft rein auf eine kostengünstige Produktion ausgerichtet, werden andere Anforderungen an die Steuerung und den Austausch von Ressourcen und Know-how zwischen Mutter- und Tochtergesellschaft gestellt, als wenn die Tochtergesellschaft auch Entwicklungs-, Vertriebs- oder sonstige Dienstleistungstätigkeiten für die Muttergesellschaft übernimmt.[12] In der bisherigen Forschung zu den Mutter-Tochter-Beziehungen wurden in der Regel Kontextvariablen zur Erklärung bestimmter Ausprägungen herangezogen, während konkrete Implikationen zur Umsetzung meist außen vor blieben.[13] Zwar wurden einige allgemeine Typologien zur Beschreibung und Abgrenzung international handelnder Unternehmen entwickelt, welche zwar strategische Ausrichtung und Führungskonzepte berücksichtigen, aber die besondere Rolle der Tochtergesellschaften nur bedingt betrachten.[14]

Aus dem hohen Anteil an Direktinvestitionen im Ausland, welche mit dem Ziel der Verlagerung physischer Wertschöpfung (Produktion) durchgeführt werden, ist eine große Bedeutung internationaler Managementforschung für Industrieunternehmen abzuleiten. Bisherige Forschungen konzentrieren sich in diesem Themenfeld maßgeblich auf den Markteintritt oder die institutionelle Gestaltung internationaler Produktionsnetzwerke.[15] Die Grundlage für ein erfolgreiches internationales Handeln liegt darin, das Spannungsfeld zwischen lokaler Anpassung an die Gastlandbedingungen einerseits und die weltweite Standardisierung andererseits so klein wie möglich zu halten.[16] Im Vordergrund des Interesses für die Muttergesellschaft stehen hierbei vor allem Kosteneinsparungseffekte bei den Lohnkosten der Arbeiter mit Aufgaben in der physischen Wertschöpfung. Aus Sicht der neoklassischen Wettbewerbstheorie drückt sich dies im Streben effizienter Ressourcenallokationen aus. Für die Prozesse der Wertschöpfung bzw. der physischen Leistungserstellung wird hierzu insbesondere die X-Effizienz[17] angeführt, welche voraussetzt, dass die Arbeiter optimal leistungsfähig sind.[18] Wie insbesondere Forschungen aus der Arbeitspsychologie aufzeigen, ist diese Sichtweise zur Beschreibung der Effizienz in der physischen Wertschöpfung nicht ausreichend.[19] Vielmehr sind die sozialen Einheiten, welche beispielsweise durch Gruppenarbeit an der Leistungserstellung eingesetzt werden, bei der Bewertung der Effizienz der Wertschöpfung mit zu berücksichtigen. Die Bedeutung der organisatorischen Effizienz wird jedoch bezogen auf die

---

12 Zum Rollenverständnis von Tochtergesellschaften siehe u.a. Bartlett/Ghoshal (1986) oder Ferdows (1989). Ein detaillierter Überblick ist bei Morschett (2007), S. 210ff. zu finden. Siehe auch Kapitel 2.2.3.

13 Vgl. Morschett (2007), S. 14 i.V.m. Birkinshaw/Morrison (1995), S. 732; Brandt/Hulbert (1977); Gates/Egelhoff (1986); Hedlund (1980); Otterbeck (1981) und Picard (1977).

14 Zu nennen sind hier insbesondere das EPRG-Profil von PERLMUTTER sowie die Führungstypologie nach BARTLETT/GHOSHAL. Zur Diskussion um die Abgrenzung international handelnder Unternehmen siehe Kapitel 2.2.

15 Vgl. z.B. Caves (1974); Dunning (1980); Hennart/Kim/Zeng (1998) oder Levy (1997). Als Beispiele zur Internationalisierung von Dienstleistungen seien Elbert/Yang/Saric (2009); Morschett (2007) und Röth (2011) genannt.

16 Das Konzept zur Bedeutung lokaler Anpassung und weltweiter Standardisierung wurde insbesondere von PRAHALAD/DOZ entwickelt. Siehe Prahalad/Doz (1987). Siehe auch Kapitel 2.1.1.4.

17 LEIBENSTEIN hat diesen Begriff in Abgrenzung zur allokativen Effizienz eingeführt. Demnach ist ein Unternehmen effizient, wenn es den gewünschten Output mit den geringstmöglichen Kosten herstellt. Dieser Effizienzbegriff ist im Rahmen der produktionsorientierten Effizienz von der allokativen Effizienz und der technischen Effizienz abzugrenzen. Vgl. Leibenstein (1966); Cantner/Krüger/Hanusch (2007), S. 232ff.; Coelli et al. (2005) und Picot et al. (2012), S. 46f.

18 Vgl. Picot et al. (2012), S. 46 i.V.m. Leibenstein (1966).

19 Siehe einführend Ulich (2011). Hier wird u.a. die Abkehr vom Taylorismus beschrieben.

Arbeitsorganisation nicht oder nur bedingt betrachtet, was auch auf die Problematik der Erfassbarkeit organisatorischer Effizienz zurückzuführen ist.[20]

In verschiedenen Ansätzen werden als Effizienzkriterien u.a. die Begrenzung des Koordinationsaufwandes, die Förderung der sozialen Effizienz bzw. organisatorische Lernfähigkeit oder die Integration der Organisationsmitglieder benannt.[21] Dies sind Kriterien, die sich in den Funktionen der Unternehmenskultur wiederfinden.[22] Den Beitrag, den die Unternehmenskultur zur organisationalen Effizienz leisten kann, ist insbesondere in den neunziger Jahren betrachtet und aufgezeigt worden, wobei bis zuletzt die Problematik der Erfassbarkeit von Unternehmenskultur diskutiert wird.[23] Die Grundlagen zur Unternehmenskultur sind anhand mannigfaltiger Konzepte und Theorien beschrieben. Dies liegt auch an der kontroversen Diskussion, inwiefern die Unternehmenskultur zu instrumentalisieren ist und als Instrument von Managern eingesetzt werden kann.[24] Dabei besteht nach wie vor eine gewisse Unschlüssigkeit darüber, wie Unternehmenskultur zu erforschen ist. „Organizational culture's popularity within the field of management has been closely marked by intense controversy over how to study it“[25], wie es beispielsweise bei der Diskussion zum Stand der Forschung bei PRASAD/PRASAD heißt.

An Bedeutung gewinnt dieser Sachverhalt im internationalen Kontext. Mit dem Beweggrund des Ressourcentransfers über Landesgrenzen hinweg[26] ergibt sich für die Führung international handelnder Unternehmen die Herausforderung, einem heterogenen Umfeld ausgesetzt zu sein. Eine der größten Schwierigkeiten bei der Führung von Tochtergesellschaften international handelnder Unternehmen ergibt sich bei einer stammlandorientierten Sozialisation der Manager.[27] Dann treffen die durch die Unternehmenskultur der Muttergesellschaft geprägten Normen, Handlungen und Wertvorstellungen auf die Eigenheiten einer fremden Landeskultur. Forschungsarbeiten gibt es hierzu insbesondere im Rahmen kulturvergleichender Studien, die

---

20 Vgl. Frese/Werder (1993), S. 18; Kieser/Walgenbach (2010), S. 41; Werder/Grundei (2000) und Yuchtman/Seashore (1967), S. 897.

21 Nach Parsons (1960); Thom/Wenger (2010), S. 142ff. und Wenger (1999), S. 373ff. Einer der Forschungsschwerpunkte zur organisatorischen Effizienz liegt in der Identifikation von optimalen Situations-Struktur-Kombinationen. Vgl. hierzu u.a. Kieser/Walgenbach (2010), S. 40f. sowie zu den unterschiedlichen Facetten der Forschung zur oragnisatorischen Effizienz Gallus (2011), S. 59ff.

22 So z.B. beschrieben bei PETERS/WATERMAN: „Die beherrschende Rolle einer in sich schlüssigen Firmenkultur erwies sich ausnahmslos als wichtiges Wesensmerkmal aller besonders erfolgreichen Unternehmen. Je stärker diese Kultur ausgeprägt war und je marktnäher sie war, umso weniger brauchte das Unternehmen geschäftspolitische Handbücher, Organigramme oder detaillierte Regeln und Verfahrensvorschriften.“ Peters/Waterman (1982a), S. 102f.

23 Als eine der bedeutendsten Studien, in denen die Wirkung der Unternehmenskultur auf die organisatorische Effizienz nachgewiesen wurde, ist jene von DENISON/MISHRA. Vgl. Denison/Mishra (1995) und als weitere Studien Fey/Denison (2003); Filbeck/Preece (2003); Fulmer/Gerhart/Scott (2003); Marcoulides/Heck (1993); Petty et al. (1995) oder Rousseau (1990). Für einen Überblick siehe Baetge et al. (2007), S. 192ff. Siehe zur Messbarkeit u.a. Kieser/Walgenbach (2010), S. 175 i.V.m. Drumm (1992); Ebers (1985) und Helmers (1993). Auf die Thematik der Operationalisierung der Kultur wird auch in Kapitel 3.3.1 eingegangen.

24 Siehe u.a. die Konzepte und Diskussionen zur Unternehmenskultur bei Alvesson (2002); Cameron/Quinn (2006); Frost et al. (1985); Martin (2002); Sackmann (1985); Schein (1984b); Schultz (1994) oder Smircich (1983). Zum Diskurs um das Verständnis der Unternehmenskultur siehe zudem Kapitel 3.2.

25 Prasad/Prasad (2009), S. 128.

26 Die Beweggründe zum internationalen Handeln werden in Kapitel 2.1.1 hergeleitet und diskutiert.

27 Vgl. Fayerweather (1969); Johanson/Vahlne (1977), S. 26 und Morschett (2007), S. 1.

einem vergleichsorientierten Forschungsansatz folgen.[28] Der Schwerpunkt liegt bei diesen Studien auf der Profession der Manager und auf kulturelle Einflüsse auf das Management.[29] Im Fokus liegen hier nicht mehr einzelne Ebenen sondern das Zusammenspiel kultureller Einflüsse auf organisatorische Einheiten, Gruppen und Individuen.[30] Klare wissenschaftliche Erkenntnisse gibt es hierbei bezüglich eines objektiven kulturellen Zusammenhangs zwischen Individuen und Gruppen. Die Möglichkeit, eine gegenüber einer Gruppe andere persönliche Betrachtung von Werten, Normen und Regeln einnehmen zu können, gilt als die Hauptursache für kulturelle Unterschiede.[31] Kontrovers wird hingegen zwischen Universalisten und Kulturisten/Pluralisten diskutiert, inwiefern der Einsatz und die Ausprägung von Managementtechniken kulturellen Besonderheiten obliegen sollten.[32] Im internationalen Kontext würde sich dies nicht nur auf die Unternehmenskultur, sondern auch auf landeskulturelle Eigenheiten beziehen. Durch den Fokus auf das Unternehmen und die Konfrontation mit Angestellten gleicher Profession im internationalen Umfeld kommt es dem Verständnis der Universalisten nach zu einer Angleichung des kulturellen Verständnisses im Sinne einer Transkulturalität und einer kulturunabhängigen Verwendungsmöglichkeit von Managementtechniken. Diese Erkenntnisse beziehen sich jedoch im Wesentlichen auf die Profession der Manager oder rein auf die interkulturelle Kommunikation.[33] Hingegen werden grundsätzliche Einwände gegen eine solche Kulturunabhängigkeit seitens der Forschung im Interkulturellen Management vorgebracht und eine Multikulturalität postuliert.[34] Gestützt wird ein multikulturelles Verständnis zudem durch Studien, die einen Einfluss nationaler Wertvorstellungen auf unternehmenskulturelle Praktiken für einige Länder nachweisen konnten.[35] Inwiefern sich auch Einflüsse von der Unternehmenskultur auf das landeskulturelle Umfeld ergeben, ist jedoch bis nicht erforscht.[36]

---

[28] Vgl. Holzmüller (1995), S. 64f. und Keller (1982), S. 134. Eine interpretative statt positivistische wissenschaftstheoretische Ausrichtung der interkulturellen Forschung wird bereits von Strodtbeck (1964) gefordert.

[29] Siehe u.a. die Konzepte und Diskussionen zur Unternehmenskultur bei Hofstede (2001); House et al. (2004); Richard/Bond/Stokes-Zoota (2003); Schwartz (1992); Schwartz (1994) oder Taras/Steel/Kirkman (2010). Siehe auch Adler (1983a); Dickson/Den Hartog/Castano (2009); Pfohl/Buse (1997) oder Pfohl et al. (2007). Siehe im Detail Kapitel 3.3.

[30] Vgl. Erez (2011), S. 807 und Gelfand/Erez/Aycan (2007), S. 480 sowie; Erez/Drori (2009); Erez/Shokef (2008) und van Knippenberg/Schippers (2007).

[31] Vgl. Erez (2011), S. 821ff. i.V.m. Brewer/Chen (2007); Brewer/Gardner (1996); Erez (2008) und Triandis (1995).

[32] Vgl. Hofstede (1999) oder Keller (1982), S. 539ff.

[33] Vgl. Adler (1991); Crossland/Hambrick (2011) und Erez (2011), S. 828f. Der Culture-free-Ansatz fließt u.a. in den Kontingenzansatz mit ein, welcher die Unterscheidung von Unternehmen anhand von Kontextvariablen beschreibt. Siehe hierzu u.a. Hickson et al. (1974); Hickson/Pugh/Pheysey (1969) oder Holt (2011). Darüber hinaus gibt es Forschungsarbeiten zu einer globalen Arbeitskultur. Siehe hierzu etwa Drori/Jang/Meyer (2006); Erez/Drori (2009); Friedman (2005); Gelfand/Erez/Aycan (2007) sowie einführend Erez (2011), S. 830ff. Zu den verschiedenen Themenbereichen und dem Stand der Forschung beim Interkulturellen Management siehe z.B. Adler (1983b); Emrich (2010); Hinner (2010); Holden (2002); Jack/Westwood (2010); Koch/Speiser (2008); Pudelko (2011); Schneider/Hirt (2007) oder Seelmann-Holzmann (2010).

[34] Siehe etwa Schmid (1996), S. 203ff.

[35] Erez führt hier vor allem die Studie von Hofstede und House et al. an. Vgl. Erez (2011), S. 828 i.V.m. Hofstede (2001); House et al. (2004) und Thomas/Pekerti (2003).

[36] Diese Aussage bezieht sich allein auf die Unternehmenskultur und die Wirkung auf Mikroebene, nicht auf die Wirkung der Präsenz ausländischer Unternehmen oder volkswirtschaftlicher Untersuchungen über die Auswirkung ausländischer Direktinvestitionen.

Es konnte einführend gezeigt werden, dass die Forschung zu kulturellen Belangen im Internationalen Management vielfältig und facettenreich ist, jedoch an den Schnittstellen zwischen den Disziplinen weiterhin Forschungsbedarfe aufweist. Zudem wird mit den Fragestellungen nach der Führung von Tochtergesellschaften im Rahmen des interkulturellen Managements nahezu ausschließlich die Profession der Manager adressiert. Eine differenzierte Betrachtung kultureller Zusammenhänge bei anderen Professionen, insbesondere jener, welche die größte Gruppe bei internationalen Produktionsnetzwerken stellt, gibt es bis dato noch nicht. Alles in allem besteht die *Herausforderung* für Unternehmen darin, Maßnahmen zu identifizieren und vor allem zielgerichtet einsetzen zu können, welche nicht nur die X-Effizienz fördern, sondern auch die organisatorische Effizienz beeinflussen, um eine Gesamteffizienz in der Wertschöpfung erreichen zu können. Das *Problem* liegt in einer zu den Subkulturen der (Mit-) Arbeiter konfliktären Unternehmenskultur, wodurch vor allem die implizite Koordinationsleistung der Unternehmenskultur für eine organisatorische Effizienz gestört sein kann. Besonders zum Tragen kommen diese Konflikte bei internationalen Produktionsnetzwerken, wenn die Führung der Tochtergesellschaft stammlandorientiert ist und kein oder nur geringer Zugang zu den kulturellen Besonderheiten des Gastlandes besteht. Aufgrund der *besonderen Bedeutung* der internationalen Wertschöpfung und der *geringen wissenschaftlichen Erkenntniss* zu kulturellen Veränderungen bei Gastlandarbeitern und deren implizite Auswirkungen auf die organisatorische Effizienz ist der Forschungsbedarf nach den Kriterien von ALVESSON/SANDBERG nicht nur gegeben, sondern in seiner Tiefe komplex und vor allem interessant.[37]

1.2 Ziele des Forschungsvorhabens

Ausgehend von den beschriebenen Herausforderungen und Problemen, die es an der Schnittstelle zwischen der Forschung zum Internationalen Management und zur Kulturforschung gibt, ist es das Ziel dieser Forschungsarbeit, Erkenntnisse über kulturelle Veränderungen bei international handelnden Unternehmen und deren Einflüsse auf das kulturelle Management zu gewinnen. Aufgrund der Bedeutung der landesübergreifenden Wertschöpfung und der geringen Berücksichtigung in bisherigen Forschungsarbeiten wird auf die Profession der Arbeiter besondere Rücksicht genommen. Eine weitere Herausforderung ist durch die in bestimmten Regionen postulierte kulturelle Nähe zwischen Ländern gegeben. Es ist zu untersuchen, ob kulturelle Unterschiede tatsächlich Auftreten und wie der Zusammenhang zwischen Unternehmenskultur und landeskulturellen Einflüssen auf Mikroebene beschrieben werden kann. So ist es kein Ziel, Erkenntnisse über ‚die' Unternehmenskultur zu sammeln, sondern die Basis für die Beschreibung der Grenzen, Schnittstellen und Wechselwirkungen zwischen einer Unternehmenseinheit und ihrer landeskulturellen Einflüsse zu erarbeiten. Diese stellen die Grundlage zur Erhebung von Erkenntnissen über die Veränderungen kultureller Wertvorstellungen bei Gastlandarbeitern dar, wie auch für Erkenntnisse über die Zusammenhänge bestimmter Methoden und Instrumente zur Beeinflussung der organisatorischen Effizienz durch Veränderungen kultureller Wertvorstellungen in der Unternehmenseinheit.

[37] Das Forschungsvorhaben wurde zu Beginn in einem eigens dafür einberufenen wissenschaftlichen Kolloquium zur Diskussion gestellt. Dieses beinhaltete auch eine Bewertung nach den Kriterien von Abbott (2004) und Alvesson/Sandberg (2011). Demnach basiert die Güte der Themenwahl auf einer Transsubjektivität und beruht nicht allein auf der Einschätzung des Autors.

An die Herleitung einer interessanten und zielführenden Forschungsfrage besteht als wesentliche Anforderung, dass sie keine vordefinierten Antworten beinhaltet, sondern neue, bisher unbekannte Antworten ermöglicht.[38] Wie in der vorhergehenden thematischen Begründung der Forschungslücke herausgearbeitet wurde, stellt die Profession der Arbeiter sowie die dezidierten Veränderungen von Wertvorstellungen auf Mikroebene ein interessantes und noch nicht erfasstes Themenfeld dar. In diesem Sinne wird die folgende Forschungsfrage formuliert:

> *0. „Hat die Beschäftigung in einem produzierenden, international handelnden Unternehmen einen Einfluss auf die kulturellen Wertvorstellungen von Gastlandarbeitern und welche Anforderungen ergeben sich hieraus für ein kulturelles Management?"*

Um eine Antwort auf diese Forschungsfrage geben zu können, müssen unterschiedliche Bereiche aus dem Internationalen Management bzw. der Kulturforschung adressiert werden. Aus der Kontroverse um die Führung von Tochtergesellschaften, der Beziehung zwischen Mutter- und Tochtergesellschaft sowie des Rollenverständnisses der Tochtergesellschaft ergibt sich die grundsätzliche Frage, wie diese drei Säulen ausgestaltet sind bzw. zusammenwirken. Erst dann kann erhoben werden, welche Rolle zur Führung der Tochtergesellschaften eingesetzte Manager und andere Mitarbeiter, die den kulturellen Besonderheiten beider Unternehmenseinheiten ausgesetzt sind, bei der Konfrontation mit und Beeinflussung von kulturellen Wertvorstellungen einnehmen. Die erste abgeleitete Forschungsfrage lautet demnach:

> *1. „Wie lassen sich kulturelle Differenzen zwischen Mutter- und Tochtergesellschaft eines international handelnden Unternehmens beschreiben?"*

Darüber hinaus ist die Diskussion in der Kultur- und Managementforschung aufzugreifen, inwiefern sich Kultur bzw. kulturelle Wertvorstellungen überhaupt beeinflussen lassen. Um hierzu weitere Erkenntnisse erlangen zu können, bedarf es einer Systematisierung von Managementinstrumenten, die eine solche Veränderung bewirken könnten. Dies ergibt sich auch aus dem oben formulierten Ziel der Forschungsarbeit, Einflussmöglichkeiten der organisatorischen Effizienz auf Basis kultureller Veränderungen zu beschreiben. Als zweite abgeleitete Forschungsfrage wird demnach die folgende gestellt:

> *2. „Wie können Methoden oder Instrumente, die einen Einfluss auf die Veränderung kultureller Wertvorstellungen haben, systematisiert werden?"*

Daraus folgt direkt die Frage, inwiefern überhaupt Veränderungen bei den kulturellen Wertvorstellungen vorhanden sind, oder ob diese im Sinne der Culture-free-These ausgeschlossen werden können. Die Erfassung möglicher Veränderungen bezieht sich nicht nur auf die Unternehmenskultur, sondern bedarf aufgrund der Bedeutung unterschiedlicher Sozialisationen der Unternehmenskultur der Muttergesellschaft und der Gastlandarbeiter auch den Einbezug landeskultureller Betrachtungen. Demnach ist die dritte abgeleitete Forschungsfrage allgemein formuliert:

---

[38] Nach Alvesson/Sandberg (2011), S. 258. Zur weiteren Betrachtung der Interessantheit in der Forschung siehe auch die Untersuchungen von Bartunek et al. (2006), Davis (1971), Weick (1989) oder McKinley et al. (1999). Die Herausforderung der Thematik dieser Arbeit für die Praxis wird in Kapitel 1.3 behandelt.

3. *„Verändern sich bei den Gastlandarbeitern kulturelle Wertvorstellungen?"*

Der Einfluss der Landeskultur impliziert zudem die Möglichkeit, dass – je nach Begriffsverständnis der Unternehmenskultur – eine Beeinflussung der Unternehmenskultur durch das gesellschaftlich/familiäre Umfeld der Gastlandarbeiter besteht. Da der Aspekt der Annahme von Multikulturalitäten im Internationalen Management nach wie vor diskutiert wird, wird im Rahmen dieser Forschungsarbeit die Möglichkeit ergriffen, hierzu einen weiteren Einblick zu geben. Dies ist vor allem unter dem oben genannten Aspekt relevant, dass bis dato nicht untersucht ist, inwiefern dies nicht nur die Tochtergesellschaft betrifft, die dem landeskulturellen Umfeld der Gastlandarbeiter direkt ausgesetzt ist, sondern ob nicht auch bei der Muttergesellschaft Veränderungen in Denk- und Arbeitsweisen aufgrund des Einflusses aus dem gesellschaftlich/familiären Umfeld der Gastlandarbeiter entstehen können:

4. *„Wie wird die Unternehmenskultur der Tochtergesellschaft durch die Landeskultur der Gastlandarbeiter beeinflusst und welche Auswirkungen hat dies auf die Muttergesellschaft?"*

Um diese abgeleiteten Forschungsfragen strukturiert beantworten zu können, bedarf es der Abgrenzung des Untersuchungsobjekts. Neben den unterschiedlichen Beweggründen internationalem Handelns bedarf es der Strukturierung des Verständnisses international handelnder Unternehmen. Darüber hinaus ist es notwendig, für die kulturellen Zusammenhänge mit Fokus auf die Unternehmenseinheit einen konzeptionellen Bezugsrahmen zu bestimmen. Aus den bisherigen Forschungen zur Unternehmenskultur und Landeskultur ist eine Basis zum Verstehen und Erklären kultureller Unterschiede zu erarbeiten. Zur Erarbeitung der Antwort auf die Forschungsfrage bedarf es jedoch nicht nur aus der Theorie abgeleiteter Aussagen. Es müssen Beobachtungen in der realen Welt über kulturelle Ausprägungen und eingesetzte Mechanismen zur Veränderung kultureller Wertvorstellungen zusammengeführt und am Bezugsrahmen gespiegelt werden. Dies ermöglicht eine Erweiterung oder Konkretisierung bestehender Theorien. Wie das Forschungsvorhaben zur Erreichung der Ziele wissenschaftstheoretisch einzuordnen ist, wird im folgenden Abschnitt diskutiert.

1.3 Wissenschaftstheoretische Einordnung

Durch die große Nähe zu den Sozialwissenschaften der Organisationsforscher eröffnet sich bezüglich der zugrunde liegenden Wissenschaftstheorie und insbesondere bezüglich des Forschungsdesigns eine andere Sichtweise, wie dies beispielsweise in den Forschungsdisziplinen auf Seiten der Finanzwirtschaft der Fall ist. Mit der Eingrenzung auf die Realwirtschaft gehen Unwägbarkeiten immer mit dem ‚Faktor' Mensch einher.[39] Um diesen Unwägbarkeiten begegnen zu können, liegt die Herausforderung für den Forscher darin, ein Gleichgewicht zwischen der Verwendung von Theorien und dem Einsatz der Empirie zu finden.[40] Insbesondere die Tendenz quantitativer Empirie, Forschungsdesign und Methodologie schwerer zu gewich-

---

[39] Zur Abgrenzung zwischen Real- und Finanzwirtschaft in der Betriebswirtschaftslehre siehe z.B. Hungenberg/Wulf (2011), S. 11ff.

[40] Vgl. Alvesson/Sandberg (2011) sowie die kritische Betrachtung bei Alvesson/Kärreman (2011), S. 16f. i.V.m. Davis (1971); Mills (1959); Poole/Van de Ven (1989) und Weick (1989).

ten als den eigentlichen Erkenntnisfortschritt[41], steht im Fokus der Kritik.[42] Das Ziel des Erkenntnisfortschritts stellt daher den Ausgangspunkt der folgenden wissenschaftstheoretischen Einordnung des Forschungsvorhabens dar.

Entsprechend des Grundverständnisses der Betriebswirtschaftslehre als eine Realwissenschaft bzw. theoriebasierte, angewandte Wissenschaft[43] wird in dieser Forschungsarbeit ein theoretisches und ein pragmatisches Wissenschaftsziel verfolgt.[44] Das theoretische Wissenschaftsziel dieses Forschungsvorhabens umfasst die Strukturierung und Abgrenzung kultureller Zusammenhänge bei international handelnden Unternehmen. Die entsprechenden wissenschaftlichen Aussagen sind einerseits definitorisch (Grundbegriffe zur Abgrenzung des Untersuchungsobjekts), deskriptiv (Beschreibung realer Sachverhalte), explikativ (Erklärungen realer Sachverhalte) oder prognostisch (Beschreibung möglicher zukünftiger Sachverhalte).[45] Zu berücksichtigen ist hierbei, dass insbesondere deskriptive und explikative Aussagen faktisch determiniert sind, demnach ‚nahe' an der Wahrheit liegen. Dieses Wahrheitsverständnis ist grundlegend, da jedwede Theorie der Gefahr ausgesetzt ist, mit fortschreitendem Erkenntnisgewinn widerlegt werden zu können. Von einer absoluten Wahrheit deduzierter Aussagen kann daher grundsätzlich nicht ausgegangen werden, wenn diese unter Einbezug der Realität hergeleitet sind.[46] Dem pragmatischen Wissenschaftsziel ist hingegen die Systematisierung der Maßnahmen und Instrumente zur Beeinflussung der organisatorischen Effizienz unter Berücksichtigung kultureller Veränderungen zuzuordnen. Dies ergibt sich auch daraus, dass insbesondere in der Organisationsforschung das Effizienzkriterium als jenes beschrieben wird, das „ein Maß für die Vorteilhaftigkeit der unterschiedlichen empfehlbaren Entscheidungen bzw. Handlungen"[47] vorgibt. Zu differenzieren sind hier technologische und praktisch-normative Aussagen. Praktisch-normative Aussagen beinhalten Anforderungen an den Einsatz bestimmter Mittel zur Erreichung eines vorgegebenen Ziels und sind daher im Sinne von Gestaltungsempfehlungen nicht wahrheitsfähig.[48]

Um das theoretische und pragmatische Wissenschaftsziel erreichen zu können, bedarf es folgender Überlegungen zur Forschungsstrategie. Nach dem Bezugsrahmen von MORGAN/SMIRCICH erfolgt die Bestimmung der Strategie insbesondere nach der Ausprägung des Erkenntnisinteresses zwischen subjektiven Ansätzen und objektiven Ansätzen (siehe Abbil-

[41] Der Erkenntnisfortschritt ist als Generieren neuen Wissens zu beschreiben. Je nach Ziel des Erkenntnisfortschritts ist zwischen theoretischer Wissenschaft (Erkenntnisfortschritt als Selbstzweck wissenschaftlichen Arbeitens) und angewandter Wissenschaft (Erkenntnisfortschritt als Mittel zum Zweck wissenschaftlichen Arbeitens) zu unterscheiden. Vgl. hierzu Fülbier (2004), S. 267; Kieser (2007), S. 680f.; Popper (1994), S. 46ff. und Ziegler (1980), S. 4.

[42] Vgl. Abbott (2004), S. 13ff. und Alvesson/Sandberg (2011). CHMIELEWICZ formulierte dies als grundsätzliche Problematik wie folgt: „Kritik an empirischer Forschung in der BWL kann darauf hinauslaufen, daß [sic!] der Kübel- statt Scheinwerfertheorie gefolgt wird und eine bloße Anhäufung von Beobachtungen erfolgt." Chmielewicz (1979), S. 143.

[43] Zur Einordnung der Betriebswirtschaftslehre als eine Realwissenschaft siehe u.a. Chmielewicz (1979), S. 34f.; Schanz (1988), S. 9ff. und Ulrich/Hill (1979), S. 163.

[44] Zur Einordnung der Wissenschaftsziele und der wissenschaftlichen Aussagentypen siehe insbesondere Pfohl (1977), S. 32f.

[45] Zu den einzelnen Typen siehe u.a. Grochla (1978), S. 69; Pfohl (1977), S. 32f. oder Raffée (1974), S. 30ff.

[46] Vgl. hierzu ausführlich die Diskussion um logisch und faktisch determinierte Aussagen bei Chmielewicz (1979), S. 90ff.

[47] Picot et al. (2012), S. 31.

[48] Vgl. Grochla (1978), S. 55ff.

dung 1). Dabei stehen das Verständnis von Funktionalismus und interpretatives Paradigma konfliktär gegenüber. Beim Funktionalismus werden universelle Prinzipien formuliert, welche zum Erhalt des Status quo einer Organisation als soziales System und ihrer Struktur betragen. Wesentlich ist hierbei, dass ein Erkenntnisfortschritt ohne die Berücksichtigung des Einflusses der Mitglieder der sozialen Einheit zu erreichen versucht wird. Durch diese postulierte Unabhängigkeit vom sozialen System werden Theorien des Funktionalismus dem Objektivismus zugeschrieben. Demgegenüber ist durch das interpretative Paradigma ein grundlegendes Verständnis gegeben, bei welchem gerade aufgrund einer unterschiedlichen Interpretation und Gestaltung von Organisationen im Sinne sozialer Systeme durch die in ihr handelnden Individuen die Bedingung des Erhalts des Status quo möglich ist. Theorien, die dem interpretativen Paradigma unterliegen, sind daher bezüglich der methodischen Grundannahmen als subjektiv einzuordnen.[49]

	Grundlegende Annahmen der Subjektiv-Objektiv-Debatte in den Sozialwissenschaften					
	Subjektive Ansätze der Sozialwissenschaften ←					→ Objektive Ansätze der Sozialwissenschaften
Ontologische Grund-entscheidung	Nominalismus					Realismus
	Realität als Projektion der menschlichen Vorstellung	Realität als soziales Konstrukt	Realität als Bereich des symbolischen Diskurs	Realität als kontextabhängi ger Bereich der Information	Realität als konkreter Prozess	Realität als konkrete Struktur
Grund-annahme zur menschlichen Natur	Voluntarismus					Determinismus
	Mensch als klarer Geiste, Bewusstsein, Wesen	Mensch als sozialer Konstrukteur, als Erschaffer von Symbolen	Mensch als Akteur, als Nutzer der Symbole	Mensch als Verarbeiter von Informationen	Mensch als Adaptor	Mensch als Responder
Epistemolo-gische Grund-entscheidung	Anti-Positivismus					Positivismus
	Zur Erlangung phenomeno-logischer Einsicht	Zum Verständnis, wie die soziale Realität geschaffen wird	Zum Verständnis der Muster des symbolischen Diskurs	Zur Abbildung von Zusammen-hängen	Zum Studium der Systeme, Prozesse und der Veränderung	Zur Schaffung einer positivistischen Wissenschaft
Methodolo-gische Grund-entscheidung	Ideografisch					Nomothetisch
	Untersuchung der reinen Subjektivität	Hermeneutik	Symbol-analysen	Kontextbe-zogene Analysen	Analyse der Vergangenheit	Labor-Experimente, Fragebögen

Abbildung 1: Grundlegende Annahmen zur Ausprägung des Erkenntnisobjektes im Rahmen der Subjektiv-objektiv-Diskussion.
(Quelle: In Anlehnung an Picot et al. (2012), S. 35 nach Morgan/Smircich (1980), S. 492.)

Wie die Forschungsfragen und Forschungsziele dieses Forschungsvorhabens aufzeigen, liegt das Bewerten unterschiedlicher Organisationsstrukturen oder prozessualer Gestaltungsinstrumente ohne einen Einbezug der Individuen des sozialen Systems nicht im Fokus des Erkenntnisinteresses. Allein die Fokussierung auf Gastlandarbeiter erfordert eine subjektivistische methodologische Grundannahme. Zudem ist anzuzweifeln, inwiefern ein höheres Aggregationsniveau dem hier formulierten Erkenntnisziel zuträglich wäre. Deutlich wird dies beispielsweise an der Diskussion um die Abgrenzung der Kulturen nach Landesgrenzen oder an

[49] Vgl. Picot et al. (2012), S. 33f. i.V.m. Burrell/Morgan (1979) und Morgan/Smircich (1980).

der oben beschriebenen Einsicht, dass die Unternehmenskultur einen heterogenen Charakter haben kann.[50] Demnach ist zur Beantwortung der Forschungsfragen von einem subjektiven Verständnis der Organisation auszugehen. Dies impliziert ein ontologisches Grundverständnis der Realität als ein durch den Menschen erschaffenes soziales Konstrukt, was ein emisches Vorgehen bei der Untersuchung bedingt.[51] Zur Bearbeitung von Fragestellungen, die diesem Grundverständnis unterliegen, wird als methodologische Grundannahme u.a. die Hermeneutik postuliert.[52]

In der Hermeneutik ist das Verstehen das zentrale Element zum Erreichen eines Erkenntnisfortschritts. Das Verstehen wird definiert als das „Erkennen von etwas als etwas (Menschliches) und gleichzeitig das Erfassen seiner Bedeutung“[53]. Die Generierung des Verstehens wird anhand der Hermeneutischen Zirkel dargestellt. Grundlage des ersten Zirkels ist, dass ein Vorverständnis bzw. Vorwissen zum Verstehen eines Teils eines Phänomens grundsätzlich notwendig ist. Die Beobachtung des Teils und die durch den Einfluss des Vorwissens gewonnene Erkenntnis über den Teil beeinflussen wiederum das Vorwissen bzw. erweitern dieses. Mit diesem erweiterten Vorwissen lassen sich ggf. wieder neue Erkenntnisse über diesen Teil des Phänomens gewinnen. Der zweite Hermeneutische Zirkel setzt hingegen den Teil und das Ganze in Bezug zueinander. Durch Erkenntnisse über einen Teil des Phänomens kann auf das erfassbare Ganze geschlossen werden. Durch die Erkenntnis über das Ganze können wiederum Rückschlüsse zur Deutung des Teils geschlossen werden, was wiederum das Ganze in ein neues Licht rückt. Dabei können Teile eines Phänomens zur Deutung zurückgestellt werden, wenn dieser Teil aus dem Kontext des Ganzen heraus nicht verstanden werden kann. Mit fortschreitendem Erkenntnisgewinn über das Ganze kann dies zu einem späteren Zeitpunkt jedoch möglich sein, sodass nicht von einem additiven Verstehen des Ganzen als Summe seiner Teile, sondern von einer tatsächlichen Erweiterung des Verstehens über das Ganze und seiner Teile auszugehen ist.[54] Übertragen auf das Zusammenspiel zwischen Theorie und Realität bedeutet dies, dass mit dem theoretischen Vorwissen ein Verstehen über die (beobachtbare) Realität entsteht, diese wiederum die zugrunde gelegte Theorie beeinflusst bzw. erweitert, was wiederum zu einem erweiterten Verstehen der Realität führt.[55]

Dass die Hermeneutik als methodische Grundannahme für die Verfolgung des hier formulierten theoretischen und pragmatischen Wissenschaftsziel geeignet ist, ist durch folgende Punkte zu begründen: Erstens handelt es sich um eine Untersuchung auf Mikroebene. Im Fokus steht

---

[50] Siehe hierzu die thematische Einordnung in Kapitel 1.1, die Begriffsabgrenzung zur Kultur in Kapitel 3.1 sowie die grundsätzliche Kritik an kulturvergleichenden Studien in Kapitel 3.3.

[51] Zur Differenzierung emischen und etischen Vorgehens in der interkulturellen Managementforschung siehe insbesondere Holzmüller (1995), S. 54ff.; Malpass (1977), S. 1074f. und Holtbrügge/Welge (2010), S. 36ff.

[52] Die Hermeneutik ist in die phänomenologisch-hermeneutisch-existentialistische Tradition einzuordnen, welche neben Marxismus und sprachanalytischer Philosophie als eine der drei Grundströme der Geisteswissenschaften im 20. Jahrhundert gilt. Vgl. Weik (2005), S. 100f.

[53] Danner (1979), S. 34. Grundsätzlich gibt es verschiedene Arten des Verstehens. Es ist zwischen elementarem und höherem Verstehen sowie zwischen psychologischem und Sinnverstehen zu unterscheiden. Ein Beispiel für ein elementar psychologisches Verstehen wäre es, ein Geräusch in den Kontext seiner Umwelt zu setzen: Man hört ein Flugzeug, ohne es zu sehen, hat aber ein Verständnis dafür, warum das so ist. In der Wissenschaft wird hingegen das höhere Sinnverstehen angestrebt. Dies umfasst z.B. die Deutung eines wissenschaftlichen Textes oder einer beobachteten Handlung. Vgl. hierzu insbesondere Danner (1979), S. 42ff. sowie einführend Hogrebe/Zuber (2010), S. 17ff. und Lamnek (2010), S. 62ff.

[54] Vgl. Danner (1979), S. 53ff.; Hogrebe/Zuber (2010), S. 21ff. und Lamnek (2010), S. 56f.

[55] Vgl. Lamnek (2010), S. 59.

das Handeln auf Basis von Wertvorstellungen der (Mit-)Arbeitern. Die Erkenntnisse über diese sind in den Kontext des international handelnden Unternehmens als Ganzes zu setzen. Das Verstehen ermöglicht es, den Menschen (hier (Mit-)Arbeiter) als seine soziale Umwelt gestaltend zu betrachten.[56] Zweitens adressieren die Forschungsfragen übergeordnete Sinnzusammenhänge. Einzuschränken ist dies in Bezug auf die Erfassung von Veränderungen kultureller Wertvorstellungen (siehe Forschungsfrage 3). Die Erkenntnis über die Ursache möglicher Veränderungen kultureller Wertvorstellungen ist der Ausgangspunkt für das Verstehen dieser Veränderungen und deren Auswirkungen auf das international Handelnde Unternehmen als Ganzes. Demnach wird ein Zusammenwirken zwischen Verstehen und Erklären erfolgen.

Die im frühen Verständnis über die Hermeneutik postulierte strikte Trennung zwischen Verstehen und Erklärung wird in den nachfolgenden Deutungen der Hermeneutischen Grundsätze relativiert.[57] Bezogen auf Handlungen entwickelt Weber das erklärende Verstehen. Nur dadurch, dass Zusammenhänge verstanden werden, können sie auch erklärt werden. Bezogen auf Handlungen bedeutet dies, dass deren Verstehen auf Kausalzusammenhängen basiert, die ihrerseits erklärt werden müssen. Ein Erkenntnisgewinn im Sinne des erklärenden Verstehens wird durch das Zusammenfassen von Einzelereignissen und -handlungen unter Berücksichtigung genereller Regeln und Typen erreicht.[58] Der Typ stellt somit ein von der räumlichen, zeitlichen und personellen Spezifität losgelöstes, grundlegendes Muster und den eigentlichen Beitrag zum Erkenntnisgewinn dar.[59] Durch die Typisierung kann mit der Verwendung allgemeiner Kategorien der Sinn von Handlungen im sozialen Umfeld nicht nur rekonstruiert, sondern auf Basis von Erklärungen verstanden werden.[60] Zur Beantwortung der Forschungsfrage sind für das Forschungsdesign folgende Implikationen abzuleiten: Erstens erfolgt der Erkenntnisfortschritt durch einen iterativen Prozess. Dieser ist gekennzeichnet durch ein wiederholtes Abgleichen von Beobachtungen aus der Realität mit Theorien bzw. dem Vorwissen des Forschers auf Basis interpretativer Deutung.[61] Zweitens ist wegen des Erkenntnisgewinns im Sinne eines erklärenden Verstehens ein Methodenmix zur Erhebung und Auswertung der

---

[56] Vgl. Lamnek (2010), S. 216; Filstead (1979) und Morgan/Smircich (1980), S. 492.

[57] Die ursprüngliche Abgrenzung erfolgte durch die Diskussion über Deutungsmöglichkeiten unterschiedlicher Forschungsdisziplinen: der Naturwissenschaft und der Geisteswissenschaft. Ausgangspunkt der Diskussion stellt das Zitat von DILTHEY dar: „Die Natur erklären wir, das Seelenleben verstehen wir." Dilthey (1964), S. 144. Bezogen auf den Erkenntnisgewinn bedeutet dies auch, dass das zu untersuchende Ganze durch Erklärungen in seine kleinsten Einheiten zerlegt wird, während durch das Verstehen der Sinn des Phänomens ganzheitlich entdeckt werden soll. Vgl. Weik (2005), S. 104f. Anzuführen ist hier insbesondere die Universalhermeneutik nach HEIDEGGER und GADAMER, welche eine Trennung zwischen Natur- und Geisteswissenschaft grundsätzlich ablehnen. Vgl. Gadamer (1975). Auch DILTHEY betont, dass in den Geisteswissenschaften Verstehen und Erklären aus einer bestimmten Perspektive heraus nicht zu differenzieren sind. Zu den Gründen und weiteren Erläuterungen siehe insbesondere Dilthey (1964) und Konegen/Sondergeld (1985), S. 101ff.

[58] GIESEN/SCHMID formulieren hierzu: „Weder Erklärung noch Verstehen sind Wahrheitsgarantien. Jede Erklärung ist so stark, wie ihre Prämissen es sind, ein Verstehen ist so stark, wie es die Richtigkeit seiner Interpretation zuläßt [sic!]." Giesen/Schmid (1976), S. 181.

[59] Vgl. Weik (2005), S. 104ff.

[60] Vgl. Weik (2005), S. 111 und Weber (1922).

[61] Zur Zirkularität qualitativer Forschung siehe u.a. Flick (2012), S. 126ff. und Eriksson (2008), S. 31ff. Durch die Berücksichtigung des Vorwissens und des Abgleichens empirischer Beobachtungen mit erarbeiteten Theorien wird den Grundgedanken der Grounded Theory und des kritischen Rationalismus entsagt. Vgl. zur Grounded Theory Glaser/Strauss (1967) sowie zur aktuellen Bedeutung Suddaby (2006) und Clarke (2010). Zum kritischen Rationalismus siehe Popper (1968).

Daten notwendig. Drittens erfolgt der Erkenntnisgewinn nicht durch das Testen von Hypothesen und Theorien im Sinne einer rein logisch-deduktiven Vorgehensweise. Vielmehr ist die Forschung mit dem Ziel einer Theorieentwicklung bzw. -erweiterung interpretativ-induktiv ausgerichtet. Hierbei ist zu berücksichtigen, dass die Herleitung des konzeptionellen Bezugsrahmens zur Beschreibung kultureller Unterschiede in international handelnden Unternehmen durch eine Deduktion erfolgt.[62] Dieser konzeptionelle Bezugsrahmen ist notwendig, um ein Vorwissen zur interpretativen Deutung der Beobachtungen und ihres Kontext erlangen zu können (siehe Abbildung 2). Durch diese bewusste Generierung des Vorwissens wird auch die grundsätzliche Kritik am interpretativen Paradigma berücksichtigt. Es wird durch das Bewusstsein über das Vorwissen einer verzerrenden Subjektivität im Forschungsprozess entgegen gewirkt.[63] Die Theorieentwicklung bzw. -erweiterung hat hingegen einen induktiven Charakter.[64] Es ist an dieser Stelle jedoch anzumerken, dass der Theoriebegriff in der qualitativen Forschung unterschiedlich verwendet wird. Das Kontinuum reicht von der Bezeichnung beliebiger Konzepte als Theorien bis hin zur Aussage, dass aufgrund fehlender (absoluter) Objektivität keine Theorie existieren kann.[65] In Anlehnung an LOSEE wird hier der Überbegriff erklärender Prinzipien verwendet. Zu den erklärenden Prinzipien gehören demnach auch Aussagen, Aussagensysteme, Begriffssysteme oder Hypothesen.[66]

Die oben dargestellte ontologische Einordnung sowie die forschungsstrategischen Implikationen erfordern zur Strukturierung des methodischen Vorgehens ein qualitatives Forschungsdesign. Dieses ist durch einen dynamisch-prozessualen Charakter geprägt, welcher auch einen flexiblen und eine an die Erhebungssituation anpassbare Datenerhebung ermöglicht.[67] Durch den zirkulären Erkenntnisprozess besteht auch eine höhere Flexibilität im Forschungsprozess an sich, welche durch die Datennähe des Forschers einen wesentlich höheren Aufwand bei der Datenerhebung und -auswertung bedingt und mit größerer Unsicherheit über den Verlauf des

[62] Hierbei handelt es sich um eine logisch-theoretische Deduktion, aus welcher jedoch keine Hypothesen zum Testen theoretischer Annahmen abgeleitet werden, sondern die Theorien auf das zu beschreibende Untersuchungsobjekt bezogen werden. Diese theoretischen Elemente fließen in einen Bezugsrahmen ein, welcher seine Validität aus der Güte der einfließenden Theorien bezieht.

[63] Die Diskussion bezieht sich auf die Problematik von Hermeneutik und Phänomenologie, dass durch unbewusstes Einbringen theoretischer Vorkenntnisse des Forschers eine subjektive Interpretation bzw. Deutung der Beobachtungen erfolgt. Es muss jedoch bedacht werden, dass unabhängig der methodologischen Grundlage durch die Beteiligung des Forschers alle Erkenntnisse theoriesubjektiv sind. „Objektive Realität gibt es nicht; sie ist immer perzipierte und interpretierte und damit subjektive Realität. Daran ändert die Tatsache nichts, dass diese so gesehene Realität für die ihr angehörenden Subjekte objektiv ist." Lamnek (2010), S. 277. Zur Kritik am interpretativen Paradigma siehe u.a. Kleining (1982), S. 246; Lamnek (2010), S. 225ff. oder Witzel (1982).

[64] Zur Begriffsabgrenzung der Deduktion und Induktion siehe insbesondere Lamnek (2010), S. 222ff. und Losee (1977). Durch den iterativen Prozess des Erkenntnisgewinns auf Basis der Hermeneutik kann der Einbezug weiterer Theorien im Sinne einer Deduktion verstanden werden. Schließlich werden zum Verstehen des Teils Erkenntnisse aus bestehenden Theorien (Vorwissen) auf den konkreten Fall bezogen. Daher ist von einem grundsätzlich induktiven Charakter des Forschungsprozesses auszugehen, der jedoch deduktive Elemente beinhaltet.

[65] Vgl. Lamnek (2010), S. 222 i.V.m. Lazarsfeld (1973).

[66] Vgl. Losee (1977). Zu unterschiedlichen Begriffsdefinitionen siehe unter anderem Alvesson/Sandberg (2011); Bacharach (1989); Colquitt/Zapata-Phelan (2007); DiMaggio (1995); Parsons (1951) und Sutton/Staw (1995).

[67] Siehe hierzu u.a. Alvesson/Ashcraft (2009); Bryman (2000); Bryman/Buchanan (2009); Flick (2008c), S. 20ff.; Flick (2012), S. 26ff.; Lamnek (2010), S. 233; Lüders (2008); Kelle/Erzberger (2008); Kleining (1982); Yin (1981); Yin (2009), S. 5ff.

Forschungsprozesses behaftet ist.[68] Durch den erklärenden Anteil am Erkenntnisgewinn zur Identifikation und zur explikativen Beschreibung kultureller Unterschiede ist bei der Datenerhebung und Auswertung auch auf quantitative Methoden zurückzugreifen.

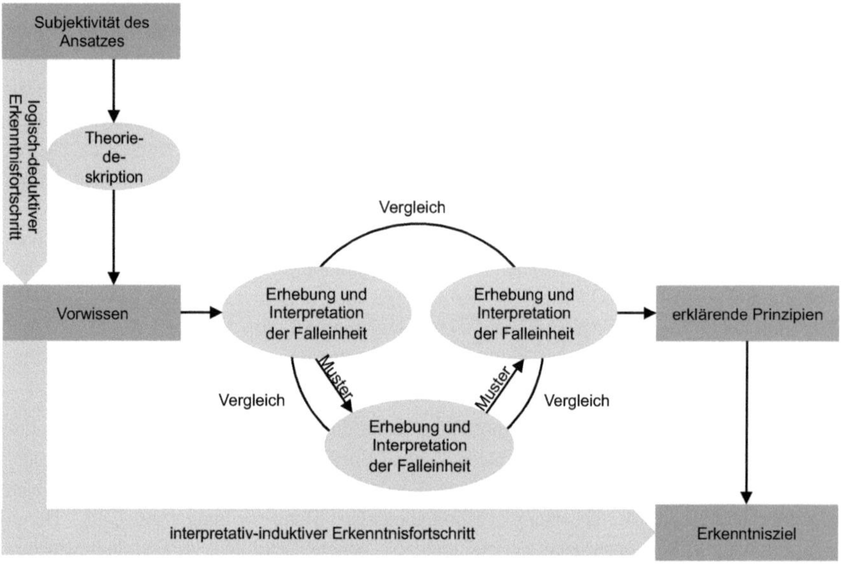

Abbildung 2: Forschungsstrategie. (Quelle: Ergänzt nach Flick (2012), S. 128.)

Diese Mischung qualitativer und quantitativer Ansätze gewinnt in der Geistes- und Sozialwissenschaft immer mehr an Akzeptanz.[69] Dass diese Mischung nicht nur durch sequenzielle Abfolge der unterschiedlichen Ansätze erfolgt, wenn beispielsweise eine quantitative Empirie durch eine explorative Studie vorbereitet wird, sondern mehrstufig oder sogar parallel erfolgen kann, lässt auf einen komplementären Charakter qualitativer und quantitativer Forschung schließen.[70]

Kern der methodischen Umsetzung eines gemischten Forschungsdesigns ist die Triangulation. „[Es] wird von einer wechselseitigen Ergänzung im methodischen Blick auf einen Gegenstand ausgegangen, wobei diese Ergänzung in der komplementären Kompensation der Schwächen und blinden Flecke der jeweiligen Einzelmethode liegt."[71] Die Triangulation kann

---

[68] Vgl. zur Diskussion der Eigenschaften qualitativer und quantitativer Forschung u.a. Brüsemeister (2008), S. 19ff.; Mahoney/Goertz (2006); Lamnek (2010), S. 233ff. oder Lamnek (2010), S. 242.

[69] Diese Akzeptanz bezieht sich nicht nur auf die Datenerhebung und Methoden der Auswertung, sondern auch auf die Erkenntnistheorie oder auch bei der Bewertung der Qualität der Forschung. Siehe zu letztem Punkt insbesondere Kapitel 4.1.5. Siehe einführend Flick (2012), S. 39ff. und Kelle/Erzberger (2008), S. 300ff. i.V.m. Morgan/Smircich (1980), S. 496 zum "Paradigmen-Krieg" sowie Lazarsfeld (1973); Miles/Huberman (1994), S. 41 und Oevermann et al. (1979), S. 16 zur Entwicklung der Integration.

[70] JICK erkennt das Potenzial der Integration bereits zu einem sehr frühen Zeitpunkt der Debatte und formuliert, „dass qualitative und quantitative Methoden eher komplementär denn als rivalisierende Lager gesehen werden sollten." Jick (1983), S. 135; nach Flick (2012), S. 44. Siehe zu den Möglichkeiten der Integration z.B. Barton/Lazarsfeld (1979) oder Miles/Huberman (1994).

[71] Flick (2012), S. 44.

dabei auf unterschiedlichen Ebenen erfolgen, beispielsweise auf Daten-, Methoden- oder Erkenntnisebene. So kann sich die Triangulation entweder auf dasselbe, durch unterschiedliche Methoden erfasste Phänomen oder auf verschiedene untersuchte Aspekte des selben Phänomens beziehen. Mit Blick auf die Erkenntnis kann die Triangulation (teil-)konvergente, komplementäre oder divergente Forschungsergebnisse hervorbringen.[72] Demnach kann die Triangulation einerseits zur Validierung von Erkenntnissen aus einzelnen Auswertungen dienen, als auch einen wesentlichen Beitrag zur Generierung und Generalisierung von Theorien leisten.[73]

Die Beschreibung der konkreten Ausgestaltung des Forschungsdesigns durch den Einsatz der Fallstudienmethode erfolgt zu Beginn der Darstellung der Fallstudie in Kapitel 4.1. Es sei aber bereits hier darauf verwiesen, dass die Triangulation auf unterschiedlichen Stufen des Erkenntnisprozesses erfolgt. So wird diese zur Validierung der Erkenntnisse aus den unterschiedlichen Analysen der quantitativ erhobenen Daten zu Unterschieden kultureller Wertvorstellungen bei Gastlandarbeitern eingesetzt. Hingegen hat sie einen überwiegend komplementären Charakter beim Abgleich der Beobachtungen aus der quantitativen und qualitativen Erhebung sowie auf den nachfolgenden Stufen zur Herleitung des Aussagensystems.

Tabelle 1 fasst die aus der Wissenschaftstheorie und der Forschungsstrategie konkretisierten Bestimmungsfaktoren für das Forschungsdesign nochmals zusammen.[74]

Bestimmungsfaktor	Ausprägung
Fragestellung	Hat die Beschäftigung in einem produzierenden, international handelnden Unternehmen einen Einfluss auf die kulturellen Wertvorstellungen von Gastlandarbeitern und welche Anforderungen ergeben sich hieraus für ein kulturelles Management?
Allgemeine Zielsetzung	Erklären kultureller Unterschiede und Verstehen des Zusammenhangs zwischen Unternehmenskultur und landeskulturellen Einflüssen auf Mikroebene bei international handelnden Unternehmen.
Generalisierungsziel	Generierung eines kontextbezogenen Aussagensystems zur kulturellen Veränderung bei international handelnden Unternehmen.
Theoretischer Rahmen	Deduktion der Theorien des Internationalen Management und der kulturvergleichenden Forschung zur bewussten Herleitung des Vorwissens.
Methoden	Mixed-Method-Ansatz zur Auswertung der Fallstudie sowie ein zirkulärer Forschungsprozess.

Tabelle 1: Bestimmungsfaktoren der Forschungsstrategie.
(Quelle: Nach den Kriterien bei Flick (2008a), S. 253ff.)

1.4 Aufbau der Arbeit

Wie anhand der Forschungsstrategie beschrieben wurde, bedarf es zunächst einer thematischen Aufarbeitung bisher geleisteter Forschungsarbeiten. Mit dem Ziel, strukturiert und be-

---

72 Vgl. Kelle/Erzberger (2008), S. 303f.

73 Die Validierung durch Triangulation wird im wissenschaftlichen Diskurs als weniger bedeutsam eingeschätzt, als die Möglichkeit zur strukturierten und damit überprüfbaren Generierung und Generalisierung neuer Erkenntnisse. Vgl. hierzu sowie zur Kritik an der Triangulation Flick (2008b), S. 310ff. und Kelle/Erzberger (2008), S. 304 sowie die dort angegebene Literatur.

74 Die bei Flick (2008a), S. 262ff angegebenen Einflussfaktoren 'Ressourcen' und 'Auswahl' im Sinne der Datenstruktur werden im Rahmen der Beschreibung der Fallstudie diskutiert. Siehe Kapitel 4.1.

wusst ein Vorwissen für die Fallstudie zu generieren, werden in den folgenden zwei Kapiteln die Grundalgen zur Abgrenzung und Beschreibung eines international handelnden Unternehmens sowie zur Abgrenzung der Kultur im Unternehmen, Land und auf Mikroebene beschrieben.

Kapitel 2 hat das Ziel, das Untersuchungsobjekt eines international handelnden Unternehmens zu definieren und beschreiben. Hierzu ist einerseits die Aufgabenstellung international handelnder Unternehmen zu erfassen, welche durch den Beweggrund eines Unternehmens, international zu handeln, und durch die Internationalisierungsstrategie determiniert ist (Kapitel 2.1). Die Abgrenzung und Beschreibungsmöglichkeiten eines international handelnden Unternehmens werden in Kapitel 2.2 erarbeitet. Es sind Eigenschaften zur Unterscheidung verschiedener Arten international handelnder Unternehmen und auch zur Differenzierung der Beziehung zwischen den einzelnen Unternehmenseinheiten zu erarbeiten. Diese bilden die Grundlage, um im Anschluss unter Berücksichtigung der Forschungsfrage eine bewusste und zielgerichtete Abgrenzung des zu untersuchenden Objektes herzuleiten (Kapitel 2.3).

In Kapitel 3 wird ein konzeptioneller Bezugsrahmen entwickelt, welcher die Beschreibung des Kontextes der Fallstudienuntersuchung ermöglicht. Hierdurch wird ein bewusstes Vorwissen aufgebaut, welches in den Analyseprozess gemäß der in Kapitel 1.3 beschriebenen Forschungsstrategie einfließt. Thematischer Schwerpunkt sind kulturelle Betrachtungen. Dazu wird in Kapitel 3.1 ein Kulturverständnis erarbeitet, auf welchem die weiteren deskriptiven Aussagen zu kulturellen Unterschieden aufbauen. Im weiteren Verlauf werden die für die Beantwortung der Forschungsfrage relevanten Konzepte und Erkenntnisse über die Unternehmenskultur in Kapitel 3.2 beschrieben und diskutiert. Gleiches erfolgt in Kapitel 3.3 für die Landeskultur, wobei hier der Fokus auf kulturvergleichenden Studien liegt. Auf den Aspekt kultureller Veränderungen wird unter Einbezug der Erkenntnisse aus der unternehmens- und landeskulturellen Betrachtung in Kapitel 3.4 eingegangen. Hierbei wird auch der aktuelle Stand der Forschung zu den Zusammenhängen zwischen Unternehmens- und Landeskultur beschrieben. Darauf aufbauend und unter Einbezug des international handelnden Unternehmens als Untersuchungsobjekt erfolgt in Kapitel 3.5 die Herleitung des konzeptionellen Bezugsrahmens. Neben Aussagen über das Forschungspotenzial zu Veränderungen kultureller Wertvorstellungen in international handelnden Unternehmen werden auch Implikationen für die durchzuführende Fallstudie beschrieben.

Kapitel 4 umfasst die Beschreibung der empirischen Studie sowie der Ergebnisse dieser Forschungsarbeit. Die theoretischen und methodologischen Grundlagen zur Begründung der Fallstudie als Forschungsdesign erfolgt in Kapitel 4.1. Dieses Kapitel beinhaltet zudem die Beschreibung der Fallauswahl, die Beschreibung der Datenstruktur und des Vorgehens bei der Auswertung der Daten als auch Angaben zur Qualitätsbeurteilung der durchgeführten Fallstudie. Die eigentliche Darstellung der Fallstudie erfolgt in Kapitel 4.2. Dies umfasst die Beschreibung der Falleinheiten, die Darstellung der Auswertungsergebnisse aus den einzelnen Analyseteilen sowie die durch Triangulation gewonnenen fallspezifischen Erkenntnisse. Die letzte Stufe der analytischen Generalisierung zur Herleitung eines kontextbezogenen Aussagensystems kultureller Veränderungen bei international handelnden Unternehmen erfolgt in Kapitel 4.3. Dies umfasst auch ableitbare Implikationen zur Forschung im Internationalen Management sowie bei der kulturvergleichenden Forschung wie auch die Beschreibung von Erklärungslücken des Aussagensystems.

Diese Forschungsarbeit schließt in Kapitel 5 mit einer kritischen Reflektion des bearbeiteten Themenfeldes und der gewählten Forschungsstrategie bzw. des angewandten Forschungsdesigns. Zudem wird ein Ausblick auf künftige Forschungsaktivitäten gegeben.

2 Das international handelnde Unternehmen

Ein international handelndes[75] Unternehmen führt die traditionellen Managementfunktionen im internationalen Kontext aus. Nach der allgemeinen Managementlehre sind dies exemplarisch die Beschaffung, die Produktion und der Vertrieb als primäre, sowie das Personalmanagement, die Finanzierung und das Controlling als sekundäre Funktionen.[76] Unabhängig von einer spezifischen Managementlehre handelt es sich immer um die Beschreibung und Durchführung realer Handlungen (Realwirtschaft) und deren Abbildung als Wert- und Kostengröße (Finanzwirtschaft).[77] Aus realwirtschaftlicher Perspektive kommen insbesondere personenabhängige Herausforderungen hinzu: Sprachliche Barrieren, fremde Verhaltensweisen oder die Berücksichtigung religiöser Eigenheiten seien nur einige zu nennende Beispiele. Unternehmerisches Handeln ist auch im internationalen Kontext nicht loszulösen von den handelnden Personen.[78]

In den folgenden Kapiteln wird auf die sich aus der realwirtschaftlichen Perspektive ergebenden Aufgabenstellungen international handelnder Unternehmen und deren Beweggründe und Möglichkeiten zur Internationalisierung eingegangen (Kapitel 2.1). Neben dem Handlungsraum zwischen Globalisierung und Lokalisierung ist somit auf die Strategien und die unterschiedlichen Zielsetzungen der Internationalisierung einzugehen. Mit Bezug zur Forschungsfrage ist insbesondere das Zusammenspiel von Mutter- und Tochtergesellschaften zu betrachten, welches durch die Beschreibung qualitativer Perspektiven internationalen Handelns in Kapitel 2.2 erfolgt. Aufbauend auf das Verständnis über und die Betrachtungsweisen von international handelnden Unternehmen wird abschließend in Kapitel 2.3 eine Definition international handelnder Unternehmen als Untersuchungsobjekt abgeleitet.

2.1 Aufgabenstellungen international handelnder Unternehmen

Mit direktem Bezug zum Außenhandel bzw. zur Direktinvestition als die wichtigsten Säulen der Internationalisierung sind die Beweggründe international handelnder Unternehmen unterschiedlich. Neben dem Markteintritt in ein anderes Land ist hierunter auch die Durchführung anderer unternehmerischer Funktionen in einem fremden Land zu nennen. Aber selbst Unternehmen, die rein national tätig sind, müssen sich aufgrund der Konkurrenz ausländischer Unternehmen auf dem Heimatmarkt mit den Fragestellungen des Internationalen Managements auseinandersetzen.[79]

Die Beweggründe internationalen Handelns lassen sich aus den Internationalisierungstheorien ableiten. Die wichtigsten werden in Kapitel 2.1.1 unter den Aspekten der Internationalisierungsziele und -vorteile vorgestellt. Um ein Verständnis für die mit den Aufgabenstellungen eines international handelnden Unternehmens einhergehenden Herausforderungen entwickeln

---

75 Der Begriff ‚Handeln' wird hier im weiteren Sinne verstanden. Er ist auf Aktivitäten von Personen oder sozialen Einheiten und nicht auf das wirtschaftliche Handeln im Sinne des reinen Warenaustausches zu beziehen.

76 Hier nach der PORTERSCHEN Wertschöpfungskette zur Realisierung eines Unternehmensgewinns. Vgl. Porter (1985).

77 Siehe einführend Hungenberg/Wulf (2011), S. 12ff.

78 Vgl. Lane et al. (2009), S. 1f.

79 Vgl. Perlitz (2004), S. 8f. Siehe insbesondere auch die Trugschlüsse über internationale Unternehmungen nach Kutschker/Schmid (2008), S. 244ff.

zu können, wird in Kapitel 2.1.2 der Frage nachgegangen, wie eine Internationalisierungsstrategie unter Berücksichtigung äußerer Einflüsse gestaltet sein kann.

2.1.1 Beweggründe international handelnder Unternehmen: Zwischen Globalisierung und Lokalisierung

Internationalisierungstheorien lassen Rückschlüsse auf die Kausalität der Internationalisierung (Warum?), als auch auf die Modalität (Wie?), Temporalität (Wann, wie schnell?) und Lokalität (Wo?) zu.[80] Aus den Theorien können somit allgemeine Beweggründe[81] für die Internationalisierung abgeleitet werden (siehe Abbildung 3).

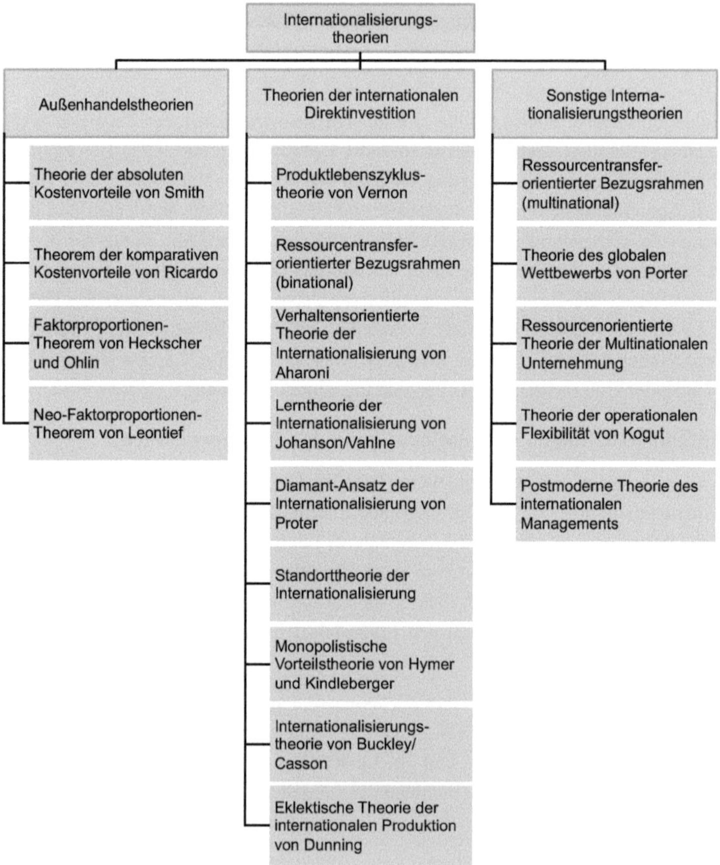

Abbildung 3: Überblick über die Internationalisierungstheorien.

[80] Vgl. Kutschker/Schmid (2008), S. 377.

[81] Die hier genannten Beweggründe sind im Sinne unternehmerischer Formalziele zu verstehen. Dagegen sollen keine konkreten Sachziele der Internationalisierung abgeleitet werden. Zur weiteren Differenzierung zwischen Zielen, Gründen und Motiven der Internationalisierung siehe insbesondere Müller/Kornmeier (2002), S. 368ff. und die dort aufgeführten Quellen und empirischen Untersuchungen.

Aus den Internationalisierungstheorien ergeben sich Erkenntnisse über Chancen und Risiken der Internationalisierung für Unternehmen. Hierbei ist zu berücksichtigen, dass sich die Theorien gegenseitig ergänzen, teils sogar Bezug aufeinander nehmen. Eine holistische Theoretisierung ist durch die Komplexität und Dynamik des Betrachtungsobjektes nicht darstellbar. Zur Kategorisierung der Theorien werden die beiden Säulen der Internationalisierung – der Außenhandel und die Direktinvestitionen[82] – herangezogen.[83] Ansätze, die sich diesen beiden Kategorien nicht zuordnen lassen, da sie beispielsweise ein stark holistisches Verständnis[84] des internationalen unternehmerischen Handelns zugrunde legen, werden im Abschnitt ‚Sonstiges' beschrieben. Abbildung 3 gibt einen Überblick über die hier diskutierten Internationalisierungstheorien.[85]

2.1.1.1 Außenhandelstheorien

2.1.1.1.1 Die Theorie der absoluten Kostenvorteile von SMITH

SMITH hat bereits 1776 die Grundlage für viele nachfolgende Theorien gelegt.[86] Demnach sollte Handel über die Ländergrenze hinweg betrieben werden, wenn ein Gut A im Land A günstiger produziert werden kann als im Land B, und ein anderes Gut B im Land B günstiger produziert werden kann als im Land A. Die Basis für diese Aussage stellt die Realisierung von Größendegressionsvorteile (economies of scale) in den jeweiligen Ländern dar. Durch die sich ergebenden unterschiedlichen Kostenstrukturen durch die Spezialisierung in der Produktion ist Außenhandel ökonomisch als sinnvoll zu betrachten.[87] Grundlegend für die Überlegungen von SMITH und auch von RICARDO (siehe nächstes Kapitel) ist, dass es sich in beiden Ländern um homogene Güter handelt und Produktionsfaktoren immobil sind.[88]

2.1.1.1.2 Das Theorem der komparativen Kostenvorteile von RICARDO

Mit seinem Theorem der komparativen Kostenvorteile greift RICARDO die Idee von SMITH auf.[89] Er stellt für das ökonomisch sinnvolle Betreiben des Außenhandels jedoch weitaus weniger restriktive Bedingungen an die Kostenstruktur. Auch wenn ein Land beide Güter günstiger produziert, kann es dennoch zu einem Wohlfahrtsgewinn durch Außenhandel kommen. Entscheidend ist, dass unterschiedliche Kostendifferenzen vorliegen und sich jedes Land auf die Spezialisierung einlässt. Zwar ist dann der Anteil am Wohlfahrtsgewinn für beide Länder unterschiedlich hoch, aber auch das Land, welches beide Güter günstiger produzieren könnte,

---

82 Direktinvestitionen sind von Portfolioinvestitionen abzugrenzen. Während das Ziel bei Direktinvestitionen der direkte Einfluss auf die Geschäftstätigkeit ist, wird Portfolioinvestitionen ein Zins- bzw. Risikoziel zugesprochen. Vgl. Holtbrügge/Welge (2010), S. 54. Seit 2008 werden seitens der DEUTSCHEN BUNDESBANK auch Kredite von Finanzintermediären nicht mehr berücksichtigt. Vgl. Deutsche Bundesbank (2012), S. 67.

83 Vgl. z.B. Holtbrügge/Welge (2010), S. 51ff.; Kutschker/Schmid (2008), S. 377ff.; Perlitz (2004), S. 65ff. Dabei sei darauf hingewiesen, dass die Zuordnung nicht immer einheitlich erfolgt. Im Folgenden wird sich an Holtbrügge/Welge (2010) orientiert.

84 Zur Unterscheidung zwischen holistischer und atomistischer Betrachtungsweise im Rahmen des Internationalen Managements siehe insbesondere Holtbrügge/Welge (2010), S. 38ff.

85 Auf weitere Übersichten über Internationalisierungstheorien und zu Theorien des Internationalen Managements wird aufgrund des Umfangs an dieser Stelle verzichtet. Siehe hierzu insbesondere Müller/Kornmeier (2002), Teil B.

86 Siehe Smith (1776).

87 Vgl. Holtbrügge, Dirk und Welge, Martin K. (2010), S. 51.

88 Vgl. Holtbrügge/Welge (2010), S. 52.

89 Siehe im Original Ricardo (1817).

profitiert von der Spezialisierung. Es sei aber angemerkt, dass dies nur bei ganz bestimmten Konstellationen der Kostendifferenzen gilt. Ursache hierfür könnten unterschiedliche Ressourcenausstattungen der Länder von Rohstoffen oder der Arbeitskraft sein.[90]

2.1.1.1.3 Das Faktorproportionen-Theorem von HECKSCHER/OHLIN

Im Unterschied zu den vorhergehenden Theorien unterscheiden HECKSCHER/OHLIN[91] bei den Produktionsfaktoren zwischen Arbeit und Kapital. Zudem wird angenommen, dass beide Länder, die wiederum zwei Produkte herstellen, mit den Produktionsfaktoren unterschiedlich ausgestattet sind. Dem folgt, dass in einem Land ein bestimmter Produktionsfaktor günstiger ist als in dem anderen. Ein Vergleich von Deutschland und Ungarn würde ergeben, dass es sich für Deutschland nach dem Faktorproportionen-Theorem lohnen würde, kapitalintensive Produkte herzustellen, da das Kapital in Deutschland günstiger zu erwerben ist als in Ungarn. Umgekehrt verhält es sich mit dem Produktionsfaktor Arbeit, welcher zweifelsohne in Ungarn günstiger zu erwerben ist. Durch Spezialisierung und Handel kann somit ein Wohlfahrtsgewinn für beide Länder realisiert werden.[92] Nicht berücksichtigt bleibt dabei, dass durch Wirtschaftsräume, wie beispielsweise die NAFTA oder die EU, die Immobilität der Produktionsfaktoren teilweise oder gänzlich aufgehoben ist.

2.1.1.1.4 Das Neo-Faktorproportionen-Theorem von LEONTIEF

LEONTIEF erkannte bei einer Untersuchung des Außenhandels der USA,[93] dass diese trotz der hohen Verfügbarkeit über Kapital kapitalintensive Güter importierte, arbeitsintensive Güter hingegen exportierte. Damit ergibt sich zunächst ein Widerspruch zum traditionellen Faktorproportionentheorem nach HECKSCHER/OHLIN, was auch als Leontief-Paradoxon bezeichnet wird. Die Erklärung ist in der Inhomogenität des Produktionsfaktors Arbeit zu finden. Es ist davon auszugehen, dass in kapitalreichen Ländern, wie den USA oder Deutschland, auch ein höheres Bildungsniveau vorzufinden ist. Somit ist nicht nur zwischen Kapital und Arbeit, sondern auch zwischen Humankapital bzw. qualifizierter Arbeit als Produktionsfaktor zu unterscheiden. Unter der Annahme, dass qualifizierte Arbeit teuer ist und demnach in kapitalreichen Ländern vorzufinden ist, werden aus solchen Ländern nicht nur kapitalintensive, sondern auch humankapitalintensive Güter exportiert, die beispielsweise den Einsatz von Facharbeitern, Ingenieuren oder Naturwissenschaftlern erfordern. Hingegen werden Güter, welche keine hohen Qualifikationsanforderungen an die Produktion stellen, von diesen Ländern importiert.[94]

2.1.1.1.5 Reflektion der Außenhandelstheorien

Es lässt sich feststellen, dass die Außenhandelstheorien insbesondere hinsichtlich der Kausalität und zu Teilen zur Modalität Aussagen über ökonomische Vorteile durch Internationalisierung treffen. Mit der Theorie von SMITH wird einer der grundlegenden Beweggründe international handelnder Unternehmen eingeführt: die Größendegression durch Spezialisierung. Ins-

---

[90] Vgl. Holtbrügge/Welge (2010), S. 51f.
[91] Siehe im Original Heckscher (1919); Ohlin (1933).
[92] Vgl. Holtbrügge/Welge (2010), S. 52.
[93] Siehe Leontief (1956).
[94] Vgl. Holtbrügge/Welge (2010), S. 52f.

besondere die Erkenntnis, dass Produktionsfaktoren in unterschiedlichen Ländern unterschiedlich zu nutzen sind, um Wohlfahrtsgewinne realisieren zu können, lässt auf das von BARTLETT postulierte Verständnis der internationalen Unternehmertätigkeit zwischen Globalisierung und Lokalisierung schließen.[95]

Auch wenn sich die obigen Theorien auf Länder als Untersuchungsobjekt beziehen, die Außenhandelstheorien insgesamt eher volkswirtschaftlicher Natur sind, so sind die Grundideen auf das Handeln der Unternehmen durchaus übertragbar. Der Wohlfahrtsgewinn würde in diesem Sinne dem Unternehmenserfolg zugesprochen werden können, sofern eine enge Bindung zwischen den in beiden Ländern handelnden unternehmerischen Organisationseinheiten besteht. Dies wird insbesondere durch Direktinvestitionen abgebildet, aus deren Perspektive die weiteren Internationalisierungstheorien betrachtet werden.

2.1.1.2 Theorien der internationalen Direktinvestition

2.1.1.2.1 Produktlebenszyklustheorie von VERNON

Entsprechend des klassischen Produktlebenszyklusverständnisses geht VERNON von unterschiedlichen Phasen bezüglich der Produktions- und Absatzbedingungen aus.[96] Basis für die Theorie stellt die Diffusionsforschung aus der Soziologie dar, welche sich dem Prozess der Durchsetzung von Innovationen in sozialen Systemen widmet. Bezüglich der Produktion wird ähnlich den Außenhandelstheorien von der Möglichkeit zur Realisierung von Größendegressionsvorteilen ausgegangen. Zudem werden ähnliche Nachfragestrukturen in den unterschiedlichen Ländern angenommen. Durch verschiedene Einkommensunterschiede besteht jedoch eine zeitliche Versetzung der Produktions- und Konsumphasen in bestimmten Ländern. Es ist von einem unterschiedlichen Verlauf der Produktions- und Konsumkurven im Stammland (z.B. Deutschland), anderen Industrieländern und Entwicklungsländern auszugehen. Wie in der Abbildung 4 aufgezeigt wird, ergeben sich in den beteiligten Ländern unterschiedliche Phasen, in welchen exportiert bzw. importiert wird.[97]

VERNON unterscheidet vier Phasen:[98]

- Innovationsphase: Das Produkt wird ausschließlich im Stammland produziert und es wird von einer geringen Preiselastizität ausgegangen. Gründe hierfür sind der hohe Neuartigkeits- und Differenzierungsgrad des Produktes. Aufgrund der Prozessunsicherheit in der Fertigung ist eine Auslagerung der Produktion nicht möglich.
- Exportphase: Das Produkt erlangt in den anderen Industrieländern und anschließend auch in den Entwicklungsländern einen höheren Bekanntheitsgrad. Hierdurch wird der Export angeregt, da aufgrund der Neuheit des Produktes diese im Ausland noch nicht produziert werden kann. Diese Annahme gilt natürlich nur bei innovativen Produkten oder innovativen Produktionsprozessen.

[95] Siehe hierzu ausführlich Kapitel 2.1.1.4.
[96] Siehe im Original Vernon (1966).
[97] Vgl. Holtbrügge/Welge (2010), S. 55ff.
[98] Nach Holtbrügge/Welge (2010), S. 56f.

- Direktinvestitionsphase: Durch eine erhöhte Auslandsnachfrage auf Basis eines weiter steigenden Bekanntheitsgrads und eines steigenden Pro-Kopf-Einkommens sind die Voraussetzungen für eine Standardisierung der Produktionsprozesse und damit für eine Massenproduktion im Ausland gegeben. Es folgt der Aufbau von Produktionsstandorten in den anderen Industrieländern sowie nachfolgend in den Entwicklungsländern.
- Reimportphase: Aufgrund des steigenden Wettbewerbs steigt die Preiselastizität im In- und Ausland. Die Produktionskosten sind entscheidend für die Wahl des Produktionsstandortes. Zudem ist davon auszugehen, dass entsprechend des Produktlebenszyklus die Inlandsnachfrage zurückgeht. In dieser Kombination lohnt sich eine Produktion im Inland nicht mehr, sodass es zu Reimporten aus den Industrieländern bzw. später aus den Entwicklungsländern kommt.

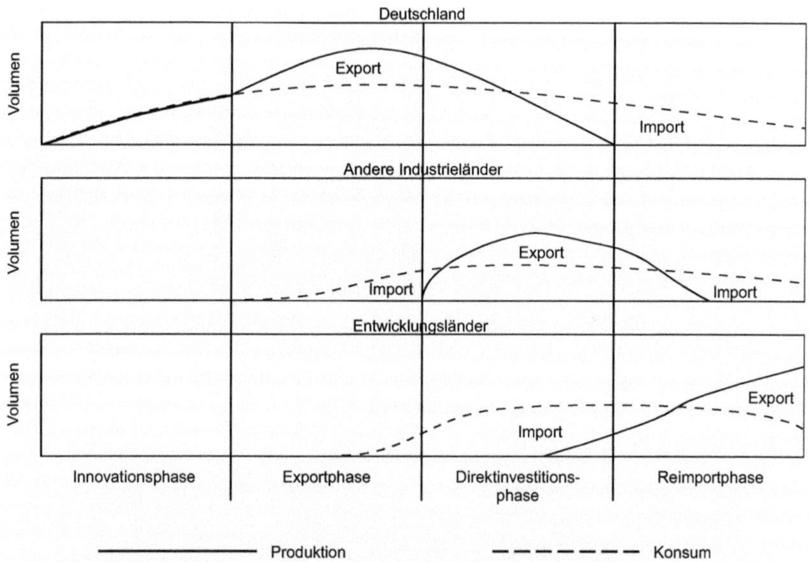

Abbildung 4: Idealtypische Darstellung der Produktionszyklustheorie. (Quelle: Nach Holtbrügge/Welge (2010), S. 57.)

Als wichtigste Kritikpunkte dieser Theorie gelten die geringe Operationalität sowie eine gewissen Willkür bei der Phasenabgrenzung. Gründe für Innovationen und Rahmenbedingungen erfolgreicher Direktinvestitionen werden ebenso wenig aufgeführt.[99] Wie im Abschnitt zu den Internationalisierungsstrategien gezeigt werden wird,[100] muss der Markteintritt nicht zwingend phasenweise erfolgen. Oftmals wird eine Produktplatzierung in mehreren Ländern gleichzeitig durchgeführt. Als notwendige Voraussetzung für die Gültigkeit der Produktle-

[99] Siehe insbesondere Holtbrügge/Welge (2010), S. 58 i.V.m. Bäuerle (1989), S. 47ff.
[100] Siehe Kapitel 2.1.2.

benszyklustheorie wird insbesondere eine hohe technologische Ausrichtung des Unternehmens hinsichtlich des Produktes gesehen. Gepaart mit der Eigenschaft von klein- und mittelständigen Unternehmen, die meist wenig Ressourcen und Know-how für einen gleichzeitigen Markteintritt in mehreren Ländern haben, kann die Produktlebenszyklustheorie insbesondere zur ex-post Analyse der Internationalisierungstätigkeit eingesetzt werden.[101]

Die Produktlebenszyklustheorie liefert Aussagen zur Kausalität (Kostendruck und Direktinvestitionen aufgrund des ausländischen Nachfragedrucks) und damit auch zur Temporalität. Bezüglich der Modalität werden der Export/Reimport und die Direktinvestition in Betracht gezogen. Die Möglichkeit der Kooperation wird nicht berücksichtigt. Bezüglich der Lokalität wird einzig zwischen Industrie- und Entwicklungsländern unterschieden. Landesspezifika bleiben somit bis auf den Verweis auf Unterschiede bezüglich des Pro-Kopf-Einkommens ungeachtet.

2.1.1.2.2 Ressourcentransferorientierter Bezugsrahmen des Internationalen Managements von FAYERWEATHER – binationale Dimension

Im Gegensatz zu den oben beschriebenen Außenhandelstheorien stellt nach FAYERWEATHER die Transferierbarkeit von Ressourcen den Kern erfolgreicher Internationalisierung dar.[102] So sind Wettbewerbsvorteile für jene Unternehmen zu verzeichnen, welche ihre Ressourcen transferieren können. Die Höhe der Wettbewerbsvorteile ist dabei insbesondere von den folgenden drei Faktoren abhängig:[103]

- Zwischen dem Heimat- und dem Gastland muss es einen Unterschied in der Ressourcenausstattung geben. Sonst würde die Fähigkeit, eigene Ressourcen transferieren zu können, keine Bedeutung haben. Neben den bereits bei den Außenhandelstheorien postulierten Ressourcen wie Bodenschätze, Arbeitskraft und Kapital sind insbesondere auch Know-how und Managementfähigkeiten von großer Bedeutung.
- Etwaige Einschränkungen der Transfermöglichkeiten durch Zölle, Local-content-Bestimmungen oder sonstige Handelshemmnisse können bei erfolgreichem Überwinden einen zusätzlichen Vorteil gegenüber den Wettbewerbern darstellen.
- Um einen Transfer der Ressourcen zu möglichst geringen Kosten durchführen zu können, muss das Unternehmen in der Lage sein, sinnvolle Ressourcenbündel zusammenstellen zu können. Durch Bündelung der Ressourcen entstehen Größendegressionsvorteile, die kostensenkend wirken. Zudem kann hierdurch u.U. ein Geschwindigkeitsvorteil erzielt werden.

Im Kern verwendet FAYERWEATHER die Ideen der Außenhandelstheorien und beschreibt, welche Fähigkeiten ein Unternehmen haben muss, um unternehmensintern eine solche Konstellation zu kreieren, dass Wohlfahrtsgewinne durch Ausnutzen von Kostendifferenzen generiert werden können. Mit dem Ressourcentransferorientierten Bezugsrahmen von FAYERWEATHER wird insbesondere ein Beitrag zur Modalität geleistet. Bezüglich der Lokalität sollte das Augenmerk auf Länder gelegt werden, in welchen die Ressourcen zunächst nicht vorhan-

[101] Vgl. Holtbrügge/Welge (2010), S. 57f.
[102] Im Original Fayerweather (1975).
[103] Nach Holtbrügge/Welge (2010), S. 58 i.V.m. Fayerweather (1975), S. 38f.

den sind, aber dorthin transferiert werden können. Aussagen zur Temporalität werden dagegen nicht getroffen.

2.1.1.2.3 Verhaltensorientierte Theorie der Internationalisierung von AHARONI

Kernelement der verhaltensorientierten Theorie der Internationalisierung bildet nach AHARONI die Abkehr vom rational denkenden Menschen, dem homo oeconomicus.[104] Demnach werden Direktinvestitionen im Ausland nicht bzw. nicht zwingend bei positiven Gewinnprognosen getätigt. Die Abkehr vom rationalen Entscheiden hin zu unvollkommenen Informationen, persönlichen Vorlieben oder Risikoaversionen der Entscheidungsträger stellt eine neue und einzigartige Perspektive unter den Theorien der internationalen Direktinvestitionen dar.[105]

Empirisch validiert wurden die Erkenntnisse AHARONIS in den letzten Jahren vielfach: Angefangen bei dem Direktinvestitionsverhalten japanischer Automobilzulieferer[106], welches sich nach den Kunden richtet, über die Hypothesen der Follow-the-Leader-Strategien,[107] bis hin zur generellen Orientierung an den Direktinvestitionen der Konkurrenz[108] finden viele Studien ihre Erklärung in der Theorie von AHARONI. In seinem Phasenmodell, welches sich an die klassische Entscheidungstheorie anlehnt, wird insbesondere die erste Phase, die Initialphase, als elementar für den Vollzug einer Direktinvestition gesehen. Entsprechend der obigen Kernaussage stellen nicht zwingend ökonomische Kenngrößen den ausschlaggebenden Punkt dar. Vielmehr werden folgende, verhaltensbezogene Initialkräfte von AHARONI beschrieben:[109]

- Aus dem Unternehmensumfeld herangetragene Vorschläge für Direktinvestitionen,
- Vorlieben wichtiger Entscheidungsträger z.B. bezüglich der Affinität zu bestimmten Ländern oder Sprachen,
- persönliche Vorteile z.B. bezüglich der Position im Unternehmen,
- Aufkommen von Handelshemmnissen, die einen Export nicht ermöglichen,[110]
- horizontale und vertikale Mitläufereffekte als Reaktion auf Direktinvestitionen inländischer Konkurrenten oder Kunden bzw. Zulieferer,[111]
- Kreuzinvestitionsstrategien als Reaktion auf Direktinvestitionen ausländischer Unternehmen im Stammland.

Mit der verhaltensorientierten Theorie der Internationalisierung werden ausschließlich Aussagen über die Kausalität von Direktinvestitionen getroffen. Eine Ausnahme bilden die Mitläufereffekte und die Kreuzinvestitionsstrategien, da hier das Land der Direktinvestition implizit mitbestimmt ist.

---

[104] Siehe im Original Aharoni (1966).
[105] Vgl. Holtbrügge/Welge (2010), S. 59f. Zur normativen Entscheidungsfindung siehe insbesondere Pfohl/Braun (1981), S. 141ff.
[106] Vgl. Martin/Swaminathan/Mitchell (1998). Siehe auch Holtbrügge (2006) oder Holtbrügge/Puck (2008).
[107] Vgl. insbesondere Graham (1978) und Knickerbocker (1973).
[108] Vgl. Henisz/Delios (2001).
[109] Nach Holtbrügge/Welge (2010), S. 59f. i.V.m. Aharoni (1966), S. 54.
[110] Siehe auch die Ausführungen zum ressourcentransferorientierten Bezugsrahmen nach FAYERWEATHER in Kapitel 2.1.1.2.2.
[111] Siehe hierzu und zum nächsten Punkt insbesondere Knickerbocker (1973).

2.1.1.2.4 Lerntheorie der Internationalisierung von JOHANSON/VAHLNE

Im Fokus der Lerntheorie der Internationalisierung steht die Abhängigkeit der Internationalisierungsstrategie vom Grad des Marktwissens und der Internationalisierungserfahrung.[112] Entscheidend für die Wahl zwischen Export, Kooperation oder Direktinvestition[113] ist der Fortschritt des organisatorischen Lernprozesses. So wird die Internationalisierungsform anhand der Chancen und Risiken gewählt, die in einer Auslandsaktivität gesehen werden. Dabei gilt das grundsätzliche Postulat der Risikoaversion: Bei geringer Auslandserfahrung und geringem Kenntnisstand bezüglich der Internationalisierung wird diejenige Internationalisierungsform verwendet, welche die geringsten Risiken birgt. Das ist i.d.R. der Export. Erst bei steigender Auslandserfahrung und damit einhergehendem Erkenntnisgewinn stehen die Chancen der Auslandsaktivität im Vordergrund der Betrachtung, sodass eine Internationalisierungsform mit höherem Risiko (Kooperation oder Direktinvestition) gewählt wird. Das Risiko wird aus Sicht des Unternehmens durch gemachte Erfahrungen und gewonnene Kenntnisse beherrschbar. Folglich sind durch zu realisierende Chancen Marktbearbeitungsaktivitäten mit höherer Ressourcenbindung zu bevorzugen.[114]

Können die gewonnenen Kenntnisse auf andere Länder aufgrund geringer psychischer bzw. kultureller Distanz[115] übertragen werden, so werden diese bei der internationalen Marktbearbeitung bevorzugt. Die Basis für diese Annahme bildet erneut die Annahme, dass der Transfer der Kenntnisse auf ähnliche Länder leichter fällt und sich damit über das neue Land schneller neue Kenntnisse gewinnen lassen. Bei Ländern mit hoher psychischer bzw. kultureller Distanz führen die fehlenden Kenntnisse zu einem erhöhten Risiko bei der Marktbearbeitung. Um die so aufkommenden Unsicherheiten beherrschen und die Chancen durch entsprechende Landesaktivitäten nutzen zu können, bedarf es einer intensiveren bzw. längeren Lernzeit. Mit dem direkten Zusammenhang zwischen Marktwissen/Lernzeit auf der einen Seite und der Ressourcenbindung sowie der psychischen/kulturellen Distanz als Haupteinflussfaktoren des Markteintrittsrisikos auf der anderen Seite ergibt sich in Anlehnung an die Produktlebenszyklustheorie eine sequenzielle Abfolge des Markteintritts.[116] Eine Ausnahme bildet der gleichzeitige Markteintritt in Länder mit kaum erkennbarer psychischer/kultureller Distanz, wie sie teils in Wirtschaftsregionen (z.B. NAFTA, EU) zu finden ist.

Im Unterschied zur Produktlebenszyklustheorie sind bei der Lerntheorie der Internationalisierung nicht externe Faktoren ausschlaggebend für den Prozess bzw. die Ausprägung der Internationalisierungsaktivitäten, sondern intern verfügbares Wissen und Kenntnisse über die Chancen und Risiken der Internationalisierungsbemühungen. Das Besondere der Theorie liegt in der Berücksichtigung der Dynamik als wesentliches Element zur Wissensgenerierung über den Markt. Diese erfolgt durch die Beobachtung der laufenden Aktivitäten in iterativer Abfolge. Dient schließlich das gewonnene Marktwissen als Grundlage für eine Marktbearbeitungsentscheidung, so ist auch diese Entscheidung dynamisch und nicht statisch. Durch den

---

[112] Vgl. im Original Johanson/Vahlne (1977) und Johanson/Vahlne (1990).

[113] Siehe hierzu Kapitel 2.1.2.

[114] Vgl. Holtbrügge/Welge (2010), S. 62f.

[115] Zur psychischen Distanz, gemessen im Grad der Unterschiedlichkeit von Sprache, Kultur, Religion, Wirtschaftssystem etc., siehe insbesondere Dow/Karunaratna (2006). Zur Rolle kultureller Distanz siehe insbesondere Shenkar (2012b) und die dort angegebene Literatur. Siehe auch Kapitel 3.3.1.

[116] Vgl. Holtbrügge/Welge (2010), S. 62f.

Einsatz unterschiedlicher Markteintrittsformen wird eine immer höhere Bindung an den ausländischen Markt gewonnen (siehe Abbildung 5).

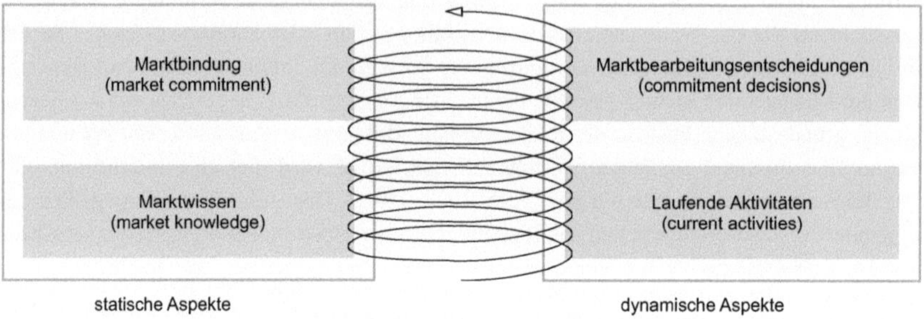

Abbildung 5: Iterativer Internationalisierungsprozess nach der Lerntheorie. (Quelle: In Anlehnung an Johanson/Vahlne (1990), S. 12 und Holtbrügge/Welge (2010), S. 65.)

Grundlage der Lerntheorie ist die Externalisierung und Internalisierung von implizitem und explizitem Wissen. Demnach kann implizites Wissen, wie beispielsweise das Marktwissen, innerhalb des Unternehmens nur durch Externalisierung und anschließender Internalisierung oder durch Sozialisation innerhalb der Unternehmenseinheit oder auch zwischen Unternehmenseinheiten weitergegeben werden (siehe Abbildung 6). Da im internationalen Kontext aufgrund kultureller Unterschiede die Sozialisation auf große Barrieren trifft, kann die Entscheidungsfindung lediglich über einen fortlaufenden Prozess von Explikation und Implikation des Marktwissens erfolgen. Hierdurch entsteht jene in der Lerntheorie beschriebene Dynamik, bei welcher stetig neues Marktwissen in die Entscheidungsprozesse zur Internationalisierung einfließt.[117]

In zahlreichen Studien konnte die Lerntheorie ebenso nachgewiesen,[118] wie auch verworfen werden.[119] Daraus ergibt sich, dass die Lerntheorie keinen holistischen Gültigkeitsanspruch haben kann, sondern bestimmte Einschränkungen für ihren Gültigkeitsbereich zu bestimmen sind.[120] Demnach hat die Lerntheorie insbesondere dann erklärenden Charakter, wenn es um die Anfänge der Internationalisierung geht. Multinationale Firmen oder sogenannte ‚born global firms' unterliegen nicht dem restriktiven iterativen Prozess der Lerntheorie, da Wissen, Erfahrungen und Kenntnisse über den Internationalisierungsprozess bzw. die zu bearbeitende Märkte schon vorhanden sind und nicht erst aufgebaut werden müssen.[121] Auch eine Einschränkung bezüglich des Produktlebenszyklus wird in der Literatur postuliert. So ist beobachtbar, dass bei Produkten mit kurzem Produktlebenszyklus und bedeutsamen Synergiepotenzial (z.B. bei der Informations- und Kommunikationstechnologie) ein paralleler dem sequentiellen Markteintritt vorgezogen wird. Ein sequenzieller Markteintritt würde einen er-

[117] Siehe zum Wissenstransfer im Unternehmen insbesondere Gourlay (2006); Nonaka (2007); Nonaka/von Krogh (2009) sowie grundlegend Nonaka/Takeuchi (2012).
[118] Siehe z.B. Barkema/Bell/Pennings (1996); Brewer (2007); Engelhard/Blei (1996) oder Shama (1995).
[119] Siehe z.B. Millington/Bayliss (1990).
[120] Siehe hierzu insbesondere Forsgren (2002) und Johanson/Vahlne (2009).
[121] Vgl. Holtbrügge/Enßlinger (2004).

heblichen Wettbewerbsnachteil darstellen.[122] Dass in diesem Zusammenhang ein paralleler Markteintritt überhaupt möglich ist, liegt insbesondere an der geographisch und zeitlich unabhängigen Informationsverfügbarkeit. So beschleunigen die modernen Medien nicht nur den in der Lerntheorie beschriebenen Prozess, sondern machen diesen unter Umständen sogar obsolet.[123]

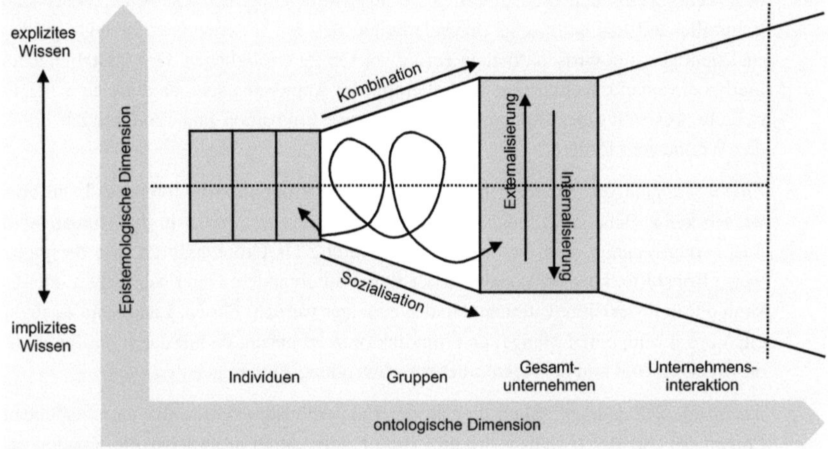

Abbildung 6: Zusammenhänge von implizitem und explizitem Wissen im Unternehmen. (Quelle: Nach Nonaka/Takeuchi (2012), S. 93.)

Die letzte Einschränkung, welche der Lerntheorie zugeschrieben werden muss, bezieht sich auf die fehlenden Aussagen über die Temporalität der Internationalisierung. Die Lerntheorie gibt keinen Anhaltspunkt darüber, wann bzw. nach welchem Zeitraum genügend Wissen bzw. Kenntnisse über die ausländischen Märkte vorhanden sind, um eine Markteintrittsentscheidung treffen zu können. Dagegen lassen sich klare Aussagen bezüglich der Modalität, Kausalität und Lokalität ableiten, wobei die oben beschriebenen Einschränkungen zu berücksichtigen sind.

2.1.1.2.5 Diamant-Ansatz der Internationalisierung von PORTER

Der Diamant-Ansatz unterliegt der Grundannahme, dass es in bestimmten Ländern besondere Bedingungen sind, die einen Erfolg von Unternehmen einer bestimmten Branche ermöglichen.[124] Diese Bedingungen sind der Grund, um erfolgreich internationale Aktivitäten durchführen zu können und gegenüber Unternehmen der avisierten Länder einen Wettbewerbsvorteil zu haben.[125] Nach PORTER sind vier Bestimmungsfaktoren und zwei ergänzende Faktoren

---

[122] Vgl. Holtbrügge/Welge (2010), S. 66.

[123] Vgl. hierzu insbesondere Evans/Treadgold/Mavondo (2000); Stöttinger/Schlegelmilch (1998) und Welge/Borghoff (2009).

[124] Vgl. Porter (1991). Als Beispiele für Heimatländer bestimmter Branchen werden bei HOLTBRÜGGE/WELGE unter anderem der Maschinenbau in Deutschland oder die Elektroindustrie in Japan genannt. Vgl. Holtbrügge/Welge (2010), S. 66.

[125] Vgl. Holtbrügge/Welge (2010), S. 66f.

sowie deren gegenseitiger Bezug zueinander ursächlich dafür, dass unternehmensseitig eine erfolgreiche Internationalisierung stattfinden kann:[126]

- *Unternehmungsstrategie, Struktur und Konkurrenz*: Es ist zu berücksichtigen, dass die örtlichen Rahmenbedingungen Auswirkungen auf die Art der Führung und die Ausprägung der Organisationsstruktur haben. Dies bezieht sich einerseits auf die Stärke des Wettbewerbs und die Struktur lokal ansässiger Unternehmen. Andererseits sind kulturelle und lokalpolitische Besonderheiten bei der Unternehmensstrategie zu berücksichtigen, um wirtschaftlichen Erfolg vor Ort zu ermöglichen. Grundsätzlich kann hierbei eine starke Konkurrenz förderlich für die Anpassung sein, da diese eine zielgerichtete Auslegung der Strategie erzwingt sowie Innovation und Produktivität durch den Wettbewerb fördert.
- *Faktorbedingungen*: Es ist zu betrachten, welche Produktionsfaktoren ein Land vorweisen kann. Dabei sind Faktoren, die durch hohe Investitionen in das Human- und Sachkapital geprägt sind, von größerer Bedeutung als Grundfaktoren, wie beispielsweise Rohstoffe. Letztere können in der Regel durch andere Güter substituiert oder es kann durch Prozessinnovationen darauf verzichtet werden. Für ein Land kann es sogar ein Vorteil sein, einen Mangel an Grundfaktoren zu haben, da hierdurch ein Innovationsdruck erzeugt und der Ressourcenverschwendung Einhalt geboten wird.
- *Nachfragebedingungen*: Auch hier ist der Innovationsdruck eine der entscheidenden Folgen der Art der Inlandsnachfrage. Dieser wird durch anspruchsvolle Kunden erzeugt, was zu einer hohen Entwicklungsfähigkeit in der Branche führt. Von besonderer Bedeutung ist es zudem, wenn das Nachfrageverhalten inländischer Kunden als Indikator für die Masse potenzieller Kunden in anderen Ländern gilt. Gegenüber der Art der Nachfrage ist die Höhe dieser im Inland nur dann relevant, wenn hohe Synergieeffekte vorhanden sind, hoher Forschungsaufwand betrieben wird oder hohe (marktseitige) Unsicherheiten bestehen.
- *Verwandte und unterstützende Branchen*: Für den internationalen Erfolg ist eine starke Supply Chain im Inland notwendig. Die Fähigkeiten der Lieferanten können auch international zu einem Wettbewerbsvorteil gegenüber den Fähigkeiten der im Ausland ansässigen Unternehmen führen. Insbesondere ein effizienterer, früherer und/oder kostengünstigerer Zugang zu Produktionsfaktoren wirkt sich positiv auf die Wettbewerbsfähigkeit nachgelagerter Branchen und Industrien aus.
- *Zufall und Staat als ergänzende Faktoren*: Die ergänzenden Faktoren liegen nicht innerhalb der direkt beeinflussbaren Umwelt eines Unternehmens (Branchenumwelt), sondern haben in Form von Gesetzgebung, Veränderungen in der Umwelt oder höhere Gewalt direkten Einfluss auf das unternehmerische Handeln. Damit einhergehend kann der Staat auch die vier Bestimmungsfaktoren im Sinne inländischer Unternehmen positiv beeinflussen.

Die Hauptkritik an PORTERS Diamant-Ansatz bezieht sich auf die geringe theoretische Fundierung sowie auf die fehlende Möglichkeit, konkrete Handlungsempfehlungen bezüglich

[126] Vgl. Porter (1991), S. 93ff. i.V.m. Holtbrügge/Welge (2010), S. 66f.

Modalität, Temporalität oder Lokalität ableiten zu können.[127] Zudem wird dem Modell eine hohe mit der Inlands- bzw. Industrieclusterfokussierung einhergehende Zentralisierung der Auslandsaktivitäten unterstellt.[128] Daraus resultiert eine Nichtbeachtung von Wertschöpfungsnetzwerken multinationaler Unternehmen. Für die Kausalität kann aus dem Diamant-Ansatz die Aussage abgeleitet werden, dass ein Unternehmen international aktiv sein sollte, sobald sich hieraus ein Wettbewerbsvorteil ergibt bzw. wenn die Unternehmen des Stammlandes zu den Besten in der Branche weltweit gehören.

2.1.1.2.6 Standorttheorie der Internationalisierung

Die Standorttheorie beschreibt im Gegensatz zu PORTERS Diamant-Ansatz den Zusammenhang, dass die Entscheidung für Auslandsaktivitäten von den im Zielland vorliegenden Rahmenbedingen (Standortfaktoren) abhängig ist. Im Fokus stehen Direktinvestitionen im Ausland. Die Standorttheorie basiert nicht auf einem einzigen Werk, sondern ist aus den Erkenntnissen vieler wissenschaftlicher Studien abgeleitet.[129] In Anlehnung an die Faktoren des Diamant-Ansatzes werden folgende Standortfaktoren berücksichtigt:[130]

- *Marktseitige Faktoren*: Diese Faktoren berücksichtigen das Marktpotenzial bzw. -wachstum und die Markteintrittsbarrieren. Dabei sind Direktinvestitionen vorteilhaft, wenn Handelsbeschränkungen durch Zölle oder Einfuhrbeschränkungen bestehen. Durch die Produktion vor Ort ist der Markt effizienter bearbeitbar.
- *Kostenfaktoren*: Gemäß dem Theorem komparativer Kostenvorteile sind insbesondere Lohnniveauunterschiede, aber auch Steuervorteile zu berücksichtigen. Dabei ist bei know-how-intensiven Produkten zu berücksichtigen, inwiefern der Qualitätsanspruch an das Produkt in Ländern mit niedrigem Lohnniveau erfüllt werden kann, da dieses grundsätzlich mit einem geringeren Ausbildungsniveau korreliert.
- *Ressourcenbasierte Faktoren*: Die Verfügbarkeit von bestimmten Grundfaktoren und Humankapital ist eine der wichtigsten Grundvoraussetzungen für eine Direktinvestition. Seitens der Grundfaktoren steht die Sicherung des Zugangs zu Rohstoffen im Vordergrund. Aber auch der Zugang zu entsprechend ausgebildeten Fachkräften ist vor allem in wissensintensiven Branchen von großer Bedeutung.
- *Staatliche Investitionsanreize*: Hier sind insbesondere Steuervergünstigungen oder Subventionen zu nennen. Dieser Faktor ist gegenüber den anderen Faktoren nicht so stark gewichtet, kann aber Investitionen beschleunigen oder verzögern. Zudem kann er ein Entscheidungskriterium bei einer Auswahl mehrerer Länder sein, deren sonstigen Standortfaktoren ähnlich sind.

---

[127] Vgl. insbesondere Holtbrügge/Welge (2010), S. 68 und Berg/Holtbrügge (1997).

[128] Vgl. Dunning (1993), S. 9f. In Kapitel 2.2.2 wird nach PERLMUTTER die Bezeichnung des ethnozentrischen Unternehmens eingeführt werden.

[129] Siehe z.B. die Erhebungen der nationalen und internationalen Wirtschaftsinstitutionen, wie die WTO, DIHK, DIW. Siehe z.B. DIHK (2008). Siehe auch Beyfuß/Eggert, J. (2000).

[130] Nach Holtbrügge/Welge (2010), S. 68f.

- *Politische und rechtliche Faktoren*: Auch diese Faktoren müssen den grundsätzlichen Anforderungen einer Direktinvestition an die Rechtssicherheit oder Eigentumsrechte genügen.

Die Liste der relevanten Standortfaktoren lässt sich beliebig erweitern und ist eher ergänzend zu den anderen Theorien und Ansätzen der Internationalisierung zu sehen. So ist auch die Branchenumwelt oder die Wettbewerbsintensität ein ausschlaggebender Faktor. Dennoch können durch eine Analyse der Standortfaktoren Aussagen über die Lokalität und über die Temporalität getroffen werden. Als Gründe der Internationalisierung im Sinne der Kausalität werden Kostenvorteile, der Zugang zu Ressourcen und die Möglichkeiten zur Marktbearbeitung aufgeführt.

2.1.1.2.7 Monopolistische Vorteilstheorie von HYMER/KINDLEBERGER

Im Gegensatz zu den bisher diskutierten Theorien und Ansätzen der Internationalisierung gehen HYMER/KINDLEBERGER davon aus, dass Aktivitäten von Tochtergesellschaften im Ausland zunächst Nachteile gegenüber inländischen Tochtergesellschaften haben.[131] Während im Diamant-Ansatz davon ausgegangen wird, dass die Institutionen aus der primären Umwelt positiven Einfluss auf das unternehmerische Handeln im Inland ausüben können, führen nach HYMER/KINDLEBERGER mangelnde Kenntnis über Gesetzgebung, Politik oder Sprache im Ausland zu höheren Informationskosten und höheren Risiken. Das ökonomische Risiko zeigt sich insbesondere in Zins- und Wechselkursschwankungen, welche die Gewinnrückführung beeinträchtigen können. Zudem erfordert die geographische Entfernung eine entsprechende Planung und Koordination des Güter- und Informationsflusses.[132]

Damit eine Tochtergesellschaft im Ausland profitabel sein kann, müssen für die Nachteile (liability of foreigness) ausgleichende Vorteile vorliegen. Grundlage hierfür sind Marktunvollkommenheiten, welche zu monopolistischen Vorteilen für die Tochtergesellschaft führen:[133]

- *Unvollkommene Faktor- und Gütermärkte*: Durch die Möglichkeit, unternehmensimplizites Wissen und Know-how in die Tochtergesellschaft zu transferieren, erhalten die Tochterunternehmen im Zielland größere Durchsetzungsmacht auf dem Beschaffungs-, Verkaufs- und auch auf dem Arbeitsmarkt. Gegenüber lokal ansässigen Unternehmen kann z.B. effizienter produziert oder potenziellen Mitarbeitern eine bessere Karrierechance gegeben werden, als dies bei lokal ansässigen Unternehmen möglich wäre.

- *Nutzen von Größendegressionsvorteilen*: Die effizientere Produktion ergibt sich nicht nur durch den Know-how-Transfer, sondern insbesondere auch durch Größendegressionsvorteile. Durch eine Erhöhung der Produktionsmenge, d.h. wenn nicht nur für den lokalen Markt, sondern für die Märkte mehrerer Länder produziert werden kann, sinken die Stückkosten. Zudem können Einsparpotenziale durch Bündelung beim Einkauf genutzt werden.

[131] Vgl. Hymer (1960) und Kindleberger (1969).
[132] Vgl. Holtbrügge/Welge (2010), S. 69f. i.V.m. Hymer (1960), S. 32ff. Siehe auch Zaheer (1995).
[133] Nach Kindleberger (1969), S. 14ff.

- *Markteintrittsbarrieren aufgrund staatlicher Regulierung*: Entsprechend der politischen und rechtlichen Faktoren aus der Standorttheorie der Internationalisierung dienen Handelshemmnisse unter Umständen als Anreiz zur Direktinvestition. Aus den Barrieren können Vorteile gegenüber anderen international handelnden Unternehmen entstehen, wenn diese die Barrieren nicht überwinden können. Der Wettbewerbsvorteil entsteht durch die alleinige Nutzungsmöglichkeit der oben genannten Punkte.

Insgesamt beschränkt sich die monopolistische Vorteilstheorie auf bestehende Vorteile, die durch eine Direktinvestition realisiert werden können. Nicht berücksichtigt wird, dass sich durch eine Direktinvestition auch neue Vorteile ergeben, zu denen ein Unternehmen im Vorfeld noch keinen Zugang hatte. Allerdings werden auch einige Nachteile der Direktinvestition, wie z.B. Opportunitätskosten und Anpassungskosten, nicht berücksichtigt. Auch die durch die kulturelle Integration der Mitarbeiter verursachten Aufwände sind an dieser Stelle anzuführen. Zudem wird nicht darauf eingegangen, inwiefern durch neue Technologien, beispielsweise in der Fertigung, die Vorteile einer Direktinvestition im Inland genutzt werden können. Neben den auf Basis der Marktunvollkommenheit ableitbaren Gründen für die Kausalität internationaler Aktivitäten lassen sich keine Aussagen über Modalität, Temporalität oder Lokalität herleiten.

2.1.1.2.8 Internationalisierungstheorie von BUCKLEY/CASSON

Ausgehend von der Transaktionskostentheorie[134] und der Betrachtung von Markt und Hierarchie[135] betrachten BUCKLEY/CASSON in ihrer Internationalisierungstheorie die Übertragung der Verfügungsrechte bzw. deren vertraglichen Aspekte. Eine unternehmensinterne Transaktion ins Ausland erfolgt durch das Unternehmen selbst (Export oder Direktinvestition). Das Unternehmen trägt in diesem Fall das ganze Risiko. Dagegen werden die Risiken bei am Markt (extern) durchgeführten Transaktionen in Form von Lizenzvergaben dem Lizenznehmer angelastet. Dabei entstehen auch bei der externen Transaktion Kosten, insbesondere für die Anbahnung, Formulierung, Schließung, Überwachung, Durchsetzung und Anpassung der Verträge.[136] Sind die Kosten der externen Transaktion größer als die Kosten, die durch die Koordination bei einer internen Transaktion entstehen, so ist die Direktinvestition oder der Export zu bevorzugen (siehe Abbildung 7).[137]

Als wesentliche Einflussfaktoren für die Höhe der Transaktionskosten sind folgende aufzuführen:[138]

- *Spezifität*: Durch die höhere Spezifität von Leistungen erhöhen sich auch die gegenseitigen Abhängigkeiten. Auch die Wahrscheinlichkeit, dass sich der Transaktionspartner opportunistisch verhält, sowie dessen Sunk-costs steigen. Daher steigt die Wahrscheinlichkeit einer Internalisierung der Leistungen mit der Spezifität dieser.

[134] Vgl. Coase (1937).
[135] Vgl. Williamson (1975).
[136] Zur Transaktionskostentheorie siehe z.B. Baldwin/Clark (2006); Bössmann (1983); Geyskens/Steenkamp/Kumar (2006) oder Williamson (1993).
[137] Vgl. Brown (1976), S. 39 und Holtbrügge/Welge (2010), S. 72f. i.V.m. Ghemawat (2001).
[138] Vgl. Williamson (1975) und Williamson (1990).

- *Unsicherheit*: Da die Verträge auch während der Leistungserfüllung meist angepasst werden müssen, steigt die Möglichkeit zum opportunistischen Verhalten, je undeterminierter und komplexer die Möglichkeiten künftiger Entwicklungen sind. Somit steigt auch mit größerer Unsicherheit die Wahrscheinlichkeit einer Internalisierung.
- *Häufigkeit*: Bedingt durch die Lerneffekte und die Größendegressionseffekte bei sich wiederholenden Transaktionen gleicher Art verringern sich die Durchschnittskosten. Dadurch sinkt mit steigender Häufigkeit gleichartiger Transaktionen die Wahrscheinlichkeit einer Internalisierung.
- *Geographische, rechtliche, ökonomische und kulturelle Distanz*: Durch grenzüberschreitende Handlungen ergeben sich bei der Informationsbeschaffung aufgrund verschiedener Sprachen oder durch die Unkenntnis über Informationsquellen Schwierigkeiten. Auch die bei der Ausgestaltung von Verträgen auftretenden Barrieren aufgrund kultureller, rechtlicher und/oder politischer Unterschiede zwischen den Ländern erschweren grenzüberschreitende Handlungen. Hierdurch wird die Wahrscheinlichkeit einer Internalisierung zusätzlich erhöht.

Auf Seiten der internen Transaktion entstehen Opportunitätskosten durch das Prinzipal-Agenten-Problem und dem daraus resultierenden Moral hazard.[139] Durch die Informationsasymetrie zwischen Mutter- und Tochtergesellschaft kann kein Verhalten der Tochtergesellschaft im Sinne der Muttergesellschaft erwartet werden. Zur Lösung dieses Problems kann die Muttergesellschaft das Verhalten entweder direkt kontrollieren (beispielsweise durch die Entsendung von Stammhausdelegierten) oder durch das Setzen von Zielvorgaben indirekt ein bestimmtes Verhalten erzwingen. Die hierdurch entstehenden Aufwände führen zu Koordinationskosten, die bei der Entscheidungsfindung über eine interne Bevorzugung oder einer externen Transaktion gegenüber gestellt werden müssen.[140]

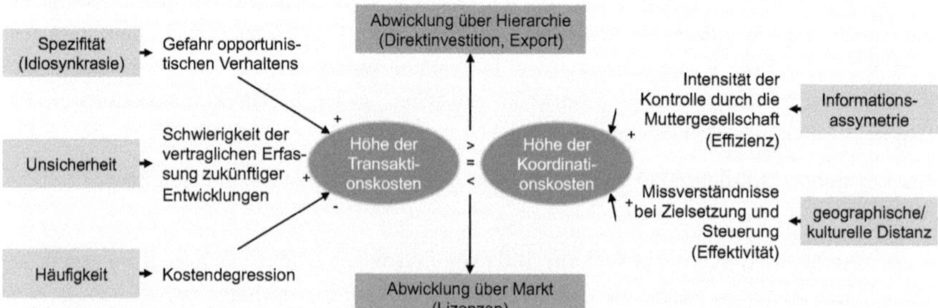

Abbildung 7: Einflussfaktoren auf die Wahl der Internationalisierungsform nach der Transaktionskostentheorie. (Quelle: In Anlehnung an Holtbrügge/Welge (2010), S. 73.)

Die Internationalisierungstheorie nach BUCKLEY/CASSON trifft Aussagen zur Modalität (Markteintrittsform) und daraus abgeleitet auch Aussagen über die Temporalität. Dabei ist

[139] Vgl. u.a. Nohria/Ghoshal (1994).
[140] Vgl. Holtbrügge/Welge (2010), S. 74.

anzumerken, dass eine Quantifizierung von Transaktionskosten ebenso schwierig ist wie die Darstellbarkeit der Koordinationskosten.[141]

2.1.1.2.9 Eklektische Theorie der internationalen Produktion von DUNNING

Die eklektische Theorie stellt die Aussagen der monopolistischen Vorteilstheorie, der Standorttheorie und der Internationalisierungstheorie in Bezug zueinander. Dabei geht DUNNING im Kern davon aus, dass die Ausprägungen der Internationalisierungsbemühungen nicht nur von einem einzigen Faktor, sondern von mehreren Vorteilskategorien determiniert werden:[142]

- *Eigentumsvorteile*: Sie bilden die Basis um einen Portfolio-Ressourcentransfer auf Basis einer Lizenzvergabe durchführen zu können. Dabei werden allgemeine Eigentumsvorteile (z.B. Patente, Management-Know-how, Ressourcenzugang), Eigentumsvorteile der Tochtergesellschaften gegenüber etablierten Unternehmen (z.B. Größendegressionsvorteile bei der Beschaffung) und Eigentumsvorteile bezüglich der internationalen Geschäftstätigkeit (z.B. Risikodiversifikation durch Währungsmanagement, unterschiedliche Faktorausstattung in den Ländern) unterschieden.
- *Internationalisierungsvorteile*: Bei Internationalisierungsvorteilen wird der Export bevorzugt. Entsprechend der Internationalisierungstheorie erfolgt eine Direktinvestition, wenn die Kosten für interne Transaktionen geringer sind als jene für externe Transaktionen bzw. Lizenzvergaben.
- *Standortvorteile*: Liegen diese vor, so kommt es zur Direktinvestition. Beeinflussende Faktoren bilden dabei die Faktorkosten im Zielland, dessen politische und rechtliche Rahmenbedingungen sowie die physische Distanz.

Nach DUNNING lassen sich diese Vorteilskategorien aber nicht getrennt voneinander betrachten. Vielmehr stehen sie in einem wechselseitigen Bezug zueinander. Eine Direktinvestition ist erst dann möglich, wenn sowohl Eigentums- als auch Internationalisierungsvorteile vorliegen. Führt man den Gedanken weiter, so können auch aus Standortvorteilen nach einer gewissen Zeit Eigentumsvorteile werden. Damit ließe sich der von der Produktlebenszyklustheorie postulierte sequenzielle Markteintritt in andere Länder befürworten.[143] Neben den Vorteilskategorien werden auch die Kontextfaktoren Land, Branche und Unternehmen eingeführt, welche die Internationalisierungsentscheidung ebenfalls beeinflussen.[144]

Eine Erweiterung erfährt die eklektische Theorie durch die Einführung weiterer Variablen, die Einflussgrößen wie z.B. Ursachen für Marktversagen oder unternehmungsspezifische Strukturvariablen berücksichtigen. Dadurch wird zwar einerseits ein höherer Realitätsbezug hergestellt, gleichzeitig jedoch die Aussagekraft der Theorie relativiert. Auch die gegenseitigen Abhängigkeiten der Faktoren stehen aufgrund unzureichender Erklärung in der Kritik.[145] Trotzdem ist hervorzuheben, dass die eklektische Theorie eine der wenigen Theorien ist, die

[141] Vgl. Holtbrügge/Welge (2010), S. 74f. und Geyskens/Steenkamp/Kumar (2006).
[142] Vgl. Dunning (1979), S. 276 und Holtbrügge/Welge (2010), S. 75.
[143] Vgl. Holtbrügge/Welge (2010), S. 76.
[144] Zur weiteren Ausführung über die Rolle der Kontextfaktoren siehe Dunning (1981).
[145] Siehe hierzu Holtbrügge/Welge (2010), S. 76f.; Macharzina/Engelhard (1991), S. 27f. und Perlitz (2004), S. 111.

Aussagen zu allen vier Dimensionen (Kausalität, Modalität, Temporalität und Lokalität) trifft und durch Studien zum Direktinvestitionsverhalten gestützt wird.[146]

2.1.1.3 Sonstige Internationalisierungstheorien

2.1.1.3.1 Ressourcentransferorientierter Bezugsrahmen des Internationalen Managements von FAYERWEATHER – multinationale Dimension

Im Vergleich zu dem in Kapitel 2.1.1.2.2 beschriebenen Bezugsrahmen von FAYERWEATHER wird hier nicht nur der Ressourcentransfer thematisiert, sondern die Fähigkeit des weltweiten Einsatzes gleicher Managementinstrumente (unifizierende Einflüsse). Durch das Gleichschalten der Führung und Steuerung der Unternehmenstätigkeit in mehreren Ländern lassen sich sowohl Lern- als auch Kostendegressionspotenziale nutzen. Durch das Ausnutzen von Größendegressionsvorteilen ergibt sich zudem die Möglichkeit, durch Änderungen in der Produktion die Durchschnittskosten zu senken.[147]

Damit reiht sich der Bezugsrahmen von FAYERWEATHER in das Spannungsfeld zwischen Lokalisierung und Globalisierung ein.[148] Denn trotz der sich aus der Standardisierung ergebenden Vorteile, müssen lokale Markteigenschaften berücksichtigt werden. Solch fragmentierende Einflüsse können beispielsweise kulturelle Fragestellungen oder landesspezifische Ausrichtungen des Marketings sein. Je kleiner die fragmentierenden Einflüsse gegenüber den unifizierenden Einflüssen sind, umso größer wird der Wettbewerbsvorteil multinationaler Unternehmen im Vergleich zu den lokal handelnden Unternehmen. FAYERWEATHER leitet daraus ab, dass Unternehmen vor allem in solche Länder investieren sollten, deren fragmentierende Einflüsse ähnlich ausgeprägt sind und die damit über ähnliche Rahmenbedingungen verfügen. Auch wenn in einem Land erfolgreich unternehmerisch gehandelt werden könnte, die Rahmenbedingungen in diesem Land jedoch maßgeblich abweichen, sollte keine Investition durchgeführt werden.[149] Damit werden durch die multinationale Dimension Aussagen zur Kausalität und auch zur Lokalität getroffen.

2.1.1.3.2 Theorie des globalen Wettbewerbs von PORTER

Auch PORTERS Theorie des globalen Wettbewerbs geht von der Möglichkeit der Ausnutzung von Globalisierungsvorteilen und den damit verbundenen Größendegressions- und Verbundeffekten aus.[150] Allerdings bezieht er die unifizierenden bzw. fragmentierenden Einflüsse nicht auf Länder, sondern auf Branchen. Eine reine Betrachtung des Gastlandes reicht demnach nicht aus, da die globalisierungsfördernden Faktoren und die notwendigen Anpassungen an lokale Bedingungen in einem Land für unterschiedliche Branchen verschieden sein können.[151] Porter formuliert hierzu vier Geschäftsfeldtypen:[152]

[146] Vgl. Dunning/Lundan (2008).
[147] Vgl. Holtbrügge/Welge (2010), S. 78f.
[148] Vgl. u.a. Prahalad/Doz (1987).
[149] Vgl. Holtbrügge/Welge (2010), S. 80.
[150] Siehe im Original Porter (1989). Porter nimmt damit Bezug auf den Industrial-Organization Ansatz.
[151] Vgl. Holtbrügge/Welge (2010), S. 80f.
[152] Nach Holtbrügge/Welge (2010), S. 81f.

- *Nationale Branchen*: Es besteht die Notwendigkeit einer starken lokalen Anpassung, welche beispielsweise durch die Besonderheit des Produktes, hohe Transportkosten oder spezifisches Kundenverhalten verursacht wird. Die Ausnutzung von Größendegressions- und Verbundvorteilen ist dagegen stark eingeschränkt. Es dominieren nationale Unternehmen.
- *Multinationale Branchen*: Auch hier ist eine lokale Anpassung notwendig, wobei sich größere Regionen aus mehreren Ländern ergeben. Damit können Größendegressions- und Verbundvorteile genutzt werden, wenn diese auch grundsätzlich keine große Bedeutung besitzen.
- *Rein globale Branchen*: Die unternehmerischen Aktivitäten in unterschiedlichen Ländern beeinflussen sich gegenseitig. Im Vordergrund steht die Nutzung von Größendegressionspotenzialen. Lokale Anpassung spielt dagegen nur eine untergeordnete Rolle.
- *Blockiert globale Branchen*: Die fragmentierenden Einflüsse stehen ebenso stark im Vordergrund wie der Nutzen, der durch globale Wertschöpfung und weltweiten Vertrieb sowie durch Standardisierung entsteht. Es kann beispielsweise durch rechtliche Auflagen des Gastlandes eine lokale Anpassung erzwungen werden.

Durch die hohen Größendegressionspotenziale müssen Unternehmen, die einer globalen Branche angehören, international tätig sein, um wettbewerbsfähig sein zu können. Der lokale Markt ist viel zu klein, um gegen die international tätige Konkurrenz bestehen zu können.[153]

Trotz des höheren Detaillierungsgrades der Theorie des globalen Wettbewerbs gegenüber den anderen Theorien muss angeführt werden, dass selbst innerhalb einer Branche die Notwendigkeit zur lokalen oder globalen Anpassung unterschiedlich stark ausgeprägt sein kann.[154] Seitens der Branchen ist anzuführen, dass es keine eindeutigen Zuordnungsregeln für die Geschäftsfeldtypen gibt. Des Weiteren können in den Branchen Größendegressions- und Verbundpotenziale durch neue Fertigungs-, Management- und IuK-Technologien generiert werden. Damit wird eine dynamische Sichtweise ebenso wenig berücksichtigt, wie die Möglichkeit der Entwicklung neuer Geschäftsfelder oder gar Branchen.[155] Grundsätzlich werden im Rahmen der Theorie des globalen Wettbewerbs durch die Geschäftsfeldtypen einzig Aussagen zur Kausalität der Internationalisierung getroffen.

2.1.1.3.3 Ressourcenorientierte Theorie der Multinationalen Unternehmung

Der Resource-based View kann als Gegenpol zum Ansatz der Industrial Organization gesehen werden. Demnach entsteht die Wettbewerbsfähigkeit eines Unternehmens durch die Fähigkeit, materielle und immaterielle Ressourcen des Unternehmens zielgerichtet zu bündeln und entsprechend einsetzen zu können.[156] Damit Ressourcenbündel zur Wettbewerbsfähigkeit des Unternehmen führen, müssen sie folgende wesentliche Merkmale aufweisen:[157]

---

[153] Vgl. Holtbrügge/Welge (2010), S. 82.
[154] Vgl. Holtbrügge/Welge (2010), S. 83 und Porter (1989), S. 17ff.
[155] Vgl. Holtbrügge/Welge (2010), S. 83f. Aus diesen Gründen wird der Industrial-Organization-Ansatz grundsätzlich in Frage gestellt.
[156] Siehe grundlegend Penrose (1959); Prahalad/Hamel (1990) und Wernerfelt (1984).
[157] Nach Barney (1997), S. 145ff. und Holtbrügge/Welge (2010), S. 85.

- *Werthaltigkeit der Ressource*: Für die Kunden muss die Ressource einen erkennbaren Nutzen bieten. Dies ist der Fall, wenn sie der Stärke des Unternehmens und der Minimierung von Umweltrisiken dient.
- *Knappheit von Ressourcen*: Die Knappheit besteht auf unvollkommenen Märkten bzw. durch Marktzugangsbarrieren.[158]
- *Nicht-Imitierbarkeit einer Ressource*: Hierdurch wird ein Schutz gegenüber der Nachahmung durch konkurrierende Unternehmen gewährleistet. Dieses Merkmal entsteht einerseits durch die Interdependenz der Ressourcen und deren Ambiguität, andererseits durch die Verwendung spezifischen Know-hows bei der Ressourcenentwicklung.
- *Organisatorische Umsetzung*: Diese entspricht der Fähigkeit die durch die vorhergehenden Merkmale charakterisierten Ressourcen zielgerichtet und effizient einsetzen zu können.

Eine wichtige Rolle haben die Intangibilität und Spezifität der Ressourcen. Insbesondere auf intangible Ressourcen treffen die obigen Merkmale zu. Sind diese zudem sehr unspezifisch und lassen sich in vielen Unternehmensbereichen einsetzen, so ergeben sich Verbundeffekte und damit Effizienz- und Kostenvorteile. Als Beispiel lassen sich hierfür soziale, organisatorische und personelle Ressourcen nennen, die nicht extern adaptierbar sind, sich unternehmensintern aber in andere Länder transferieren lassen. Der globale Wettbewerbsvorteil entsteht durch die länderübergreifende Internalisierung intangibler Ressourcen.[159]

Mit dem Ressource-based View besteht in Ergänzung zur Theorie des globalen Wettbewerbs eine dynamische Perspektive zur Erklärung internationalen Handelns. Damit entsteht allerdings auch die Gefahr von Sunk-costs, falls investitionsintensive Ressourcen bei sich ändernden Umweltbedingungen nicht mehr erfolgsfördernd sind. In diesem Fall ergeben sich hohe Markteintrittsbarrieren. Als Kritik am Ressource-based View ist entsprechend der schwierigen Branchenabgrenzung die fehlende Möglichkeit der Ressourcenabgrenzung anzuführen. Es wird nicht näher betrachtet, welche Ressourcen unter welchen Bedingungen einen Beitrag zum Erfolg des Unternehmens bzw. dessen internationalen Handelns erwirken.[160] Grundsätzlich werden mit der ressourcenorientierten Theorie der multinationalen Unternehmung Aussagen zur Kausalität und Modalität getroffen.

2.1.1.3.4 Theorie der operationalen Flexibilität von KOGUT

Kern der Theorie der operationalen Flexibilität ist die Abkehr vom Grundgedanken der Zunahme der Marktgröße durch internationale Aktivitäten hin zur Fokussierung auf die Zunahme von Unsicherheit, Varianz und Diskontinuität von Umweltentwicklungen.[161] Um hierauf effizient reagieren zu können, bedarf es einer erhöhten operationalen Effizienz, welche sich in Dezentralisierung bzw. dem Aufbau eines länderübergreifenden Netzwerks ausdrückt.[162] Die

[158] Siehe zu den Marktunvollkommenheiten insbesondere das Faktorproportionen-Theorem in Kapitel 2.1.1.1.3.
[159] Vgl. Holtbrügge/Welge (2010), S. 85f. und Gupta/Govindarajan (2000), S. 473.
[160] Vgl. Holtbrügge/Welge (2010), S. 86 i.V.m. Priem/Butler (2001a); Priem/Butler (2001b) und Welge/Al-Laham (2012), S. 96ff.
[161] Siehe im Original Kogut (1989), S. 388 und Holtbrügge/Welge (2010), S. 87.
[162] Hier besteht ein direkter Bezug zur eklektischen Theorie nach DUNNING, welcher bereits auf die Ausnutzung der Eigentumsvorteile im internationalen Verbund hinweist. Siehe Kapitel 2.1.1.2.9.

Wettbewerbsvorteile, die sich durch die Erhöhung der operationalen Flexibilität ergeben, lassen sich wie folgt aufteilen:[163]

- *Arbitragevorteile*: Durch die Ausnutzung von Länderdifferenzen lassen sich folgende Arbitragevorteile realisieren: Faktormarktarbitrage (Ausnutzen unterschiedlicher Faktorausstattungen und -kosten in den Ländern, Währungsunterschiede, usw.), Steuerarbitrage (Transferpreisgestaltung), Finanzmarktarbitrage (Ausnutzen von Zinsunterschieden und Fördermaßnahmen) sowie Informationsarbitrage (globale Lerneffekte).
- *Hebelwirkungsvorteile*: Diese basieren auf der größeren Markt- und Verhandlungsmacht international handelnder Unternehmen gegenüber national oder regional handelnder Unternehmen: Querfinanzierung einzelner Länderengagements, internationale (länderbezogene) Preisdifferenzierung und Machtausübung gegenüber lokalen Institutionen.[164]

Mit der Annahme großer Varianz und Unsicherheit bezüglich der Umweltbedingungen international handelnder Unternehmen durchbricht die Theorie der operationalen Flexibilität die Annahme des Spannungsfeldes zwischen lokaler und globaler Anpassung. Allerdings wird in Frage gestellt, inwiefern die Dynamik in der Umwelt die internationale Unternehmensfähigkeit tatsächlich beeinträchtigt bzw. ob nicht auch kooperative Eigentumsformen ähnliche Vorteile bergen können.[165] Grundsätzlich können aus der Theorie der operationalen Flexibilität Aussagen zur Kausalität internationalen Handelns abgeleitet werden.

2.1.1.3.5 Postmoderne Theorie des Internationalen Managements

Mit der postmodernen Theorie wird im Rahmen des Internationalen Managements der steigenden Komplexität im unternehmerischen Handeln durch Veränderungen der Umweltbedingungen Rechnung getragen. Die Aussagen basieren dabei auf folgenden Grundannahmen:[166]

- *Aufhebung des Raumes*: Durch das immer stärkere und schnellere Zusammenwachsen von Wirtschaftsräumen und dem stetig steigenden Grad der Internationalisierung der Geschäftstätigkeiten auf Basis politischer, wirtschaftlicher, kultureller und technologischer Durchlässigkeit werden nationale bzw. regionale Grenzen immer unbedeutender. Es bedarf flexibler Strategien und Kooperationsformen, um den wachsenden Ansprüchen und der hohen Dynamik des globalen Wandels Tribut zollen zu können. Dies fällt multinationalen Unternehmen leichter als Unternehmen, die sich erst am Anfang ihrer internationalen Geschäftstätigkeit befinden. Für die Unternehmen lässt sich daraus ein Zwang zum Wachsen ableiten.
- *Verdichtung der Zeit*: Durch die Beschleunigung, Diskontinuität und Instabilität der globalen Umwelt wird der Effekt der Aufhebung des Raumes zusätzlich verstärkt. Lineare Ursache-Wirkungs-Zusammenhänge werden durch chaotische Entwicklungen ersetzt oder überlagert, wodurch der Wert vergangenheitsbasierter Prognosen deutlich

[163] Nach Kogut (1985), S. 32ff. und Holtbrügge/Welge (2010), S. 87.
[164] Siehe zum letztgenannten Punkt insbesondere die Instrumente des Public Affairs Management. Vgl. z.B. Holtbrügge/Welge (2010), Kapitel 8.
[165] Vgl. Holtbrügge/Welge (2010), S. 88.
[166] Vgl. Holtbrügge/Welge (2010), S. 88f. i.V.m. Holtbrügge (1996), S. 278ff. und Holtbrügge (1999).

schwindet. Multinationale Unternehmen haben gemäß der Lerntheorie der Internationalisierung den Vorteil, durch einen länderübergreifenden Wissenstransfer schneller Anpassungsmöglichkeiten an die dynamischen Umweltentwicklungen zu finden.[167]

- *Individualisierung von Referenzen*: Nach dem postmodernen Verständnis der Inkommensurabilität der Kultur findet die Globalisierung vor allem auf Basis kultureller Diversität statt. So werden interkulturelle Unterschiede durch intra-kulturelle Unterschiede überlagert. Entscheidend sind Unterschiede bei Beruf, Alter, Geschlecht etc. und nicht bei der nationalen Zugehörigkeit.[168] Es sind solche Unternehmen erfolgreich, welche ihren Fokus nicht auf nationale oder regionale Grenzen sondern auf die Subkulturen legen und hiernach entscheiden und handeln.

Zwar wurde auch mit dieser Theorie die Dichotomie des Spannungsfeldes zwischen globaler und lokaler Anpassung in noch höherem Maße überwunden, als dies bei der Theorie der operationalen Flexibilität der Fall ist. Doch der hohe Abstraktionsgrad der postmodernen Theorie des Internationalen Managements lässt kaum praxisnahe Gestaltungsempfehlungen zu.[169] Grundsätzlich lassen sich Aussagen zur Kausalität und Modalität internationalen Handelns ableiten.

2.1.1.4 Zusammenfassung der Beweggründe zum internationalen Handeln

Bezüglich des Erklärungsbeitrags der hier betrachteten Theorien und Ansätze des Internationalen Managements lässt sich eine Dominanz bei der Kausalität feststellen (siehe Tabelle 2). Noch weniger Beiträge als jene, die Aussagen zur Modalität[170] bzw. Lokalität der Internationalisierung Anhaltspunkte generieren, gibt es nur bei der Temporalität. Mit der Internationalisierungstheorie von BUCKLEY/CASSON und der Produktlebenszyklustheorie nach VERNON sind es gerade einmal zwei Beiträge, die hierzu Aussagen liefern. Zudem ist die Produktlebenszyklustheorie die einzige, welche die vier Dimensionen der Internationalisierung behandelt und in Bezug zueinander setzt. Aufgrund der in Kapitel 2.1.1.2.1 angeführten Einschränkungen zum Erklärungsgehalt eignet sich auch diese nicht als holistischer Erklärungsansatz zum internationalen Handeln von Unternehmen.

Um die Beweggründe zum internationalen Handeln eines Unternehmens herausarbeiten zu können, ist insbesondere die kausale Dimension von Interesse. Lässt man die Theorie der operationalen Flexibilität und die postmoderne Theorie des Internationalen Managements außen vor, so lassen sich alle anderen Aussagen zur Kausalität in die Dichotomie des Spannungsfeldes von Globalisierung und Lokalisierung einordnen (potenzialbezogene Dimension der Internationalisierung).

[167] Siehe Kapitel 2.1.1.2.4.

[168] Vgl. Huntington (1996) und Schmid (1996), S. 317ff. Zum Begriffsverständnis der Kultur siehe insbesondere Kapitel 3.1.

[169] Vgl. Holtbrügge/Welge (2010), S. 89.

[170] Die Aussagen der Theorien und Ansätze zur Modalität internationalen Handelns dienen als Grundlage für die Herleitung der Internationalisierungsstrategien. Siehe Kapitel 2.1.2.

	Kausalität	Modalität	Temporalität	Lokalität
Theorie der absoluten Kostenvorteile von Smith	Kosteneffizienz, Wohlfahrtsgewinn			
Theorem der komparativen Kostenvorteile von Ricardo	Kosteneffizienz, Wohlfahrtsgewinn			
Faktorproportionen-Theorem von Heckscher und Ohlin	Kosteneffizienz, Wohlfahrtsgewinn			
Neo-Faktorproportionen-Theorem von Leontief	Kosteneffizienz, Wohlfahrtsgewinn			Zugang zur Humanressource
Produktlebenszyklustheorie von Vernon	Kostendruck	Export/Reimport, Direktinvestition	nachfragebedingt	Unterscheidung in Industrie- und Schwellenländer
Ressourcentransferorientierter Bezugsrahmen des Internationalen Managements von Fayerweather - binationale Dimension	Realisierung von Wettbewerbsvorteilen in der Wertschöpfung			Unterschiede in der Ressourcenausstattung
Verhaltensorientierte Theorie der Internationalisierung von Aharoni	Vorschläge aus der Umwelt, Vorlieben der Entscheidungsträger, persönliche Ziele, Handelshemmnisse, Mitläufereffekte, Kreuzinvestitionsstrategie			horizontale und vertikale Mitläufereffekte, Kreuzinvestitionsstrategien
Lerntheorie der Internationalisierung nach Johanson/Vahlne	Realisierung von Marktpotenzialen	dynamische Wissensgenerierung		nach der psychischen Distanz
Diamant-Ansatz nach Proter	Realisierung von Wettbewerbsvorteilen			
Standorttheorie	Ressourcenzugriff, Marktbearbeitung			
Monopolistische Vorteilstheorie nach Hymer und Kindleberger	unvollkommener Faktor- und Gütermärkte, Größendegressionsvorteilen			
Internationalisierungstheorie von Buckley und Casson		interne oder externe Transaktionen	Verhältnis zwischen Transaktions- und Koordinationskosten	
Ressourcentransferorientierter Bezugsrahmen des Internationalen Managements von Fayerweather – multinationale Dimension	Ausnutzung von Globalisierungs- /Unifikationsvorteilen			gleichartige Kontextfaktoren
Theorie des globalen Wettbewerbs nach Porter	Nutzen von Größendegressions- und Verbundvorteilen in spezifischen Branchen			
Ressourcenorientierte Theorie der multinationalen Unternehmung	Ausnutzen von Verbundeffekten	Einsatz erfolgskritischer Ressourcenbündel		
Theorie der operationalen Flexibilität nach Kogut	Ausnutzen von Arbitrage- und Hebelwirkungsvorteilen			
Postmoderne Theorie des internationalen Managements	Aufhebung des Raumes und Verdichtung der Zeit	Denken in Subkulturen		

Tabelle 2: Systematisierung der Internationalisierungstheorien nach Kausalität, Modalität, Temporalität und Lokalität.

Demnach besteht die Erfordernis zur Standardisierung beispielsweise durch universelle Kundenbedürfnisse, technologische Zwänge, hohe Kapital- und Technologieintensität, große Größendegressions- und Synergievorteile, geringe Transportkosten im Verhältnis zu den Herstellkosten, uneingeschränkte Möglichkeiten des Ressourcentransfers oder einen weltweit einheitlichen Rechtsrahmen. Die Differenzierungserfordernis und die damit einhergehende Notwendigkeit der lokalen (nationalen) Anpassung ergeben sich u.a. aus unterschiedlichen Kundenbedürfnissen, der Wettbewerbsstärke nationaler Konkurrenz, unterschiedlichen Markt- und Produktionsstrukturen in unterschiedlichen Ländern, hoher Arbeitsintensität, großer Kostenunterschiede zwischen den Ländern, hohen Transportkosten im Verhältnis zu den Herstellkosten, eingeschränkten Möglichkeiten des Ressourcentransfers oder der Regulierung durch das Gastland.[171]

Somit stehen sich Größendegressionseffekte und Verbundeffekte auf Seiten der Globalisierung und das Ausnutzen nationaler Unterschiede auf Seiten der Lokalisierung gegenüber (siehe Abbildung 8).

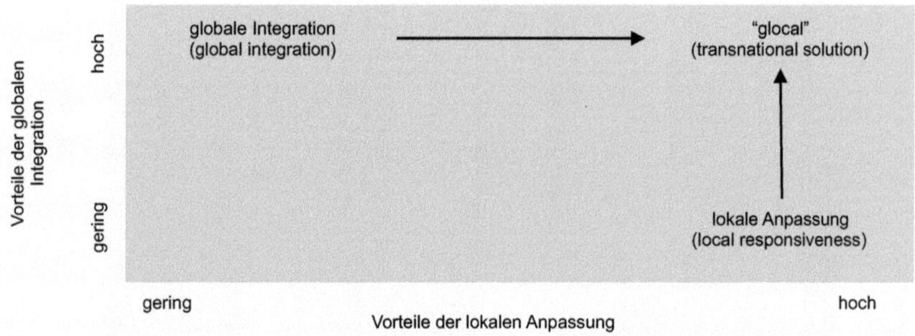

Abbildung 8: Das Spannungsfeld zwischen Globalisierung und Lokalisierung. (Quelle: In Anlehnung an Prahalad/Doz (1987), S. 25.)

Eine weitere Differenzierung bezüglich der Kausalität ergibt sich aus der marktlichen Perspektive internationalen Handelns (*marktbezogene Dimension der Internationalisierung*). Während die Erweiterung des Absatzmarktes zur Hebung von Größendegressions- und Verbundvorteilen im Vordergrund steht,[172] steht bei der ressourcenorientierte Theorie der multinationalen Unternehmung, der Lerntheorie der Internationalisierung oder der Theorie der operationalen Flexibilität der Ressourcenzugriff und der richtige Einsatz von Produktionsfaktoren im Vordergrund. Es lässt sich unterscheiden, inwiefern die Internationalisierungsbestrebungen auf die Erweiterung des Absatzmarktes oder auf Effizienzsteigerungen bei der Wertschöpfung zielen. Selbstverständlich sind die Beweggründe auch miteinander vereinbar, wie es beispielsweise bei der Produktlebenszyklus- oder der Standorttheorie angedeutet wird. Nach MÜLLER/KORNMEIER lassen sich hieraus drei Hauptziele der Internationalisierung ableiten: markt- und absatzorientierte, kosten- und ertragsorientierte sowie beschaffungsorientierte

[171] Vgl. Holtbrügge/Welge (2010), S. 42f.

[172] Dies wird beispielsweise in den Theorien des globalen Wettbewerbs oder der verhaltensorientierten Theorie der Internationalisierung postuliert.

Internationalisierung.[173] Im Grundsatz wurde diese Kategorisierung auch empirisch identifiziert.[174]

2.1.2 Internationalisierungsstrategien international handelnder Unternehmen

Neben den Beweggründen für das internationale Handeln ist für diese Arbeit von Bedeutung, wie bzw. in welcher Form eine Internationalisierung vonstattengehen kann. Dabei ist zwischen der Markt- und Standortwahl, der Wahl der Markteintrittsform sowie der Wahl des Markteintrittszeitpunktes zu unterscheiden. Aufgrund der Forschungsfrage sind die Markt- bzw. Standortwahl sowie die Wahl des Markteintrittszeitpunkts nicht von vordergründigem Interesse, da Aktivitäten in einem Gastland unterstellt werden müssen.[175] Dagegen können mit Bezug zur Modalitätsdimension der Internationalisierungstheorien aus der Frage nach der Markteintrittsform wichtige Rahmenbedingungen für das in Kapitel 2.3 abzugrenzende Untersuchungsobjekt hergeleitet werden.

Bei der Markteintrittsform müssen Entscheidungen hinsichtlich der drei Dimensionen Wertschöpfungsform, Eigentumsform und Ansiedlungsform getroffen werden. Es muss bei der Wertschöpfung entschieden werden, inwiefern bzw. zu welchem Grad wertschöpfende Aktivitäten im Gastland durchzuführen sind. Bei der Wahl der Eigentumsform muss berücksichtigt werden, inwiefern Verfügungsrechte über den Ressourcentransfer beibehalten oder an Partner im Gastland abgetreten werden. Hinsichtlich der Ansiedlungsform steht schließlich die Frage nach der physischen Präsenz im Gastland im Fokus. Die drei Dimensionen und ihre Ausprägungen sind in Abbildung 9 zusammengefasst.

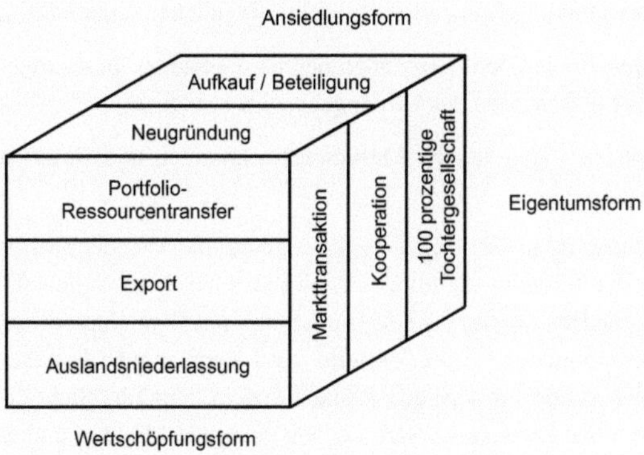

Abbildung 9: Dimensionen der Markteintrittsform.
(Quelle: Nach Holtbrügge/Welge (2010), S. 104.)

[173] Vgl. Müller/Kornmeier (2002), S. 370ff.
[174] Vgl. Müller/Kornmeier (2002), S. 377f. oder Beyfuß/Eggert, J. (2000).
[175] Siehe zu diesen Themen insbesondere Holtbrügge/Welge (2010), S. 4.1.1 sowie Holtbrügge/Welge (2010), S. 4.1.3.

2.1.2.1 Internationalisierungsentscheidung bezüglich der Wertschöpfungsform

Unter Wertschöpfung wird die Differenz zwischen betrieblich erzeugtem Gütereinkommen und den Vorleistungskosten verstanden.[176] Dabei wird der Erzeugung ein umfassendes Produktionsverständnis zugeordnet, welches im Sinne des ‚System of National Accounts' der Vereinten Nationen alle erzeugten Waren und Dienstleistungen umfasst.[177] Bezüglich der Wertschöpfungsform wird im Folgenden in Anlehnung an die eklektische Theorie der internationalen Produktion zwischen Portfolio-Ressourcentransfer (Lizenzvergabe über die Wertschöpfung), Export und Auslandsniederlassung unterschieden.[178]

2.1.2.1.1 Der Portfolio-Ressourcentransfer als Wertschöpfungsform

Beim Portfolio-Ressourcentransfer wird keine eigene Wertschöpfung nach obiger Definition betrieben. Es wird vielmehr anderen Unternehmen die Berechtigung übertragen, bestimmte Wertschöpfungsaktivitäten bis hin zum Veräußern der Ware bzw. Dienstleistungen durchführen zu dürfen. Dabei wird zwischen dem reinen Lizenzvertrag und dem Franchising unterschieden.

Beim Lizenzvertrag wird zwischen folgenden Formen unterschieden:[179]

- *Herstellungslizenz*: Die Herstellungslizenz genehmigt den Lizenznehmer, ein Produkt herzustellen. Der Vertrieb des Produktes bleibt in der Regel dem Lizenzgeber vorbehalten.
- *Vertriebslizenz*: Umgekehrt verhält es sich bei der Vertriebslizenz, welche in der Regel nicht die Herstellung eines Produktes beinhaltet, jedoch dessen Vertrieb.
- *Gebrauchslizenz*: Dem Lizenznehmer wird gestattet, bestimmtes Fertigungknow-how oder sonstiges Wissen des Lizenzgebers zu verwenden.
- *Markenlizenz*: Hier dürfen Markenbezeichnungen und -logos des Lizenzgebers verwendet werden.

Die Lizenznutzung ist in der Regel zeitlich, geographisch oder sachlich eingeschränkt. Die Möglichkeiten der Entgeltgestaltung reichen dabei von Pauschalgebühren über den Lizenztausch bis hin zur Beteiligung an den Einnahmen aus dem Verkauf von Vorprodukten, Maschinen und Ausrüstungen.[180] Die Vorteile der Lizenzvergabe bestehen insbesondere in der Einnahmesicherheit und im geringen Risiko. Zudem kann aus Sicht des Internationalen Managements durch den Lizenzgeber der Zugang zu neuen Märkten und der damit einhergehenden Notwendigkeit der Produktanpassung erleichtert werden. Auch den sich aus der Makro-

[176] Nach Gabler Verlag (n.d.). Der hier verwendete Begriff lehnt sich an die Betriebswirtschaftslehre an. Das volkswirtschaftliche Verständnis der Wertschöpfung bezieht sich dagegen im Sinne der Bruttowertschöpfung auf die Differenz zwischen Produktionswert und den Vorleistungen im Allgemeinen und ist nicht unternehmensspezifisch herleitbar.

[177] Siehe detailliert zur System of National Accounts http://unstats.un.org/unsd/nationalaccount/.

[178] Vgl. im Folgenden insbesondere Holtbrügge/Welge (2010), S. 104ff.

[179] Vgl. Holtbrügge/Welge (2010), S. 104f.

[180] Vgl. Holtbrügge/Welge (2010), S. 105 und Weihermüller (1982), S. 119.

umwelt ergebenden Unsicherheiten bezüglich Rechtsprechung und politischen Entscheidungen ist der Lizenzgeber nicht direkt ausgesetzt, da kein Vermögenstransfer stattfindet.[181]

Als Nachteil des Lizenzvertrages ist die eingeschränkte Kontroll- und Steuermöglichkeit auf den Lizenznehmer anzuführen. Dies betrifft insbesondere die Imagebildung bei Vertriebslizenzen, da der Lizenznehmer in direktem Kontakt mit den Kunden steht. Weitere Gefahren bestehen beispielsweise bei Herstellungs- oder Gebrauchslizenzen in der nicht zu kontrollierenden Weitergabe sensiblen Fertigungsknow-hows. Das Risiko ist insbesondere in solchen Ländern nicht zu unterschätzen, in welchen es bezüglich des Schutzes geistigen Eigentums keine ausreichend Rechtssicherheit gibt.[182]

Die Kontroll- und Steuerungsmöglichkeit ist hingegen beim Franchising gegeben, welches deshalb auch als vertikale Kooperationsform rechtlich selbstständiger Unternehmen gewertet wird.[183] Als Portfolio-Ressourcentransfer ist diese Wertschöpfungsform einzuordnen, da auch hier einzig Rechte und Pflichte übertragen werden, Produkte unter Verwendung von Namen, Marke, Ausstattung etc. herzustellen und nach Bestimmungen des Franchisegebers zu vertreiben. Es handelt sich um ein Dauerschuldverhältnis, wobei das Entgelt in der Regel ein Anteil des vom Franchisenehmers erzielten Umsatzes ist. Darüber hinaus ist der Franchisegeber verpflichtet, den Franchisenehmer auszubilden und über Änderungen bezüglich Fertigung oder Vertrieb zu informieren.[184]

Die mit der engen Bindung des Franchisenehmers an den Franchisegeber einhergehende hohe Kontroll- und Steuermöglichkeit bedingt gleichzeitig einen großen Koordinationsaufwand. Zudem besteht die Gefahr, dass bei großem Erfolg des Franchisebündnisses der Erfolgsanteil des Franchisegebers ignoriert wird und beim Franchisenehmer Bedürfnisse nach Eigenständigkeit aufkommen.[185]

2.1.2.1.2 Der Export als Wertschöpfungsform

Zentraler Gegenstand des Exports bilden nicht Rechte, sondern die zu vertreibenden Güter und Dienstleistungen über die Landesgrenze hinweg. Es wird zwischen direktem und indirektem Export unterschieden. Beim direkten Export wird das Produkt vom Hersteller dem ausländischen Abnehmer zur Verfügung gestellt bzw. direkt auf dem ausländischen Markt abgesetzt, ohne dass ein weiterer Akteur eingebunden wird. Die Vorteile des direkten Exports liegen im direkten Kundenkontakt und in der Möglichkeit, die gesamte Lieferkette kontrollieren und steuern zu können. Damit einher geht natürlich die Notwendigkeit, den Gastlandmarkt bzw. die Bedürfnisse seiner Kunden genau zu kennen, sowie die Inkaufnahme eines höheren Koordinationsaufwands bzw. die Übernahme der kompletten Transport- und Ausfallrisiken.[186]

---

[181] Vgl. Holtbrügge/Welge (2010), S. 105.
[182] Vgl. Holtbrügge/Welge (2010), S. 104.
[183] Zur Kooperation als Eigentumsform siehe ausführlich Kapitel 2.1.2.2.
[184] Vgl. Holtbrügge/Welge (2010), S. 106; Pauli (1990); Skaupy (1995) und Tietz (1991).
[185] Vgl. Holtbrügge/Welge (2010), S. 106.
[186] Siehe zum Export Pfohl (2010), S. 347; Singh (2009); Zou/Fang/Zhao (2003) und im kulturellen Kontext Stöttinger/Schlegelmilch (1998).

Im Gegensatz zum direkten Export bedient sich das herstellende Unternehmen beim indirekten Export eines Absatzmittlers. Diese handeln auf eigene Rechnung und tragen das gesamte oder zumindest einen großen Teil des Absatz- und Transportrisikos.[187] Hierdurch geht die Möglichkeit der direkten Einflussnahme auf das Auslandsgeschäft dem herstellenden Unternehmen verloren. Es entsteht eine Erfolgsabhängigkeit vom Absatzmittler. Umgekehrt müssen beim herstellenden Unternehmen weniger Kenntnisse über den Absatzmarkt vorhanden sein, sodass der indirekte Export im Sinne der Internationalisierungstheorie von BUCKLEY/CASSON als Markttransaktion aufgefasst werden kann.[188]

Gegenüber dem Portfolio-Ressourcentransfer besitzt der Export als Wertschöpfungsform internationalen Handelns den Vorteil, dass die Produktqualität kontrollierbar ist und Größendegressionspotenziale insbesondere bei der Produktion gehoben werden können. Damit einher geht jedoch ein höherer Koordinationsaufwand sowie – zumindest beim direkten Export – die Notwendigkeit, sich mit dem Absatzmarkt intensiv auseinandersetzen zu müssen. Der Einfluss durch die externe Umwelt des Gastlandes (insbesondere Politik und Rechtsprechung) ist im Vergleich zu Auslandsniederlassungen aufgrund nicht vorhandener Direktinvestitionen nicht gegeben, auch wenn die Möglichkeit des Exports den freien Zahlungsverkehr zwischen den Ländern sowie keine bzw. geringe Handelsbeschränkungen bedingt. Damit ist auch der Export als risikoarm einzustufen und geht gemäß der Produktlebenszyklustheorie von VERNON oder der Lerntheorie der Internationalisierung von JOHANSON/VAHLNE meist einer Direktinvestition voraus.[189]

2.1.2.1.3 Die Auslandsniederlassung als Wertschöpfungsform

Die mit einer Auslandsniederlassung einhergehende Direktinvestition hat in der Regel die langfristige Verlagerung von Wertaktivitäten und Ressourcen ins Ausland zum Ziel. Gemäß der Theorie der internationalen Direktinvestitionen entstehen hierdurch Wohlfahrtsvorteile.[190] Es lassen sich folgende Formen unterscheiden:[191] F&E-, Beschaffungs-, Produktions- und Vertriebsniederlassung. Auch die Kombination mehrerer Wertaktivitäten bis hin zum Abbild der Strukturen und Wertaktivitäten der Muttergesellschaft sind möglich, wobei nach der Lerntheorie der Internationalisierung von JOHANSON/VAHLNE für die Etablierung einer Produktionsniederlassung das meiste Wissen über das Gastland notwendig ist und daher anderen Auslandsaktivitäten folgt.[192]

Bezüglich der Produktionsniederlassung wird zudem unterschieden, ob nur die Montage vor Ort durchgeführt wird, oder ein Fertigungsbetrieb aufgebaut wird. Die Etablierung einer Auslandsmontage ist insbesondere bei arbeitsintensiven Produkten gängig, da hier Lohnkostenunterschiede besonders zum Tragen kommen. Ist darüber hinaus die Beschaffung weiterer Pro-

---

[187] Den Übergang des Haftungsrisikos zwischen herstellendem Unternehmen, Absatzmittler und Abnehmer werden durch die INCOTERMS geregelt.

[188] Siehe hierzu Kapitel 2.1.1.2.8.

[189] Vgl. Holtbrügge/Welge (2010), S. 108f. Siehe zur Produktlebenszyklustheorie insbesondere Kapitel 2.1.1.2.1 und zur Lerntheorie Kapitel 2.1.1.2.4.

[190] Siehe hierzu Kapitel 2.1.1.2.

[191] Nach Holtbrügge/Welge (2010), S. 109f.

[192] Siehe hierzu Kapitel 2.1.1.2.4.

duktionsfaktoren im Gastland vorteilhaft, so sind die Differenzierungspotenziale zu heben und der Aufbau eines Fertigungsbetriebes zu prüfen.[193]

Gegenüber dem Portfolio-Ressourcentransfer und dem Export liegen die Vorteile der Auslandsniederlassung im hohen Kontroll- und Steuerungsgrad der Wertaktivitäten. Zudem wird durch die physische Präsenz der Ressourcen im Gastland das Risiko durch Wechselkurs- und Zinsschwankungen ebenso gesenkt, wie der Einfluss durch Handelshemmnisse. Dem Unternehmen ist damit nicht nur auf Seiten des Absatzmarktes, sondern auf jeder Wertschöpfungsstufe die Möglichkeit der Risikodiversifikation und der Ausnutzung von Größendegressions- und Verbundpotenzialen gegeben. Als nachteilig ist der hohe Aufwand bezüglich des Kapitaltransfers und der Wissensgenerierung über das Gastland anzuführen.[194]

2.1.2.2 Internationalisierungsentscheidung bezüglich der Eigentumsform

Bei der Gestaltung der Wertschöpfungskette spielen nicht nur der Markt und die vollständige Integration der Wertaktivitäten in das Unternehmen eine gewichtige Rolle, sondern insbesondere die Möglichkeit der Kooperation. Mit Eigenschaften und Mechanismen des Marktes und der Hierarchie ausgestattet ermöglicht die Kooperation den Unternehmen einerseits wirtschaftliche Unabhängigkeit und das Ausnutzen von Spezialisierungspotenzialen, andererseits eine enge Abstimmung der Wertaktivitäten.[195] Demnach können Markt und Hierarchie als dimensionale Extrema auf dem Kontinuum der Kooperation gesehen werden. Auf diese beiden Extrema wird im Folgenden kurz eingegangen, um im Anschluss die Vielfältigkeit der Kooperationsformen zu beschreiben.

2.1.2.2.1 Markttransaktion und 100%-ige Tochtergesellschaft

Die bei der Internationalisierungstheorie von BUCKLEY/CASSON beschriebene und diskutierte Markttransaktion hat für international handelnde Unternehmen den großen Vorteil, dass sie wenig ressourcenintensiv ist und zudem wenig Wissen über den ausländischen Absatzmarkt erfordert. Gegenstand einer Markttransaktion ist die vollständige Übertragung der Verfügungsrechte an Gütern, Produktionsfaktoren oder Dienstleistungen an andere Unternehmen. Sie erfolgen in der Regel anonym über digitale Plattformen. Nachteilig sind hohe Transaktionskosten sowie die Gefahr des opportunistischen Verhaltens der anderen Marktteilnehmer.[196]

Entscheidend bei der 100%-igen Tochtergesellschaft ist die alleinige Verfügungsgewalt der Muttergesellschaft über die unternehmerische Einheit im Gastland. Dabei ist nicht entscheidend, ob die Mutter-Tochter-Beziehung ethnozentrischer oder polyzentrischer Natur ist.[197] Im Vergleich zu den Markttransaktionen ist der Vorteil in der Vermeidung von Transaktionskosten zu sehen. Zudem ist eine schnelle Entscheidungsfindung durch die direkte Kontroll- und Steuerungsmöglichkeit als Vorteil gegenüber der Markttransaktion und den kooperativen

[193] Vgl. Holtbrügge/Welge (2010), S. 109f.
[194] Vgl. Holtbrügge/Welge (2010), S. 110.
[195] Vgl. z.B. Bachmann/Lane (2003); Klein (1996); Pfohl/Stölzle (1997), S. 231f.; Sydow (1995) oder Sydow (2010).
[196] Vgl. Holtbrügge/Welge (2010), S. 112. Zur Internationalisierungstheorie sowie weiterer Vor- und Nachteile der Markttransaktion siehe Kapitel 2.1.1.2.8.
[197] Siehe hierzu das EPRG-Profil nach PERLMUTTER in Kapitel 2.2.2.

Formen hervorzuheben. Dies wird jedoch durch einen hohen Kapitaleinsatz erkauft. Zudem ist gemäß der Lerntheorie der Internationalisierung ein langwieriger Prozess des Kenntniserwerbs über das Gastland von Nöten, da auf kein spezifisches Wissen eines Partners zurück gegriffen werden kann. Darüber hinaus ist es möglich, dass Tochtergesellschaften ausländischer Unternehmen häufig nicht dasselbe Ansehen in der Bevölkerung und bei der Regierung des Gastlandes haben wie einheimische Unternehmen.[198]

2.1.2.2.2 Unternehmenskooperation

Um die Vorteile von Marktransaktionen und hierarchischer Anbindung gleichermaßen nutzen zu können, gehen Unternehmen insbesondere im internationalen Kontext Kooperationen mit Partnern aus dem Gastland ein. Dabei werden in der Literatur folgende Motive angeführt:[199]

- *Ressourcenorientierte Motive*: Hierbei geht es insbesondere um die Nutzbarmachung nicht verfügbarer Ressourcen. Es stehen schwer transferierbare, intangible Ressourcen im Vordergrund der Betrachtung. Als Beispiele lassen sich Marktknow-how oder Fertigungstechnologien nennen.[200]
- *Zeitvorteile*: Insbesondere bei schnelllebigen Branchen mit kurzen Entwicklungs- und Produktlebenszyklen kann durch die Bündelung von F&E-Ressourcen und durch die Zusammenarbeit bei der Systemintegration ein zeitlicher Vorteil gegenüber anderen international bzw. global tätigen Unternehmen in der Branche entstehen.[201]
- *Kostenmotive*: Es geht einerseits um die Ausnutzung von Größendegressionseffekten und des dahinter stehenden Erfahrungskurveneffekts, andererseits auch um eine optimale Ausnutzung bestehender Ressourcen oder Ausweichmöglichkeiten bei Behinderungen in der eigenen Fertigung. Neben der Vermeidung von Transaktionskosten spielt somit auch die Risikodiversifizierung und die damit einhergehende Reduktion von Ausfallkosten eine entscheidende Rolle.
- *Marktmotive*: Stellen die Transaktionskosten bei der Informationsbeschaffung über den anvisierten Absatzmarkt eine große oder unüberwindbare Rolle dar, so kann durch eine Kooperation die Erweiterung des Absatzmarktes dennoch ermöglicht werden. Darüber hinaus können durch Kooperationen Handelshemmnisse oder weitere Markteintrittsbarrieren umgangen werden.[202] Dies ist z.B. notwendig, wenn durch rechtliche Regelungen Kooperationen mit einem Gastlandunternehmen vorgeschrieben sind, um auf dem Markt des Gastlandes überhaupt aktiv sein zu dürfen.

Kooperationen können eine Vorstufe einer Unternehmensvereinigung (Fusion) sein oder der Abwendung einer feindlichen Unternehmensübernahme dienen.[203] Sie kommen in vielfältiger Weise vor. Mit Bezug zu den Eigentumsverhältnissen lassen sich anhand der Kapitalbeteiligung und der rechtlichen Unabhängigkeit der Kooperationspartner im Internationalen Ma-

[198] Vgl. Holtbrügge/Welge (2010), S. 121f.
[199] Vgl. Contractor/Lorange (1988), S. 9ff. und Holtbrügge/Welge (2010), S. 116f.
[200] Vgl. hierzu den multinationalen ressourcentransferorientierten Bezugsrahmen sowie Doz/Hamel (1998), S. 5.
[201] Dabei sei insbesondere auf die nach PORTER definierten rein globalen und blockiert globalen Branchen verwiesen, in welchen das internationale Handeln unabdingbar ist. Siehe Kapitel 2.1.1.3.2.
[202] Siehe hierzu ebenfalls die Diskussion im Rahmen der Theorie des globalen Wettbewerbs in Kapitel 2.1.1.3.2.
[203] Vgl. Holtbrügge/Welge (2010), S. 117.

nagement vor allem die vertragliche Kooperation, das Joint Venture und die bereits oben erwähnte Fusion unterscheiden:[204]

- *Vertragliche Kooperation*: Zwischen den Kooperationspartnern besteht über die gegenseitig abgeschlossenen Verträge ein Regelwerk, in welchem sowohl Pflichten als auch Lasten der einzelnen Kooperationspartner definiert sind. Dabei bleiben die Partner rechtlich unabhängig und auch eine gegenseitige Kapitalbeteiligung ist nicht vorgesehen.
- *Joint Venture*: Es handelt sich um eine vertraglich festgehaltene, zwischenbetriebliche Zusammenarbeit der Kooperationspartner, die auf Basis von Kapitalbeteiligung beruht. Dabei wird eine gemeinsame Geschäftsführung bestimmt und entstehende Risiken werden gemeinsam getragen.[205] Es entsteht ein rechtlich selbstständiges Gemeinschaftsunternehmen, in welchem die Ressourcen der beteiligten Partner kombiniert werden. Gemäß der Beteiligung kann das Joint Venture durch eine Majorität, Minorität im Entscheidungsgremium oder paritätisch geführt werden.
- *Fusion*: Kern der Fusion ist der Verlust der rechtlichen Selbstständigkeit eines oder mehrerer Partner. Mit Ausnahme der feindlichen Übernahme ist auch die Freiwilligkeit der Kooperation ein wesentliches Merkmal. Dabei wird unterschieden, ob ein Zusammenschluss zweier gleichberechtigter Partner vorliegt oder im Sinne einer freundlichen Übernahme eine klare Über- bzw. Unterordnung vorhanden ist. Durch das Zusammenlegen der Ressourcen sollen insbesondere Synergiepotenziale gehoben werden.[206]

Inwiefern Kooperationen zu einem Nutzen für die beteiligten Partner führen, hängt nach HOLTBRÜGGE insbesondere von fünf Faktoren ab: der Partnerwahl, der Ausgestaltung des Kooperationsvertrages, der Leitungsstruktur, der Akkulturation sowie einem funktionierenden Wissensmanagement.[207]

Transferiert man die Grundidee der Außenhandelstheorie, die besagt, dass durch Handel zwischen zwei Ländern ein Wohlfahrtsgewinn erzielt werden kann,[208] auf international handelnde Unternehmen, so gilt für diese, dass sie sich zusammenschließen sollten, sofern beide Seiten davon profitieren. Hierbei werden folgende Kriterien als besonders bedeutsam für die Partnerwahl angeführt:[209]

---

[204] Für die Abgrenzung nach weiteren Dimensionen, wie z.B. Kooperationsrichtung, Kooperationsfelder, Einfluss-möglichkeiten der Partner, etc. siehe einführend Holtbrügge/Welge (2010), S. 113f.

[205] Siehe u.a. Beamish (2008).

[206] In der Literatur ist durchaus umstritten, inwiefern die Kooperation aufgrund des Verlustes der rechtlichen Eigenständigkeit als Kooperationsform gewertet werden kann. Im Gegensatz zu 100%-igen Tochtergesellschaften stehen bei einer Fusion jedoch Zielkonflikte und der Prozess der Ressourcenintegration im Fokus, welche grundsätzliche Problemstellungen in der Zusammenarbeit von Kooperationspartnern darstellen. Vgl. hierzu u.a. Holtbrügge/Welge (2010), S. 115. Dabei kann davon ausgegangen werden, dass mit zunehmender Dauer der Fusion und dem Grad der Integration die Problem- und Fragestellungen der Kooperation gegenüber jener der hierarchischen Führung in den Hintergrund rücken. Vgl. hierzu u.a. Dülfer/Jöstingmeier (2008); Holtbrügge (2003a); Holtbrügge (2003b) und Schreyögg (1991c).

[207] Vgl. Holtbrügge (2005), S. 1187.

[208] Siehe Kapitel 2.1.1.1.

[209] Nach Holtbrügge/Welge (2010), S. 117f.

- *Keine bzw. geringer Wettbewerb zwischen Kooperationspartnern*: Dies ist insbesondere dann gegeben, wenn die Partner aus unterschiedlichen Regionen stammen bzw. keinen gemeinsamen Markt bearbeiten. Alternativ kann es sich auch um nicht konkurrierende Produkte handeln.[210]

- *Ressourcenkongruenz bzw. -komplementarität*: Hierdurch ergibt sich erst die Möglichkeit der Bündelung kritischer Ressourcen. Liegt eine Ressourcenkongruenz vor, so lassen sich insbesondere Größendegressionspotenziale heben, während komplementäre Ressourcenprofile insbesondere Synergie- und Marktvorteile mit sich bringen.[211]

- *Kulturelle Kompatibilität*: Die Rolle der Unternehmenskultur ist insofern bedeutsam, da bei großen kulturellen Unterschieden ein geringerer Zielerreichungsgrad beobachtbar ist.[212] Eine Bewertung der kulturellen Kompatibilität ist aufgrund der mangelnden Sichtbarkeit im Vorhinein kaum möglich.[213] Der Akkulturation kommt als Kriterium für das Funktionieren einer Kooperation daher besondere Bedeutung zu.

Darüber hinaus wird angeführt, dass bei gleich großen Partnern die Interessensüberschneidung größer ist als bei einem großen und einem kleinen Partner.[214] Andererseits wird angeführt, dass Kooperationen mit einem fokalen Unternehmen erfolgreich sind, da in diesem Fall die Machtasymmetrie zu Eindeutigkeit und schneller Entscheidungsfindung führt. Dagegen fördern symmetrische Partnerschaften mit entsprechenden Leitungsstrukturen das Verständnis und Vertrauen zwischen den Partnern, was auch in einem besseren Zugang zu den Kernkompetenzen der Partner mündet.[215]

Der Erfolg einer Kooperation wird nicht zuletzt auch durch die Akkulturation der Partner bedingt. Welche (Unternehmens-)Kultur sich in der Kooperation entwickelt, hängt nicht zuletzt von der Partnerzusammensetzung und auch der Kooperationsform ab. Dabei wird grundsätzlich zwischen folgenden Akkulturationsformen unterschieden (siehe auch Abbildung 10):[216]

- *Integration*: Die neue Unternehmenskultur besteht aus Elementen der Unternehmenskultur der Partner.

- *Kreation*: Die neue Unternehmenskultur hat keinen Bezug zu den Unternehmenskulturen der Partner. Es wird eine neue Unternehmenskultur geschaffen.

- *Assimilation*: Die Unternehmenskultur eines Partners setzt sich durch. Die anderen Partner assimilieren diese.

- *Separation*: Es bleiben die Unternehmenskulturen aller beteiligten Partner bestehen.

Insbesondere bei der Separation sind aufgrund der oben geforderten kulturellen Kompatibilität Ineffizienzen zu erwarten. Aber auch die Assimilation bei gleich starken bzw. großen

[210] Vgl. Rall (1986), S. 39.
[211] Vgl. Porter/Fuller (1989), S. 389ff.
[212] Vgl. Hanvanich et al. (2003) und Pothukuchi et al. (2002).
[213] Siehe zur Unternehmenskultur ausführlich Kapitel 3.2.
[214] Siehe z.B. Killing (1983), S. 56.
[215] Vgl. Holtbrügge/Welge (2010), S. 120.
[216] Vgl. Holtbrügge/Welge (2010), S. 120f.

Partnern birgt Konfliktpotenziale, da dies letztendlich einer kulturellen Unterordnung gleich kommt.

Eine besondere Bedeutung kommt bei der Akkulturation personalpolitischen Instrumenten zu. Dabei stehen im internationalen Kontext die Besetzung von Führungspositionen mit Drittlandangehörigen oder kulturelle Trainings im Vordergrund. Dies ist insbesondere dann von Bedeutung, wenn nicht nur die Unternehmenskulturen, sondern auch die nationalen Kulturen der kooperierenden Partner eine große Distanz aufweisen.[217] Die kulturelle Distanz spielt schließlich auch beim Wissensmanagement eine entscheidende Rolle, da der Drang zur Wissensaufnahme auch mit landeskulturellen Ausprägungen in Verbindung gebracht wird. Dies ist von gesteigertem Interesse, sofern das Ziel der Kooperation der Wissens- bzw. Know-how-Aufbau ist.[218]

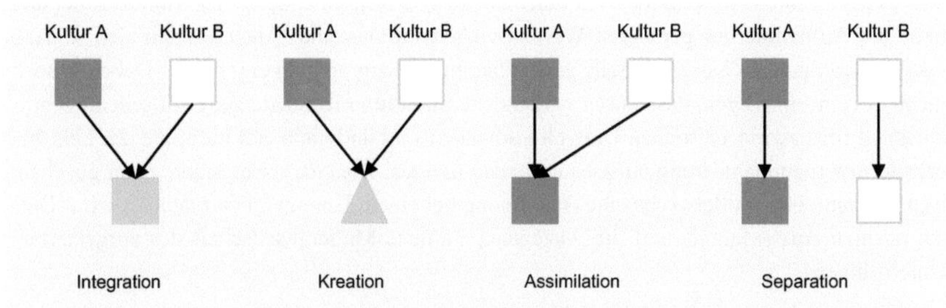

Abbildung 10: Formen der Akkulturation in internationalen Unternehmenskooperationen. (Quelle: Holtbrügge/Welge (2010), S. 120.)

Bezüglich des Einflussfaktors ‚Vertragsgestaltung' sei einzig darauf verwiesen, dass es einen Konflikt zwischen der Anforderung eindeutiger Regeln über Art, Dauer und Umfang der Kooperation einerseits und einem gewissen Grad an Flexibilität bezüglich Verpflichtungen der einzelnen Partner andererseits besteht. Eine gewisse Flexibilität ist notwendig, da es sich bei einer Kooperation um einen dynamischen Prozess der Zusammenarbeit handelt, bei welchem sich Zuständigkeiten, Pflichten und Lasten zwischen den Partnern ändern können. Der Vertragsgestaltung sollte daher entsprechende Aufmerksamkeit gewidmet werden.[219]

Abgesehen von der Partnerwahl an sich und der vertraglichen Gestaltung spielen die oben genannten Kriterien nicht nur für das Funktionieren von Kooperationen eine wichtige Rolle. Diese Kriterien sind auch bei der grundsätzlichen Ausgestaltung der Zusammenarbeit abhängiger und unabhängiger Partner wichtig. Dabei ist anzunehmen, dass der kulturelle Aspekt unabhängig von der Eigentumsform eine zentrale Rolle spielt. Beispielsweise werden Kenntnisse über den ausländischen Absatzmarkt für eine erfolgreiche Markttransaktion gefordert[220]

[217] Vgl. Holtbrügge/Welge (2010), S. 121 i.V.m. Schuler/Jackson (2001). In der unternehmerischen Praxis wird diesem Aspekt kaum Rechnung getragen, was zu einem Scheitern von Kooperationen führt. Vgl. Vaara (2000).

[218] Vgl. hierzu u.a. Holtbrügge/Welge (2010), S. 122f. oder Hennart/Roehl/Zietlow (1999).

[219] Vgl. Holtbrügge/Welge (2010), S. 118 i.V.m. Kogut (1988).

[220] Vgl. u.a. die Internationalisierungstheorie von BUCKLEY/CASSON bzw. Kapitel 2.1.2.2.1 dieser Arbeit.

bzw. die Koordination und Steuerung ausländischer Tochtergesellschaften theoretisch und empirisch ausführlich untersucht.[221]

2.1.2.3 Internationalisierungsentscheidung bezüglich der Ansiedlungsform

Aus Sicht des ressourcentransferorientierten Bezugsrahmens des Internationalen Managements bzw. des Diamant-Ansatzes der Internationalisierung ergeben sich zwei Möglichkeiten, wie internationale Aktivitäten im Sinne einer Direktinvestition durchgeführt werden können. Entweder es werden bestehende Ressourcenbündel im Gastland akquiriert (Aufkauf bzw. Beteiligung) oder neue Ressourcenbündel vor Ort generiert (Neugründung).[222]

Dabei liegt der Vorteil beim Aufkauf bzw. der Beteiligung in der sofortigen Verfügbarkeit von Beschaffungs- und Absatzkanälen, etwaiger Fertigungstechnologien und von Organisations- und Mitarbeiterstrukturen. Dies führt zur Möglichkeit einer schneller Marktbearbeitung bzw. der Aufnahme der geplanten Wertaktivitäten im Gastland. Auch können sich je nach lokalen Bedingungen Kostenvorteile gegenüber einer Neugründung ergeben.[223] Dabei ist auch nicht zu vernachlässigen, dass durch vorhandene Strukturen Kontakte zur politischen, rechtlichen und finanzwirtschaftlichen Umwelt vorhanden sind und nicht erst im Sinne der Lerntheorie der Internationalisierung aufgebaut werden müssen. Dies ist insbesondere dann gegeben, wenn anstatt eines Vollerwerbs eine Beteiligung bei einem Unternehmen realisiert wird. Dies hat positive Auswirkungen auf die Akzeptanz als neue Muttergesellschaft des aufgekauften Unternehmens.

Nachteilig bei Übernahmen sind die Transaktionskosten, die bei der Informationsbeschaffung über ein geeignetes Unternehmen entstehen, sowie die mit einer Übernahme einhergehenden Risiken. Als Risiken sind u.a. nicht ausgewiesene Verbindlichkeiten (z.B. Pensionsanforderungen) bzw. unklare Eigentumsverhältnisse aufzuführen.[224]

Als besonderer Vorteil einer Neugründung gelten die Gestaltungsfreiheiten bei der Umsetzung der Direktinvestition bezüglich der Standortwahl und bei der Konfiguration der Wertschöpfungskette. Auch eine sequenzielle Kapitalaufbringung spricht für die Neugründung, da der Aufbau eines neuen Standortes in der Regel in verschiedenen Planungsphasen abläuft. Dadurch ergibt sich allerdings ein deutlich späterer Marktbearbeitungszeitpunkt. Des Weiteren kann der aktuelle Stand der Technologie sowie Aufbau- und Ablauforganisation an der bestehenden Unternehmenskultur ausgerichtet werden, um eine gewisse Nähe zur Muttergesellschaft zu verwirklichen.[225]

2.2 Abgrenzung international handelnder Unternehmen

Im Fokus des Kapitels steht die Frage nach einer Abgrenzungsmöglichkeit eines international handelnden Unternehmens. In der Forschung zum Internationalen Management werden hierzu

---

221 Siehe zum zuletzt genannten Punkt das Kapitel 2.2 dieser Arbeit.

222 Siehe Kapitel 2.1.1.2.2 bzw. 2.1.1.2.5. Bezüglich der Eigentumsform stellt sich diese Fragestellung nicht für Markttransaktionen, da bei diesen vorhandene Strukturen bzw. Institutionen verwendet werden. Vgl. Holtbrügge/Welge (2010), S. 126.

223 Vgl. Holtbrügge/Welge (2010), S. 126f.

224 Vgl. Holtbrügge/Welge (2010), S. 126f. i.V.m. Holtbrügge/Puck (2006).

225 Vgl. Holtbrügge/Welge (2010), S. 126. Zur Rolle der Unternehmenskultur im Rahmen der Mutter-Tochter-Beziehungen siehe insbesondere Kapitel 3.5.

sowohl quantitative als auch qualitative Abgrenzung diskutiert und verwendet. In Kapitel 2.2.1 wird ausgehend von dieser Diskussion begründet, weshalb im Rahmen dieser Forschungsarbeit zur Beschreibung des international handelnden Unternehmens der qualitativen Abgrenzung gefolgt wird. In Kapitel 2.2.2 folgt schließlich die Vorstellung der wesentlichen Systematisierungen zur Beschreibung der Beziehung zwischen Mutter- und Tochtergesellschaften. In Kapitel 2.2.3 wird hingegen der Fokus auf die Rolle der Tochtergesellschaft gelegt und aufgezeigt, zwischen welchen Ausprägungen bezüglich der Aufgaben- und Funktionsvielfalt im internationalen Kontext zu unterscheiden ist.

2.2.1 Die Bedeutung quantitativer und qualitativer Betrachtungsweisen und Rollentypologien der Tochtergesellschaften

Der Unterschied zwischen international und national handelnden Unternehmen liegt grundsätzlich nicht in den Wertaktivitäten. Entscheidend ist vielmehr, wie die Wertaktivitäten auf verschiedene Länder aufgeteilt sind. Zudem sind international handelnde Unternehmen in ihrem Umgang mit den Tochtergesellschaften unterscheidbar. KUTSCHKER/SCHMID unterscheiden hierzu quantitative, qualitative und integrative Betrachtungsweisen bzw. Konzepte zu international handelnden Unternehmen (siehe Abbildung 11).

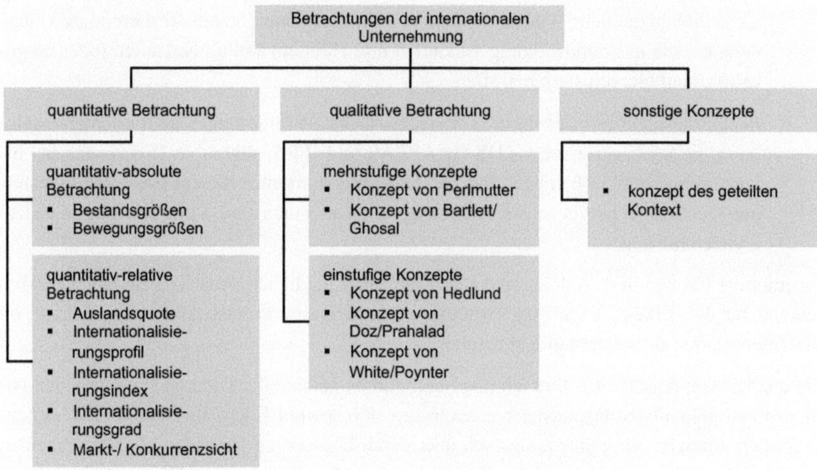

Abbildung 11: Perspektiven internationaler Unternehmen.
(Quelle: In Anlehnung an Kutschker/Schmid (2008), S. 256.)

Aus quantitativer Perspektive wird der Grad der Internationalität eines Unternehmens anhand zählbarer Größen bestimmt. Es lassen sich Größen, die einen direkten Unternehmensbezug haben (z.B. die Anzahl der Länder mit einer eigenen Unternehmenspräsenz, im Ausland vorhandenes Vermögen, im Ausland erzielte Erlöse etc.) zu quantitativ-relativen Größen weiterentwickeln. Diese zu ermittelnden Quoten ermöglichen eine Vergleichbarkeit zwischen den Unternehmen im Rahmen eines Internationalisierungsindex.[226]

Auch wenn der Nutzen der quantitativen Größen und Indizes unbestritten ist, gilt es, einige Einschränkungen bzw. Probleme beim Gebrauch jener zu berücksichtigen:[227]

- *Generelle Vergleichsproblematik:* Absolute Kennzahlen bekommen erst durch einen intra- oder interorganisatorischen Vergleich ihre Aussagekraft. Dieser Vergleich ist nur sinnvoll, wenn es einen gemeinsamen zeitlichen oder sachlichen Bezug gibt. Aber selbst dann treten Schwierigkeiten aufgrund unterschiedlicher situativer Umstände (unterschiedliche Rechtsform, Absatzprogramm etc.) auf.

- *Nationalitäten- und Stammlandproblematik:* Die Abgrenzung zwischen In- und Ausland ist bei vielen Unternehmen, die global tätig sind, nicht eindeutig zu vollziehen. Bei einigen gibt es offiziell mehrere Stammsitze in unterschiedlichen Ländern.

- *Kleinländerproblematik:* Unternehmen aus kleinen Heimatländern sind wegen der geringen Binnennachfrage in der Regel stark auslandsorientiert. Von hohem Stellenwert ist hier der Bezug zu den folgenden zwei Problemen.

- *Währungsproblematik:* Starke Auf- und Abwertungen einzelner Währungen führen zu Verschiebungen beim Vergleich über Währungsregionen hinaus. Insbesondere Unternehmen, die in Fremdwährung verkaufen und Heimatwährung einkaufen (oder umgekehrt), sind hiervon stark betroffen.

- *Rechnungslegungsproblematik:* Unterschiedliche Anforderungen an die Rechnungslegung, beispielsweise seitens US-GAAP/IAS und IFRS, führen zu Differenzen bei bilanzorientierten Größen bzw. Indizes. Dies impliziert auch die auf Basis der Transferpreisgestaltung mögliche Verschiebung von Gewinnen und Verlusten über Landesgrenzen hinweg.

Quantitative Größen bzw. Indizes sind somit nur unter ähnlichen situativen Bedingungen bedeutend für den Erkenntnisgewinn, ermöglichen jedoch eine grundsätzliche Beurteilung, ob ein Unternehmen aktiv international handelt.

Die qualitativen Ansätze zur Betrachtung international handelnder Unternehmen beziehen vor allem Internationalisierungsmuster ein. Es lassen sich sowohl Erkenntnisse über den Stellenwert internationaler Aktivitäten, als auch über deren Umsetzung gewinnen. Zu unterscheiden sind in diesem Zusammenhang einstufige und mehrstufige Konzepte.[228] Die einstufigen Konzepte beziehen sich in der Regel auf spezielle Typen, welche in den mehrstufigen Konzepten identifiziert oder entwickelt wurden. So weist beispielsweise HEDLUNDS Konzept der Heterarchie starken Bezug zu PERLMUTTERS Typ geozentrischer Unternehmen sowie einen höheren Detaillierungsgrad als jener auf.[229] Das Konzept der Diversified Multinational Corporations (DMNC) von DOZ/PRAHALAD stellt ähnlich dem Konzept von BARTLETT/GHOSHAL die

---

[226] Vgl. Kutschker/Schmid (2008), S. 265.
[227] Vgl. Kutschker/Schmid (2008), S. 266ff.
[228] Vgl. Kutschker/Schmid (2008), S. 284.
[229] Vgl. Kutschker/Schmid (2008), S. 311f. Zum Konzept von HEDLUND siehe insbesondere Hedlund (1986); Hedlund/Kogut (1993) und einführend Kutschker/Schmid (2008), S. 308ff.

Bedeutung der Umwelt in den Vordergrund, unterscheidet sich jedoch durch den organisatorischen und nicht strategischen Bezug grundlegend von jenem. Das Konzept der DMNC stellt zwar einen Bezug der verschiedenen hier diskutierten Ansätze dar, basiert jedoch auf einer einzigen Veröffentlichung[230] und hat im wissenschaftlichen Diskurs keine hohe Bedeutung.[231] Auch die weiteren einstufigen Ansätze fokussieren sich auf einzelne Aspekte der mehrstufigen Konzepte und spielen im hier zu führenden wissenschaftlichen Diskurs keine nennenswerte Rolle.[232] Aus diesem Grund wird auf einstufige Ansätze folgend nicht weiter eingegangen. Eine themenbezogene Ausnahme stellt der Beitrag von GHOSHAL/MORAN/ALMEDA-COSTA dar, bei welchem die Sozialisation im Mittelpunkt sogenannter Megacorporations steht.[233]

Neben der allgemeinen Betrachtung international handelnder Unternehmen gibt es eine Vielzahl an Autoren, welche die unterschiedlichen Rollen ausländischer Tochtergesellschaften untersuchen. Dies ergibt sich einerseits durch die hohe Heterogenität der Aktivitäten der Tochtergesellschaften, welche nicht zuletzt auf den unterschiedlichen Beweggründen der Internationalisierung basieren.[234] Andererseits wird mit einer zunehmenden Internationalisierungserfahrung den Tochtergesellschaften eine immer wichtigere Rolle bei der strategischen Ausrichtung der Unternehmen zugesprochen.[235] Die Rolle ausländischer Tochtergesellschaften als verlängerte Werkbank oder Verwerter veralteter Produkte und Technologien rückt damit immer stärker in den Hintergrund.[236]

In Anlehnung an das Führungskonzept von BARTLETT/GHOSHAL wird deren Ansatz sowieauf eine weitere Rollentypologie für Mutter-Tochter-Beziehung eingegangen: Der Ansatz von FERDOWS ist durch die Betrachtung der Rolle produzierender ausländischer Tochtergesellschaften von besonderer Bedeutung.

Im Folgenden wird zunächst auf die beiden im Rahmen des Internationalen Managements wichtigsten Ansätze zur Beschreibung international handelnder Unternehmen eingegangen, das EPRG-Profil nach Perlmutter und die Führungstypologie nach BARTLETT/GHOSHAL. Des Weiteren werden kulturelle Einflüsse nach der Theorie von GHOSHAL/MORAN/ALMEDA-COSTA vorgestellt. Abschließend werden die Kernaussagen der Rollentypologien von BARTLETT/GHOSHAL und FERDOWS dargestellt.

2.2.2 Qualitative Betrachtungsweisen international handelnder Unternehmen

2.2.2.1 PERLMUTTERS EPRG-Profil

Einer der ersten Wissenschaftler, welcher die rein quantitative Betrachtung international tätiger Unternehmen kritisierte, war PERLMUTTER. Er zeigt auf, dass trotz gleichem quantitativen Internationalisierungsgrad erhebliche Unterschiede zwischen international handelnden Unter-

230 Siehe Doz/Prahalad (1991).
231 Vgl. Kutschker/Schmid (2008), S. 316f.
232 Genannt seien an dieser Stelle beispielsweise die Ansätze von Forsgren (1990) oder White/Poynter (1984a).
233 Vgl. Ghoshal/Moran/Almeida-Costa (1995).
234 Siehe zu den Beweggründen internationalen Handelns insbesondere Kapitel 2.1.1.
235 Vgl. Kutschker/Schmid (2008), S. 338f.
236 Diese Entwicklung steht damit entgegen der Produktlebenszyklustheorie von VERNON. Vgl. hierzu Kapitel 2.1.1.2.1.

nehmen bestehen können. Zur Erklärung dieser Unterschiede müssen qualitative Merkmale herangezogen werden, wie etwa Unterschiede in Wertvorstellungen und Einstellungen oder Erlebnissen und Erfahrungen.[237]

Ausgehend von einem Vergleich von vier international handelnden Unternehmen leitet PERLMUTTER drei Orientierungen her und leitet aus den Aussagen der interviewten Manager beeinflussende Kräfte, die zur Bildung der jeweiligen Orientierung führen, ab:[238] ethnozentrische, polyzentrische und geozentrische Unternehmen. Zu einem späteren Zeitpunkt werden diese drei Orientierungen um eine regiozentrische Orientierung ergänzt.[239] PERLMUTTER geht insbesondere auf die Rolle der Führungskräfte und damit auf die Führung von Tochtergesellschaften in einem internationalen Verbund ein.[240] Im Folgenden werden die einzelnen Orientierungen näher beschrieben.

2.2.2.1.1 Ethnozentrische Orientierung

Es wird davon ausgegangen, dass Strategien und Managementtechniken der Muttergesellschaft bzw. des Stammlandes jene der ausländischen Tochtergesellschaften bzw. Gastländer dominieren und ihnen überlegen sind. Es werden alle Steuerungs- und Kontrollgrößen an heimischen Standards bemessen. Die Schlüsselpositionen in den Tochtergesellschaften werden mit Mitarbeitern aus dem Stammland besetzt, da ihnen größere Fähigkeiten, Loyalität gegenüber der Muttergesellschaft und eine hohe Verlässlichkeit bei der Umsetzung vorgegebener Ziele zugeschrieben werden. Die starke Bindung an die Muttergesellschaft spiegelt sich einerseits in einer stammlandgeprägten Unternehmenskultur wieder, andererseits in einer zentralistischen Organisationsstruktur. Hierdurch entsteht in der Muttergesellschaft ein hoher Koordinations- und Steuerungsaufwand, während die Tochtergesellschaft insbesondere Vorgaben umsetzen und Anweisungen folgen muss. So können Entscheidungen in den Tochtergesellschaften nur nach Rücksprache mit der Muttergesellschaft getroffen werden, insbesondere um etwaigen Sanktionen bei Nichterfolg zu vermeiden. Mit dem hohen Koordinations- und Steuerungsaufwand geht eine hohe Organisationskomplexität innerhalb der Muttergesellschaft einher.[241]

Die Gründe für die Etablierung einer ethnozentrischen Orientierung liegen in knappen finanziellen und personellen Kapazitäten, fehlender Internationalisierungserfahrung oder Unkenntnis über die Märkte und Geschäftsbedingungen des Gastlandes. Als Markteintrittsstrategie wird bei einer ethnozentrischen Orientierung daher meist der Export oder die Lizenzvergabe gewählt. Es sind bei einer ethnozentrischen Orientierung aufgrund der Stammlandorientierung nur beschränkt interkulturelle Kompetenzen vorhanden.[242] Diese drücken sich in einer unkritischen Bezogenheit auf das eigene Wertesystem aus: ethnozentrische Überheblichkeit, Negieren kultureller Unterschiede, stereotypes Denken und kulturell bedingte Wahrnehmungs-

---

[237] Vgl. im Original Perlmutter (1965) sowie Perlmutter (1969).

[238] Siehe im Original Perlmutter (1969) und auch Kutschker/Schmid (2008), S. 286.

[239] Siehe insbesondere Heenan/Perlmutter (1979), S. 17ff. und Kutschker/Schmid (2008), S. 286.

[240] Vgl. Perlmutter (1969), S. 9f.

[241] Vgl. hierzu Heenan/Perlmutter (1979); Kutschker/Schmid (2008), S. 286; Launer (2005) und Müller/Kornmeier (2002), S. 317ff.

[242] Vgl. Müller/Kornmeier (2002), S. 320f. und Heenan/Perlmutter (1979), S. 17.

verzerrungen.[243] Insbesondere der letztgenannte Punkt spielt beim Abgleich der Internationalisierungsstrategie mit dem kulturellen Umfeld eines Unternehmens eine wichtige Rolle. So könnte beispielsweise ein partizipativer Führungsstil in Ländern mit großer Machdistanz als Schwäche in der Führung interpretiert werden. Hingegen ist in Ländern mit geringer Machtdistanz davon auszugehen, dass bei einem solchen Führungsstil die Muttergesellschaft, deren Manager oder die Stammhausdelegierte als stark betrachtet und ihre Anweisungen akzeptiert werden.[244]

Die Hauptnachteile der ethnozentrischen Orientierung liegen in der fehlenden Nähe zum Kunden, wodurch sich sowohl bei der Produkt- als auch bei der Preispolitik Ineffizienzen ergeben. Ohne die Zahlungsbereitschaft zu erkennen, wird meist auf den heimischen Marktpreis eine Transport- und Auslandspauschale aufgeschlagen. Gleiches gilt bei der Produkt- bzw. Produktionspolitik, welche meist direkt aus dem Stammland kopiert wird. Ursache hierfür ist das nicht gewünschte Feedback der Tochtergesellschaften, was zu einer geringen Innovationsfähigkeit und zu einer eingeschränkten Reaktionsfähigkeit auf Änderungen des Gastlandmarktes führt. Dennoch kann unter gewissen Umständen eine ethnozentrische Orientierung kurzfristige Vorteile bringen, beispielsweise bei einem Austesten des Gastlandmarktes.[245] Grundsätzlich ist jedoch die Annahme der Überlegenheit und Übertragbarkeit der Strategien und Managementinstrumente der Muttergesellschaft als kritisch für international erfolgreiches Handeln zu betrachten.[246]

2.2.2.1.2 Polyzentrische Orientierung

Die polyzentrische Orientierung nimmt eine Gegenposition zur ethnozentrischen Orientierung ein. Die Differenzen, die zwischen dem Stammland und den Gastländern herrschen, sind nicht nur bekannt, sie werden vor allem von der Muttergesellschaft akzeptiert.[247] Eine echte polyzentrische Orientierung liegt dann vor, wenn die Entscheidungen in den Tochtergesellschaften getroffen werden. Die Muttergesellschaft gibt nur noch Ziele vor, die jede einzelne Tochtergesellschaft durch die Spezialisierung aller unternehmerischen Handlungen im jeweiligen Gastland zu erfüllen versucht. Der Koordinations- und Steuerungsaufwand seitens der Muttergesellschaft ist dadurch ebenso gering wie die Gefahr kultureller Missverständnisse. Die Entsendung von Stammhausdelegierten ist daher nicht notwendig. Sie würde der Gastlandorientierung eher entgegen stehen.[248]

Durch die Notwendigkeit einer jeden Tochtergesellschaft, alle an sie übertragenen Funktionsbereiche an die lokalen Bedingungen anzupassen, gehen Synergiepotenziale auf Basis von Standardisierungseffekten verloren. Begleitet wird dies einerseits vom Verlust einer übergreifenden Unternehmensidentität über alle Unternehmenseinheiten, andererseits entsteht eine hohe Komplexität bei der Realisierung einer unternehmensübergreifenden Strategie, Organisation und/oder Geschäftsfeldentwicklung. Nach dem ressourcenorientierten Bezugsrahmen der Internationalisierung betrifft dies auch die Generierung von Wettbewerbsvorteilen durch

[243] Hentze/Kammel (1994) und Müller/Kornmeier (2002), S. 321 f.
[244] Siehe hierzu insbesondere Kapitel 3.3. Siehe auch Müller/Kornmeier (2002), S. 322.
[245] Vgl. Müller/Kornmeier (2002), S. 322ff.
[246] Vgl. Perlmutter (1969), S. 15f.
[247] Vgl. Perlmutter (1969), S. 13 und Kutschker/Schmid (2008), S. 286.
[248] Perlitz (2004), S. 401ff. und Perlmutter (1969), S. 13.

den internationalen Austausch von Wissen, Know-how und Innovationen.[249] Demnach ist eine polyzentrische Orientierung für Unternehmen geeignet, deren Anzahl an Auslandsmärkten gering ist und bei denen sich die Auslandsmärkte stark unterscheiden. Als Markteintrittsstrategie wird demzufolge die kooperative Form gewählt. Tochtergesellschaften, die im Gastland eigene Produktions-, Marketing- und Vertriebsaktivitäten durchführen und als autonomes Unternehmen auftreten, können alternativ eingesetzt werden.[250]

2.2.2.1.3 Geozentrische Orientierung

Bei der geozentrischen Orientierung entsteht ein weltweit operierendes Netzwerk, welches sich von Spezifika der einzelnen Länder und der Mutter- bzw. Tochtergesellschaften losgelöst hat. Es stehen nicht mehr einzelne landes- bzw. gesellschaftstypische Merkmale im Vordergrund, sondern die Werte, Regeln und Umgangsformen des international handelnden Unternehmens. Dies ist dann möglich, wenn es keinen zwingenden Grund zu einer differenzierten Marktbearbeitung gibt. Dabei steht der Erfolg des Gesamtunternehmens im Vordergrund, auch wenn dies zu suboptimalen Ergebnissen einzelner Tochtergesellschaften führt.[251]

Der Vorteil geozentrisch orientierter international handelnder Unternehmen liegt in der Möglichkeit der gleichzeitigen Ausnutzung von Globalisierungs- und Lokalisierungsvorteilen. Skalen- und Verbundeffekte können genauso genutzt werden wie Währungs- und Zinsdifferenzen. Zudem können je nach Lohnkostenniveau oder Bildungsstand der einzelnen Länder entsprechende Funktionen wie Produktion oder Forschung und Entwicklung gezielt in einzelnen Gastländern gebündelt werden. Darüber hinaus weisen geozentrisch orientierte Unternehmen bezüglich der Risikodiversifizierung durch den Gebrauch unterschiedlicher Währungen (Wechselkursrisiko), dem Absatz und dem Einkauf gegenüber anders orientierten Unternehmen einen klaren Vorteil auf. Die große Marktnähe (sofern erforderlich) und der direkte Marktzugang über die lokal ansässigen Tochtergesellschaften ermöglichen zusätzliche Vorteile bei der Marktbearbeitung in Form einer speziellen Produkt- und Preispolitik.[252]

Durch die starke Integration aller Unternehmensgesellschaften entsteht eine komplexe Organisationsstruktur in welcher die einzelnen Gesellschaften stark voneinander abhängig sind. Zwar kann auch hier die Muttergesellschaft Ziele vorgeben, deren Erfüllung schließlich belohnt wird. Die Entscheidung über Ziele und abzuleitende Maßnahmen werden jedoch im Verbund getroffen. Der Informationsfluss und die Kommunikationsintensität zwischen den Unternehmenseinheiten sind dadurch sehr hoch.[253] Auch die Mitarbeiter werden durch die hohe Integration geprägt, was nicht selten zahlreiche Reisetätigkeiten und (kulturelle) Schulungen bedingt.[254]

---

[249] Vgl. Müller/Kornmeier (2002), S. 238f. und Perlmutter (1969), S. 16.
[250] Vgl. Müller/Kornmeier (2002), S. 328f.
[251] Vgl. Holtbrügge/Welge (2010), S. 45; Kreutzer (1990); Müller/Kornmeier (2002), S. 332 und Perlmutter (1969), S. 13.
[252] Vgl. Müller/Kornmeier (2002), S. 332f.
[253] Vgl. Heenan/Perlmutter (1979), S. 18f.
[254] Vgl. Perlmutter (1969), S. 12f.

2.2.2.1.4 Regiozentrische Orientierung

Bei der regiozentrischen Orientierung werden strukturell vergleichbare Länder zu homogenen Wirtschaftsräumen zusammengefasst. Sie stellt damit eine Weiterentwicklung der polyzentrischen Orientierung dar. Es gelingt hierdurch die Auflösung des Spannungsfeldes von Globalisierung und Lokalisierung. Durch die regionale Abgrenzung kann im Sinne einer geozentrischen Orientierung auf in der Region vergleichbare Märkte zugegriffen und Produkte bzw. Preise entsprechend angepasst werden. Zugleich können durch die größeren Märkte Synergie- und Verbundvorteile genutzt werden.[255] Durch die Konzentration auf einzelne Regionen ist im Gegensatz zur geozentrischen Orientierung keine globale Homogenität der Absatzmärkte notwendig.[256]

Die Koordination der in den einzelnen Regionen tätigen Tochtergesellschaften fällt hier einem regionalen Headquarter zu, welches die Zielvorgaben seitens der Muttergesellschaft erhält und sich für deren Umsetzung verantwortlich zeigt. Dabei sind die Steuerungs- und Kontrollgrößen gemäß der polyzentrischen Orientierung an die Rahmenbedingungen der einzelnen Regionen angepasst. Dies gilt auch für die Besetzung von Schlüsselpositionen im Management mit aus der jeweiligen Region stammenden Mitarbeitern. Mit der geozentrischen Orientierung wird ein die Region übergreifender Identitätsbezug der Tochtergesellschaften geschaffen.[257]

2.2.2.1.5 Zusammenfassung und kritische Würdigung

Wie in Tabelle 3 dargestellt, lassen sich nach PERLMUTTER/HEENAN die vier Orientierungen anhand der Merkmale Organisationskomplexität, Autorität bei der Entscheidungsfindung, Bewertung/Beurteilung/Kontrolle, Belohnung/Bestrafung/Anreize, Kommunikation/Informationsfluss, Bezugspunkt/geographische Identifikation und Besetzung von Führungspositionen miteinander vergleichen.

Das EPRG-Profil von PERLMUTTER beschreibt idealtypische Orientierungen. Es wird von Perlmutter angenommen, dass sogar innerhalb eines Unternehmens unterschiedliche Orientierungen vorhanden sind, beispielsweise bezüglich unterschiedlicher Funktions-, Regional- oder Geschäftsbereiche.[258] So könnten für die Muttergesellschaft zentrale Funktionsbereiche, wie beispielsweise der Finanzbereich, stark ethnozentrisch geprägt sein, während das Marketing durch die notwendige Nähe zum Kunden eher polyzentrisch auszurichten ist.[259]

---

[255] Vgl. Kutschker/Schmid (2008), S. 287 und Heenan/Perlmutter (1979), S. 18f. Zudem ist eine Verbindung zu den Branchentypen nach PORTER festzustellen. Vgl. Kapitel 2.1.1.3.2.

[256] Die Abgrenzung einzelner Regionen muss nicht zwingend nach geographischem Maßstab erfolgen. So führt SETHI ein Clustern nach makro-ökonomischen Kenngrößen der Länder durch. Vgl. Sethi (1971). Auch eine Abgrenzung nach kulturellen Dimensionen (z.B. durch die große Nähe zu den Kunden bei Dienstleistungen) ist möglich. Dennoch dominiert bei den meisten regiozentrisch ausgerichteten Unternehmen die geographische Abgrenzung. Siehe u.a. McDonald/Burton (2002), S. 244f. und Müller/Kornmeier (2002), S. 352.

[257] Vgl. Heenan/Perlmutter (1979), S. 18f.

[258] Entsprechende Beispiele formuliert PERLMUTTER selbst. Siehe Perlmutter (1969), S. 14.

[259] Vgl. Kutschker/Schmid (2008), S. 289 i.V.m. Perlmutter (1969), S. 14f.

Orientierung Merkmale	ethnozentrisch	polyzentrisch	regiozentrisch	geozentrisch
Organisations-komplexität	in der Mutterge-sellschaft hoch, in den Tochterge-sellschaften ge-ring	unterschiedlich und voneinander unabhängig	hohe gegenseiti-ge Abhängigkeit auf regionaler Ebene	zunehmende Komplexität und weltweit hohe gegenseitige Abhängigkeit
Autorität und Ent-scheidungsfin-dung	in der Mutterge-sellschaft zentriert	weitgehend de-zentralisiert	Auf regionale headquarters übertragen; enge Zusammen-arbeit zwischen den Tochter-gesellschaften in einer Region	weltweite Zu-sammenarbeit zwischen der Mutter-gesellschaft und den Tochterge-sellschaften
Steuerungs- und Kontrollgrößen	Standard des Stammlandes	lokale Bestim-mungen	regionale Best-immungen	universale und lokale Standards
Anreize und Sank-tionen	hoch in der Mut-tergesellschaft, gering in den Tochtergesell-schaften	Tochtergesell-schaften werden nach unterschied-lichen Kriterien belohnt	Belohnungen für das Erreichen regionaler Ziel-vorgaben	Belohnungen für das Erreichen internationaler und lokaler Ziel-vorgaben
Kommunikations-intensität und Informationsfluss	einseitig von der Muttergesell-schaft an die Tochtergesell-schaften	gering mit der Muttergesell-schaft und den anderen Tochter-gesellschaften	gering mit der Muttergesell-schaft, hoch mit den regionalen headquarters und zwischen den einzelnen Toch-tergesellschaften	hoch und reziprok sowohl mit der Muttergesell-schaft als auch zwischen den Tochtergesell-schaften
geographische Identifikation	Nationalität der Muttergesell-schaft	Nationalität des Gastlandes	regionale Unter-nehmung	weltweite Unter-nehmung unter Wahrung nationa-ler Interessen
Besetzung von Führungspositio-nen	durch Stamm-hausdelegierte	durch Mitarbeiter des Gastlandes	Mitarbeiter aus der jeweiligen Region	beyond passport

Tabelle 3: EPRG-Profil nach PERLMUTTER/HEENAN.
(Quelle: Nach Heenan/Perlmutter (1979), S. 18f.)

Des Weiteren besteht die Gefahr, dem EPRG-Profil in Anlehnung an andere Internationalisierungstheorien eine Dynamik zu unterstellen. Unter Einbezug der Lebenszyklustheorie oder der Lerntheorie der Internationalisierung könnte abgeleitet werden, dass international wenig erfahrene Unternehmen zunächst ethnozentrisch aufgestellt sind und sich mit steigender Erfahrung regio- oder geozentrisch orientieren.[260] Das EPRG-Profil ist jedoch nicht als ein Phasenschema zu verwenden, da einzelne Orientierungsphasen übersprungen oder gemischt wer-

[260] Zu den Theorien siehe insbesondere die Kapitel 2.1.1.2.1 und 2.1.1.2.4.

den können.[261] Dabei bleibt unbeantwortet, wie ein Unternehmen die Koexistenz unterschiedlicher Orientierungen auf einander abstimmen kann. Zudem wird nicht bestimmt, welche Orientierungen sich in einzelnen Funktionsbereichen miteinander kombinieren lassen.[262]

Bei den einzelnen Orientierungen muss vor allem für die geozentrische der idealtypische Status hervorgehoben werden. Gründe für die großen Schwierigkeiten hinsichtlich der Entstehung eines geozentrisch geprägten Unternehmens ergeben sich aus der rechtlichen und politischen Umwelt des Unternehmens. Allein das Fehlen einer weltweit anerkannten Rechtsform oder einheitlicher Steuervorschriften erschwert bzw. blockiert die Bildung eines rein geozentrisch orientierten Unternehmens.[263] Diese äußeren Faktoren werden von internen Barrieren, wie beispielsweise Sprach-, Kultur- oder Mobilitätsbarrieren, begleitet. Hier kommt der oben angesprochenen kulturellen Inkompetenz gepaart mit Nationalisierungstendenzen eine große Bedeutung zu.[264] Ein weiterer zu berücksichtigender Kritikpunkt stellt die allgegenwärtige Dominanz der Muttergesellschaft dar. Es ist zu beobachten, dass die geozentrische Orientierung selbst für PERLMUTTER ein Idealbild darstellt, welches nicht nur im Rahmen des internationalen Wirtschaftens anzustreben ist, sondern aufgrund der konfliktlösenden Eigenschaft zwischen Unternehmenseinheiten unterschiedlicher Herkunft auch auf Landesgesellschaften zu übertragen wäre.[265]

Trotz der hier aufgeführten Kritikpunkte ist festzuhalten, dass der Beitrag von PERLMUTTER als einer der Wichtigsten im Feld des International Business gilt. Die Vielzahl an Verweisen seiner Beiträge in unterschiedlichsten Disziplinen der Wirtschaftswissenschaften sprechen für sich.[266]

2.2.2.2 BARTLETT/GHOSHALS Führungstypologie

Auf Basis einer mehrjährigen Studie unterscheiden BARTLETT/GHOSHAL vier Führungstypen eines international handelnden Unternehmens.[267] Die von BARTLETT/GHOSHAL verwendeten Begrifflichkeiten ‚international', ‚multinational', ‚global' und ‚transnational' wurden zwar schon früher in der Literatur diskutiert und verwendet. Doch erst durch die folgend beschriebene Deutung der Begriffe wurde eine stringente Abgrenzung gefunden.[268] Es werden die internationalen, multinationalen und globalen Archetypen aus dem Umfeld und dem strategi-

---

[261] Vgl. Launer (2005), S. 20 und Perlmutter (1969), S. 14 und 21. Als Beispiel werden auch japanische Unternehmen genannt, welche direkt von einer ethnozentrischen zu einer geozentrischen Orientierung übergegangen sind. Vgl. Kreutzer (1990), S. 25.

[262] Es stellt sich beispielsweise die Frage, ob eine ethnozentrische Personalpolitik und eine polyzentrische Kommunikationspolitik miteinander vereinbar sind. Vgl. hierzu Kutschker/Schmid (2008), S. 290f.

[263] Vgl. Kutschker/Schmid (2008), S. 291f.

[264] Vgl. Perlmutter (1969), S. 14ff. und Kutschker/Schmid (2008), S. 292. Siehe zur kulturellen Inkompetenz Kapitel 2.2.2.1.1.

[265] Vgl. Kutschker/Schmid (2008), S. 292f.

[266] Anzuführen ist u.a. die Wahl zur wichtigsten Veröffentlichung im International Business. Siehe Ricks (1985), S. 3.

[267] Siehe im Original u.a. Bartlett/Ghoshal (1986); Bartlett/Ghoshal (1987a); Bartlett/Ghoshal (1987b); Bartlett/Ghoshal (1989) und Bartlett/Ghoshal (1990).

[268] Siehe zur früheren Begriffsverwendung u.a. Clee/DiScipio (1959); Lilienthal (1960); Kircher (1964) i.V.m. Kutschker/Schmid (2008), S. 303f. Der in dieser Arbeit verwendete Begriff des international handelnden Unternehmens umfasst alle vier Archetypen. Durch den gewählten Begriff soll keine Wertigkeit der Intensität oder Art der internationalen Geschäftstätigkeit ausgedrückt werden. Zur generellen Begriffsvielfalt siehe insbesondere den Überblick bei Colberg (1989), S. 148.

schen Profil der untersuchten Unternehmen abgeleitet. Als Ausprägungen werden Marktnähe, Effizienz und der Transfer (später auch die Entwicklung) von Wissen und Kompetenzen sowohl bezüglich der Branchenanforderung, als auch bezüglich der strategischen Kompetenz des Unternehmens unterscheiden.[269] Dieser Zuordnung folgend werden auf Basis organisatorischer und kultureller Fragestellungen die drei oben genannten Archetypen abgeleitet.[270] Anders als dies in der Standardliteratur teils angegeben wird,[271] handelt es sich bei dem vierten Archetyp, der transnationalen Lösung, um ein idealtypisches Konzept, welches nicht aus der Empirie heraus abgeleitet wurde.[272]

2.2.2.2.1 Multinationale Unternehmen: Marktnähe

Kern multinationaler Unternehmen ist der Aufbau starker lokaler Präsenz. Diese basiert auf der Erkenntnis über nationale Unterschiede.[273] Entsprechend der Theorie des globalen Wettbewerbs und der dort beschriebenen nationalen Branche[274] ergibt sich für die multinationale Branche nach BARTLETT/GHOSHAL, dass sie „aus vielfältigen, nationalen Strukturen, die nur lose grenzüberschreitende Verbindungen aufweisen, [bestehen].“[275] Das Unternehmen muss seine Strategie und auch seine Organisation an diese Ausprägung des Marktes anpassen. Unternehmerische Handlungsfreiheit, die den Tochtergesellschaften bzw. Organisationseinheiten in den jeweiligen Ländern gewährt wurde, stellt dabei eine zentrale Erfordernis dar. Dadurch wird ermöglicht, dass sich die Organisationseinheiten in den Ländern schnell an die Gegebenheiten des Marktes anpassen können.[276]

Prägend ist für das multinationale Unternehmen das dezentrale vorhanden sein von Wissen und Fähigkeiten. Dies entsteht durch die Bedeutung persönlicher Beziehungen sowie informeller Kontakte zwischen dem Top-Management der Muttergesellschaft und den Managern der einzelnen Niederlassungen. So wird der Einsatz von Ressourcen nicht nur dezentral koordiniert. Auch die Verantwortung liegt bei den einzelnen Organisationseinheiten. BARTLETT/GHOSHAL sprechen in diesem Zusammenhang von einer ‚dezentralisierten Föderation‘ (siehe Abbildung 12).[277] Die Aktivitäten in den einzelnen Ländern bilden ein Portfolio und werden seitens der Muttergesellschaft verwaltet. Es ist das Ziel, dass sich das Unternehmen bzw. die lokale Organisationseinheit bestmöglich auf ihrem Markt positioniert. Dabei basiert die Kontrolle auf den persönlichen Beziehungen zwischen Top-Management und den Managern der Niederlassungen, ergänzt durch eine einfache Finanzkontrolle.[278] Das Nutzen von Verbundeffekten oder Globalisierungsvorteilen steht nicht im Vordergrund.

---

[269] Vgl. insbesondere Bartlett/Ghoshal (1990), S. 30ff. und 38ff.
[270] Siehe Bartlett/Ghoshal (1990), S. 65ff. und 73ff.
[271] Siehe z.B. Kutschker/Schmid (2008), S. 295ff. oder Holtbrügge/Welge (2010), S. 47f.
[272] Vgl. Bartlett/Ghoshal (1990), S. 81.
[273] Vgl. Bartlett/Ghoshal (1990), S. 32 und Kutschker/Schmid (2008), S. 296.
[274] Siehe hierzu Kapitel 2.1.1.3.2. Dabei erfolgte Porters Veröffentlichung nach jenen von BARTLETT/GHOSHAL: z.B. Bartlett/Ghoshal (1986); Bartlett/Ghoshal (1987a); Bartlett/Ghoshal (1987b) oder Bartlett/Ghoshal (1989).
[275] Bartlett/Ghoshal (1990), S. 39.
[276] Vgl. Bartlett/Ghoshal (1990), S. 40. Es ist ein direkter Bezug zu PERLMUTTERS polyzentrischer Orientierung erkennbar. Siehe hierzu Kapitel 2.2.2.1.2.
[277] Bartlett/Ghoshal (1990), S. 40.
[278] Vgl. Bartlett/Ghoshal (1990), S. 73f.

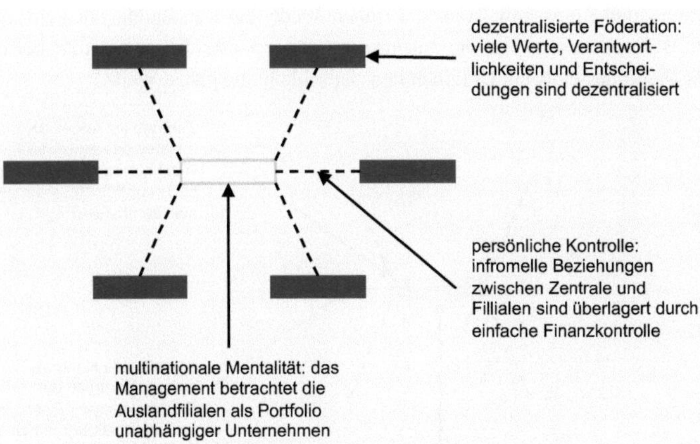

Abbildung 12: Das multinationale Organisationsmodell.
(Quelle: Nach Bartlett/Ghoshal (1990), S. 74.)

2.2.2.2.2 Globale Unternehmen: Effizienzorientierung

Im Gegensatz zur Marktnähe multinationaler Unternehmen steht bei globalen Unternehmen der Aufbau von Kostenvorteilen im Vordergrund. Kern ist eine global ausgerichtete Zentralisierung, die entsprechende Skalen- und Verbundeffekte hervorbringt.[279] Ermöglicht wird dies u.a. durch die Einführung der Massenproduktion.[280] Es gibt hierbei zwei Faktoren, die eine effizientere Gestaltung der Produktion und Produktentwicklung bewirken: Einerseits ist es die Marktdynamik und die immer kürzer werdenden Produktlebenszyklen. Andererseits ergibt sich durch den verschärften globalen Wettbewerb eine steigende Notwendigkeit von Werbemaßnahmen und Marketingkampagnen sowie für das Ausbilden von spezialisiertem Vertriebspersonal. Es ist ein gewisses Produktions- bzw. Marktvolumen notwendig geworden, um die Stückkosten senken und sich im globalen Wettbewerb behaupten zu können. Eine geringe Anzahl an Produktvarianten und weltweite Produktstandards sind ein Hauptkriterium globaler Unternehmen.[281]

Entsprechend der Umweltanforderungen sieht auch das Organisationsmodell eines globalen Unternehmens aus (siehe Abbildung 13). Entscheidend ist hier die „Zentralisierung von Vermögen, Ressourcen und Kompetenzen."[282] Dies impliziert eine Reduktion der Aufgaben der ausländischen Organisationseinheiten auf die Betreuung der (potenziellen) Kunden. Entscheidungen werden zentral getroffen. Die Anpassung von Produkten und/oder Strategien ist den dezentralen Organisationseinheiten nicht erlaubt. Die Kontrolle der Auslandsaktivitäten ist bei diesem Unternehmenstyp am umfassendsten. Dies geht mit einem unidirektionalen Güter-,

[279] Vgl. Bartlett/Ghoshal (1990), S. 32 und Kutschker/Schmid (2008), S. 296.

[280] So geschehen in der Automobilindustrie durch HENRY FORD oder durch die Verwendung integrierter Schaltkreise in der Unterhaltungselektronik durch die BELL LABORATORIES. Vgl. Bartlett/Ghoshal (1990), S. 40f. und 75.

[281] Vgl. Bartlett/Ghoshal (1989), S. 41f. Auch hier wird der Zusammenhang zur Theorie des globalen Wettbewerbs nach Porter unter dem Stichwort der globalen Branche direkt ersichtlich. Siehe Kapitel 2.1.1.3.2.

[282] Bartlett/Ghoshal (1990), S. 75.

Informations- und Know-how-Transfers einher. Weder ein Verständnis noch ein Interesse für nationale Besonderheiten oder die Ausnutzung dieser Unterschiede existiert bei den Managern. Der Markt des globalen Unternehmens ist schlicht die ganze Welt.[283]

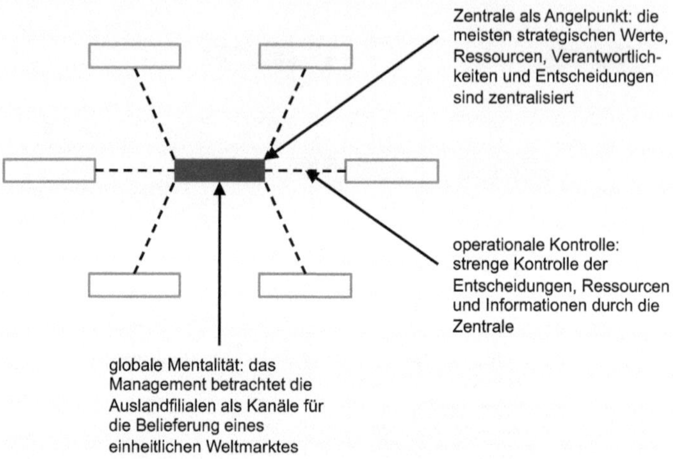

Abbildung 13: Das globale Organisationsmodell. (Quelle: Nach Bartlett/Ghoshal (1990), S. 77.)

2.2.2.2.3 Internationale Unternehmen: Transfer von Wissen und Kompetenzen

Im Gegensatz zu den multinationalen und vor allem zu den globalen Unternehmen steht bei internationalen Unternehmen der Austausch und Transfer von Wissen und Fähigkeiten im Vordergrund. Zentral vorgehalten sollen diese durch weltweite Diffusion und Anpassung zur Steigerung der internen Prozess- und Koordinationseffizienz beitragen.[284] Ausgangspunkt zur Ableitung dieses Archetyps ist die Telekommunikationsbranche. Diese Branche stellt international handelnde Unternehmen vor die Herausforderung, durch nationale Regulierung einer hohen Marktdiversifität ausgesetzt zu sein, zugleich jedoch durch Innovationen einen weltweiten Wettbewerbsvorteil generieren zu müssen. Mit der Beherrschung einer neuen Technologie kann diese phasenweise in unterschiedlichen Ländern eingeführt werden.[285] Die Reihenfolge der Einführung ergibt sich in der Regel anhand der Einfachheit der Anpassung an lokale rechtliche bzw. politische Bestimmungen. Als Kernelemente des Erfolgs eines internationalen Unternehmens lassen sich damit die Fähigkeiten ableiten, „Wissen auf ausländische Märkte zu transferieren und den Produktlebenszyklus effizient und flexibel zu nutzen."[286]

Bezüglich der Struktur sind die Tochtergesellschaften bzw. nationalen Organisationseinheiten zwar in der Lage, Produkte und Strategien an die lokalen Bedürfnisse anzupassen. Dennoch ergibt sich eine große Abhängigkeit bezüglich der Produktentwicklung, entsprechender Pro-

[283] Vgl. Bartlett/Ghoshal (1990), S. 75ff.
[284] Vgl. Bartlett/Ghoshal (1990), S. 32 und Kutschker/Schmid (2008), S. 296.
[285] Hier sei z.B. auf die Produktlebenszyklustheorie von VERNON verwiesen. Vgl. Kapitel 2.1.1.2.1.
[286] Bartlett/Ghoshal (1990), S. 43.

duktionsverfahren oder sonstiger produkt- und marktrelevanter Verfahren und Aufgaben. Hierdurch entsteht ein höherer Koordinations- und Kontrollaufwand durch die Muttergesellschaft als dies bei einem multinationalen Unternehmen der Fall ist. Dies wird insbesondere durch den standardisierten Einsatz von Management- und Informationssystemen aufgefangen. BARTLETT/GHOSHAL sprechen in diesem Sinne von einer ‚koordinierten Föderation' (siehe Abbildung 14).[287]

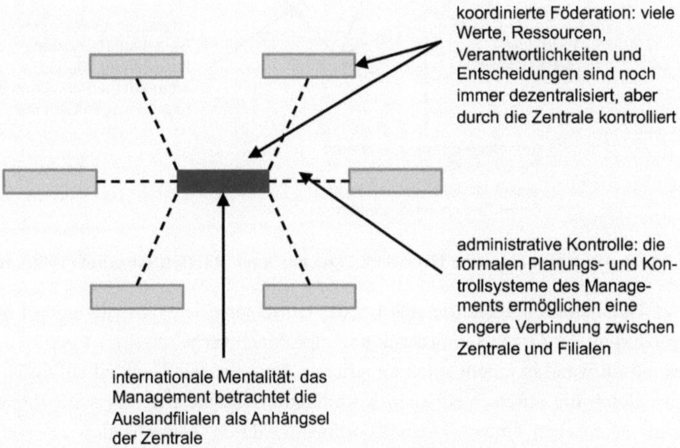

Abbildung 14: Das internationale Organisationsmodell.
(Quelle: Nach Bartlett/Ghoshal (1990), S. 76.)

2.2.2.2.4 Transnationale Lösung: Das integrierte Netzwerk

Um den zuvor dargestellten und teils unterschiedlichen Anforderungen des Unternehmensumfeldes hinsichtlich Marktnähe, Effizienzorientierung und der Notwendigkeit des Wissenstransfers gleichzeitig nachzukommen, haben BARTLETT/GHOSHAL eine transnationale Lösung erarbeitet. Diese basiert auf der Etablierung eines integrierten Netzwerks der Muttergesellschaft und der lokalen Tochtergesellschaften bzw. Organisationseinheiten (siehe Abbildung 15). Es ist leicht zu erkennen, dass in diesem Netzwerk den Tochtergesellschaften eine höhere Wertigkeit zukommt als bei den bisherigen Archetypen. Diese erreichen sie durch Spezialisierung, sodass sowohl das Nutzen von Skaleneffekten als auch von nationalen Unterschieden möglich ist. Wissenstransfer und ein hoher Innovationsgrad wird durch den bidirektionalen Austausch der Organisationseinheiten untereinander gewährleistet. Es ist entscheidend, dass Erfahrungen bzw. Anforderungen aus einzelnen Märkten im Netzwerk geteilt werden. Nur dann können bereits vorhandene Lösungen oder Ideen für eine neue Lösung des Netzwerkes genutzt werden. Im Rahmen dieses Verbundeffektes entsteht ein zusätzlicher Wettbewerbsvorteil transnationaler Unternehmen gegenüber multinationalen, globalen oder internationalen Unternehmen.[288]

---

[287] Vgl. Bartlett/Ghoshal (1990), S. 74f.
[288] Vgl. Bartlett/Ghoshal (1990), S. 118f.

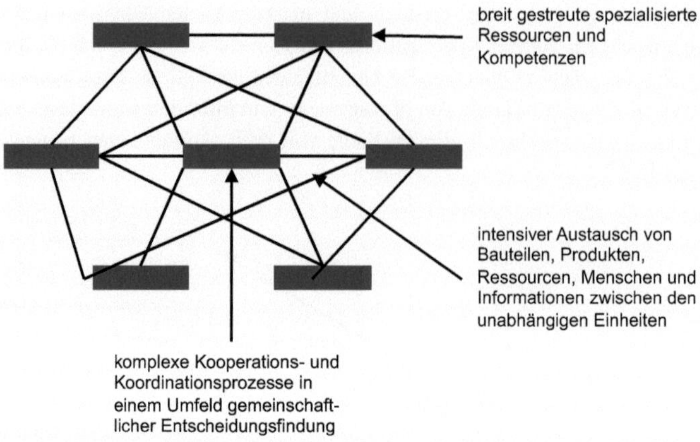

Abbildung 15: Das integrierte Netzwerk. (Quelle: Nach Bartlett/Ghoshal (1990), S. 119.)

Neben den Herausforderungen, die sich bei der Umsetzung der transnationalen Lösung ergeben (Veränderung der Organisationsstrukturen und Machtverhältnisse), ist vor allem der hohe Koordinationsaufwand in einem solch integrierten Netzwerk als Nachteil aufzuführen. Dieser erhöht sich durch die unterschiedlichen Koordinationsansätze der unterschiedlichen Länder. So wird in japanischen Unternehmen Koordination durch Zentralisation erreicht, während amerikanische Unternehmen eher auf Formalisierung und europäische Unternehmen auf Sozialisation setzen.[289] Die sich hieraus ergebenden Konflikte können nur gelöst werden, indem sich ein unternehmensspezifisches Koordinationsverständnis im Rahmen einer eigenen Unternehmenskultur entwickelt.

2.2.2.2.5 Zusammenfassung und kritische Würdigung

Im Gegensatz zu PERLMUTTERS EPRG-Profil orientiert sich der Ansatz von BARTLETT/GHOSHAL nicht an Erfahrungen und Werten, sondern an der Differenzierung unterschiedlicher Strategien, Strukturen und des Unternehmensumfelds (siehe Abbildung 16).[290] Durch die hohe Marktdynamik und die unterschiedlichen Strategien und Unternehmenskulturen ist den Aussagen von BARTLETT/GHOSHAL ein situativer Charakter zuzuordnen. In der Folge ergeben sich im Rahmen ihrer Veröffentlichungen teils unterschiedliche Zuordnungen der Unternehmen zu den jeweiligen Archetypen.[291]

Von besonderer Bedeutung ist für eine Umsetzung der transnationalen Lösung die Kultur, wobei auf den Einfluss nationaler Kulturen fokussiert wird. Wie diese die Unternehmenskultur beeinflussen können bzw. eine bestimmte notwendige Form der Unternehmenskultur in einem transnationalen Unternehmen entstehen lassen, bleibt ungeklärt.[292]

[289] Vgl. Bartlett/Ghoshal (1990), S. 201ff.
[290] Vgl. Kutschker/Schmid (2008), S. 299f. Zu PERLMUTTERS EPRG-Profil siehe Kapitel 2.2.2.1.
[291] Vgl. Kutschker/Schmid (2008), S. 299 i.V.m. Bartlett/Ghoshal (1987a), S. 46 und Bartlett/Ghoshal (1989), S. 97.
[292] Vgl. Kutschker/Schmid (2008), S. 302f.

Branchenbedingungen				
vorwiegend herrschende Kraft	Kräfte in Richtung ständiger Innovationen und eines stetigen Wissenstransfers	Lokalisierungskräfte (forces for localization)	Globalisierungskräfte (forces for globalization)	Lokalisierungs- und Globalisierungskräfte
ehemals typische Branchen	Telekommunikation / Vermittlungsanlagen	Markenartikel	Unterhaltungselektronik	
Branchentyp	International	Multinational	Global	Transnational
Strategische Orientierung der Unternehmung				
Typen der internationalen Unternehmung	Internationale Unternehmung	Multinationale Unternehmung	Globale Unternehmung	Transnationale Unternehmung
primärer Fokus des Unternehmungstyps	Übertragung heimischer Technologie auf andere Märkte mit lokalen Anpassungen	Differenzierung der Leistungen entsprechend der Erfordernisse lokaler Märkte	Kostengünstige, exportorientierte Wettbewerbsposition	Differenzierung, Standardisierung und Übertragung
Schlüsselfähigkeiten	Fähigkeit zur Innovation und Wissenstransfer	Fähigkeit zur Responsiveness gegenüber lokalen Unterschieden	Fähigkeit zur Integration weltweiter Aktivitäten	Fähigkeit zu Responsiveness, Innovation und Integration
Entwicklung und Diffusion von Wissen	Erwerb von Wissen in der Zentrale und Transfer in Auslandsniederlassungen	Erwerb und Sicherung von Wissen in jeder Einheit	Erwerb und Sicherung von Wissen in der Zentrale	Gemeinsame Entwicklung und Nutzung von Wissen
Rolle der Auslandsniederlassung	Anpassung und Anwendung von Kompetenzen der Zentrale	Erkennen und Nutzen lokaler Marktchancen	Umsetzung von Strategien der Zentrale	Differenzierte Beiträge der nationalen Einheiten zu integrierten weltweiten Aktivitäten
Konfiguration von Werten und Fähigkeiten	Kernkompetenzen zentralisiert, andere Kompetenzen dezentralisiert	Dezentralisiert und im nationalen Rahmen unabhängig	Zentralisiert und weltmarktorientiert	Weitgestreut, interdependent und spezialisiert
Konfiguration und Koordination der Aktivitäten	Koordinierte Föderation	Dezentralisierte Föderation	Zentralisierte Knotenpunktstruktur	Integriertes Netzwerk
Struktureller Aufbau der Unternehmung				
Kulturelles Erbe der Unternehmung (administrative heritage) ▪ Prägung durch Stammland ▪ Prägung durch Unternehmungsgeschichte				

Abbildung 16: Archetypen international handelnder Unternehmen nach Bartlett/Ghoshal. (Nach Kutschker/Schmid (2008), S. 298.)

Zusammenfassend kann gesagt werden, dass durch die Benennung der Archetypen ein Standard im Sprachgebrauch des Internationalen Managements gesetzt wurde. Zudem haben BARTLETT/GHOSHAL mit der transnationalen Lösung das Bild eines idealen international handelnden Unternehmens geschaffen, welches viele gegensätzliche Anforderungen der internationalen Marktbearbeitung erfüllt.

2.2.2.3 Geteilter Kontext und Kultur als Haupttreiber der Koordination in Megacorporations

Der von GHOSHAL/MORAN/ALMEDA-COSTA entwickelte Ansatz geht davon aus, dass die Bildung und Koordination von sogenannten Megacorporations nicht nur im Hinblick auf die Strategie und Struktur betrachtet werden darf, sondern auch anhand interner, sozialer Faktoren, insbesondere kultureller und inhaltlicher Gemeinsamkeiten, untersucht werden muss.[293] Dabei haben die Megacorporations im Sinne BARTLETTS/GHOSHALS Archetypen die Ausprägung globaler bzw. transnationaler Unternehmen.

Als zu untersuchende Merkmale werden die interne Vielfalt, die Verschiedenheit und die Abhängigkeiten zwischen den Unternehmenseinheiten angeführt. Dieser Ansatz unterscheidet sich von den klassischen Ansätzen, welche insbesondere den Bezug zur grundsätzlichen Internalisierung von Strukturen und Prozessen und der Größe der zu bildenden Einheiten im Unternehmen zum Gegenstand haben.[294]

Es wird argumentiert, dass die gleichzeitige Realisierung von Globalisierungs- und Lokalisierungsvorteilen nicht rein durch die Formulierung von Governancestrukturen erfolgen kann, sondern dass ein Rahmen für die Mitarbeiter geschaffen werden muss, in welchem keine konkreten Anweisungen für die richtigen Handlungsschritte notwendig sind. Basis ist hierfür das geteilte Wissen, welches in einer Tochtergesellschaft generiert oder vorgehalten wird und anschließend auch in Tochtergesellschaften anderer Ländern implementiert wird. Es wird neben der Hierarchie und der mit Ihr notwendigen rationalen Steuerung ebenso als den in Megacorporations notwendigen Wissenstransfer behindernd identifiziert, als auch der Markt als alternative Koordinationsform.[295]

Um dezentral erarbeitetes Wissen unternehmensweit verfügbar machen zu können, bedarf es bestimmter Mechanismen, welche Vorteile der Hierarchie und des Marktes ineinander vereinen. Entscheidend ist hierbei der Einsatz von gesellschaftsunabhängigen Teams, angefangen von Task- oder Projektgruppen bis hin zur Etablierung einer Matrixstruktur zur Verknüpfung geographischer Besonderheiten und den Anforderungen aus den Unternehmenszielen heraus. Für eine erfolgreiche Implementierung bedarf es in Anlehnung an Williamson (1975) eines zentralen Berichts- und Steuerungswesens.[296] Die Bedeutung dessen kommt zu Tragen, da sich nach den neueren Theorien die Ziele des Unternehmens und der darin arbeitenden Personen nicht zwingend decken, in der Regel sogar unterscheiden. Es folgt eine Verquickung der

---

[293] Vgl. Kutschker/Schmid (2008), S. 321. Seitens der hierarchischen Betrachtung von Megacorporations sei insbesondere der Transaktionskostenansatz nach Williamson (1975) anzuführen.

[294] Vgl. Ghoshal/Moran/Almeida-Costa (1995), S. 749.

[295] Vgl. Ghoshal/Moran/Almeida-Costa (1995), S. 751f. Die Autoren folgen hier den Ausführungen von Kogut/Zander (1993) und Teece (1980).

[296] Vgl. Ghoshal/Moran/Almeida-Costa (1995), S. 753. Zur Matrixorganisation im internationalen Kontext siehe insbesondere Kutschker/Schmid (2008), S. 524ff. oder Holtbrügge/Welge (2010), S. 236ff.

Unternehmens- und individuellen Interessen, welche nur durch eine starke Governance, und damit einhergehend mit einem zentralen Berichts- und Steuerungswesen beherrscht werden kann. Dieses bildet somit den Handlungsrahmen für die informelle Koordination durch geteiltes Wissen. Damit werfen die Autoren die Frage auf, inwiefern formale und informelle Steuerungsmechanismen in international handelnden Unternehmen ineinandergreifen müssen, um das Unternehmen erfolgreich am Markt behaupten zu können.

2.2.3 Rollentypologien zur systematischen Einordnung der Tochtergesellschaft bei international handelnden Unternehmen

Im Gegensatz zu den multi- und eindimensionalen Ansätzen steht bei Rollentypologien nicht das Wirken und die unterschiedlichen Ausprägungen des gesamten international handelnden Unternehmens im Fokus der Betrachtung, sondern explizit die Beziehung zwischen Muttergesellschaft und Tochtergesellschaft. Dabei werden einerseits Erwartungen seitens der Muttergesellschaft an die Tochtergesellschaft formuliert, andererseits ihre tatsächliche Rolle beschrieben. Entspricht die reale Rolle der Tochtergesellschaft der ihr zugewiesenen Rolle nicht, ergibt sich auf Seiten der Muttergesellschaft der Bedarf steuernd einzugreifen. Dies kann in Form von Sanktionen erfolgen, um der Tochtergesellschaft einen Anreiz zu geben, sich der zugewiesenen Rolle anzunähern. Alternativ kann auch die Erwartungshaltung verändert werden, sodass sich das zugedachte Rollenverständnis an jenes der realen Gegebenheit angleicht. In Anlehnung an den Stakeholder-Ansatz werden nicht nur seitens der Muttergesellschaft Erwartungen an die Rolle der Tochtergesellschaft formuliert, sondern auch seitens der Branchen- bzw. sekundären Umwelt.[297]

Durch die Fokussierung auf die Tochtergesellschaft und die Beschreibung von unterschiedlichen idealtypischen Rollen der Tochtergesellschaft, generieren Rollentypologien einen Erkenntnisgewinn bezüglich der Differenzierungsmöglichkeiten und -notwendigkeiten, um im internationalen Wettbewerb bestehen zu können. Es werden insbesondere die Leistungen der Tochtergesellschaften für das gesamte international handelnde Unternehmen in den Vordergrund gestellt. Es ist trotz des Erkenntnisgewinns durch die Rollentypologien und ihrem nicht zu unterschätzenden Nutzen für die Praxis anzuführen, dass die Differenzierungsdimensionen selten ausreichend theoretisch begründet oder hergeleitet sind. Auch der Grad der Abstraktion bzw. Vereinfachung verleitet zu einer schematischen Auffassung über die Rollenkomplexität und -vielfalt. Diese ergibt sich allein durch die unterschiedlichen Anspruchsgruppen.[298] Trotz dieser negativen Begleiteffekte dienen die Rollentypologien dem Verständnis über die Komplexität eines international handelnden Unternehmens. Mit Bezug zum Untersuchungsobjekt wird im Folgenden auf die im Rahmen der Führungstypologie nach BARTLETT/GHOSHAL entstandene Rollentypologie und auf jene von FERDOWS eingegangen (zur Übersicht siehe Abbildung 17).[299]

---

[297] Vgl. Kutschker/Schmid (2008), S. 356f. Als Anspruchsgruppen können der Staat, die Gesellschaft, Lieferanten, Kunden, Wettbewerber, Mitarbeiter und einige mehr genannt werden.

[298] Vgl. Kutschker/Schmid (2008), S. 358ff.

[299] Ein Überblick über weitere Rollentypologien ist u.a. zufinden in Kutschker/Schmid (2008), S. 338 oder Morschett (2007), S. 210ff.

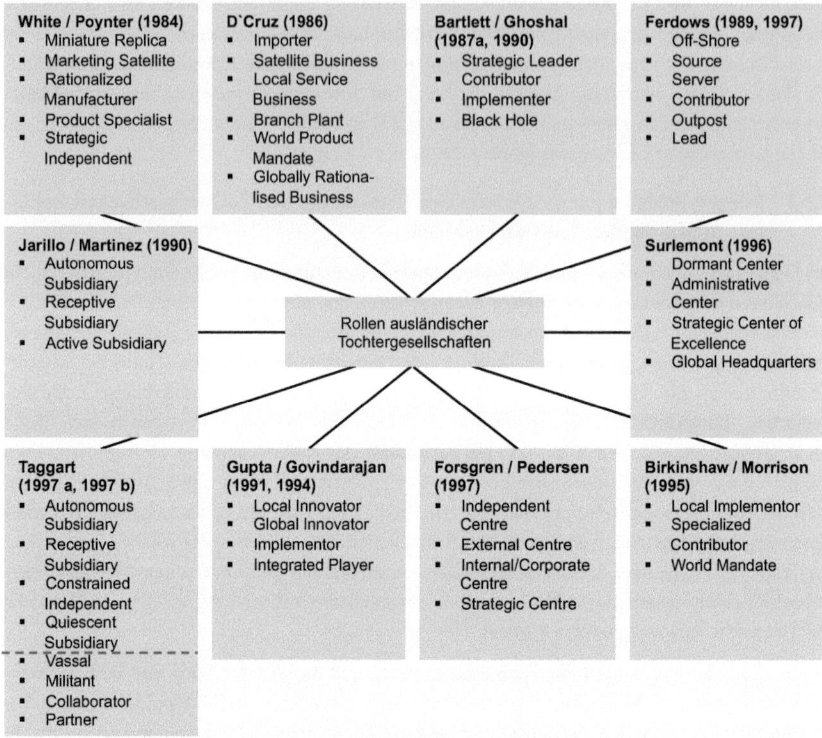

Abbildung 17: Typologien zur Rolle von Tochtergesellschaften. (Quelle: Nach Kutschker/Schmid (2008), S. 341.)

2.2.3.1 Die Rollentypologie von BARTLETT/GHOSHAL

Im Rahmen der Herleitung von Archetypen international handelnder Unternehmen haben sich BARTLETT/GHOSHAL mit den unterschiedlichen Rollen der Tochtergesellschaften auseinandergesetzt.[300] Es werden die Rollentypen anhand der strategischen Bedeutung des (nationalen) Umfeldes und der Fähigkeiten der Tochtergesellschaft hergeleitet.[301] Die erste Dimension ist auf die Bedeutung für das Gesamtunternehmen zu beziehen. Zu berücksichtigen ist, dass sich die Bedeutung des Umfeldes nicht nur auf den Absatzmarkt, sondern gemäß der oben hergeleiteten Internationalisierungsmotive auch auf den Zugang zu sonst nicht beschaffbaren Ressourcen bzw. bestimmten Ressourceneigenschaften bezieht.[302] Auch der Heimatmarkt eines Wettbewerbers oder ein Markt mit anspruchsvollen Kunden kann eine entsprechend hohe

[300] Siehe im Original Bartlett/Ghoshal (1986), S. 90ff.; Bartlett/Ghoshal (1989), S. 106ff. und Bartlett/Ghoshal (1990), S. 139ff.

[301] Vgl. Kutschker/Schmid (2008), S. 342f.

[302] Siehe hierzu Kapitel 2.1.1.

Bedeutung haben.[303] Die zweite Dimension, jene der Fähigkeiten[304] der Tochtergesellschaft, bezieht sich auf Funktionen oder Teilfunktionen der Tochtergesellschaft.[305] Es wird auch hier differenziert, inwiefern eine (Teil-)Funktion eine hohe Bedeutung für den gesamtunternehmerischen Erfolg hat.[306] Nach diesen zwei Dimensionen werden die folgenden vier Typen unterschieden (siehe auch Abbildung 18):[307]

- *Strategic Leader*: Die strategische Führungsgesellschaft agiert in einem für das Gesamtunternehmen äußerst wichtigen Markt. Kombiniert mit großen Fähigkeiten in (Teil-)Funktionen ist dieser Typ durch einen Wissens- und Know-how-Transfer in die Muttergesellschaft bzw. in andere Tochtergesellschaften geprägt. Durch diese exponierte Stellung dient dieser Typ nicht der reinen Ausführung von Aufgaben. Die Rolle der Tochtergesellschaft geht zudem über die lokale Marktbeobachtung und Anpassung von Produkten oder Prozessen an den lokalen Markt hinaus. Sie übernimmt für ihren Kompetenzbereich die Führung und Verantwortung des Gesamtunternehmens. Selbst die Muttergesellschaft hat in diesem Kompetenzbereich unternehmensweit nicht soviel Einfluss.

- *Contributor*: Die mitwirkende Tochtergesellschaft besitzt zwar ebenfalls wichtige und herausragende Fähigkeiten, ist aber nicht auf einem strategisch wichtigen Markt aktiv. Ein Problem kann dann entstehen, wenn die Fähigkeiten derart ausgeprägt sind, dass sie den lokalen Markt beeinflussen und dessen Bedeutung für das Gesamtunternehmen erhöhen. In diesem Fall sind die Kompetenzen bzw. Fähigkeiten der Tochtergesellschaft für das Gesamtunternehmen nutzbar zu machen.

- *Implementer*: Eine ausländische Tochtergesellschaft ist in der Rolle des Implementierers auf einem für das Gesamtunternehmen strategisch unwichtigen Markt aktiv und besitzt gerade genügend Fähigkeiten und Kompetenzen, um diesen Markt bedienen zu können. Die Entwicklung neuer oder die Anpassung von Strategien für das Gesamtunternehmen übersteigt die Fähigkeiten. Ihr Fokus ist die Umsetzung der Strategien und Entscheidungen seitens der Muttergesellschaft, dem Strategic Leader oder dem Contributor. Für das Gesamtunternehmen sind Implementer wegen des Beitrags zum Cashflow und der Möglichkeit, Größendegressionsvorteile generieren zu können, dennoch von großer Bedeutung.

- *Black Hole*: Als nicht gewünscht gelten Tochtergesellschaften, die in einem schwarzen Loch agieren. Dabei ist der Markt von strategisch hoher Bedeutung für das Gesamtunternehmen. Die Tochtergesellschaft weist aber nicht die notwendigen Fähigkeiten und Kompetenzen auf, um diesen Markt bedienen zu können. Die Rolle eines schwarzen Loches wird akzeptiert, falls der Aufbau von Fähigkeiten und Kompeten-

[303] Vgl. Bartlett/Ghoshal (1986), S. 90. Leider geben BARTLETT/GHOSHAL darüber hinaus keine detaillierten Anhaltspunkte, wie sich wichtige von unwichtigen Märkten unterscheiden lassen. Vgl. u.a. Kutschker/Schmid (2008), S. 343.

[304] Im Sinne der ressourcenorientierten Theorie multinationaler Unternehmen wird anstatt von Fähigkeiten oder Kompetenzen auch der Begriff der internen Ressource bzw. die Fähigkeit Ressourcen so zu kombinieren, dass sich hieraus ein Wettbewerbsvorteil ergibt, verwendet. Siehe hierzu Kapitel 2.1.1.3.3.

[305] Vgl. Kutschker/Schmid (2008), S. 343.

[306] Vgl. Bartlett/Ghoshal (1986), S. 90f.

[307] Vgl. Kutschker/Schmid (2008), S. 344f.

zen eines längeren Zeitraums bedarf. Schnelle Abhilfe dieser Situation kann einzig eine Kooperation oder Akquisition schaffen.[308]

Nach BARTLETT/GHOSHAL bedarf es eines Mix aus den unterschiedlichen Typen, um im internationalen Wettbewerb bestehen zu können. Nur dann sind in einer Branche entsprechend Globalisierungs- und/oder Lokalisierungsvorteile umsetzbar. Nach der oben aufgeführten Führungstypologie sind für die unterschiedlichen Typen auch unterschiedliche Koordinationsinstrumente bzw. -mechanismen zu wählen. Implementer bedürfen eher der formalisierten Koordination, während die Strategic Leader aufgrund ihrer Bedeutung durch Sozialisation gesteuert werden sollten.[309]

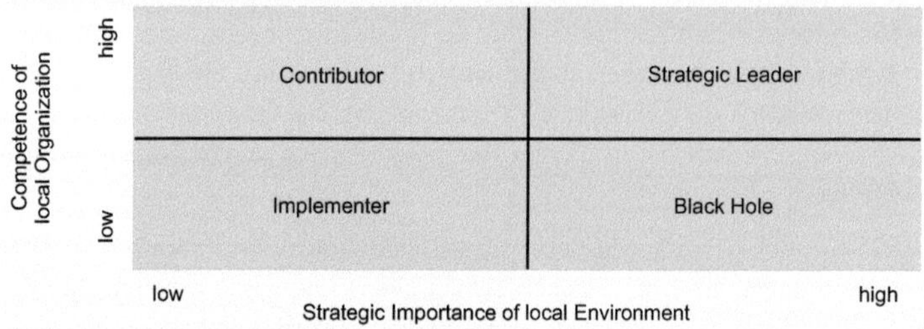

Abbildung 18: Die Rollentypologie nach BARTLETT/GHOSHAL.
(Quelle: In Anlehnung an Kutschker/Schmid (2008), S. 344 und Bartlett/Ghoshal (1986), S. 90.)

2.2.3.2 FERDOWS Rollentypologie von Produktionsgesellschaften im Ausland

FERDOWS entfernt sich mit seiner Rollentypologie von einer holistischen Betrachtung möglicher Rollen einer Tochtergesellschaft. Er konzentriert sich auf Tochtergesellschaften, die einen hohen Wertschöpfungsanteil haben. Dies ist notwendig, da sich die Gründe für eine Produktionsverlagerung ins Ausland nicht mehr allein auf den Lohnkostenfaktor beschränken. Als weitere Gründe werden das Ausschöpfen strategischer Optionen und die zunehmende Verbindung zwischen Produktion und Entwicklung genannt.[310]

FERDOWS benennt zwei Dimensionen, nach denen sich die unterschiedlichen Typen bilden lassen: der dominante, strategische Grund für die Standortwahl und der Grad technischer Aktivitäten und Kompetenzen am Standort (siehe Abbildung 19). Bezüglich der ersten Dimension werden drei Hauptgründe aufgeführt, nach welchen die Rollenabgrenzung erfolgt: der kostengünstige Zugang zu Produktionsfaktoren (insbesondere der Faktor Arbeit), die Marktnähe (Realisierung der unter Kapitel 2.1.2.1.3 aufgeführten Vorteile der Auslandsniederlassung) und die Nutzung von lokalen, technologischen Ressourcen und Know-how (Nutzung weiterer Standortvorteile, wie Zugang zu Know-how bei Universitäten oder Lieferanten).[311] Die zweite Dimension beruht auf einer Veränderung produktionsspezifischer Fähigkeiten. Aus einem rein fertigenden Standort kann durch Übernahme der Produktionsplanung, der Produktions-

[308] Vgl. Kutschker/Schmid (2008), S. 345f. Zu den Vor- und Nachteilen unterschiedlicher Marktbearbeitungsformen siehe Kapitel 2.1.2.

[309] Vgl. Kutschker/Schmid (2008), S. 346. Siehe hierzu auch Kapitel 2.2.2.2.

[310] Vgl. Kutschker/Schmid (2008), S. 346f.; Ferdows (1989) und Ferdows (1997).

[311] Vgl. Kutschker/Schmid (2008), S. 347f. und Ferdows (1997), S. 74ff.

prozessentwicklung oder der Lieferantenentwicklung der Verantwortungsbereich vergrößert und damit die Bedeutung im Gesamtunternehmen gesteigert werden.[312] Aus diesen beiden Dimensionen leitet FERDOWS folgende Rollentypen ab:[313]

- *Off-Shore Factory*: Im Vordergrund steht die physische Produktion. Es wird erwartet, Kosteneinsparungen aufgrund des Zugangs zu kostengünstigeren Produktionsfaktoren zu erlangen. Fähigkeiten über die reine Produktion hinaus sind demnach nicht vorhanden. Auch höhere, langfristig bindende Investitionen in Technologien oder Humanressourcen sind nicht oder nur begrenzt vorhanden. Der Verantwortungsbereich beschränkt sich insbesondere auf Seiten der Beschaffung auf den nationalen Markt.
- *Source Factory*: Nach Ferdows ist eine Entwicklung der Off-Shore Factory hin zu einer Source Factory möglich. Als Beweggrund des internationalen Engagements gilt neben dem kostengünstigen Zugang zu Produktionsfaktoren auch die Kompetenz- und Know-how-Entwicklung. Die Tochtergesellschaft gewinnt für die Muttergesellschaft durch das Beherrschen bestimmter Schlüsseltechnologien oder -fertigungsprozesse an Bedeutung. Dies drückt sich auch in einer höheren Investitionsbereitschaft in Human- und Managementressourcen aus, um die Herausforderungen von Produktionsplanung, Entwicklung, Beschaffung, Logistik und Distribution beherrschen zu können. Die Verantwortung der Tochtergesellschaft ist damit nicht auf den nationalen Markt beschränkt.
- *Server Factory*: Bei der Server Factory steht nicht der kostengünstige Zugang zu Produktionsfaktoren im Vordergrund, sondern die Bedienung des Absatzmarktes. Von besonderer Bedeutung ist die Anpassung an lokale Marktbedingungen bzw. Kundenwünsche. Als Schnittstelle zu lokalen Märkten ist einer solchen Tochtergesellschaft im Vergleich zu einer Off-Shore Factory eine höhere Verantwortung und eine größere Kompetenz zuzuweisen. Hingegen ist die Tochtergesellschaft nicht so stark in das Gesamtunternehmen eingebunden. Die Server Factory erhält seitens der Muttergesellschaft geringe Unterstützung bei Investitionen für technische oder Humanressourcen.
- *Contributor Factory*: Entsteht durch das Aneignen von Fähigkeiten, welche über die lokale Marktbearbeitung hinaus gehen, ein Mehrwert für das Gesamtunternehmen, so kann sich beispielsweise aus einer Server Factory ein Kompetenzzentrum für die Produktentwicklung oder Distribution entwickeln. Im Sinne der Verbundeffekte können andere Tochtergesellschaften von den Fähigkeiten der Contributor Factory profitieren. Neben der Kompetenzentwicklung bezüglich der Bearbeitung des Absatzmarktes kann dies auch den Beschaffungsmarkt betreffen.[314]
- *Outpost Factory*: Im Vordergrund einer Outpost Factory steht die Beobachtung des Marktes, von Lieferanten, technologischen Entwicklungen, Wettbewerbern etc. Durch

---

[312] Vgl. Kutschker/Schmid (2008), S. 348f. Dabei ist zu berücksichtigen, dass FERDOWS in seiner Veröffentlichung von 1997 nicht mehr nur von der Erweiterung von technischen Aktivitäten sondern von einer Kompetenzerweiterung bzw. der Erweiterung der Fähigkeiten im Allgemeinen spricht.

[313] Vgl. nachfolgend Ferdows (1997), S. 76 und Kutschker/Schmid (2008), S. 349ff.

[314] Als Beispiele seien das Lieferantenmanagement und die Lieferantenentwicklung für das Gesamtunternehmen angeführt.

diese Ausrichtung liegen keine Produktionsfähigkeiten vor. FERDOWS selbst charakterisiert die Aufgaben der Outpost Factory als sekundäre Aufgaben, die entweder von einem der anderen hier genannten Typen oder aber von Agenten, Vertriebsstellen o.ä. übernommen werden können.[315]

- *Lead Factory*: Neben der Informationsfunktion dieses Typs ist seine Rolle für den internationalen Fertigungsverbund des Gesamtunternehmens von herausragender Bedeutung. Es werden eigene Produktionsfähigkeiten auf Basis des lokalen Know-hows aufgebaut und den anderen Fertigungsstätten zur Verfügung gestellt. Dieser Typ dient als Innovationstreiber im Gesamtunternehmen. Eine Entwicklung hin zur Lead Factory ist für alle Tochtergesellschaften grundsätzlich möglich. Eine solche Wandlung ist aber nur bedingt planbar und hängt von vielen nicht voraussagbaren Entwicklungen ab.[316]

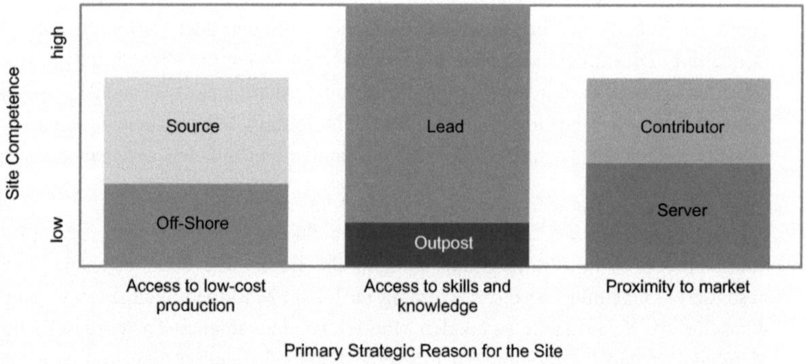

Abbildung 19: Rollentypen nach FERDOWS. (Quelle: Nach an Ferdows (1997), S. 77.)

Nach FERDOWS benötigt ein erfolgreiches Unternehmen ein Portfolio mit unterschiedlichen Fertigungstypen. Das Vorhandensein vieler, bezüglich des Kompetenzgrades einfacher Tochtergesellschaften reiche hierbei nicht aus. Zudem sollten – trotz der eingeschränkten Planbarkeit der Entwicklungen – die Rollen der jeweiligen Tochtergesellschaften klar definiert und zugewiesen werden. Im Gegensatz zu BARTLETT/GHOSHALS Rollentypologie steht bei FERDOWS die strukturelle Organisation im Vordergrund, wobei dies auch in Anlehnung an PERLMUTTERS oder BARTLETTS/GHOSHALS allgemeiner Typologie international handelnder Unternehmen bestimmte Koordinationsmechanismen bzw. ein bestimmtes Führungsverhalten impliziert.[317]

[315] Dies wird auch als Grund angeführt, warum FERDOWS kein reales Beispiel zu diesem Typ anführen konnte.

[316] Als Beispiele sind die Entwicklung neuer Technologien oder Veränderungen bei der Nachfrage bzw. in der Branchenumwelt im Allgemeinen zu nennen.

[317] Vgl. Kutschker/Schmid (2008), S. 352. Siehe zum Vergleich auch die Kapitel 2.2.2.1, 2.2.2.2 und 2.2.3.1.

2.3 Das international handelnde Unternehmen im Fokus physischer Wertschöpfung

Aus den Aufgaben international handelnder Unternehmen und der Abgrenzung international handelnder Unternehmen anhand der Mutter-Tochter-Beziehung wird im Folgenden eine Definition des international handelnden Unternehmens abgeleitet. Zudem ermöglichen die unterschiedlichen Betrachtungen eine Eingrenzung des Untersuchungsobjekts, sodass eine zielgerichtete Beantwortung der Forschungsfragen möglich ist. Ausgangspunkt der Eingrenzung bildet die Festlegung des Grundverständnisses über den Gegenstand des Internationalen Managements. Hierbei haben sich zwei wesentliche Perspektiven durchgesetzt:[318]

- *Atomistische Perspektive*: Im Fokus steht der Erkenntnisgewinn über einzelne Auslandsengagements eines Unternehmens und dessen Optimierung im Rahmen des Auslandsmanagements unter Berücksichtigung des (nationalen) Umwelteinflusses.
- *Holistische Perspektive*: Die Nutzung länderübergreifender Effekte steht im Vordergrund der Betrachtung. Das Auslandsengagement wird unter dem Aspekt multinationaler Aktivitäten betrachtet.

Die holistische Perspektive entwickelte sich, nachdem die einzelnen Unternehmen und auch die Wissenschaft durch die atomistische Perspektive Erkenntnisse gewonnen und entsprechendes Know-how aufgebaut haben. Dementsprechend sind auch die Definitionen international aktiver Unternehmen unterschiedlich gestaltet, wie beispielsweise die Typologien nach PERLMUTTER oder BARTLETT/GHOSHAL gezeigt haben.

Bezüglich der holistischen Perspektive hat sich letztlich der Begriff des multinationalen Unternehmens durchgesetzt.[319] HOLTBRÜGGE/WELGE stellen eine Reihe von Kriterien zur Diskussion auf, welche ein multinationales Unternehmen erfüllen muss, wobei die maßgebliche Geschäftstätigkeit in mehreren Ländern und die Loslösung von der nationalen Bindung dominieren.[320] Da diese Definition und die ihr zugrunde liegenden Kriterien für die Beantwortung der Forschungsfrage nicht zielführend ist, ist das Untersuchungsobjekt anhand der atomistischen Perspektive abzugrenzen.

Nach der Auffassung von PERLITZ muss ein Unternehmen nur Aktivitäten im Ausland durchführen, um als internationales Unternehmen bezeichnet werden zu können.[321] Diese Definition basiert auf der Definition internationaler Geschäftstätigkeit von FAYERWEATHER: „International business is business involving two or more nations.“[322] Da hier die Aktivität nicht genauer spezifiziert wird, bedarf es einer Konkretisierung. Wie in Kapitel 2.2.1 angesprochen, wird häufig eine Abgrenzung internationaler Unternehmen anhand quantitativer Kennzahlen vorgenommen.[323] Zur Beantwortung der in dieser Forschungsarbeit verfolgten Forschungs-

---

[318] Vgl. Holtbrügge/Welge (2010), S. 39f.

[319] Vgl. Holtbrügge/Welge (2010), S. 40. Dabei entspricht das dort behandelte Untersuchungsobjekt nicht zwingend der Definition eines multinationalen Unternehmens nach BARTLETT/GHOSHAL.

[320] Siehe Holtbrügge/Welge (2010), S. 41f.

[321] Vgl. Perlitz (2004), S. 9.

[322] Fayerweather (1978), S. 3.

[323] Siehe hierzu auch Dülfer/Jöstingmeier (2008), S. 7ff. Demnach ist eine quantitative Abgrenzung u.a. deshalb nicht möglich, da in verschiedenen Branchen unterschiedliche Kennzahlen relevant sind. Man denke hier al-

frage ist es jedoch wichtig, dass Wertaktivitäten[324] im Sinne unternehmenseigener Wertschöpfung in unterschiedlichen Ländern stattfinden. Im Folgenden wird hierfür der Begriff eines international handelnden Unternehmens definiert.

Definition 1: Das international handelnde Unternehmen

„Als international handelndes Unternehmen sind jene Unternehmen zu bezeichnen, deren unternehmenseigene Wertschöpfung in mindestens zwei Ländern vollzogen wird."

Ausgehend von dieser sehr weiten Definition sind bezüglich der Forschungsfrage weitere Einschränkungen möglich. Anhand der in Kapitel 2.1.1.4 hergeleiteten Dimensionen der Beweggründe international handelnder Unternehmen beziehen sich die folgenden Aussagen einzig auf Unternehmen, welche Potenziale auf Seiten des Beschaffungsmarktes heben möchten. Entscheidend ist hierbei der Zugang zur Humanressource. Das Ausnutzen nationaler Unterschiede bezüglich der Lohnkosten ist maßgeblich. Ob die internationale Aktivität auch auf Basis der Ausnutzung von Größendegressionseffekten durch Bündelung der Produktionskapazitäten in einer oder wenigen Tochtergesellschaften erfolgt, kann nicht ausgeschlossen werden, ist für die folgende Untersuchung aber nicht entscheidend.

Darüber hinaus müssen nach den Internationalisierungstheorien mit dem politisch/rechtlichen Umfeld oder landeskulturellen Ausprägungen auch Umweltfaktoren berücksichtigt werden. Durch die Fokussierung auf die kulturelle Anpassung von Gastlandarbeitern steht funktional die Produktion im Vordergrund der Betrachtung. Dies basiert nicht zuletzt auf der Erkenntnis von FERDOWS, welcher der Produktion bei der internationalen Wertschöpfung eine besondere Bedeutung zuschreibt.[325] Die physische Wertschöpfung (Produktion) muss daher in der Tochtergesellschaft erfolgen. Damit können bestimmte Ausprägungen der Internationalisierungsstrategie ausgeschlossen werden:[326]

- *Wertschöpfungsform*: Beim Portfolio-Ressourcentransfer und beim Export besteht die Fragestellung nach einer kulturellen Anpassung nur eingeschränkt. Durch die rein vertragliche Regelung über den Know-how- bzw. Güterfluss ist seitens der Gesellschaft im Stammland von geringer oder gar keiner kulturellen Beeinflussung der Gesellschaft im Gastland auszugehen. Berücksichtigt werden daher nur Auslandsniederlassungen.
- *Eigentumsform*: Da eine Markttransaktion als eine Übertragung der Verfügungsrechte definiert ist, wird diese aus den oben genannten Gründen ebenfalls ausgeschlossen. Bei der Kooperation muss differenziert werden, ob diese auf vertraglichen Vereinbarungen basiert oder eine strukturelle Integration beider Unternehmen (Joint-Venture oder Fusion) vorliegt. Wie in Kapitel 2.1.2.2 beschrieben, stellt insbesondere bei letz-

lein an die Unterschiede der produzierenden und Dienstleistungsindustrie bezüglich der Bedeutung von Direktinvestitionen.

324 Im Sinne der PORTERSCHEN Wertschöpfungskette wird dabei zwischen primären und sekundären Wertaktivitäten bzw. Funktionsbereichen unterschieden. Siehe hierzu insbesondere Porter (1998).

325 Siehe hierzu auch die allgemeine Begründung der Themenwahl in Kapitel 1.1.

326 Siehe auch Müller/Kornmeier (2002), S. 139f.

terem Fall die kulturelle Integration eine besondere Herausforderung dar. Unstrittig ist dies auch bei einer 100%-igen Tochtergesellschaft.

- *Ansiedlungsform*: Die kulturelle Integration bzw. Anpassung ist sowohl bei einer Beteiligung als auch bei einer Neugründung von Bedeutung. Anhand dieses Punktes kann keine Eingrenzung des Untersuchungsobjekts erfolgen.

Die Ausprägungen des hier zu betrachtenden international handelnden Unternehmens sind in Abbildung 20 zusammengefasst.

Bezüglich der qualitativen Abgrenzung international handelnder Unternehmen ist eine Einschränkung nur bedingt möglich. Die Betrachtung transnationaler Unternehmen nach BARTLETT/GHOSHALS Führungstypologie kann ausgeschlossen werden, da es sich hierbei um einen theoretisch hergeleiteten Typ handelt, dessen Existenz empirisch nicht nachgewiesen ist. Auch das multinationale Unternehmen spielt keine entscheidende Rolle, da durch die Einnahme einer atomistischen Perspektive Fragestellungen zum Auslandsmanagement von mehreren Tochtergesellschaften nicht im Vordergrund stehen. Die in den Kapiteln 2.2.2 und 2.2.3 behandelten Typologien dienen daher als Rahmen zur Einordnung der Fallstudie. So gibt die Beziehung zwischen Mutter- und Tochtergesellschaft bezüglich Kommunikationsfluss, Steuerungsmechanismen und Entsendungsinstrumente wichtige Rahmenbedingungen zur Analyse der Falleinheiten vor.

<table>
<tr><td>Marktbearbeitung</td><td colspan="3">Beschaffungsmarkt</td><td colspan="3">Absatzmarkt</td></tr>
<tr><td>Potenzialnutzung</td><td colspan="3">Lokalisierungsvorteile</td><td colspan="3">Globalisierungsvorteile</td></tr>
<tr><td>Wertschöpfungsform</td><td colspan="2">Portfolio-Ressourcentransfer</td><td colspan="2">Export</td><td colspan="2">Auslandsniederlassung</td></tr>
<tr><td>Wertschöpfungsfunktion</td><td colspan="2">Fertigung</td><td colspan="2">Sekundärfunktionen</td><td colspan="2">Sonstige Primärfunktionen</td></tr>
<tr><td>Eigentumsform</td><td colspan="2">Markttransaktion</td><td colspan="2">Kooperation</td><td colspan="2">100%-ige Tochtergesellschaft</td></tr>
<tr><td>Ansiedlungsform</td><td colspan="3">Beteiligung</td><td colspan="3">Neugründung</td></tr>
</table>

Abbildung 20: Ausprägungen des Untersuchungsobjekts.

Entsprechend der obigen Eingrenzung nach den Dimensionen der Beweggründe spielen Beziehungen zwischen einzelnen Tochtergesellschaften keine Rolle. Als Untersuchungsobjekt grenzen wir somit auf institutioneller Ebene die Muttergesellschaft und eine Tochtergesellschaft ab, welche produzierende Wertschöpfungsaktivitäten durchführt (siehe Abbildung 21). Die Beziehung zwischen Mutter- und Tochtergesellschaft ist über das EPRG-Profil und die Führungstypologie beschrieben. Die Eigenschaften der Tochtergesellschaft und die Charakteristik der von ihr ausgeführten Wertschöpfungsaktivitäten werden durch die obige Festlegung auf bestimmte Ausprägungen der Internationalisierungsstrategie definiert. Sie werden durch die Rollentypologien nach BARTLETT/GHOSHAL sowie nach FERDOWS beschrieben.

Da mit PERLMUTTERS EPRG-Profil das Management und die Führung der Tochtergesellschaft angesprochen werden, die Forschungsfrage aber auf die Profession der Arbeiter fokussiert, ist neben der institutionellen Ebene auch eine Ebene sozial abgegrenzter Gruppen einzuführen. Die Begründung zu dieser Abgrenzung wird im folgenden Kapitel hergeleitet.

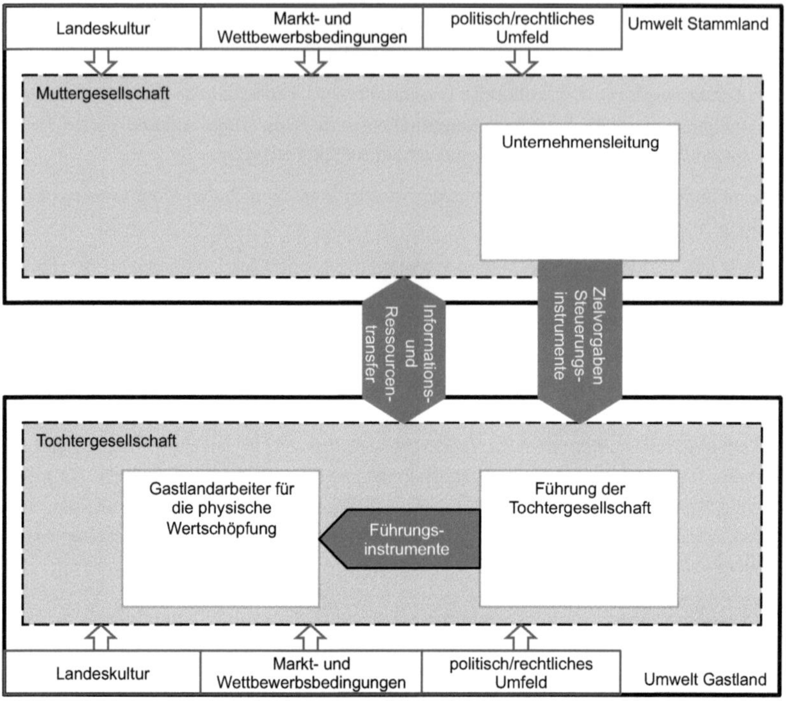

Abbildung 21: Abgrenzung des Untersuchungsobjekts.

3 Kulturelle Betrachtungen im Kontext internationaler und unternehmerischer Aktivitäten

Forschung im Bereich der Kultur ist durch viele unterschiedliche Disziplinen geprägt. Dies lässt sich allein aus der Vielzahl unterschiedlicher Begriffsdefinitionen und Studien ableiten. PRASA/PRASAD strukturieren die Forschung insbesondere nach der Epistemologie und der Ontologie, beginnend bei nationaler bis hin zu organisationaler Kulturorientierung.[327] Dabei wird den quantitativen Ansätzen ein enger Bezug zur Psychologie zugeschrieben,[328] während qualitative Ansätze insbesondere durch anthropologische und soziologische Fragestellungen beeinflusst sind.[329] Eine weitere Unterscheidung lässt sich bezüglich einer integrierenden oder differenzierenden Perspektive der Kultur treffen.[330] Dies ist für die weiterführenden Betrachtungen rund um die Kultur und dem unternehmerischen Zusammenhang entscheidend und wird im Rahmen der Begriffsabgrenzung in Kapitel 3.1 näher betrachtet.

Dieses Kapitel ist durch eine vergleichende Betrachtung von Unternehmens- und Landeskultur geprägt. So werden in Kapitel 3.2 Konzepte und Eigenschaften der Unternehmenskultur eingeführt, während in Kapitel 3.3 die wichtigsten kulturvergleichenden Studien vorgestellt werden. Auch die Beschreibung von Kultur und deren Erfassungsmöglichkeit wird hier behandelt. In Kapitel 3.4 werden Unternehmens- und Landeskultur in Bezug zueinander gesetzt und die Wandlungsfähigkeit der Kultur bzw. der Wertvorstellungen wird diskutiert. Im abschließenden Kapitel werden die über die Kultur gewonnenen Erkenntnisse zusammengefasst und unter Einbezug des in Kapitel 2.3 abgegrenzten Untersuchungsobjekts in einen konzeptionellen Bezugsrahmen überführt.

3.1 Ein Kulturverständnis

Ausgehend von der Kulturforschung wird der Begriff der Kultur seit jeher kontrovers diskutiert: Inwiefern Natur und Kultur sich gegenüberstehen oder es eine Kultur der Natur gibt,[331] oder ob in zwei Kulturverständnissen gedacht werden muss (naturwissenschaftlich-technisch vs. schöngeistig orientiert),[332] seien nur zwei Beispiele für die vorherrschenden Diskussionen. Den Kern der Kulturforschung bilden auf der einen Seite Anthropologen mit dem Versuch der Identifikation der Kultur beim Menschen und Ethnologen mit dem Versuch der Erklärung der Menschheitsgeschichte anhand kultureller Entwicklungen auf der anderen Seite.[333] Die Erforschung der Kultur befindet sich damit per se an der Schnittstelle zu vielen wissenschaftlichen Disziplinen: Psychologie und Soziologie[334] sind hier traditionell ebenso zu nennen wie neuerlich auch Sprach-, Geschichts- oder Wirtschaftswissenschaften.

[327] Vgl. Prasad/Prasad (2009), S. 129f.
[328] Siehe z.B. Hofstede (1998); Hofstede (2010). Siehe hierzu auch die in Kapitel 3.3 vorgestellten quantitativen Untersuchungen zur Landeskultur.
[329] Siehe z.B. Turner (1986) oder Van Maanen (1988).
[330] Vgl. Prasad/Prasad (2009), S. 130f.; Frost (1996) und Martin/Frost (1996), S. 602ff.
[331] Siehe zusammenfassend Eibl (2007) oder exemplarisch Simmel (1908).
[332] Siehe einführend Voland (2007).
[333] Vgl. Malinowski (1988) und Hofmann/Korta/Niekisch (2006).
[334] Insbesondere in der Soziologie hat sich der Begriff der Kultur mit den Arbeiten von SIMMEL, WEBER über BUHR, TYLOR und BÜHL stetig weiterentwickelt und verändert. Vgl. hierzu insbesondere Prott (2004), S. 14ff. und Hofmann/Korta/Niekisch (2006).

Allein dieser Umstand zeigt auf, dass von ‚einem' Kulturverständnis nicht auszugehen ist. Daher ist es neben der Begriffsabgrenzung, welche in Kapitel 3.1.1 in einer entsprechenden Definition mündet, notwendig, sich mit den Elementen und Eigenschaften der Kultur auseinanderzusetzen (Kapitel 3.1.2). Diese bilden die Grundlage für die danach folgenden Ausführungen über die Zusammenhänge zwischen der Kultur und ihrer Umwelt.

3.1.1 Begriffsabgrenzung: Kultur zwischen Wertvorstellungen und Handlung

Die Vielfältigkeit des Begriffsverständnisses zeigt sich bereits in der Erhebung von KROEBER/KLUCKHOHN, welche 1952 ca. 160 Definitionen von ‚Kultur' zusammengetragen und diskutiert haben.[335] Dabei bildet die Definition von KLUCKHOHN die Basis vieler chronologisch folgender Definitionen (siehe Tabelle 4). Unterschieden werden Definitionen, die ein integrierendes Kulturverständnis zugrunde legen, gegenüber jenen, welche die Kultur differenziert betrachten. Frühe integrierende Definitionen, wie beispielsweise von DEAL/KENNEDY, OTT oder PETTIGREW sehen Kultur als eine Zusammenstellung von gruppenweit gültigen und geteilten Werten, welche zu einer Gemeinschaft führen.[336] Dagegen bildet sich die Kultur gemäß der differenzierenden Perspektive aus verschiedenen Subkulturen, die aufgrund unterschiedlichen Drucks aus der Umwelt der Gemeinschaft entstehen. Neben der Heterogenität spielt die Dynamik eine wesentliche Rolle. Es wird nicht davon ausgegangen, dass Kultur statisch ist, sondern durch das Aufeinandertreffen und Interagieren verschiedener Subkulturen immer wieder neu definiert wird. Durch die Dynamik entsteht somit auch die Beeinflussbarkeit der Kultur bzw. deren Wandlungsfähigkeit.[337]

Mit dem sogenannten ‚cultural turn' hielt die Kultur auch in bis dato von der Kulturforschung entfernten Wissenschaften Einzug. Dies ging mit einer Entfremdung des Kulturverständnisses als Hochkultur einher. Die differenzierende Perspektive und die daraus folgende Etablierung von Subkulturen stellen ein Beispiel für die kulturelle Wende dar.[338] Diese Entwicklung des Kulturverständnisses lässt sich auch bei den Anthropologen beobachten. Frühe anthropologische Definitionen, die sich auf das Ganze und auf die Einheit beziehen, lassen die Betrachtung von Subsystemen und damit von Teilen kulturell zusammengehöriger Gruppen nicht zu. Dies stellt die Möglichkeit des kulturellen Vergleichs in Frage. Die Kritik bezieht sich insbesondere auf den geringen Erklärungsgehalt solch weit gefasster Definitionen.[339] Sie beschreiben gleichzeitig die Gründe für ein bestimmtes Verhalten, das Verhalten an sich und die daraus resultierenden Folgen.[340] Dagegen wird insbesondere von GEERTZ als neuzeitlichem Anthropologen eine engere Fassung des kulturellen Begriffsverständnisses vorgeschlagen.

---

[335] Siehe im Original Kroeber/Kluckhohn (1952). Auf eine etymologische Begriffsherleitung wird an dieser Stelle verzichtet. Siehe hierzu z.B. Niedermann (1941).

[336] Vgl. Prasad/Prasad (2009), S. 130f. und Martin/Frost (1996).

[337] Vgl. Prasad/Prasad (2009), S. 131ff. und Martin/Frost (1996), S. 602ff. Diese Diskussion wird insbesondere bezüglich der Unternehmenskultur geführt, lässt sich in ihrem Grundsatz aber auf das allgemeine Begriffsverständnis übertragen. Siehe die Kapitel 3.2.3 und 3.4.3.

[338] Siehe zu den kulturellen Wenden insbesondere Bachmann-Medick (2009).

[339] Vgl. Jong (2009), S. 5f.

[340] Siehe als Beispiele die Definition von Tylor (1873) in Tabelle 4.

Autor	Kulturdefinition
Burckhardt (1868-1873), S. 27 u. 54.	„Kultur nennen wir die ganze Summe derjenigen Entwicklungen des Geistes, welche spontan geschehen und keine universale oder Zwangsgeltung in Anspruch nehmen."
Tylor (1873), S. 1.	Kultur ist „jenes komplexe Ganze, das Wissen, Glauben, Kunst, Moral, Recht, Sitte, Brauch und alle anderen Fähigkeiten und Gewohnheiten umfaßt [sic!], die der Mensch als Mitglied einer Gesellschaft erworben hat."
Kluckhohn (1951), S. 86.	„Culture consists in patterned ways of thinking, feeling and reacting, acquired and transmitted mainly by symbols, constituting the distinctive achievements of human groups, including their embodiments in artifacts; the essential core of culture consists of traditional (i.e. historically derived and selected) ideas and especially their attached values."
Pettigrew (1979), S. 574.	„Culture is a system of publicly and collectively accepted meanings operating for a given group at a given time."
Deal and Kennedy (1982), S. 4.	„The way we do things around here."
Schein (1983b), S. 14.	„The pattern of basic assumptions that a given group has invented, discovered, or developed in learning to cope with its problems of external adaptation and internal integration, and that have worked well enough to be considered valid and, therefore, to be taught to new members as the correct way to perceive, think and feel in relation to those problems."
Martin (1992), S. 114.	Culture „is a nexus where environmental influences intersect, creating a nested, overlapping set of sub-cultures with a permeable organizational boundary."
Geertz (1993), S. 89.	Culture „denotes an historically transmitted pattern of meanings embodied in symbols, a system of inherited conceptions expressed in symbolic forms by means of which men communicate, perpetuate, and develop their knowledge about and attitudes towards life."
Hofstede (2001), S. 9.	Culture is „the collective programming of the mind that distinguishes the members of one group or category of people from another."
House et al. (2004), S. 15.	„[C]ulture is defined as shared motives, values, beliefs, identities, and interpretations or meanings of significant events that result from common experiences of members of collectives that are transmitted across generations."
Kutschker/Schmid (2008), S. 672.	Kultur ist „die Gesamtheit der Grundannahmen, Werte, Normen, Einstellungen und Überzeugungen einer sozialen Einheit, die sich in einer Vielzahl von Verhaltensweisen und Artefakten ausdrückt und sich als Antworten auf die vielfältigen Anforderungen, die an diese soziale Einheit gestellt werden, im Laufe der Zeit herausgebildet hat."

Tabelle 4: Die Veränderung der Kulturdefinitionen.

Bezüglich der Inhalte spielen neben den Symbolen (so z.B. bei GEERTZ oder KLUCKHOHN) vor allem Werte (so z.B. bei HOFSTEDE oder HOUSE) eine zentrale Rolle. Darauf aufbauend definiert JONG folgende wertorientierte Eigenschaften der Kultur:[341]

- Werte sind ein wesentliches Element der Kultur,
- die einer Gruppe zugeschrieben werden können,

[341] Nach Jong (2009), S. 7.

- nehmen Bezug auf Neigungen und Verhaltensmuster und
- kulturelle Elemente werden von Generation zu Generation weitergegeben.

Erste Gedanken zu Werten und Verhaltensweisen im ökonomischen und wirtschaftlichen Umfeld finden sich bereits in den Grundwerken der Ökonomie und Wirtschaftspolitik. Selbst bei ADAM SMITH lässt sich die berühmte ‚invisible hand' als Koordinationsinstrument interpretieren, welches aus einem beschränkt eigennützigen Verhalten mehrerer Individuen entsteht.[342] Als Urvater der expliziten Diskussionen über Kultur in der Ökonomie gilt jedoch WEBER. Dieser baut mit seinem Werk eine Gegenposition zu jenem von MARX postuliertem Verständnis der Beeinflussung von Ideen durch Materialismus auf. Moralität und ethische Grundsätze im ökonomischen Gebaren werden ebenso thematisiert wie Erklärungen über die vorteilhafte Entwicklung von Nordamerika und Westeuropa.[343]

Konkrete kulturelle Fragestellungen mit Bezug zum unternehmerischen Handeln werden erst sehr viel später im Rahmen des Variablenansatzes behandelt. So gilt der Beitrag „The changing culture of a factory"[344] von JAQUES als Ursprung kultureller Betrachtungen in der Betriebswirtschaft. Dabei schreiben die Vertreter des Variablenansatzes der Kultur einen Einfluss auf die Unternehmensstrategie, Personalentwicklung und sogar auf die Erfolgsgrößen eines Unternehmens zu.[345] Es steht die Zählung beobachtbarer Merkmale eines Unternehmens, wie z.B. Riten oder Zeremonien, im Vordergrund, um die Ausprägung unterschiedlicher Kulturdimensionen ableiten zu können. Die Interpretation von oder der Schluss auf Werte erfolgt in der Regel nicht.

Mit dem Einzug kultureller Betrachtungen in die Wirtschaftswissenschaften rücken zwei Fragestellungen in den Vordergrund:

- Hat ein Unternehmen als soziale Einheit ebenfalls eine Kultur?
- Welchen Einfluss hat die (Landes-)Kultur auf Unternehmen?

Zur Durchsetzung der Relevanz des Themas hat in der Betriebswirtschaftslehre insbesondere die erste Frage beigetragen (siehe zu den einzelnen Phasen Tabelle 5). Einige Autoren gehen im Rahmen des sogenannten Metaphern-Ansatzes so weit, dass Unternehmen Kulturen sind. Am treffendsten beschreibt dabei SMIRCICH mit dem Begriff der „root metaphor"[346] die Bedeutung der Kultur: Die Kultur eines Unternehmens gilt als „allumfassende organisatorische Variable"[347], was mit dem Verständnis der Kultur als soziales Konstrukt einhergeht.[348] Es steht nicht die Beobachtung von Spracheigenschaften, Riten etc. sondern die Ursache für die Entstehung der Kultur sowie die Determinierung anderer Bereiche des Unternehmens durch die Kultur im Vordergrund der Betrachtung.[349] Im Rahmen dieses Ansatzes geht es auch um

---

[342] Vgl. Jong (2009), S. 12f. i.V.m. Smith (1776).
[343] Vgl. Jong (2009), S. 10ff. und 14ff. sowie exemplarisch Weber (1904a) und Weber (1904b).
[344] Jaques (1951).
[345] Als Vertreter des Variablenansatzes sind u.a. zu nennen: Deal/Kennedy (1982) oder Peters/Waterman (1982b).
[346] Smircich (1983), S. 347. Als Vertreter des Metaphern-Ansatzes gelten u.a. Rosenstiel (1993) und Ebers (1985).
[347] Ebers (1985), S. 108.
[348] Für eine Einführung in die soziologische Betrachtung der Kultur siehe insbesondere Junge (2009).
[349] Vgl. Ebers (1985), S. 109ff.; Lässig (2002), S. 20 und Sackmann (1989).

die Diskussion, inwiefern Kultur bzw. Unternehmenskultur überhaupt beeinflussbar ist. Con den Vertretern des Metaphern-Ansatzes wird dies abgelehnt.[350]

Mit einem dynamischen Ansatz verfolgen u.a. SACKMANN und SCHEIN die Integration des Variablen- und des Root-Metaphern-Ansatzes: „Unternehmen *sind* also Kulturen und *haben* zugleich kulturelle Aspekte."[351] Dem Unternehmen wird durch die Kultur ein gemeinsames Sinnsystem zugeschrieben, welches jedoch (bedingt) veränderbar ist. Im Gegensatz zum Variablenansatz ist die Beeinflussung der Unternehmenskultur jedoch stark eingegrenzt. Exakte Verhaltensweisen sind ebenso wenig erreichbar wie eine bestimmte Stärke der Kultur.[352] Im Sinne SCHREYÖGGS kann das Management die Unternehmenskultur begrenzt lenken, jedoch nicht planen, exakt steuern und kontrollieren.[353] Zudem wird davon ausgegangen, dass Veränderungen nicht innerhalb eines kurzen Zeithorizonts eintreten. Dies basiert auf der Annahme, dass Veränderungen bei Individuen bezüglich Wertvorstellungen und damit einhergehenden Verhaltensmustern erst mit der Zeit reifen. Eine Angleichung im Sinne der differenzierenden Betrachtung der Kultur verlängert den Zeitraum des Veränderungsprozesses.[354]

Zeitraum	Kulturelle Thematik	Forschungsrichtung	Methodische Ausrichtung
Bis 1960	weitgehende Ignoranz der kulturellen Thematik	-	-
Ab 1960	Annäherung an die kulturelle Thematik	‚cross-national'	primär empirisch mit quantitativer Ausrichtung
Ab 1970	landeskulturelle Thematik	‚cross-cultural'	primär empirisch mit quantitativer Ausrichtung
Ab 1980	unternehmenskulturelle Thematik	Unternehmenskulturforschung	eher konzeptionell als empirisch
Ab 1990	Beginn der Integration von landes- und unternehmenskultureller Thematik	partiell-integrative Kulturforschung	eher konzeptionell als empirisch
Ab 1995	Integration diverser kultureller Problemfelder	integrative Kulturforschung	konzeptionell sowie empirisch mit eher qualitativer Ausrichtung

Tabelle 5: Die Phasen der Kulturforschung in der Betriebswirtschaftslehre. (Quelle: Nach Kutschker/Schmid (2008), S. 683.)

Mit der Inbezugnahme von Landes- und Unternehmenskultur bewegt sich diese Arbeit im Bereich der Integration diverser kultureller Problemfelder. Dies muss bei der Definition von Kultur berücksichtigt werden. Rein auf Unternehmen bezogene Kulturdefinitionen sind ebenso wenig zielführend wie die ursprünglichen, meist aus der Anthropologie stammenden und sehr weit gefassten Definitionen. Um der Betrachtung unterschiedlicher Subkulturen und dem Fokus auf Werte Rechnung tragen zu können, wird der Kulturdefinition nach HOUSE/JAVIDAN gefolgt:

---

[350] Vgl. Smircich (1983) und Sackmann (1989).
[351] Sackmann (1990), S. 162. Hervorhebung im Original. Siehe auch Sackmann (1985) und Schein (1984b).
[352] Vgl. Lässig (2002), S. 21.
[353] Siehe u.a. Sackmann (1989) oder Georg Schreyögg (1991a).
[354] Vgl. Nystrom/Starbuck (1984) und Kutschker/Schmid (2008), S. 698f.

Definition 2: Kultur

> *„[C]ulture is defined as shared motives, values, beliefs, identities, and interpretations or meanings of significant events that result from common experiences of members of collectives that are transmitted across generations.“*[355]

Nach der oben beschriebenen Werteorientierung stehen in dieser Forschungsarbeit kulturelle Werte bzw. Wertvorstellungen[356] und weniger Praktiken oder Handlungen im Fokus der Betrachtung. Die Herausforderung besteht darin, trotz der integrierenden Definition nach HOUSE/JAVIDAN eine Abgrenzungen unterschiedlicher Subkulturen und kulturellen Ebenen zu berücksichtigen. Diese werden im nachfolgenden Kapitel behandelt. Eine Erläuterung der Elemente der hier verwendeten Kulturdefinition erfolgt insbesondere mit der Vorstellung einzelner (Unternehmens-) Kulturkonzepte in Kapitel 3.2 und zu Beginn der Beschreibung der kulturvergleichenden Studien in Kapitel 3.3.

3.1.2 Kulturelemente: Subkulturen[357] und kulturelle Funktionen

Dem differenzierenden Begriffsverständnis von Kultur folgend, gibt es durch die Abgrenzbarkeit unterschiedliche Subkulturen. Die Abgrenzung kann nach Ländern, Regionen, Sprachen, Religion, Geschlecht, Generationen, sozialen Klassen oder auf Ebene der Institutionen nach Branchen oder der Stufe der Wertschöpfung erfolgen.[358] Es können sich verschiedene Subkulturen überschneiden: Zugehörige einer regional abgegrenzten Subkultur können beispielsweise unterschiedlichen Landeskulturen angehören.[359]

Vertikale Zusammenhänge zwischen einzelnen Subkulturen werden u.a. von EREZ/GATTI behandelt (siehe Abbildung 22). In ihrem Multilevel-Modell gehen sie gemäß des dynamischen Begriffsverständnisses davon aus, dass übergeordnete Subkulturen von untergeordneten geprägt werden, diese aber ihrerseits durch die übergeordneten determiniert sind. Die Etablierung neuer Wertvorstellungen und Verhaltensweisen basiert auf der Interaktion von Individuen innerhalb der Rahmenbedingungen übergeordneter Subkulturen.[360]

Auch wenn mit einem solchen Multilevel-Modell Zusammenhänge zwischen unterschiedlichen Subkulturen dargestellt und erklärt werden, widerspricht dies der aus Sicht der Betriebswirtschaftslehre vorrangigen Bedeutung der Unternehmenskultur, welche als eine Hauptkultur durch andere Subkulturen beeinflusst werden kann.[361] Als Beispiel sei hier auf die unterschiedlichen Ausgestaltungen der Beziehung zwischen Mutter- und Tochtergesellschaften verwiesen.[362] So wird angenommen, dass bei ethnozentrischer Orientierung die Unternehmenskultur stark durch die Landeskultur der Muttergesellschaften beeinflusst wird,

[355] House/Javidan (2004), S. 9.
[356] Wertvorstellungen entsprechen der Einschätzung eigener Werte und müssen demnach nicht übereinstimmen.
[357] Im Folgenden werden die Begriffe Subkultur und Teilkultur synonym verwendet.
[358] Vgl. Hofstede/Hofstede (2009), S. 12f.; Kutschker/Schmid (2008), S. 676ff.; DiMaggio (1994) und Hofstede/Peterson (2000).
[359] Vgl. Hill (2008), S. 91 und Morschett/Schramm-Klein/Zentes (2009), S. 134f.
[360] Vgl. Erez/Gati (2004). Siehe auch Kolbeck/Nicolai (1996) und Scholz/Hofbauer (1995).
[361] Vgl. Kutschker/Schmid (2008), S. 676f.
[362] Siehe hierzu das Konzept nach PERLMUTTER in Kapitel 2.2.2.1.

jedoch weniger stark durch die Landeskultur der Tochtergesellschaften. Ändert sich die Beziehung hin zu poly- oder regiozentrischen Orientierungen, so steigt der Einfluss der Gastländerkulturen.[363]

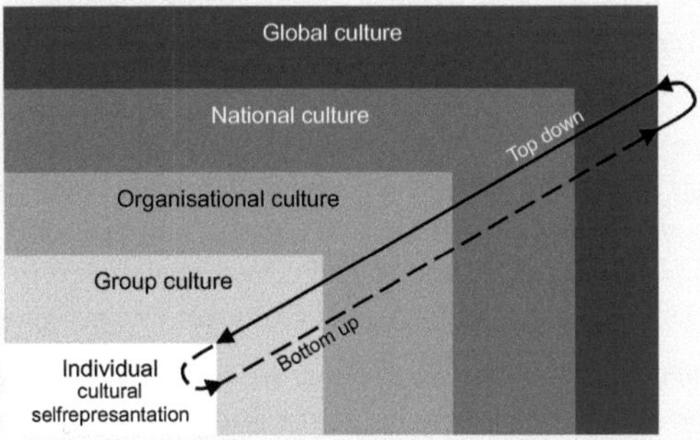

Abbildung 22: Vertikale Zusammenhänge zwischen verschiedenen Subkulturebenen. (Quelle: In Anlehnung an Erez/Gati (2004), S. 588.)

Dieser Zusammenhang erhält durch die Abgrenzungsproblematik einer Subkultur nach nationalen Grenzen eine zusätzliche Komplexität. Kann eine landesbezogene Abgrenzung bei Unternehmen aufgrund der sich von Land zu Land unterscheidenden politischen, rechtlichen und ökonomischen Umweltbedingungen begründbar sein,[364] ist die Sinnhaftigkeit der Abgrenzung bezüglich natürlicher Personen(gruppen) und deren Wertvorstellungen anzuzweifeln. So gleichen sich Riten, Sprache und Bräuche in Grenzgebieten eher als zwischen zwei Regionen innerhalb eines Landes.[365] Alles in allem kann festgehalten werden, dass nicht von Grund auf von über- oder untergeordneten Subkulturen ausgegangen werden kann. Diese können sich von Fall zu Fall unterschiedlich herausbilden und in anderer Beziehung zueinander stehen.

Deutlich zugänglicher ist die Beeinflussung der Unternehmenskultur durch eine spezifische Branchenkultur. So gelten im Handel andere formale und informale Regeln und Abläufe als in der Automobilindustrie oder im Energiesektor. Gemäß dem hier verfolgten dynamischen Verständnis der Kultur und deren Beeinflussbarkeit durch Umwelteinflüsse, stellt die Branchenzugehörigkeit eine wesentliche beim Vergleich zu berücksichtigende Einflussgröße dar. Dabei sind die Einflüsse auf jene Personen eines Unternehmens besonders groß, die mit der Branchenumwelt in direktem Kontakt stehen.[366]

Nicht im Fokus der wirtschaftswissenschaftlichen Kulturforschung stehend, aber für die Bearbeitung des hier vorgegebenen Themenfeldes unablässig, ist die Betrachtung der Subkultur, welche durch die Mitarbeiter einer Tochtergesellschaft abgegrenzt wird. Dabei ist der Gast-

[363] Vgl. Kutschker/Schmid (2008), S. 677.

[364] Selbst bei Unternehmen stellen die Etablierung von Metropolregionen bzw. Clustern innerhalb eines Landes bzw. länderübergreifender Wirtschaftsräume, wie dem Euroraum oder der NAFTA, ein Gegenbeispiel für die Sinnhaftigkeit einer landesbezogenen Abgrenzung dar.

[365] Siehe hierzu insbesondere Simmet-Blomberg (1998). Die dennoch übliche Abgrenzung nach Ländern wird zumeist mit der Verfügbarkeit der Daten und der Eindeutigkeit der Abgrenzung begründet.

[366] Vgl. Kutschker/Schmid (2008), S. 677 i.V.m. Merkens (1989); Chatman/Jehn (1994); Schreyögg/Grieb (1998) und Christensen/Gordon (1999). Zur Beeinflussung des Top-Managements durch die Branchenumwelt siehe insbesondere Simmet-Blomberg (1998).

landarbeiter der Unternehmenskultur und zugleich der eigenen Landes- oder Regionalkultur ausgesetzt. Mitarbeiter bringen zudem Werte, Normen etc. aus ihrer eigenen Landeskultur in die Unternehmenskultur ein.[367] Umgekehrt können sich die (landeskulturellen) Wertvorstellung der Mitarbeiter im Sinne einer Akkulturation, sprich der bewussten Annahme von Maßnahmen zur Wertveränderung, oder im Sinne einer Enkulturation[368], im Sinne eines unbewussten Hineinwachsens in eine Kultur, verändern.[369]

Inwiefern die Landeskultur oder die Unternehmenskultur als Hauptkultur anzusehen ist und in welchem Verhältnis die beiden Subkulturen zueinander stehen, kann per se nicht definiert werden. Entscheidend ist die Abgrenzung des Untersuchungsobjekts und die damit eingenommene Perspektive über verschiedene Subkulturen. Grundsätzlich ist schon hier anzumerken, dass über die Intensität und über die Art des Einflusses wenige Erkenntnisse vorliegen.[370]

Neben der Beziehung verschiedener Subkulturen ist es für die Bildung eines umfassenden Begriffsverständnisses der Kultur notwendig, deren Wirkungsweise zu betrachten. DIMAGGIO schreibt der Kultur jene Form zu, die Handeln durch gegenseitiges Verständnis grundsätzlich ermöglicht. Erst wenn die Absichten des Gegenübers und seine Handlungen verstanden werden und deren Bedeutung bewusst sind, ist eine angemessene Reaktion möglich. In diesem Sinne wirkt Kultur durch Normen, Werte oder Routinen regulierend bzw. steuernd. Darüber hinaus bedarf es eines grundsätzlichen Verständnisses über die Bedeutung der in einer Handlung vorkommenden Objekte. Diese eher konstitutive Form der Kultur stellt die Basis für das Auskommen bzw. das Nicht-Auskommen beim Aufeinandertreffen einzelner Individuen dar.[371] Beispielsweise ergibt sich eine Herausforderung für Führungspersönlichkeiten, wenn Unternehmens- und Gastlandkultur stark differieren, da dann die Integrationsfunktion der Kultur gestört wird.[372] Grundsätzlich wird der Kultur eine Vielzahl an Funktionen zugeschrieben:[373]

- *Orientierungsfunktion*: Kultur hilft Individuen, ‚das' Richtige oder Falsche zu erkennen.
- *Sinnstiftungsfunktion*: Durch Kultur werden Handlungen tiefere Bedeutungen beigemessen. Entscheidend können dabei die Erwartungshaltungen von anderen Individuen sein, die derselben Kultur angehören.

---

[367] Vgl. Scherm (1995), S. 65; Kiechl (1990) und Schreyögg (1990), S. 379f. Bei der Konzeption der Unternehmenskultur wurde von Grund auf die Bedeutung der Landeskultur nicht berücksichtigt. Vgl. hierzu insbesondere Jelinek/Smircich/Hirsch (1983).

[368] Das Ergebnis einer Enkulturation wird vom Ethnologen BARLEY wie folgt beschrieben: „Wir sehen sie [die eigenen kulturellen Wertvorstellungen] nicht, weil sie genau unter unserm Bierbauch sind und wir gewohnt sind, die Welt ohne sie zu betrachten. Wenn wir sie überhaupt wahrnehmen, sehen wir sie als Teil der Welt. Die Kultur der anderen indes ist, wie die Füße unter ihren Bierbäuchen, offenkundig und bietet sich für unvoreingenommene und langwierige Forschungen und Vergleiche an." Barley (1999), S. 9.

[369] Die Fragestellung nach was nun wirklich passiert und wie Veränderungen kultureller Wertvorstellungen erfolgen, wird durch die theoretisch Konzepte nicht bzw. nur bedingt beschrieben. Siehe hierzu die thematische Einführung in Kapitel 1.1.

[370] Vgl. Scherm (1995), S. 66.

[371] Vgl. Jong (2009), S. 9 i.V.m. DiMaggio (1994), S. 27f.

[372] Vgl. Schreyögg (1998), S. 43f.

[373] Nach Kutschker/Schmid (2008), S. 674ff. i.V.m. Ulrich (1984), S. 312f. und Dill/Hügler (1987), S. 147ff. Siehe auch Barley/Meyer/Gash (1988); Barney (1986); Ouchi (1981); Ott (1989); Saffold (1988) oder Wilkins/Ouchi (1983).

- *Motivationsfunktion*: Die Zugehörigkeit zu einer Kultur kann förderlich für die Umsetzung bestimmter Aktivitäten sein. Ob dies als intrinsische oder extrinsische Motivation zu werten ist, ist strittig.
- *Identitätsstiftungsfunktion*: Durch Kultur wird eine Zugehörigkeit zu einer soziale Gruppe vermittelt, während gleichzeitig eine Abgrenzung zu Gruppen mit anderen kulturellen Ausprägungen stattfindet.
- *Koordinations- und Integrationsfunktion*: Kultur wird eine normative Kraft zugesprochen, welche sich in einer koorientierten Verhaltenssteuerung ausdrückt. Darunter sind insbesondere informelle Regelungen zu verstehen, welche als selbstverständlich wahrgenommen werden. Auch das Verständigungspotenzial innerhalb einer kulturell abgegrenzten sozialen Gruppe wird hierunter gefasst.
- *Ordnungsfunktion*: Mit der Verhaltenssteuerung einhergehend kann durch Kultur eine gewisse Ordnung innerhalb der sozialen Gruppe entstehen. Diese ist eng mit Rollenzuweisungen und äußeren Erwartungshaltungen verknüpft.
- *Komplexitätshandhabungsfunktion*: Handlungen sind durch eine kulturelle Zusammengehörigkeit verständlich, obwohl sie grundsätzlich komplexer und für Außenstehende unverständlicher Art sind. Dies wird beispielsweise im Verständnis für bestimmte Reaktionen bei sozialer Interaktion deutlich.
- *Legitimationsfunktion*: Verhalten und Handlungen sind per se gerechtfertigt, explizite Begründungen sind nicht notwendig. Die Begründungszusammenhänge sind in der Kultur impliziert.

Insbesondere die Koordinations- und Integrationsfunktion wird in den Wirtschaftswissenschaften unter dem Begriff der normativen Integration oder Sozialisation schwerpunktmäßig behandelt.[374] Der Vorteil für Unternehmen wird im Entstehen autonomer Systeme (z.B. Tochtergesellschaften) gesehen, die ohne direkte Anweisungen seitens einer übergeordneten Instanz (z.B. der Muttergesellschaft) ein gewünschtes Verhalten und Handeln zur Zielerreichung aufweisen. Hierdurch wird ein hohes Maß an Flexibilität ohne großen Kontroll- und Steuerungsaufwand gewährt. Die Folge sind autonome und dezentralisierte Entscheidungsprozesse, was der Effizienz des unternehmerischen Handelns zuträglich ist.[375]

Den Wirkungsweisen der Kultur werden auch negative Effekte zugewiesen, beispielsweise für die Unternehmensführung (siehe Abbildung 23). Die Kritik an einer starken Unternehmenskultur wird insbesondere in der Ignoranz gegenüber positiven Veränderungen gesehen. Warnsignale für negative Entwicklungen werden ausgeblendet, da die bisherigen Handlungsweisen auf einem soliden Wertesystem basieren. Krisenprävention ist somit nur erschwert möglich, vor allem wenn die kulturelle Wertebasis eine gering ausgeprägte Offenheit, Unbefangenheit und Langfristigkeit aufweist. Durch die soziale Einheit und die gemeinsame (schnelle) Meinungsbildung und Entscheidungsfindung kann eine kollektive Vermeidungshal-

---

[374] Vgl. einführend Morschett/Schramm-Klein/Zentes (2009), S. 203ff. und die dort angegebenen Quellen.
[375] Vgl. Baliga/Jaeger (1984), S. 27; Birkinshaw/Morrison (1995), S. 738; Martinez/Jarillo (1989), S. 498; Schreyögg (2004), S. 28f. und Sørensen (2002).

tung entstehen.[376] Nicht zuletzt hierdurch sind Veränderungen kultureller Werte nur schwer und vor allem nicht zielgerichtet beeinflussbar.[377]

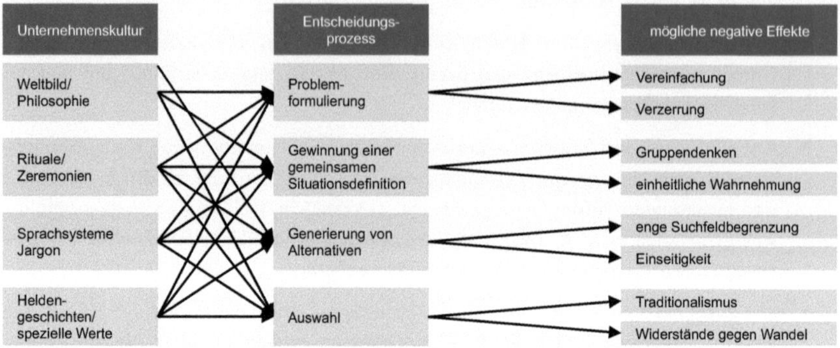

Abbildung 23: Negative Effekte einer starken Kultur auf das unternehmerische Handeln. (Quelle: Nach Schreyögg (1990), S. 204 i.V.m. Shrivastava (1985).)

Dennoch kann eine funktionale Betrachtung der Kultur einen Beitrag zum Kulturverständnis beitragen. Gemäß obiger Definition und dem dynamischen Begriffsverständnis von Kultur *erfüllt* Kultur nicht nur Funktionen, sondern *existiert* zweckungebunden innerhalb abgrenzbarer Gruppen. Die Kenntnis über Kulturfunktionen hilft bei der Fokussierung auf einen bestimmten Sachverhalt, beispielsweise der Integration im Sinne einer Akkulturation oder Enkulturation. Kulturfunktionen dienen damit als Systematisierung und Schnittstellen für Erklärungsansätze bezüglich des ‚Warum' oder ‚Wie' kultureller Beobachtungen.[378]

Das hier erarbeitete allgemeine Verständnis von Kultur, der Bedeutung der Subkulturen und der funktionalen Perspektive dient als Grundlage für die genaue Betrachtung der Unternehmenskultur und der Landeskultur in den folgenden Kapiteln.[379]

3.2 Unternehmenskultur im Kontext des Managements

Erste Betrachtungen zur Unternehmenskultur liegen noch weit vor dem bereits oben angeführten grundlegenden Artikel von BEAL/KENNEDY. Ob NIKLISCH unter dem Begriff der Betriebsgemeinschaft in den Zwanzigern, MAYO 1938 oder BARNARD 1945 in ihren Abhandlungen zur informalen Organisation: Sie alle fassten schon damals den Gedanken auf, dass neben formalen Strukturen und definierten Prozessen die Umsetzung derer mit der Einstellung und Motivation der Mitarbeiter eng verbunden ist.[380] Die Vielfalt wissenschaftlicher Bereiche, die

[376] Vgl. Schreyögg (2004), S. 28f.; Georg Schreyögg (1991b), S. 204f.; Schreyögg (2012), S. 184ff.; Hammer (1998); Janis/Mann (1977); Schreyögg/Steinmann (1987) und Shrivastava (1985). Zum Widerstand gegen Veränderungen siehe insbesondere Coch/French (1948); Oreg/Vakola/Armenakis (2011) oder Courpasson/Dany/Clegg (2011).

[377] Siehe hierzu die vorhergehende Diskussion zur Begriffsabgrenzung in Kapitel 3.1.1 sowie das Kapitel 3.4.3.

[378] Zur Rolle kultureller Funktionen im Unternehmen siehe ausführlicher Kapitel 3.2.2.

[379] Die Betrachtung weiterer Subkulturen, wie beispielsweise der Branchenkultur, ist aus Sicht der Forschungsfrage nicht notwendig. Zur theoretischen Betrachtung der Branchenkultur siehe auch Kapitel 2.1.1.2.5.

[380] Vgl. einführend Dülfer (1991), S. 13f.; Schmidt (2008), S. 24ff. sowie im Original Barnard (1938) und Mayo (1945) oder auch Smircich (1983).

sich mit dem Komplex der Unternehmenskultur befassen, ist hierbei ebenso dynamisch wie die Begriffsdeutung selbst.[381] Durch die hier notwendige Fokussierung auf betriebswirtschaftliche Aspekte wird im Folgenden neben den grundlegenden Konzepten zur Unternehmenskultur (Kapitel 3.2.1) auch der Beitrag zu einem effizienten unternehmerischen Handel diskutiert (Kapitel 3.2.2). Abschließend werden die unternehmerischen Subkulturen in ihrer Abhängigkeit vom unternehmerischen sowie gesellschaftlich/familiären Umfeld näher betrachtet (Kapitel 3.2.3) und somit die Basis für die Herleitung des konzeptionellen Bezugsrahmens gelegt.

3.2.1 Grundlagen und Konzepte zur Unternehmenskultur

Entsprechend der Menge an unterschiedlichen Kulturverständnissen gibt es auch bei der Unternehmenskultur eine Vielzahl an verschiedenen Definitionen und Konzepten.[382] In ihren Kernaussagen sind diese sehr ähnlich (siehe die Zusammenfassung in Tabelle 6). Zudem ist zur Anschlussfähigkeit an den oben definierten Kulturbegriff zu berücksichtigen, dass auch der Unternehmenskultur einen Wandlungsfähigkeit zugesprochen werden kann, der Wandel aber nur evolutorisch erfolgt. Ein zielorientiertes Management der Unternehmenskultur ist nach hiesigem Verständnis ausgeschlossen.[383]

Eine entsprechende Definition ist bei KUTSCHKER/SCHMID zu finden, welcher auch hier gefolgt wird:

Definition 3: Unternehmenskultur

„[Unternehmenskultur] ist die Gesamtheit der Grundannahmen, Werte, Normen, Einstellungen und Überzeugungen einer Unternehmung, die sich in einer Vielzahl von Verhaltensweisen und Artefakten ausdrückt und sich als Antwort auf die vielfältigen Anforderungen, die an die Unternehmung gestellt werden, im Laufe der Zeit herausbilden."[384]

Die einzelnen Elemente dieser Definition werden durch die folgende Betrachtung der Konzeptionen nach SCHEIN und OSGOOD beschrieben.

Dominiert werden die Grundlagen und die Konzeption der Unternehmenskultur von den Arbeiten EDWARD SCHEINS. Ausgehend von seinem kulturellen Begriffsverständnis[385] steht die Problembewältigung bei externer Anpassung und interner Integration im Vordergrund der Betrachtung.[386] Im Sinne der Unternehmenskultur besteht ein „rational und emotional korrek-

---

[381] Beispielhaft seien hier als Schlagworte Organizational Identity, Corporate Identity, Corporate Culture, Cultural Communication, Unternehmensphilosophie oder Organisationklima genannt. Siehe zur Abgrenzung der einzelnen Bereiche insbesondere May (1997) oder Schuh (1989).

[382] Schmid (1996), S. 135ff.

[383] Vgl. Blazejewski/Dorow (2007), S. 11 i.V.m. Sackmann (2002).

[384] Kutschker/Schmid (2008), S. 684. KUTSCHKER/SCHMID sprechen grundsätzlich von Unternehmung und nicht wie im Rahmen dieser Arbeit von Unternehmen. In der Fachliteratur wird zudem häufig von Organisationskultur anstatt von Unternehmenskultur gesprochen. Nach DÜLFER hat der Begriff der Organisationskultur den Vorteil, dass bei Kooperationen von Organisationskultur, jedoch nicht von Unternehmenskultur gesprochen werden kann, da es sich bei Kooperationen um zwei rechtlich selbstständige Unternehmen handelt. Doch selbst DÜLFER bescheinigt beiden Begriffen, insbesondere bei instrumenteller Verwendung des Organisationsbegriffes, eine hohe Bedeutungsäquivalenz. Siehe hierzu insbesondere Dülfer (1991).

[385] Siehe Tabelle 4.

[386] Vgl. Schein (1995), S. 25ff. und auch Schein (1984b); Schein (1985) und Schein (2010).

ter Ansatz"[387] zur Lösung der Probleme, welcher an andere Mitglieder der Subkultur weiter gegeben und von diesen akzeptiert und geteilt werden sollte.[388]

Autor	Auffassung von Unternehmenskultur
Deal/Kennedy (1982), S. 4-19.	„The way we do things around here". Zentrale Elemente der Kultur: Werte, Helden, Riten und Rituale, die das kulturelle Netz konstituieren.
Matenaar (1983), S. 46.	Summe der symmetrieimmanenten, tradierten Orientierungsmuster, die im Rahmen der aktuellen Gestaltung die präsituative, generalisierende Strukturierung zwischen Aufgaben, Personen und Sachmitteln beeinflussen.
Krulis-Randa (1984), S. 360.	Gesamtheit der tradierten, wandelbaren, zeitspezifischen, jedoch über Symbole erfahrbaren und erlernbaren Wertvorstellungen, Denkhaltungen und Normen, die das Verhalten von Mitarbeitern aller Stufen und damit das Erscheinungsbild einer Unternehmung prägen.
Pümpin (1984), S. 20.	Gesamtes gewachsenes Meinungs-, Norm- und Wertgefüge, welches das Verhalten der Führungskräfte und Mitarbeiter prägt.
Schein (1984a), S. 3.	The pattern of basic assumptions that a given group has unvented, discovered, or developed in learning to cope with the problems of external adaption and internal integration, and that have worked well enough tob e considered valid and, therefore, tob e taught to new members as the correct way to perceive, think and feel in relation to those problems.
Heinen (1985), S. 987.	Werte- und Normgefüge der Zweckgemeinschaft Unternehmung , das sich in de realisierten Haltung über Bräuche, Mythen, Rituale, Riten, formelle Zeremonien, Sprache und Bekleidung manifestiert. Werte bringen dabei Präferenzen für bestimme Ziele, Normen bringen Regeln und Verhaltensvorschriften zum Ausdruck.
Bleicher (1986), S. 99.	Bündel affektiv gewonnener, verhaltensprägender Wertvorstellungen und kognitiven, handlungsleitenden Wissensvorrats, im Sozialisationsprozess herausbildet, prägend für Einstellungen und Erfahrungen.
Scholz (1987), S. 80.	The implicit, invisible, intrinsic and informal consciousness of the organisationwhich guides the behaviour of the individuals and which shapes itself out of their behaviour.
Schnyder (1988), S. 61.	Soziokulturelles, immaterielles unternehmungssprzifisches Phänomen, welches die Werterhaltungen, Normen und Orientierungsmuster, das Wissen und die Fähigkeiten sowie die Sinnvermittlungspotentiale umfasst, die von einer Mehrzahl der Organisationsmitglieder geteilt und akzeptiert werden.
Hoffmann (1989), S. 169-170.	Werte, Normen und Symbole einer Unternehmung, vom Menschen für Menschen geschaffen, um externe und interne Anforderungen zu erfüllen, wandelbar und vermittelbar.
Rühli (1990), S. 189.	Wertvorstellungen, Denkhaltungen und Normen, die sich im Verlaufe der Zeit in einer Unternehmung herausbilden und das Handeln der Vorgesetzten und Mitarbeiter prägen.
Rosenstiel (1993), S. 10.	Gewohnte und tradierte Weise des Denkens und Handelns in Unternehmungen, wie sie in mehr oder minder starkem Maße von allen Mitgliedern geteilt wird.

Tabelle 6: Vergleich unterschiedlicher Unternehmenskulturdefinitionen und -konzepte. (Quelle: In Anlehnung an Kutschker/Schmid (2008), S. 685 nach Schmid (1996), S. 135ff.)

[387] Schein (1995), S. 25.

[388] Dass eine Übernahme im vertikalen Sinne nicht zwingend ist, zeigt das Multilevel-Model von EREZ/GATI und auch die nachfolgende Diskussion zu den Subkulturen. Siehe hierzu die Kapitel 3.1.2 und 3.2.3.

SCHEIN geht von einem Mehrebenenmodell zur Erläuterung der Unternehmenskultur aus. Auf unterster Ebene siedelt er die Grundprämissen an. Diese beinhalten unbewusste Einstellungen und Anschauungen sowie Wahrnehmungen und Gefühle. Sie bilden ein kollektives Unterbewusstsein des Unternehmens als kulturelle Einheit.[389] Die Grundprämissen sind die Basis für die darüber liegende Werteebene. Abweichend vom hier herangezogenen Werteverständnis handelt es sich bei SCHEIN um bekundete Werte, demnach bewusste Vorstellungen im Unternehmen über Ziele, Philosophie und Strategien. Diese beiden Ebenen werden als richtig bzw. korrekt empfunden, da sie sich in der Praxis als nützlich und zielführend gezeigt haben.[390] Nach SCHEIN bildet sich eine Unternehmenskultur heraus, um den Anforderungen aus der Unternehmensumwelt gerecht werden zu können.[391] Die Notwendigkeit der Anpassung des Unternehmens an seine Umwelt beinhaltet auch die Integration interner Prozesse.[392] Als dritte Ebene wird jene der Artefakte angeführt. Diese sind von den Mitgliedern der kulturellen Einheit, aber meist auch von außen sichtbar. Sie umfassen sowohl Strukturen und Prozesse im Unternehmen als auch Handlungen. Die Rechtfertigung für die Handlungen und Praktiken des Unternehmens als kulturelle Einheit basiert auf den bekundeten Werten.[393] Es ist aber zu berücksichtigen, dass durch Probleme und von im Unternehmen akzeptierten Akteuren (z.B. dem Gründer) vorgelebte Handlungen die Bildung bestimmter Werte und Grundprämissen begünstigt wird. SCHEIN differenziert hierbei zwischen dem primären Mechanismus der Verankerung von Grundprämissen und Werten und den sekundären Mechanismen der Artikulierung und Bekräftigung.[394] Der primäre Mechanismus umfasst die von Führungspersonen bewusst vermittelten, beobachteten und kontrollierten Handlungen und Praktiken zur Lösung bestimmter Probleme. Dies beinhaltet auch die Gestaltung der Belohnung, der Ressourcenzuteilung oder der Mitarbeiterauswahl. Sekundäre Mechanismen umfassen hingegen die Struktur des Unternehmens, Rituale und Bräuche im Unternehmen, aber auch die bekundeten Werte, die Philosophie und die Strategien des Unternehmens.[395]

Das allgemeine Konzept zur Kultur nach OSGOOD basiert auf der Differenzierung von zwei Ebenen: jene der Concepta und jene der Percepta. Jedoch besteht unter den Wissenschaftlicher bis heute keine Einigung darüber, was letztendlich genau unter den Elementen beider Ebenen zu verstehen ist.[396] Die Concepta-Ebene beinhaltet die auch bei SCHEIN zu findenden Grundannahmen bzw. das kollektive Unterbewusstsein sowie Werte, Normen und Einstellungen.[397] Dabei können Werte „nicht-gegenstandsbezogene Orientierungspunkte auf hohem Abstraktionsniveau“[398] repräsentieren. Für das Individuum fungieren Werte jedoch als Lei-

---

[389] Vgl. Schein (1984b), S. 4 und Schein (1984a), S. 32.

[390] Vgl. Schein (1995), S. 32.

[391] Die Notwendigkeit der Anpassung des Unternehmen oder seiner Einheiten an die Umwelt wird im Internationalen Management durch eine Vielzahl an Theorien beschrieben. Stellvertretend sei hier auf den Diamantansatz von PORTER oder die Produktlebenszyklustheorie nach VERNON verwiesen. Siehe hierzu grundsätzlich Kapitel 2.1.1.

[392] Vgl. Schein (1995), S. 62f.

[393] Vgl. Schein (1995), S. 30.

[394] Vgl. Schein (1995), S. 183f.

[395] Vgl. Schein (1995), S. 186. Zu den Veränderungsprozessen siehe im Detail Kapitel 3.4.3.

[396] Vgl. Kutschker/Schmid (2008), S. 686 und Hofstede (1998).

[397] Vgl. Kutschker/Schmid (2008), S. 687.

[398] Kutschker/Schmid (2008), S. 687.

tungsfunktion für ihre Handlungen und sind in diesem Kontext von konkreter Bedeutung.[399] Entsprechend des Konzepts von SCHEIN beeinflussen Werte somit das weitere Handeln, Ziele und Strategien.

Ist das Handeln allgemein üblich und akzeptiert, so wird von Normen gesprochen und verbindliche Verhaltensregeln werden definiert. Beispiele hierfür sind Gesetze, Gebote bzw. Verbote oder Verwaltungsvorschriften. Normen können dabei sowohl explizit formuliert als auch implizit im Unternehmen vorhanden sein. Dagegen sind Einstellungen gegenüber Situationen, Personen oder Handlungen nochmals konkreter und meist im Bewusstsein verankert. Ihnen wird auch ein deutlich engerer Bezug zu Emotionen zugeschrieben, welche sich durch bestimmte Situationen oder durch Interaktion mit anderen Personen bilden können.[400] Hingegen sind Überzeugungen als weiteres Element der Concepta-Ebene nicht intersubjektiv überprüfbar und werden ohne Belegbarkeit als wahr angenommen und akzeptiert.[401] Wie beispielsweise bei den Werten und Handlungen aufgezeigt, kann auch mit Bezug auf Unternehmen eine Concepta-Ebene der Unternehmenskultur beschrieben werden.

Die Percepta-Ebene beschreibt schließlich die sichtbaren Elemente einer Kultur. Diese umfassen sowohl Symbole als auch das Verhalten der soazialen Einheit. Dabei wird der Begriff der Symbole sehr weit gefasst. Darunter fallen sowohl materielle Symbole (z.B. das architektonische Erscheinungsbild eines Unternehmens, die Ausgestaltung der Büroräumlichkeiten oder der Außenauftritt via Logo, Visitenkarten etc.) als auch interaktionale (Traditionen, Rituale oder Bräuche) und sprachliche Symbole (Sprachstil, Unternehmenssprache, Anekdoten, Geschichten).[402] Dem Verhalten werden auch die bei SCHEIN diskutierten Elemente der Artefakte, Strategien, Prozesse und Strukturen zugeschrieben. Diese können gegenüber den Symbolen als eher abstrakt eingestuft werden.[403]

Beim Vergleich der Konzepte von OSGOOD und SCHEIN lässt sich ein direkter Zusammenhang zwischen der Percepta-Ebene und den Artefakten einerseits und der Concepta-Ebene und den bekundeten Werten bzw. Grundprämissen andererseits erkennen. Dabei sei nochmals auf die unterschiedliche Begriffsbedeutung bei Handlungen, Werten und Normen beider Konzeptionen hingewiesen. Dennoch folgen diesen beiden Einteilungen im Wesentlichen auch die anderen Konzepte. Ausgehend von diesem Grundverständnis über die Unternehmenskultur bedarf es einer weiteren Betrachtung, welche Funktionen der Unternehmenskultur im Unternehmen zuzuschreiben sind. Dies wird im folgenden Abschnitt diskutiert.

3.2.2 Funktionen der Unternehmenskultur und kulturelle Merkmale von effizienten Unternehmen im Kontext des kulturellen Managements

Grundlegend für die hier zu behandelnde Forschungsfrage ist, dass der Unternehmenskultur ein Einfluss auf den Erfolg des Unternehmens zugesprochen wird. Wie in Abbildung 24 gezeigt, ist die Basis hierfür eine eine integrierte Betrachtung eingesetzter Managementinstru-

---

[399] Vgl. Agle/Caldwell (1999); Davis/Rasool (1988); Ng et al. (1982); Silberer (1991) und Stiksrud (1979).
[400] Vgl. Beerman/Stengel (1999), S. 10; Kutschker/Schmid (2008), S. 687 und Trommsdorff (2004), S. 158ff.
[401] Vgl. Kutschker/Schmid (2008), S. 687.
[402] Vgl. im Folgenden Gussmann/Breit (1987), S. 109ff.; Kutschker/Schmid (2008), S. 688ff.; Neuberger/Kompa (1987) und Schmid (1996), S. 145ff.
[403] Vgl. Kutschker/Schmid (2008), S. 687f. i.V.m. Schmid (1996), S. 146.

mente und der Unternehmenskultur. Über die sich im vorhergehenden Kapitel beschriebenen positiven und negativen Effekte der Unternehmenskultur ergibt sich schließlich der Beitrag zum Unternehmenserfolgt.[404] Zu berücksichtigen ist zudem, dass auch der Unternehmenserfolg einen Einfluss auf die Wahl eingesetzter hat.

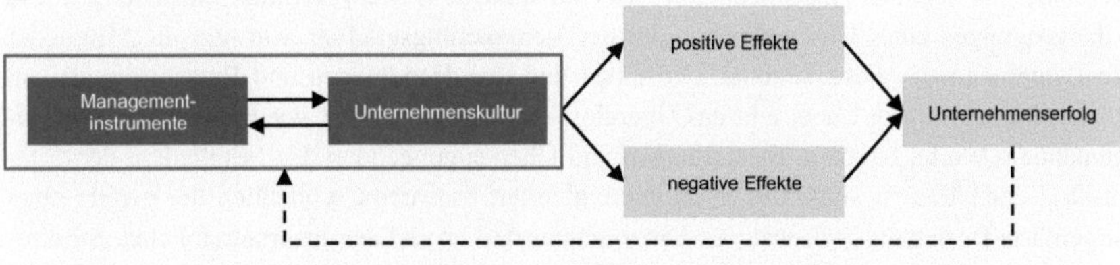

Abbildung 24: Zusammenhang zwischen Unternehmenskultur und Unternehmenserfolg. (Quelle: Baetge et al. (2007), S. 189.)

Die meisten Studien, die den Zusammenhang zwischen Unternehmenskultur und Unternehmenserfolg behandeln, sind empirisch-statistische Korrelationsuntersuchungen. Die Kritik bezieht sich hierbei vor allem auf die meist eingenommene Perspektive, dass die Unternehmenskultur als Erfolgsfaktor beschrieben wird. Zudem werden etwaige landeskulturelle Einflüsse auf die Unternehmenskultur ausgeblendet. Dies liegt nicht zuletzt daran, dass die meisten dieser Studien in Amerika durchgeführt wurden und es entsprechende Studien nur in Einzelfällen gibt.[405] Um den Zusammenhang zwischen Unternehmenskultur und Unternehmenserfolg beschreiben zu können, bedarf es demnach nicht des Erklärens des Unternehmenserfolges durch die Unternehmenskultur, sondern eines Verstehens über die Zusammenhänge. Dieses Verständnis wird im Folgenden in Anlehnung an die Funktionen der Unternehmenskultur und deren Ausprägung in Form von Stärke unter Berücksichtigung der Beeinflussung von außen hergeleitet.

Die Vielzahl der Funktionen, die der Kultur zugesprochen werden kann, wurde bereits in Kapitel 3.1.2 diskutiert.[406] Bezüglich eines Unternehmens stehen insbesondere die Integrations-, Motivations- und Koordinationsfunktion im Fokus der Betrachtung. Diese von DILL/HÜGLER benannten originären Funktionen sind die Basis für sogenannte derivate Funktionen, welche die Effizienz- und Leistungssteigerung in der organisatorischen Einheit ermöglichen.[407] Ausgangspunkt hierfür ist die Überlegung, dass alle Elemente eines Unternehmens, unabhängig ob aus systemtheoretischer Perspektive oder instrumenteller bzw. funktionaler Betrachtung

[404] Siehe hierzu grundlegend Baetge et al. (2007); Denison/Mishra (1995) oder Sørensen (2002). Als weitere Studien zur Beziehung zwischen Unternehmenskultur und Unternehmenserfolg sind Fey/Denison (2003); Fulmer/Gerhart/Scott (2003); Marcoulides/Heck (1993); Petty et al. (1995) oder Rousseau (1990) zu nennen.

[405] Vgl. Baetge et al. (2007), S. 193f.

[406] Es wird nicht von einem phenomenologischen Ansatz der Kulturforschung ausgegangen, welcher Funktions- und damit einhergehend Effizienzbetrachtungen der Kultur ablehnt. Zur Begründung der Ablehnung siehe u.a. Meek (1988); Sackmann (1989); Siehl/Martin (1988) und Trice/Beyer (1984).

[407] Vgl. Dill/Hügler (1987), S. 147ff. und Dill/Hügler (1987), S. 154ff. Siehe auch Unterreitmeier (2004), S. 42f.

der Organisation, in direktem Bezug zur Unternehmenskultur stehen und deren Ausprägung determinieren.[408]

Nach HEINEN lassen sich zur Beschreibung der Ausprägung einer Unternehmenskultur die Faktoren Verankerungsgrad, Übereinstimmungsausmaß, Systemvereinbarkeit und Umweltvereinbarkeit ableiten. Ausgehend von Grundannahmen, Werten, Normen, Einstellungen und Überzeugungen eines Unternehmens gibt der Verankerungsgrad an, wie sehr die Mitglieder des Unternehmens diese verinnerlicht haben und ihre Handlungen und Entscheidungen im Unternehmen prägen. Dabei gibt das Übereinstimmungsausmaß an, wie homogen die Grundannahmen, Werte, Normen, Einstellungen und Überzeugungen bei den Mitgliedern der organisatorischen Einheit sind. Die Systemvereinbarkeit beschreibt schließlich die bereits oben angeführte Beziehung zwischen der Unternehmenskultur und den innerbetrieblichen Strukturen und Entscheidungs- und Arbeitsabläufen. Hingegen zeigt die Umweltvereinbarkeit die Kompatibilität mit Subkulturen außerhalb des Unternehmens auf.[409] Hier sind insbesondere die Branchenkultur, die Landeskultur aber auch die durch den Staat geprägten kulturelle Elemente zu nennen. Die Umweltvereinbarkeit ist deshalb von hoher Relevanz, da sie vorgibt, wie ausgeprägt eine Unternehmenskultur sein sollte, um einen hohen Problemlösungsgrad im Unternehmen und damit einhergehend eine hohe Effizienz erreichen zu können.[410] SCHREYÖGG führt neben den Faktoren Verbreitungsgrad und Verankerungstiefe, welche den Faktoren Übereinstimmungsausmaß und Verankerungsgrad bei HEINEN gleichen, noch den Faktor Prägnanz ein. Dieser beschreibt die Klarheit und Deutlichkeit, mit welcher Werte und Normen ausgeprägt sind und somit zu ähnlichen und eindeutigen Handlungs-, Entscheidungs- und Arbeitsweisen der Mitarbeiter führen.[411]

Das Verständnis über die Ausprägung der Unternehmenskultur ist die Basis, um den Einfluss der Unternehmenskultur auf den Erfolg des unternehmerischen Handelns verstehen zu können. Grundlegend hierfür ist zunächst, dass nicht der Unternehmenserfolg betrachtet, sondern die Effizienz als Ersatzziel bestimmt wird.[412] Einen empirischen Beleg für den Einfluss unternehmenskultureller Elemente auf die Leistung bzw. Effizienz zeigen DENISON/MISHRA.[413] Durch einen qualitativen Ansatz wurden fünf Hypothesen über den Zusammenhang zwischen Unternehmenskultur und Effizienz erarbeitet und anschließend anhand einer Befragung von 764 Unternehmen getestet. Es ist eine Korrelation zwischen vier kulturellen Merkmalen und klassischen Erfolgsfaktoren wie Umsatzwachstum, Gewinn, Qualität oder Mitarbeiterzufriedenheit zu beobachten. Der internen Verankerung und der Fähigkeit zur externen Anpassung bei HEGEL folgen auch DENISON/MISHRA. Sie weisen den kulturellen Elementen[414] Anpassungsfähigkeit und Zielorientierung einen externen Bezug zu, während das Übereinstimmungsausmaß im Sinne konsistenter Handlungen und der Verankerungsgrad unternehmensin-

---

[408] Vgl. u.a. Kutschker/Schmid (2008), S. 675f.; Peters/Waterman (1982b), S. 75f. und grundlegend Dülfer (1991) sowie Jong (2009).

[409] Vgl. Heinen (1987), S. 26ff.

[410] Vgl. Schein (1991); Holzmüller (1995), S. 62ff. und Keller (1982), S. 125ff.

[411] Vgl. Schreyögg (2004), S. 26f.; Schreyögg (1989); Sathe (1985) und Saffold (1988).

[412] Siehe zur Diskussion über dei Effizienz als Ersatzziel in der Organisationsforschung insbesondere Fessmann (1980), S. 36ff.; Frese (2005), S. 309f.; Fuchs-Wegner/Welge (1974a), S. 71ff.; Fuchs-Wegner/Welge (1974b), S. 163ff.; Staehle/Grabatin (1979), S. 89ff. und Scholz (1992), S. 537ff.

[413] Siehe im Folgenden Denison/Mishra (1995) sowie Fey/Denison (2003).

[414] Im Sinne Dill/Hüglers kann man hier von derivativen Funktionen der Kultur sprechen.

terne Kulturmerkmale beschreiben. Es ist bei beiden Merkmalspaaren zu beobachten, dass sie bezüglich externer Anpassung bzw. interner Integration ein Kontinuum zwischen Flexibilität und Stabilität aufspannen. Es wird dem hier verwendeten dynamischen Kulturverständnis Rechnung getragen, dass Kultur einerseits langfristig stabil, aber dennoch durch evolutionäre Prozesse veränderbar ist.[415] Die von DENISON/MISHRA angeführten kulturellen Merkmale stellen keine primären Funktionen im Sinne von DILL/HÜLGER dar. Sie sind eher als abgeleitete kulturelle Merkmale derivater Funktionen anzusehen. Sie bilden die Verknüpfung zwischen den primären Funktionen der Unternehmenskultur und der Effizienzorientierung.

In Bezug auf Unternehmen liegt der Fokus primärer kultureller Funktionen insbesondere bei der Koordination durch Integration, was auf einem weitgehend homogenen Verständnis von Wertvorstellungen und Normen basiert. Durch die gleichen Grundannahmen und sich dem daraus ergebenden Empfinden über ‚richtiges' Verhalten und angemessene Handlungen entsteht ein sozialer Kontrollmechanismus innerhalb der organisatorischen Einheit. Das Unternehmen bzw. die Führung ist nicht auf den Einsatz struktureller bzw. formeller Kontrollinstrumente angewiesen, um bei den Mitarbeitern ein bestimmtes Verhaltensmuster durchzusetzen.[416] Dabei stellt die von SCHREYÖGG postulierte Prägnanz ein wesentliches Element dar, um durch Klarheit der übergeordneten Ziele Situationen richtig erfassen, interpretieren und zielgerichtete Handlungen definieren zu können, die im Sinne des Unternehmens und der Unternehmensziele sind.[417]

Neben der informellen Koordination der Arbeitsabläufe begünstigt eine ausgeprägte Unternehmenskultur auch die Entscheidungsprozesse und die Geschwindigkeit der Entscheidungsfindung. Erneut bilden geteilte Werte und Normen einen von den Mitgliedern der Organisationseinheit akzeptierten Entscheidungsrahmen, in welchem sie sich auf die richtige Interpretation ihrer eigenen Auffassungen, Äußerungen und Argumente verlassen können. Dies betrifft auch die Konsequenzen, die sich durch die Entscheidungen in den Arbeitsabläufen ergeben. Entscheidungen sind bei einer homogenen und starken Unternehmenskultur den Betroffenen leichter zu vermitteln; natürlich nur unter der Voraussetzung, dass die Entscheidungen auf Basis gemeinsamer Werte und Normen getroffen wurden.[418]

Neben der Koordinationsfunktion ist der Identifikation mit dem Unternehmen und der Motivation der Mitglieder der Organisationseinheit im Rahmen kultureller Betrachtungen eine hohe Bedeutung beizumessen. Als positive Effekte der Identifikation mit dem Unternehmen gelten eine erhöhte Leistungsbereitschaft, Selbstständigkeit und Eigenverantwortlichkeit.[419] Über die Identifikation wird eine Verbindung zwischen den unternehmenseigenen und den individuellen Werten, Normen etc. ermöglicht. So stellt die Identifikation mit einem Unternehmen auf vielen verschiedenen Ebenen[420] einen wesentlichen Einflussfaktor für Leistungsbewusstsein und Motivation dar, sofern dies im jeweiligen gesellschaftlichen Kulturkreis ak-

---

[415] Siehe hierzu Kapitel 3.1.1.
[416] Vgl. Müller (2009), S. 100; Baetge et al. (2007), S. 188f. und Baetge (1979).
[417] Vgl. O'Reilly (1989), S. 12; O'Reilly/Chatman (1986) und O'Reilly/Chatman/Caldwell (1991).
[418] Vgl. u.a. Steinmann/Schreyögg/Koch (2005), S. 728ff. und Kieser/Walgenbach (2010), S. 120ff.
[419] Vgl. Baetge et al. (2007), S. 188.
[420] Neben den verschiedenen Ebenen der Kultur seien hier die Produktebene, die Unternehmensphilosophie oder die Unternehmensziele genannt.

zeptiert wird.[421] Durch das mit der Identifikation einhergehende Gemeinschaftsgefühl wird zudem die Integration neuer Mitglieder erleichtert. Mit der Orientierung an Anderen und an deren ähnlichen Handlungen entsteht eine Legitimationsbasis, selbst in ähnlicher Weise handeln zu dürfen. Die Annahme der Handlungsweise kann auch zur Entwicklung eines vorteilhaften Werteverständnisses führen.[422] Wesentlich sind entsprechend ausgeprägte Kommunikationsstrukturen und ein ausgeprägter Konformitätsdruck.[423]

Ausgehend von DILL/HÜLGERS Unterscheidung zwischen primären und derivaten Funktionen der Unternehmenskultur sowie der Notwendigkeit interner Verankerung und externer Anpassung nach DENISON/MISHRA lassen sich im Hinblick auf die Forschungsfrage folgende Leitsätze für den Beitrag der Unternehmenskultur zur Effizienz einer organisatorischen Einheit ableiten (siehe Abbildung 25):

1. Ein Anpassen unternehmerischer Aktivitäten an die Umwelt für ein zielorientiertes und erfolgreiches unternehmerisches Handeln basiert auf der Berücksichtigung der kulturellen Unternehmensumwelt.
2. Die Integration in das Unternehmen und die Identifikation mit dem Unternehmen führen zu konsistentem Handeln der Mitglieder des Unternehmens, was sich auf die Leistungsbereitschaft und die Effizienz der Koordination durch soziale Kontrolle der Arbeits- und Entscheidungsprozesse auswirkt.

Grundsätzlich sei aber nochmals darauf hingewiesen, dass die hier behandelte funktionale Perspektive der Unternehmenskultur keine erschöpfende darstellt und nicht als Ablehnung des unternehmenskulturellen Verständnisses zu interpretieren ist, sodass die Kultur durch die Werte, Normen und Handlungen einer sozial abgrenzbaren Gruppe gebildet wird. Anhand der funktionalen Perspektive lässt sich jedoch die Bedeutung der Kultur für das Unternehmen sehr gut beschreiben.

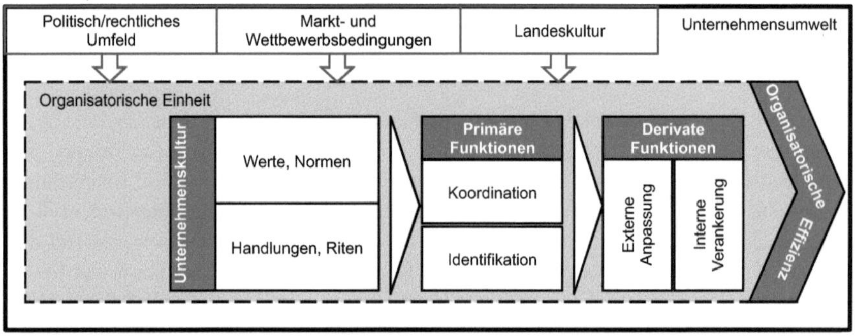

Abbildung 25: Effizienz in Unternehmen durch kulturelle Merkmale aus funktionaler Perspektive.

[421] Vgl. O'Reilly (1989), S. 12; O'Reilly/Chatman (1986) und Baetge et al. (2007), S. 188.
[422] Siehe zur Entstehung von kulturellen Werten insbesondere Kapitel 3.4.
[423] Vgl. Steinmann/Schreyögg/Koch (2005), S. 729ff.

3.2.3 Arbeitskultur und Subkulturen im Unternehmen

Im Sinne des dieser Forschungsarbeit zugrunde liegenden Verständnisses der Multikulturalität ist die Möglichkeit zur kulturellen Abgrenzung organisatorischer oder sozialer Einheiten wesentlich für das Verstehen kultureller Veränderungen im unternehmerischen Umfeld.

Subkulturen wurden oben soziale Einheiten hinsichtlich geographischer, nationaler oder Branchenzugehörigkeit abgegrenzt und mit jeweils anderen kulturellen Wertvorstellungen und Handlungsmustern beschrieben. Im Rahmen der Organisationsforschung wird nicht zuletzt durch BARLEY die Existenz von Subkulturen innerhalb eines Unternehmens beschrieben. Explizit ausgedrückt wurde dies schließlich durch BERTHOIN/DIERKES/HELMER oder auch durch TRICE mit dem Verweis auf Multikulturalität in den Unternehmen.[424] Diese entsteht durch den intensiven sozialen und kommunikativen Austausch sozialer Einheiten im Unternehmen. Sie unterscheiden sich in ihren Elementen somit nicht zu den grundsätzlichen Konzepten der Unternehmenskultur.[425] Als Ausgangspunkte für die Bildung von Subkulturen werden von VAN MAANEN/BARLEY folgende sechs benannt: Segmentierung (z.B. Spezialisierung), Importe (z.B. Fusionen), technologische Innovationen (insbesondere der Zugang zu diesen), ideologische Differenzierungen (z.B. konkurrierende Interpretationen), gegenkulturelle Bewegungen (z.B. durch Krisen forciert) oder Karrierefilter (verschiedene hierarchische Ebenen[426]).

Relevant für die Bildung von Subkulturen ist nicht zwingend die organisatorische Abgrenzung in Form von Abteilungen, Bereichen, Projektgruppen oder gar Gesellschaften, sondern die informelle Zusammengehörigkeit.[427] Dies drückt sich in der Nähe der Individuen zueinander und im Ausmaß des Vertrauens untereinander aus.[428] Die Weiterentwicklung dieses Konzepts ergibt sich durch die Berücksichtigung der Zugehörigkeit zu unterschiedlichen Subkulturen, wie dies in Kapitel 3.1.2 bereits formuliert wurde. Als Konsequenz ergibt sich für die Erforschung kultureller Eigenheiten, dass Einflüsse aus unterschiedlichen Zugehörigkeiten gesellschaftlicher, religiöser, geschlechtlicher, ethnischer oder sonstiger Gruppen auch die Subkulturen bzw. die dort geteilten Wertevorstellungen und Handlungsmuster prägen.

In Bezug auf die Forschungsfrage interessiert in diesem Zusammenhang insbesondere die Differenzierung von Professionskulturen.[429] So werden z.B. Arbeitern, Technikern, Sachbearbeitern, Managern oder IT-Spezialisten eigene Sprachen, Symboliken oder grundlegende Wertevorstellungen zugesprochen, die zu einer Anschlussfähigkeit im Handeln und Verstehen untereinander führt.[430] Beim Management ist zu berücksichtigen, dass durch die vielen unterschiedlichen Funktionsbereiche im Unternehmen eine weitere Differenzierung notwendig ist, um Subkulturen abgrenzen zu können.[431]

[424] Vgl. Tietel (2004), S. 56 i.V.m. Berthoin Antal/Dierkes/Helmers (1993) und Trice (1993), S. 222. Siehe auch Gregory (1983); Martin/Siehl (1983) und Meyerson/Martin (1987).
[425] Vgl. Helmers/Knie (1992), S. 37; Van Maanen/Barley (1985) und Tietel (2004), S. 57.
[426] Vgl. Tietel (2004), S. 57f. und Van Maanen/Barley (1985).
[427] Vgl. Tietel (2004), S. 58 i.V.m. Hofstede (1998); Van Maanen/Barley (1985) und Trice (1993).
[428] Vgl. Schein (1996), S. 225.
[429] Vgl. Helmers/Knie (1992) und Trice (1993).
[430] Vgl. Neuberger/Kompa (1987), S. 119.
[431] Vgl. Tietel (2004), S. 59.

Trotz oder auch aufgrund der Multikulturalität sind Subkulturen in der Theorie nicht als Gegenkulturen zur Unternehmenskultur aufzufassen. Vielmehr bildet sich durch die Differenzen eine gemeinsame Werte- und Handlungsbasis, wie es in Kapitel 3.4.3 näher beschrieben ist. Die Aufforderung, etwas zur Zielerreichung des Unternehmens beizutragen, gibt den Subkulturen selbst einen Rahmen vor, in welchem sie subkulturelle Differenzen überwinden müssen, um gemeinsam handlungsfähig bleiben zu können. Sind die Differenzen jedoch zu stark oder treten Partikularinteressen im Sinne eines Beharrens auf die eigenen ‚einzigen und richtigen' Werte und Handlungsmuster der Subkultur auf, ist unternehmerisches Handeln nicht oder nur begrenzt möglich.[432]

Im Sinne SENGHAAS-KNOBLOCH handelt es sich bei den unternehmensbezogenen Subkulturen um Arbeitskulturen, deren Mitglieder bestimmte Kulturmuster von außen, beispielsweise durch ihre Ausbildung, Erziehung oder das politische Gemeinwesen, in das Unternehmen hineintragen. Die Kulturmuster bedingen Bedürfnisse und Anforderungen an den Arbeitsplatz bzw. das dortige Gemeinwesen und den Umgang miteinander. Durch diese spezifische Arbeitskultur findet eine Konfrontation der Bedürfnisse mit den Vorgaben für ein effizientes unternehmerisches Handeln statt, welches sich im Wunsch nach Anerkennung für die (erfolgreich) geleistete Aufgabenerfüllung ausdrückt. Dies kann sich nicht zuletzt in Forderungen nach Mitbestimmung und eher partizipativer Entscheidungsfindung ausdrücken.[433] Wie in Kapitel 3.1.2 nach EREZ/GATI beschrieben, ergibt sich eine gegenseitige Abhängigkeit bzw. Beeinflussung über- und untergeordneter Subkulturen. Es ist der direkte Bezug zur Organisation in ihrer Struktur und ihren Prozessen gegeben. Der Verlust von Einfluss und von formalen bzw. informalen Privilegien (beispielsweise durch eine Umverteilung der Ressourcen) führt zu einer aus der sozialen Einheit subkulturell bedingten normativen Unzufriedenheit im Sinne gerechter Handlungen und damit einhergehend auch zur Herabsenkung der Arbeitsmotivation und der Integration.[434]

Mit am deutlichsten lassen sich die engen Verbindungen zwischen unternehmerischen Zielen, (Arbeits-)Organisation und der normativen Wertedebatte im Wandel der Fertigung innerhalb der letzten Jahrzehnte erkennen. Beginnend mit der großen Innovation des Taylorismus und Fordismus bis hin zur heutigen Arbeitsphilosophie des Lean Production haben sich die Aufgaben-, Leistungs- und Leistungserbringungsprofile von Arbeitern, Meistern und Gruppenleitern wesentlich geändert.[435] Insbesondere die Forderung seitens der Unternehmensführung nach mehr Transparenz bezüglich der Leistungserstellung hat zu einem Wandel des Selbstbildes und zu einer geringeren Verfügbarkeit über informale Ressourcen geführt, was mit einer geringeren Selbstbestimmtheit in Relation zur Tätigkeitsanweisung einhergeht.[436] Die aus

---

[432] Vgl. Giesecke/Rappe-Giesecke (1997), S. 406ff. und Tietel (2004), S. 64ff.

[433] Vgl. Senghaas-Knobloch (2004), S. 38ff. SENGHAAS-KNOBLOCH beschreibt hierbei die drei Komponenten Wissens- und Orientierungskomponente (Lernen via Interaktion, wie Anforderungen üblicherweise erfüllt werden), eine normative Komponente (Was ist bei der Erfüllung als richtig und angemessen anzusehen?) sowie die Motivationskomponente (Herausbildung beruflicher Selbstbilder und Haltung der Mitglieder zu ihren unternehmerischen Aufgaben).

[434] Vgl. Senghaas-Knobloch (2004), S. 43ff.; Folger/Skarlicki (1999); Gorz (2000) und Strebel (1996).

[435] Siehe u.a. Lang/Ohl (1993); Cottyn et al. (2011); Levy (1997); Adler/Goldoftas/Levine (1999); Dickmann (2009); Hines (1996) oder Taylor (1911).

[436] Relevant ist hier die Relation zum Umfang der Tätigkeit. Zudem wird hier nicht gegen eine höhere Selbstbestimmtheit über formale Ressourcen argumentiert.

dem Meister-System bekannte und klare Trennung zwischen ausführender und leitender Funktion ist aufgeweicht. Hierdurch werden der einzelnen Arbeitsgruppe und ihren Arbeitern Aufgaben wie Arbeitsplanung, Qualitätssicherung oder kontinuierliche Verbesserungsprozesse übertragen. Dies sind alles Aufgaben, die nach tayloristischer Auffassung nichts mit der direkten, physischen Wertschöpfung zu tun haben und als gegenteilig zu ‚schlank' gelten.[437] Die Einführung neuer Unternehmenskonzepte oder Produktionssysteme, die auch die Unternehmenskultur mit ihrem übergeordneten Sinnverständnis für ‚richtiges' und zielgerichtetes Handeln berühren, hat demnach massive Auswirkungen auf die Arbeitskultur.[438] Informale Handlungsmuster sozialer Gruppen werden durch die Änderung in der formalen Organisation außer Kraft gesetzt und es besteht der Bedarf an neuen Handlungsmustern, die jedoch nicht zwingend mit der Wertvorstellung der jeweiligen sozialen Einheiten übereinstimmt.[439]

Es kann festgehalten werden, dass die Unternehmenskultur nicht nur von den jeweiligen Subkulturen getragen wird, sondern aufgrund persönlichen Lebensziele im Sinne der Multikulturalität ein enger Bezug – wenn nicht sogar Übereinstimmung – zwischen Handlungsmustern und Wertvorstellungen aus dem unternehmerischen und dem gesellschaftlich/familiären Umfeld bestehen kann.[440] Demnach bilden bei der kulturellen Anpassung der Unternehmen an die Unternehmensumwelt insbesondere Elemente der landesspezifischen Kultur der Mitarbeiter eine wichtige Rolle. Bevor diese in Bezug zur Unternehmenskultur gesetzt werden können, wird im folgenden Kapitel näher auf die unterschiedlichen Konzepte und Studien zur Landeskultur eingegangen.

3.3 Landesspezifische Kulturbetrachtungen

Im Fokus landesspezifischer Kulturbetrachtungen steht die Erarbeitung der Möglichkeit zum Vergleich verschiedener Kulturen. Demnach differenziert sich die landesspezifische Kulturbetrachtung in ihrem Ziel wesentlich von jener der unternehmenskulturellen Betrachtung. Es soll durch die Ableitung und Definition von Kulturdimensionen die Möglichkeit gegeben werden, die Ausprägung der Kultur beschreiben zu können. Dies kann im Sinne einer Operationalisierung der Kriterien zur Beschreibung von Kulturen verstanden werden.

Im Bereich der Wirtschaftswissenschaften sind die Studien von HOFSTEDE und HOUSE ET AL. maßgebend (Kapitel 3.3.2 und 3.3.4). Dies ist nicht zuletzt darin begründet, dass bei diesen Studien auch Bezüge zu Unternehmen bzw. dem Management aufgezeigt werden. Darüber hinaus wird in Kapitel 3.3.3 auf eine der umfangreichsten kulturvergleichenden Studien eingegangen werden, die World Values Survey. Diese betrachtet als einzige kulturvergleichende Studie ähnliche Fragestellungen und kulturelle Eigenschaften über einen längeren Zeitraum. Zudem untersucht diese Studie den gesamten Lebensraum eines Menschen und konzentriert sich nicht nur auf das Arbeitsumfeld. Abschließend werden weitere bekannte und in den Wirtschaftswissenschaften relevante, für diese Forschungsarbeit aber nicht prägende Studien kurz vorgestellt. Zuvor werden die kulturvergleichenden Studien grundsätzlich in die Thema-

[437] Vgl. Senghaas-Knobloch/Nagler/Dohms (1996b), S. 21f.; Heisig/Littek (1995) und Kern/Schumann (1984).
[438] Vgl. Senghaas-Knobloch/Nagler/Dohms (1996b), S. 23ff.
[439] Siehe weiterführend die Diskussion in den Arbeitswissenschaften bei Heisig/Littek (1995); Kern/Schumann (1984); Seitz (1993); Senghaas-Knobloch (1995); Senghaas-Knobloch/Nagler/Dohms (1996a); Ulich (2011) oder Weltz (1991). Zur kulturellen Veränderung siehe insbesondere Kapitel 3.4.3.
[440] Vgl. u.a. Senghaas-Knobloch/Nagler/Dohms (1996b), S. 191f.

tik des interkulturellen Managements eingeordnet, wodurch eine Anschlussfähigkeit zur Unternehmenskultur geschaffen wird. Dies beinhaltet auch eine grundsätzliche Diskussion der Erfassbarkeit kultureller Unterschiede.

3.3.1 Erfassbarkeit kultureller Unterschiede im Kontext interkultureller Managementforschung

Die Bedeutung, sich mit interkulturellem Management zu befassen, wird durch den beeinflussenden Effekt von Kulturen auf die Managementleistung bzw. der Effizienz beschrieben. „Im Zentrum dieses Aufgabenbereichs ist es idealtypischerweise bedeutsam, die Koordination und Kooperation zwischen nationalen Einheiten grenzüberschreitend zu steigern, um über die Erhöhung des Standardisierungsgrades Skalenerträge und Lerneffekte im internationalen Geschäft zu erzielen.“[441] Dieser etisch geprägten Grundthematik aus Sicht der Muttergesellschaft über die Rolle des interkulturellen Managements steht eine emische Sichtweise der Führung des Managements der Tochtergesellschaft eines international handelnden Unternehmens gegenüber. Fragestellungen wie die Erhöhung lokaler Problemlösungsfähigkeit oder die des Aufbaus eines lokalen Kulturbewusstseins stehen im Fokus des Interesses. Dies bedeutet oftmals die Wahrung lokaler Interessen und kultureller Eigenheiten gegenüber der Muttergesellschaft.[442]

Kern des kulturellen Managements ist der allein auf die Kultur bezogene Umgang bei Planung, Durchführung und Kontrolle allgemeiner Managementfunktionen im internationalen Kontext. Dies umfasst die Bearbeitung von Themenfelder wie die Übertragbarkeit von Managementmethoden und -techniken von einem auf andere Länder hinweg.[443] Im Besonderen werden die Bereiche der Entsendung und des internationalen Personalmanagements sowie der interkulturellen Kommunikation und des Aufbaus interkultureller Kompetenzen untersucht.[444] Während es bei den grundsätzlichen Managementinstrumenten um eine Erweiterung dieser durch eine (inter-)kulturelle Sensibilität geht, gilt die Entsendung als das wichtigste (und prinzipiell einzige) Instrument, welches sich dem interkulturellen Management zuordnen lässt.[445] Diskutiert wurde dies im Rahmen der Besetzung der Führung ausländischer Tochter-

[441] Holzmüller (1995), S. 42f. i.V.m. Kreutzer (1990); Phatak (1981) und Phatak/Bhagat/Kashlak (2005).

[442] Vgl. Holzmüller (1995), S. 43ff. Da in dieser Forschungsarbeit die Mikroebene, insbesondere die Profession der Gastlandarbeiter im Vordergrund der Untersuchung steht, wird auf die aus etischer Perspektive relevanten Themenfelder der Aufbauorganisation und des Personalwesens oder auch der Erfolgsfaktorenforschung im internationalen Handeln nicht näher eingegangen.

[443] Vgl. Hasenstab (1999), S. 120. Der Bezug zur Umwelt bzw. die Kultur als beeinflussender Faktor ist bei der Betrachtung kultureller Veränderungen zu berücksichtigen. Siehe hierzu Kapitel 3.4.3

[444] Zu den jeweiligen Bereichen siehe z.B. Black/Gregersen (1999); Broszinsky-Schwabe (2011); Boxall/Putcell (2003); Chen et al. (2010); Delios/Beamish (2002); Edström/Galbraith (1977); Gong (2003); Graf/Mertesacker (2010); Hebert/Beamish (2005); Kostova/Kendall (2003); Mertesacker (2010) und Nahapiet/Ghoshal (1998). Zu verweisen ist an dieser Stelle beispielsweise auf die Internationalisierungsentscheidung bezüglich der Eigentumsform. Unabhängig davon, ob es sich um eine Übernahme oder eine Kooperation handelt, bedarf es dem besonderen Augenmerk einer geeigneten Akkulturation. Siehe hierzu Kapitel 2.1.2.2.

[445] Dies ist damit zu begründen, dass durch Entsendungen nicht nur Ziele des Personalmanagements verfolgt werden, sondern auch Kontroll- und Koordinationsfunktionen mit der Entsendung verbunden sind. Zum internationalen Personalmanagement und der Personalentwicklung durch Entsendungen siehe u.a. Scherm (1995), S. 192ff. und Scherm (1995), S. 222ff. sowie grundlegend Edström/Galbraith (1977) und Hebert/Beamish (2005).

gesellschaft oder der Gestaltung der Kommunikation zwischen Mutter- und Tochtergesellschaft im Rahmen des EPRG-Profils.[446]

Grundlage zu den Untersuchungen im Bereich des interkulturellen Managements stellt die Erfassbarkeit der Kultur bzw. deren Unterschiede dar. Entsprechend der Differenzierung nach emischer oder etischer Perspektive der Fragestellung wird der empirische Zugang zumeist entweder in qualitativen oder quantitativen Forschungsdesigns und Analysemethoden gesucht.[447] Während beim qualitativen Forschungsdesign Beobachtungen und Interviews zur Erhebung der Daten eingesetzt werden,[448] stellt die Basis quantitativer Untersuchungen die Herleitung von Indikatoren zur Operationalisierung der zur Beschreibung der Kultur definierten Variablen dar.[449] Daraus resultiert die grundsätzliche Problematik der quantitativen Sozialforschung, dass die Interpretation erschwert wird, da sie nach der Operationalisierung am Ende der Erhebung und Auswertung erfolgt.[450] Insbesondere bei qualitativen Forschungsdesigns erfolgt hingegen der Erkenntnisgewinn durch die direkte Auseinandersetzung mit den Beobachtungen und erhobenen Entitäten.

Unabhängig der Art des Forschungsdesigns gelten als Hauptproblemfelder die kulturelle Selbstreferenz sowie die Methodenkonfudierung.[451] Entsprechend wird dem zugrunde liegenden kulturellen Konzept, der Bestimmung der Variablen sowie der Operationalisierung der Indikatoren bei kulturvergleichender Empirie auf Basis quantitativer Forschungsdesigns eine große Wichtigkeit zugesprochen.[452] Durchgesetzt hat sich hierbei die Differenzierung nach Kulturdimensionen, welche in der Regel aus theoretischen Konzepten abgeleitet oder durch Clusteranalysen aus den erhobenen Daten gebildet werden. Gemessen werden die Indikatoren meist durch Likert-Skalen zur ordinalen Gewichtung. Ziel der meisten kulturvergleichenden Studien ist es jedoch, durch das Zusammenfassen von Indikatoren metrische gemittelte Werte einer Kulturdimension zuordnen zu können. Zum Einsatz kommen hier insbesondere Faktor- und Clusteranalysen.[453]

Der Vorteil quantitativer Verfahren wird im leichteren Zugang zu einer komplexen Materie gesehen. Betont wird hierbei der Vorteil der Standardisierung, welcher einen Vergleich nicht nur unterschiedlicher Länder, sondern auch unterschiedlicher Subkulturen erlaubt. Auch die Möglichkeit, die selbe Erhebung und Auswertung zu unterschiedlichen Zeitpunkten durchfüh-

[446] Siehe Kapitel 2.2.2.1.

[447] Siehe hierzu insbesondere die Diskussion in der Einführung zu dieser Forschungsarbeit. Siehe auch Alasuutari (1995), S. 8ff.

[448] Vgl. Alasuutari (1995), S. 38ff.

[449] Vgl. Alasuutari (1995), S. 8ff. und Holzmüller (1995), S. 74ff.

[450] Vgl. hierzu anschaulich Lamnek (2010), S. 146ff. Dies ist auch ein Grund dafür, dass insbesondere bei quantitativen Forschungsdesigns die Gefahr gesehen wird, dass die Methodik bedeutender als die Interpretation gesehen wird. Vgl. hierzu insbesondere Alvesson/Sandberg (2011), sowie die Diskussion in Kapitel 1.

[451] Vgl. Holzmüller (1995), S. 50ff. i.V.m. Adler (1983a); Adler (1983b). Unter kulturelle Selbstreverenz wird die Problematik verstanden, dass des Forschers kulturellen Eigenheiten in die Konzeption, in die Begriffsabgrenzung, in die Bestimmung von Indikatoren und auch in die Interpretation mit einfließen und diese somit versfälschen. Die Methodenkonfudierung beschreibt die Problematik, dass unterschiedliche Kulturen unterschiedlich auf die Erhebungsinstrumente reagieren und hierdurch Erkenntnisse unterschiedlicher Kulturen nicht vergleichbar sind.

[452] Vgl. Boyacigiller et al. (2004); Holzmüller (1995), S. 74ff. und O. Shenkar (2012b), S. 1.

[453] Vgl. hierzu im Allgemeinen Holzmüller (1995), S. 173ff sowie im Speziellen die Literatur zu den folgend beschriebenen Studien.

ren und somit nicht nur die räumlich/kulturelle sondern auch eine zeitlich/kulturelle Distanz messen zu können, wird als zielführend für die Forschung im interkulturellen Management gesehen.[454] Dabei besteht ein Bewusstsein darüber, dass die Vereinfachung kultureller Eigenheiten auf messbare Indikatoren als Bypass dient, der eine Anschlussfähigkeit an die Konstrukte aus der Internationalen Managementforschung generiert.[455] Daher werden im Folgenden die wichtigsten kulturvergleichenden Studien anhand ihrer Grundkonzeption, der verwendeten Kulturdimensionen und anhand einer kritischen Würdigung beschrieben.

3.3.2 Kulturvergleichende Studie von Hofstede

3.3.2.1 Die Studie und ihr Kulturverständnis

Die kulturvergleichende Studie von HOFSTEDE ist eine der ersten umfangreichen Studien zur Analyse kultureller Unterschiede mit Bezug zu den Wirtschaftswissenschaften. Im Unterschied zu den nachfolgend beschriebenen Studien wird als Ziel angegeben, Dimensionen zur Klassifizierung von Kulturen bzw. Ländern abzuleiten, welche die empirisch festgestellte Varianz zwischen den Kulturen erklären.[456]

Wie oben beschrieben, definiert HOFSTEDE unterschiedliche Kulturebenen. Normen, Werte und Handlungen sind hier die wesentlichen Elemente. Diese haben in der Landes- und Unternehmenskultur jedoch eine andere Gewichtung. So rücken nach HOFSTEDE für die Unternehmenskultur die Handlungen in den Fokus, während im gesellschaftlich/familiären Umfeld Werte und Normen prägend für die Entwicklung des Kulturverständnisses sind.[457]

In der zweiteiligen Studie von HOFSTEDE zur Identifikation von kulturellen Dimensionen nach diesem Kulturverständnis waren rund 116.000 IBM-Mitarbeiter aus unterschiedlichen Bereichen und Hierarchieebenen[458] beteiligt. Der in 20 Sprachen übersetzte Fragebogen wurde in 60 Ländern ausgegeben. Bei der Analyse wurden jedoch nur 40 Länder berücksichtigt.

Erweitert wurde die Studie um die Betrachtung des asiatischen Raumes. Hierzu wurden in 23 asiatischen Ländern jeweils 100 Studenten an der Umfrage beteiligt. Auch der Fragebogen, erarbeitet durch die CHINESE CULTURE CONNECTION, ist grundlegend anders als bei der ersten Teilstudie. Hofstede begründet dies mit der grundsätzlich anderen Mentalität sowie mit dem Zweck, die (Nicht-)Stabilität der Dimensionen zu prüfen.[459] Da sich auch bei dieser Studie dieselben Dimensionen ergeben, wird dies als generelle Stabilität der abgeleiteten Dimensionen interpretiert.

---

[454] Siehe u.a. Hofstede et al. (1990), S. 313.

[455] Shenkar (2012b), S. 1f. i.V.m. Kogut/Singh (1988). SHENKAR verweist hierbei auf Themenbereiche des Internationalen Managements, wie dem Eintrittszeitpunkt oder die Form des Eintritts. Vgl. hierzu O. Shenkar (2012b), S. 2ff. und die dort angegebene Literatur.

[456] Vgl. Kutschker/Schmid (2008), S. 717.

[457] Vgl. Dickson/BeShears/Gupta (2004), S. 75; Hofstede et al. (1990) und Hofstede/Peterson (2000).

[458] Hofstede führte sieben Kategorien ein: Managers (all levels), country head office; Managers (all levels), branch offices, including sales, system engineering and customer engineering managers; System engineers; Data processing sales representatives; Data processing customer engineers; Office products customer engineers; Administrative personnel, country head office, including clerks and professionals. Siehe Hofstede/Hofstede (2009), S. 51.

[459] Vgl. Kutschker/Schmid (2008), S. 725 i.V.m. Hofstede/Bond (1984) und Hofstede/Bond (1988).

3.3.2.2 Kulturdimensionen und zentrale Ergebnisse der Studie

Den Kulturdimensionen schreibt HOFSTEDE einen allgemeingültigen Charakter zu. Nach seinem Kulturverständnis sind diese für Subkulturen, wie beispielsweise Unternehmenskulturen eines Landes, von entsprechender Bedeutung, wenn auch nicht ausschließlich. Zur Unterscheidung von Ländern werden von HOFSTEDE zunächst folgende vier Dimensionen bestimmt:[460]

- *Machtdistanz:* Die Machtdistanz beschreibt das Ausmaß, mit welcher Unterschiede in der Machtverteilung akzeptiert und erwartet werden.
- *Unsicherheitsvermeidung:* Die Unsicherheitsvermeidung drückt den Grad aus, in welchem sich Mitglieder einer Gesellschaft durch unbekannte und unsichere Situationen bedroht fühlen.
- *Individualismus/Kollektivismus:* Diese Dimension beschreibt, inwiefern von einem Mitglied der Gesellschaft erwartet wird, für sich selbst einzustehen oder ob eine starke Einbindung in das soziale Umfeld vorherrscht.
- *Maskulinität/Femininität:* In maskulinen Gesellschaften werden Probleme offen angesprochen und diskutiert. Es gilt im Wesentlichen das Leistungsprinzip. In femininen Kulturen stehen hingegen die Lebensqualität und zwischenmenschliche Beziehungen im Vordergrund. Solidarität ist hier wichtiger als beispielsweise die eigene Karriere.

In der zweiten Teilstudie konnte die Dimension der Unsicherheitsvermeidung nicht abgeleitet werden. Dafür wurde eine neue Dimension definiert, die zunächst als konfuzianische Dimension bezeichnet wurde und Aussagen über die Dynamik trifft. HOFSTEDE formulierte diese schließlich zur heute bekannten fünften Dimension, jener der Langfrist-/Kurzfristorientierung, um:

- *Langfrist-/Kurzfristorientierung:* Die Langfristigkeit ist im Sinne einer Zukunftsorientierung zu verstehen. Um langfristig ein Ziel zu erreichen, werden in der Gegenwart schlechte Situationen geduldet. Dies drückt sich in statusorientierten Rangordnungen oder hohen Investitionen aus. Bei der Kurzfristorientierung sind dagegen die Vergangenheit mit ihrer Tradition und die Gegenwart (Wahrung des Gesichts) von größerer Bedeutung als die Zukunft.

Neben der Unterscheidung der Länder anhand dieser fünf Dimensionen kombiniert HOFSTEDE einzelne Dimensionen, um die Länder zu Clustern mit bestimmten Eigenschaften zuzuordnen (siehe Tabelle 7). Auch die Ableitung von Strategien für Unternehmen ist Teil der Interpretation.[461]

---

[460] Siehe hierzu zusammenfassend Kutschker/Schmid (2008), S. 718ff.; Holtbrügge/Welge (2010), S. 212ff. und in der Primärliteratur Hofstede/Hofstede (2009), S. 2 und Hofstede (2001), S. 3, 4, 5, 6 und 7.

[461] Vgl. Kutschker/Schmid (2008), S. 727ff.

	Länder	Unternehmertyp	Charakteristika und Ziele
Cluster 1a	USA	"teilende Geschäftsmann"	Wachstum des Unternehmens Die Gewinne dieses Jahres Persönlicher Wohlstand Macht Konform mit dem Gesetz gehen Respektierung ethischer Normen
Cluster 1b	GB, Neuseeland	"Manager"	Die Gewinne dieses Jahres Konform mit dem Gesetz gehen Verantwortung gegenüber Mitarbeitern Kontinuität des Unternehmens Patriotismus, nationaler Stolz Respektierung ethischer Normen
Cluster 2	Indien, Jamaika, Bahamas	"Familienmanager"	Kontinuität des Unternehmens Familieninteressen Patriotismus, nationaler Stolz Persönlicher Wohlstand Gewinne in 10 Jahren Die Gewinne dieses Jahres
Cluster 3	lateinische Länder, Australien, Ungarn	"Familienunternehmer"	Familieninteressen Persönlicher Wohlstand Macht Die Gewinne dieses Jahres Spiel- und Spekulationsgeist Wachstum des Unternehmens
Cluster 4a	Honkong, Hawaii-asiatisch	"Unternehmer"	Gewinne in 10 Jahren Etwas Neues schaffen Spiel- und Spekulationsgeist Wachstum des Unternehmens Ehre, Gesicht, Reputation Persönlicher Wohlstand
Cluster 4b	Deutschland, Niederlande	"Gründer"	Verantwortung gegenüber Mitarbeitern Verantwortung gegenüber der Gesellschaft Etwas Neues schaffen Spiel- und Spekulationsgeist Kontinuität des Unternehmens Ehre, Gesicht, Reputation
Cluster 5	China	"Mandarin"	Respektierung ethischer Normen Patriotismus, nationaler Stolz Ehre, Gesicht, Reputation Macht Verantwortung gegenüber der Gesellschaft Gewinne in 10 Jahren

Tabelle 7: Ländercluster nach HOFSTEDE.
(Quelle: In Anlehnung an Hofstede/Hofstede (2009), S. 364.)

Als für Unternehmen wichtige Dimensionen identifiziert HOFSTEDE die Machtdistanz und die Unsicherheitsvermeidung.[462] Dabei setzt er seine Erkenntnisse in Beziehung zu unterschiedlichen Management- bzw. Organisationstheorien, wie z.B. jene von PUGH oder MINTZBERG.[463] Wie in Abbildung 26 dargestellt, lassen sich Übereinstimmungen zwischen der Marktorientierung und kurzfristigen Abstimmungen in angelsächsischen Ländern finden, während die

[462] Vgl. Hofstede (2001), S. 375.
[463] Vgl. Hofstede (2001), S. 375ff. i.V.m. Pugh, (1976); Pugh et al. (1968); Pugh (1981); Mintzberg (1983); Mintzberg (1978) und Mintzberg (2007).

Standardisierung von Fähigkeiten und Qualifikationen den hohen Stellenwert des Ausbildungssystems in deutschsprachigen Ländern erklärt.[464]

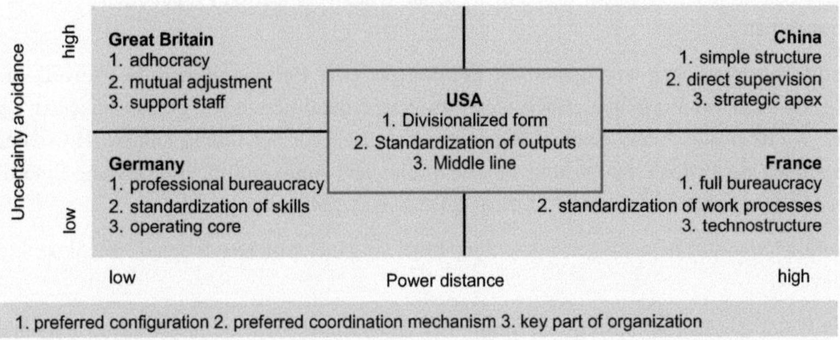

Abbildung 26: Machtdistanz-Unsicherheitsvermeidungsmatrix in Reflexion mit MINTZBERGS Organisationsstrukturtypen. (Quelle: In Anlehnung an Hofstede (2001), S. 377.)

3.3.2.3 Kritische Würdigung der Studie nach Hofstede

Auch wenn HOFSTEDES Leistungen in der landesvergleichenden Kulturforschung unbestritten sind, werden in der Literatur bezüglich seines Forschungsdesigns- und -vorgehen einige Kritikpunkte diskutiert.

Eine Verzerrung der Ergebnisse wird HOFSTEDE insbesondere dadurch zugeschrieben, dass er zwar landeskulturelle Einflüsse identifizieren und messen wollte, durch das Untersuchungsobjekt und -design jedoch nicht ausgeschlossen werden kann, dass seine Ergebnisse durch unternehmenskulturelle Einflüsse verfälscht sind. Auch die Konzentration auf westliche Länder und die nachgeschobene Folgestudie in China lassen auf das Vorhandensein kultureller Selbstreverenz und Methodenkonfudierung schließen.[465]

Als problematisch werden zudem die über die eigentlich abgefragten, meist managementbezogenen Verhaltensweisen hinausgehenden Implikationen für das generelle Verhalten von Menschen bestimmter Länder angesehen. Dies basiert nicht zuletzt auch auf der mangelnden Abgrenzung betrachteter Kulturebenen. Es folgt eine aus empirischer Sicht nicht zulässige Vermischung von Verhaltensweisen unterschiedlicher Lebensbereiche. Dies spiegelt sich auch in der mangelnden Tiefe der Untersuchung dar. Zwar ergibt sich mit den Dimensionen, welche als nicht voneinander unabhängig bewertet werden, ein mechanistisches Instrument. Die tatsächlichen Unterschiede zwischen einzelnen Kulturen (und nicht Ländern) lassen sich auf diese Weise jedoch nicht beschreiben.[466] Ein Hinweis hierfür ergibt sich auch daraus, dass bei seiner ersten Teilstudie die abgeleiteten Dimensionen 49% der identifizierten Varianz erklären. Demnach können mit den bestimmten Dimensionen nicht alle kulturelle Unterschiede erklärt werden.[467]

---

[464] Vgl. Hofstede (2001), S. 376ff.
[465] Vgl. Kutschker/Schmid (2008), S. 729f.
[466] Vgl. Kutschker/Schmid (2008), S. 730ff. und die dort angegebene Literatur.
[467] Vgl. Kutschker/Schmid (2008), S. 717.

Die Zuordnung der Fragebögen zu Ländern und damit die Vernachlässigung kultureller Unterschiede innerhalb einzelner Länder stellt eine der zentralen Kritikpunkte an HOFSTEDES Studie dar, welchen er selbst durch den Einsatz eines veränderten Fragebogens in China vorgetragen hat.[468]

Positiv hervorzuheben ist dagegen die Erstmaligkeit der Befragung, und dies sowohl in Umfang als auch im Vorgehen. Auch wenn zu einem detaillierten Vergleich einzelner Länder bzw. Kulturen die Analysetiefe fehlt, bietet sich die Unterscheidung anhand Hofstedes Dimensionen zur ersten Orientierung an. Die Studie geht somit weit über eine reine Einordnung von Ländern anhand bestimmter Dimensionen in Kategorien hinaus.[469]

Bezüglich der hier behandelten Forschungsfrage sind insbesondere folgende Kritikpunkte von Relevanz:

- Bei der Durchführung der Studie bei IBM wurde zwar administratives Personal befragt, jedoch keine Arbeiter.[470]
- Kulturelle Unterschiede wurden bei der Durchführung der Befragung, insbesondere bei der Erstellung des Fragebogens nicht berücksichtigt.
- Für das Unternehmen und das Management wurden zwar Implikationen abgeleitet. Eine differenzierte Betrachtung von Unternehmens- und Landeskultur erfolgt jedoch nicht.
- Für Ungarn, Tschechien, Polen und die Slowakei wurden die Werte nicht bei IBM erhoben, sondern durch eine weitere Studie mit Studenten der Wirtschaftswissenschaften angenähert.[471]
- Die nach dem Kulturverständnis getroffene Unterscheidung zwischen Werten, Ritualen, Helden, Symbolen und Praktiken wird bei der empirischen Auswertung und Interpretation nicht bzw. nur selten berücksichtigt.

3.3.3 Die World Values Survey

3.3.3.1 Die Studie und ihr Kulturverständnis

Im Fokus der World Values Survey (WVS) steht nicht das Ableiten von Handlungsempfehlungen im Sinne internationaler Management- oder Gesellschaftsforschung sondern das Erfassen von Lebenszielen und Werten. Ausgangspunkt bilden die durch die European Value Study beobachteten Veränderungen von Werten und Lebenseinstellungen im Verlauf der Zeit.

Zur Bestimmung von Werten wird bei der WVS eine anderes methodisches Vorgehen verwendet, als dies bei HOFSTEDE oder der GLOBE-Studie der Fall ist:[472]

---

[468] Vgl. Kutschker/Schmid (2008), S. 716f.

[469] Vgl. Kutschker/Schmid (2008), S. 731ff. und die dort angegebene Literatur.

[470] Vgl. Hofstede/Hofstede (2009), S. 51.

[471] Zur Angleichung der Ergebnisse aus der Studentenbefragung wurden auch Studenten in den Niederlanden befragt. Die Abweichung zur primären Erhebung in den Niederlanden wird bei den anderen Ergebnissen der Studentenbefragungen als Korrekturwert verwendet und somit die Ergebnisse aus der Studentenbefragung an die IBM-Studie angenähert. Vgl. Kolman et al. (2003), S. 78ff. Zur Klärung diese Punktes wurde direkt mit G. HOFSTEDE kommuniziert.

- Bezüglich der Befragten ist einzig die Vollendung des 17. Lebensjahres notwendig. Es gibt keine weiteren Eingrenzungen. Darüber hinaus sind die Fälle so gewichtet, dass die Stichprobe insgesamt der Gesellschaftsstruktur eines jeweiligen Landes entspricht.
- Die Erhebung findet durch Interviews statt.
- Die Erhebung der Daten erfolgt zu unterschiedlichen Zeitpunkten: 1980, 1990, 1995, 2000, 2005 und 2010-2012.
- Die Ausgestaltung der Fragen ist nicht einheitlich. Insbesondere die Durchmischung von Normal- und Ordinalskalen erschwert eine systematische Auswertung. Selbst unterschiedliche Likert-Skalen sind im Einsatz.

Hieraus lassen sich insbesondere zweierlei Erkenntnisse gewinnen: Hauptziel der WVS ist es, die generationenübergreifende Veränderung in der Gesellschaft, Politik und Ökonomie im Rahmen der Postindustrialisierung zu untersuchen. Sie zielt damit ebenso wie die anderen Studien auf einen Kulturvergleich einzelner Länder ab. Im Unterschied hierzu ist sie als Langzeitstudie angesetzt, was erlaubt, Veränderungen in kulturellen Annahmen und Werten zu erfassen.

Durch die Erhebungsmethode in Form (semi-)strukturierter Interviews ist eine höhere Analysetiefe vorhanden. Zudem wird durch die Berücksichtigung des gesamten sozialen Umfeldes einer Person ein belastbarer Rückschluss auf landeskulturelle Ansichten und Werte ermöglicht.

3.3.3.2 Kulturelle Dimensionen und zentrale Ergebnisse der Studie

Durch den offenen Zugang zu den Erhebungsdaten gibt es im Rahmen der WVS eine Vielzahl an Auswertungen und Veröffentlichungen. Diese beziehen sich auf aktuelle Themen wie beispielsweise den Verfall kultureller Unterschiede aufgrund weltoffener und globaler Kommunikationsmöglichkeiten, die Debatte kultureller Integration für eine friedlichere Welt oder den Zusammenhang zwischen ökonomischer Eigeninteressen und staatlicher Subvention.[473]

Die Erkenntnisse basieren auf dem Vergleich zwischen den durch die Erhebungen beobachteten Werteveränderungen einzelner Länder und der Zuordnung entsprechender Zeitgeschehnisse. Die bekannteste Interpretation ist die Kultur-Weltkarte von INGLEHART/WELZEL (siehe Abbildung 27).[474] Es werden durch eine Faktorenanalyse zwei Kulturdimensionen abgegrenzt, welche mehr als 70% der festgestellten Varianzen zwischen den Dimensionsindikatoren erklären:[475]

- *Überleben vs. Selbstentfaltung:* Diese Dimension bezieht sich auf ein Kontinuum zwischen ‚Konformitätenzwang' und ‚Tolerierung der individuellen Entfaltung der Persönlichkeit' als Extrema.

[472] Vgl. Gupta/Luque/House (2004), S. 162f. Siehe auch die Kapitel 3.3.2 und 3.3.4.
[473] Siehe Arikan (2011); Norris/Inglehart (2009) und Reher (2011).
[474] Vgl. z.B. Inglehart/Welzel (2005) und Inglehart/Welzel (2010).
[475] Vgl. Welzel/Inglehart (2008), S. 129f.

- *Traditionell vs. säkular-rational*: Diese Dimension beschreibt das Ausmaß der Toleranz gegenüber Scheidung, Abtreibung, Sterbehilfe und Suizid und damit über die Relevanz von Religion, familiären Bindungen und autoritären Personen.

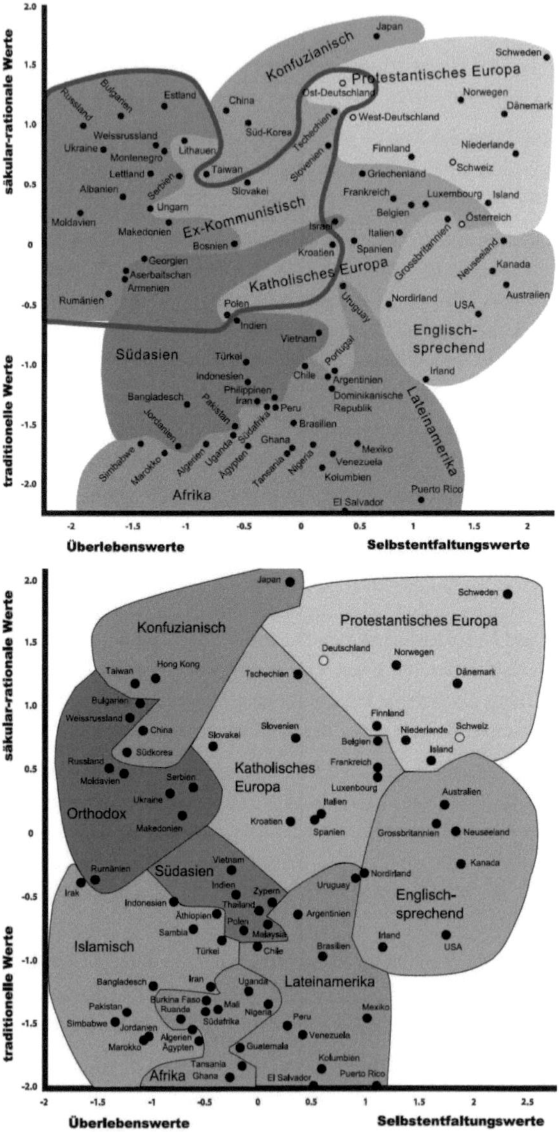

Abbildung 27: Kulturweltkarten von 2005 und 2010 im Vergleich. (Quelle: Nach Inglehart/Welzel (2005), S. 63 und Inglehart/Welzel (2010), S. 554.)

Wie Abbildung 27 zu entnehmen ist, fällt beim Vergleich der Jahre 2005 und 2010 insbesondere die Eingrenzung der als ex-kommunistisch/orthodox gekennzeichneten Länder sowie der Bedeutungszuwachs islamistischer Staaten auf, welche nun einen eigenen Cluster bilden und gegenüber anderen afrikanischen und asiatischen Ländern abgegrenzt werden.

3.3.3.3 Kritische Würdigung

Anhand der Lebensraum-bezogenen Abgrenzung des Untersuchungsobjekts unterscheidet sich diese Studie stark von den anderen hier betrachteten. Der Fokus auf die Unternehmenstätigkeit und das Unternehmensumfeld ist im Sinne des Arbeitsumfeldes nur einer von vielen Bereichen, der untersucht wird. Angestrebt wird hingegen eine möglichst breite und tiefe Analyse landeskultureller Unterschiede auf volkswirtschaftlicher und individueller Ebene. Besonders positiv ist zudem die Transparenz bezüglich der Daten und der Erhebungsmethodik in den einzelnen Ländern anzumerken. Informationen darüber, wie der Fragebogen zusammengestellt wurde und welche Theorien berücksichtig wurden, sind hingegen nicht bekannt.

Hingegen liegt mit der WVS eine der wenigen Langzeitstudien vor, mit welcher sich Erkenntnisse über (landes-)kulturelle Veränderungen erzielen lassen. Die Kernaussage der WVS liegt damit in der Verifizierung der theoretischen Annahme, dass kulturelle Werte veränderbar sind.[476]

Im Rahmen der hier vorliegenden Forschungsarbeit lassen sich folgende Kritikpunkte anführen:

- Der Fokus der Erhebung liegt auf volkswirtschaftlichen und gesellschaftlichen Gesamtbetrachtungen.
- Die Erhebungsstichprobe umfasst nicht nur arbeitende Menschen, sondern alle Personen, die älter als 17 Jahre sind.
- Unternehmenskulturelle Fragestellungen werden nicht oder nur indirekt durch die Betrachtung des Arbeitsumfeldes untersucht.
- Die Durchführung der Erhebung ist nicht systematisch aufgearbeitet.

3.3.4 Die GLOBE-Studie

3.3.4.1 Die Studie und ihr Kulturverständnis

Die GLOBE-Studie ist darauf ausgelegt, kulturelle Wertvorstellungen und Praktiken von Managern auf mittlerer Leitungsebene zu untersuchen. Die Untersuchung wurde in der Lebensmittelverarbeitung, bei Finanzdienstleistern und in der Telekommunikationsbrache durchgeführt, da diese in den meisten Ländern vorhanden sind. Die Befragung erfolgte auf Basis eines theoretischen Modells unter Einbezug von Interviews, Fragebogenerhebungen, Beobachtungen und öffentlich zugänglichen Informationen. Als Zeitraum der Erhebung wird 1995 bis

[476] Siehe hierzu die Diskussion in den Kapiteln 3.1.1, 3.3.1 und 3.4.

1997 angegeben. Die Analyse erfolgt auf vier Ebenen: Individuum, Organisation, Industrie (Branche) und Länder.[477]

Die Studie besteht aus drei Phasen: Die erste Phase (1993-1994) umfasst die Ermittlung von Landeskulturdimensionen und Führungsdimensionen durch Pilotstudien. Die Landeskulturdimensionen werden in der zweiten Phase (1994-1997) in 62 Ländern erhoben. Über ein Hypothesenmodell wird ihr Einfluss auf die Führungsdimensionen und der Bezug zu einigen Landeskennzahlen getestet.[478] Die Hypothesen basieren insbesondere auf den Aussagen der WVS.[479] Die bisher nicht abgeschlossene dritte Phase der GLOBE-Studie befasst sich mit dem Einfluss von Führungskräften auf die Leistung der Mitarbeiter. Des Weiteren wird untersucht, inwiefern die Beziehung zwischen Organisationseffizienz und Organisationspraktiken durch die Landeskultur beeinflusst wird.

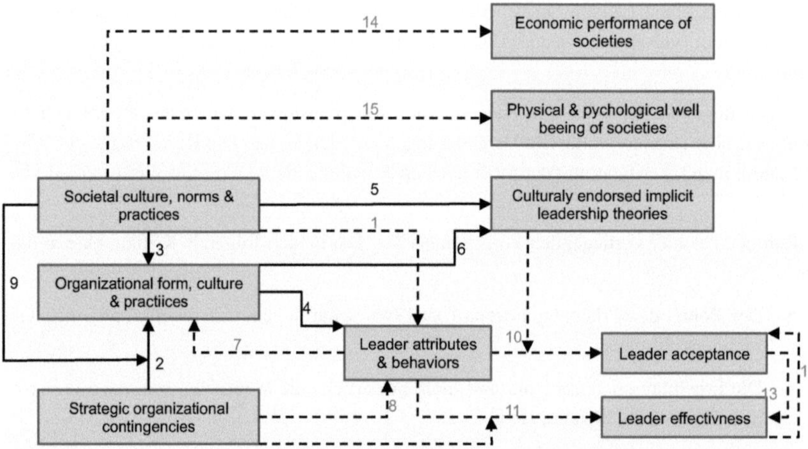

Abbildung 28: Theoretisches Modell zur Bildung der Hypothesen bei der GLOBE-Studie. (Quelle: In Anlehnung an House/Javidan (2004), S. 18.)

Entsprechend der Definition nach HOUSE ET AL. wird bezüglich des Kulturverständnisses zwischen Ist- und Soll-Angaben unterschieden. Diese stehen für Handlungen (wie die Dinge tatsächlich sind bzw. gehandhabt werden) und für die jeweiligen Wertvorstellungen (wie die Dinge sein sollten bzw. gehandhabt werden sollten).[480] Es wird angenommen, dass diese beiden Kulturebenen für alle Subkulturen gleichermaßen gültig sind, ihre tatsächliche Bedeutung jedoch durch die Empirie geprüft werden muss.[481] Dennoch wird bezüglich der Ausprägungen unterschieden, ob sich die Handlungen bzw. Werte auf Organisationen (hier Unternehmen)

[477] Vgl. House/Javidan (2004), S. 9f.

[478] Das Hypothesenmodell ist bei House/Javidan (2004), S. 18 beschrieben.

[479] Vgl. Gupta/Luque/House (2004), S. 163ff.

[480] Vgl. hierzu die Diskussion der einzelnen Definitionen in Kapitel 3.1.1.

[481] Vgl. Dickson/BeShears/Gupta (2004), S. 75. In der GLOBE-Studie wird schließlich nachgewiesen, dass Werte und Handlungen zur Differenzierung von Gesellschaften und Unternehmen geeignet sind, ihre Ausprägungen aber in Zusammenhang miteinander stehen und die Dimensionen für beide Kulturebenen bestätigt werden können. Siehe hierzu ausführlich Hanges/Dickson (2004), S. 122ff.

oder Gesellschaften bzw. Landesbevölkerungen[482] beziehen. Diese Differenzierung zwischen Wertvorstellungen und Handlungen spiegelt sich auch im der Studie zugrunde liegenden Theoriemodell wieder (siehe Abbildung 28).

Zur Herleitung der theoretischen Aussagen verwenden HOUSE ET AL. eine integrierende Theorie.[483] Diese basiert maßgeblich auf der Implicit Leadership Theory[484], der Value Belief Theory[485] sowie der Implicit Motivation Theory[486]. Folgende Aussagen sind für diese Forschungsarbeit von besonderer Relevanz:

(2) Das Führungsverhalten (Leadership) beeinflusst die Organisation, die Kultur und das Verhalten von Unternehmen.

(3) (Landes-)kulturelle Werte und Handlungen einer Gesellschaft beeinflussen die Unternehmenskultur und -handlungen.

(4) Unternehmenskulturelle Werte und Handlungen beeinflussen das Verhalten von Führungskräften.

(5) Landeskulturelle Werte und Handlungen beeinflussen den Annahmeprozess einheitlicher und impliziter Führungstheorien.

(6) Unternehmenskulturelle Werte und Handlungen beeinflussen den Annahmeprozess einheitlicher und impliziter Führungstheorien.

(9) Die Verbindung zwischen organisationaler Kontingenz (Größe, Umwelt, Technologie) und Unternehmensform, -kultur und -handlungen werden durch die Kultur beeinflusst.

Diese Aussagen stellen insbesondere einen theoretischen Bezug zwischen Unternehmens- und Landeskultur her. Die anderen Aussagen beziehen sich entweder auf die Art bzw. Ausprägung der Führung oder auf die Wettbewerbsfähigkeit. Der im Rahmen der Studie untersuchte Einfluss von Landes- und anderen Subkulturen auf die Unternehmenskultur wird durch Einbezug der Social-Network-Theorie, des Resource-Dependency-Ansatzes und des maßgeblich im Rahmen des Neo-Institutionalismus behandelten Konstrukts der Isomorphie erklärt.[487] Aufgrundlage dieser Theorien und mit einer Fokussierung auf die Beziehung zwischen Unternehmens- und Landeskultur werden in der GLOBE-Studie folgende Hypothesen formuliert, wobei die Unternehmenskultur auf den Teil der Handlungen beschränkt ist:[488]

---

[482] House et al. (2004) sprechen im Original von „societal culture“. Im Sinne der Diskussion zur Abgrenzbarkeit von Subkulturen (siehe Kapitel 3.1.2) soll hierdurch zum Ausdruck gebracht werden, dass sich Gesellschaften nicht zwingend durch nationale Grenzen bestimmen lassen. Im weiteren Verlauf orientieren sich aber auch HOUSE ET AL. der Einfachheit halber an Landesgrenzen als wesentlichem Begrenzungsfaktor gesellschaftlicher Gruppen. In diesem Sinne wird im Folgenden die Übersetzung „Landeskultur“ benutzt. Siehe hierzu auch House/Javidan (2004), S. 22f.

[483] Vgl. House/Javidan (2004), S. 16f.

[484] Siehe hierzu Dorfman/Hanges/Brodbeck (2004) und Lord/Maher (1991). Im Rahmen der GLOBE-Studie wurde diese Theorie zu einer kulturbedingten impliziten Führungstheorie erweitert. Siehe hierzu House/Javidan (2004), S. 16f.

[485] Siehe Hofstede (2001) und Triandis (1995).

[486] Nach McClelland (1985); McClelland (1961) und McClelland et al. (1953).

[487] Für den theoretischen Hintergrund siehe insbesondere Dickson/BeShears/Gupta (2004), S. 74ff. Siehe auch die Erläuterungen zur Beziehung zwischen Landes- und Unternehmenskultur in Kapitel 3.4.2.

[488] Siehe für eine Beschreibung der Hypothesen Brodbeck et al. (2004), S. 656ff.

1. Das soziale System (Gesellschaft) hat einen signifikanten Einfluss auf die Unternehmenskultur.
2. Der Industriesektor hat einen signifikanten Einfluss auf die Unternehmenskultur.
3. Es besteht ein signifikanter Einfluss des durch das soziale System beeinflussten Industriesektors auf die Unternehmenskultur.
4. Der Einfluss des durch das soziale System beeinflussten Industriesektors auf die Unternehmenskultur ist eine Funktion der isomorphen sozialen Werte.

3.3.4.2 Kulturdimensionen und zentrale Ergebnisse der GLOBE-Studie

In der GLOBE-Studie werden folgende Dimensionen aus der Theorie abgeleitet, um kulturelle Eigenheiten von (Sub-)Kulturen unterscheiden zu können:

- *Unsicherheitsvermeidung (US)* beschreibt das Ausmaß, in welchem Angehörige einer Kultur Unsicherheiten vermeiden möchten und sich auf bestehende Normen, Regeln und Rituale verlassen. Personen mit ausgeprägtem Unsicherheitsvermeidungsstreben fürchten sich vor einer unbekannten Zukunft bzw. vor Situationen, die sie nicht beherrschen oder beeinflussen können. Solche Situationen versuchen sie zu vermeiden.
- *Machtdistanz (MD)* drückt die Zustimmung zur Konzentration der Macht auf höheren (Entscheidungs-)Ebenen in Unternehmen oder der Gesellschaft aus. Bei einer hohen Machtdistanz haben die jeweiligen Entscheider ein hohes Ansehen in der entsprechenden sozialen Gruppe.
- *Institutioneller Kollektivismus (Kollektivismus 1; K1)* gibt das Ausmaß an, wie weit Unternehmen und gesellschaftliche Institutionen eine gemeinschaftliche Verteilung von Ressourcen und gemeinschaftliche Handlungsweisen fördern und belohnen.
- *Gruppenkollektivismus (Kollektivismus 2; K2)* gibt an, zu welchem Grad sich Personen mit ihren Gruppen (Unternehmen, Familie) identifizieren und stolz darauf sind, Teil dieser Gruppe zu sein.
- *Geschlechtergleichheit (GE)* beschreibt das Ausmaß, in welchem ein Unternehmen oder eine Gesellschaft tatsächlich Differenzen der Geschlechterrollen im Verhältnis zum formulierten Ziel der Gleichstellung zu reduzieren versucht.
- *Bestimmtheit (BH)* beschreibt die Intensität von Selbstbewusstsein und Aggressivität, mit der ein Mitglied einer kulturellen Gruppe anderen gegenüber auftritt.
- *Zukunftsorientierung (ZO)* beschreibt die Bedeutung zukunftsgerichteten Verhaltens wie Planung, Zukunftsinvestitionen oder Förderung des Allgemeinwohls.
- *Leistungsorientierung (LO)* beschreibt den Grad der Bedeutung und Belohnung von Exzellenz, Leistungsbereitschaft und -steigerungen.
- *Humanorientierung (HO)* beschreibt die Bedeutung von Fairness, Uneigennutz, Freundlichkeit, Großzügigkeit oder Fürsorge gegenüber anderen Mitgliedern einer Gesellschaft bzw. eines Unternehmens.

Die ersten sechs Dimensionen basieren auf der Studie von HOFSTEDES. Dabei sind die ersten drei Dimensionen identisch. Unterschiede gibt es bezüglich des Individualismus/Kollektivismus und der Maskulinität: Auf Basis der Ergebnisse aus einer Faktoranalyse wird eine Unterscheidung zwischen institutionellem Kollektivismus (z.B. staatliche Rahmenbedingungen wie Gesetze oder Sozialprogramm) und Gruppenkollektivismus (gesellschaftlich/familiäres Umfeld) getroffen. Der Gruppenkollektivismus ist theoretisch fundiert, während der institutionelle Kollektivismus ein Ergebnis der Datenanalyse ist.[489] Aus HOFSTEDES Dimension der Maskulinität werden in der GLOBE-Studie die zwei Dimensionen Geschlechtergleichheit und Bestimmtheit abgeleitet. Die Begründung liegt in der Verwendung anderer Indikatoren, welche die Ausprägung greifbarer gestalten und das Entstehen multipler Konstrukte verhindern.[490]

Darüber hinaus wird es mit Verweis auf KLUCKHOHN/STRODTBECK als notwendig erachtet, zeitliche Veränderungen zu berücksichtigen.[491] Zudem dienen die Erkenntnisse dieser Autoren als Grundlage für die Humanorientierung. Dagegen wird die Leistungsorientierung von MCCLELLAND abgeleitet, jedoch im Unterschied zu diesem anders gemessen. Die Unsicherheitsvermeidung basiert auf den Untersuchungen aus dem Bereich des Organizational Behaviour, maßgeblich geprägt durch CYERT/MARCH.[492]

Zur Beschreibung des Führungsverhaltens werden folgende globale Führungsdimensionen durch eine Analyse von 65 Verhaltens- und Merkmalsbeschreibungen bzw. 21 primären Führungsdimensionen abgeleitet: Charisma, Teamorientierung, Partizipativität, Humanorientierung, Autonomieorientierung und Defensivität.

Grundsätzlich werden anhand der Kulturdimensionen weltweit zehn gesellschaftliche Cluster abgegrenzt:[493] Osteuropa, germanisches Europa, Lateineuropa, Nordeuropa, Lateinamerika, Angelsachsen, Konfuzianisches Asien, Südasien, Mittlerer Osten und Schwarzafrika. Dabei ist auffällig, dass die Mehrzahl der untersuchten Länder eine hohe Machtdistanz in ihren Handlungen aufweisen. Bezüglich Handlungen und Werten gibt es insbesondere bei der Bestimmtheit eine Auffälligkeit: Sind die untersuchten Ländern bezogen auf Handlungen sehr eng bei einander (Delta von 1,58) unterscheiden sie sich bei den Wertvorstellungen bei der Bestimmtheit von allen neun Dimensionen am meisten (2,90). Ein genau umgekehrtes Ergebnis ergibt sich bezüglich des Gruppenkollektivismus. Des Weiteren fallen bis auf die Ausnahmen Machtdistanz und Bestimmtheit die Mittelwerte für Wertvorstellungen generell höher aus, als jene für die Handlungen.[494]

Die Beobachtungen bezüglich der Unternehmenskultur finden sich bei der Landeskultur wieder. Es besteht aber bei der Landeskultur ein weitaus größerer Unterschied zwischen Wert-

[489] Vgl. House/Javidan (2004), S. 13. Die theoretische Fundierung basiert auf Triandis (1995).
[490] Vgl. Emrich/Denmark/Den Hartog (2004), S. 343ff. und House/Javidan (2004), S. 13.
[491] Vgl. House/Javidan (2004), S. 13 i.V.m. Kluckhohn/Strodtbeck (1961). Wie oben beschrieben, wurde eine entsprechende Dimension von HOFSTEDE bei seiner zweiten Studie ebenfalls hinzugefügt. Von HOUSE/JAVIDAN werden Zweifel an der Grundlage der Zeitdimension nach HOFSTEDE (konfuzianische Arbeitsdynamik) angebracht. Vgl. hierzu House/Javidan (2004), S. 13.
[492] Vgl. House/Javidan (2004), S. 13; Cyert/March (1963) und McClelland (1961).
[493] Zu den Unterschieden zwischen den einzelnen Clustern siehe im Detail Javidan/House/Dorfman (2004), S. 32ff.
[494] Vgl. Javidan/House/Dorfman (2004), S. 30ff.

vorstellungen und Handlungen, als dies bei der Unternehmenskultur der Fall ist.[495] Bezogen auf die oben formulierten Hypothesen ist von einer erheblichen Beeinflussung der Unternehmenskultur (beschränkt auf die Handlungen) durch gesellschaftliche Werte und Handlungen in den einzelnen Ländern auszugehen.[496] Das Ergebnis konnte für alle neun Kulturdimensionen validiert werden. Hingegen konnte der Einfluss der Branche auf die Unternehmenskultur mit Ausnahme der Dimension Geschlechtergleichheit nicht belegt werden. Teilweise signifikante Korrelationen konnten für kulturspezifische Branchen gefunden werden, wobei sich der Einfluss auf die Dimensionen Bestimmtheit, Geschlechtergleichheit, Machtdistanz und Unsicherheitsvermeidung beschränkt.[497]

Bezüglich des Führungsverhaltens und den Bezug zu Werten und Handlungen in Gesellschaft und Unternehmen wurden neun primäre Führungsdimensionen identifiziert, die kulturelle Unabhängigkeit aufweisen. Folglich sind die globalen Führungsdimensionen Charisma und Teamorientierung als kulturunabhängig und die Effektivität der Führung fördernd eingestuft worden. Die anderen globalen Führungsdimensionen sind dagegen kulturell abhängig.[498] Es ergeben sich für die einzelnen Kulturen und Kulturcluster eigene kulturbedingte Führungsstilprofile. Diese werden insbesondere durch die Werte in der Gesellschaft und im Unternehmen beeinflusst, nicht jedoch durch die Handlungen.[499]

3.3.4.3 Kritische Würdigung der GLOBE-Studie

Mit 59 Ländern ist die GLOBE-Studie eine der umfangreichsten Studien die bisher durchgeführt wurden und reiht sich in die großen kulturvergleichenden Studien von HOFSTEDE oder SCHWARTZ ein. In einigen Regionen wird die klassische Abgrenzung anhand der Landesgrenzen durch kulturelle Gruppierungen ersetzt (z.B. Deutschland, Schweiz oder Süd-Afrika). Auch die Berücksichtigung der Branchenkultur als eine Subkultur ist positiv zu vermerken. Durch die Beschränkung auf das mittlere Management kann auch dieses als eine professionsbezogene Subkultur im Unternehmen betrachtet und entsprechend analysiert werden. Auch das getrennte Erfassen von Wertvorstellungen und Handlungen stellt eine Weiterentwicklung in der kulturvergleichenden Forschung dar.[500]

Die Beschränkung auf das mittleren Managements und die Berücksichtigung von lediglich drei Branchen stellt die Generalisierbarkeit auf ganze Kulturgruppen und eine Verallgemeinerung für andere Wirtschaftszweige in Frage. Zwar wird darauf hingewiesen, dass keine signifikanten Unterschiede zu den jeweiligen gesellschaftlichen Gruppen aufgetreten sind.[501] Jedoch sprechen die geringe Korrelationen zu anderen Studien von HOFSTEDE oder MCCLEL-

[495] Vgl. Javidan/House/Dorfman (2004), S. 37.
[496] Eine Überprüfung des Einflusses auf gesellschaftliche Wertvorstellungen wurde nicht durchgeführt.
[497] Vgl. Brodbeck et al. (2004), S. 659ff.
[498] Vgl. Dorfman/Hanges/Brodbeck (2004), S. 678f.
[499] Vgl. Dorfman/Hanges/Brodbeck (2004), S. 700ff. Aufgrund des Fallstudienobjektes werden die spezifischen dimensionsbezogenen Ergebnisse in Kapitel 4.2.1.1 für die Kulturcluster Osteuropa und Germanisches Europa näher beschrieben.
[500] Vgl. Kutschker/Schmid (2008), S. 761ff. Siehe auch die kritische Auseinandersetzung zwischen Hofstede (2006) und Javidan et al. (2006).
[501] Siehe Gupta/Luque/House (2004), S. 152ff. und House/Javidan (2004), S. 20.

LAND und die in allen Clustern extrem hoch ausgeprägte Leistungsorientierung gegen eine Generalisierbarkeit.[502]

Auch wenn aus Sicht des Kulturvergleichs der immense Umfang an Kulturen (62 aus 59 Ländern), die Anzahl der befragten Unternehmen (ca. 1.000) und der Einbezug mehrerer Branchen (3) positiv gegenüber anderen Studien hervorzuheben ist, fordern Kulturwissenschaftler die Fokussierung auf wenige Länder, um die einzelnen Kulturen tiefer analysieren zu können.[503] Dem sind HOUSE ET AL. nachgekommen, indem sie 25 Kulturen auf Basis ihrer großzahligen Studie qualitativ tiefgreifend bezüglich kultureller Besonderheiten analysiert haben.[504] Auch durch die Konzeption der Durchführung der originären Studie (Einsatz interkulturell besetzter Teams bei der Fragebogenentwicklung, die Trennung unterschiedlicher Kulturebenen und die Einbindung von mehr als 170 Forschern aus unterschiedlichen Regionen) hat einen Beitrag zur Weiterentwicklung des wissenschaftlichen Anspruchs an die Genauigkeit und Transsubjektivität kulturvergleichender Studien geleistet.[505]

Mit Bezug auf die Forschungsfrage dieser Forschungsarbeit sind bei der GLOBE-Studie folgende Forschungspotenziale zu identifizieren:

- Die Wirkung der Landeskultur auf die Unternehmenskultur wird nicht auf Ebene der Werte untersucht. Auch wenn die Datengrundlage hierfür vorhanden wäre, fehlen hierzu explizite Aussagen durch die Fokussierung auf kulturelle Handlungen in Unternehmen und das Führungsverhalten.
- Inwiefern eine Beeinflussung landeskultureller Wertvorstellungen durch die Zugehörigkeit zu einem Unternehmen und dem Einfluss durch die Unternehmenskultur auf das Individuum vorliegt, wird nur mit Bezug auf die Führungsdimensionen, nicht jedoch mit Bezug zu landeskulturellen Wertvorstellungen und Handlungen untersucht.
- Das Forschungsdesign gibt vor, dass die prägende Landeskultur der Mitarbeit gleich der des Unternehmensumfelds ist. Manager mit einem von dem Unternehmen differierendem landeskulturellen Hintergrund werden nicht untersucht.
- Außer der Lebensmittelbranche wird keine traditionelle Branche produzierender Industrien betrachtet. Auch wenn der Einfluss der Branchenkultur in der GLOBE-Studie relativiert wurde, konnte kein Nachweis für eine Nichtbeeinflussung erbracht werden.
- Die Kritik, dass einzig das mittlere Management untersucht wird, gilt auch für die GLOBE-Studie. Insbesondere die Übertragbarkeit der Ergebnisse auf Mitarbeiter einer unteren Hierarchieebene oder auf andere Professionen, bei denen die Mitarbeiter stärker in ihr gesellschaftlich-kulturelles Umfeld eingebunden sind, ist fraglich.

3.3.5 Weitere kulturvergleichende Studien

Als eine der ersten Studien im Kulturbereich ist jene von KLUCKHOHN/STRODTBECK anzuführen, welche sich jedoch nur auf eine Subkultur der USA beschränkt und keinen kulturverglei-

[502] Vgl. Kutschker/Schmid (2008), S. 760.
[503] Siehe z.B. Smith (2006), S. 920.
[504] Chhokar/Brodbeck/House (2008).
[505] Vgl. Kutschker/Schmid (2008), S. 761f. und Earley (2006).

chenden Charakter hat.[506] Dennoch dienen die von ihnen identifizierten Kulturdimensionen als Grundlage oder Ausgangspunkt vieler weiterer Untersuchungen.

Neben den oben genannten und in Bezug zu dieser Arbeit bedeutendsten Studien gibt es noch eine Vielzahl weiterer kulturvergleichender Studien. Zu den bekanntesten gehören jene von HALL, TROMPENAARS, DÜLFER und SCHWARTZ.

Die aus zahlreichen Untersuchungen und aus der Beratungstätigkeit gewonnenen Erkenntnisse HALLS konzentrieren sich auf die Kommunikation als Kulturmerkmal. Dementsprechend definiert er seine Kulturdimensionen als Kontextorientierung, Raumorientierung, Zeitorientierung und Informationsgeschwindigkeit.[507] Bis heute dienen die Erkenntnisse HALLS und insbesondere seine Differenzierung in Low- und High-Context-Kulturen als Grundlage der Erforschung kommunikativer Prozesse in und zwischen Kulturen.[508] Der Fokus auf die Kommunikation ist jedoch für die hiesige grundlegende Untersuchung nicht zielführend.

Diese Managementorientierung greift auch TROMPENAARS in seiner Studie auf. Er versucht aufzuzeigen, dass es nicht die eine richtige Art des Managements gibt. Sein Ziel ist unter anderem der Aufbau interkultureller Kompetenzen bei Managern, insbesondere bezüglich des glokalen Optimierungsdilemmas.[509] Maßgeblich ist für ihn das Verhältnis des Menschen zur Zeit, zur Natur und zu anderen Menschen. Hierzu entwickelt TROMPENAARS aus der Theorie sieben Kulturdimensionen, welche er durch seine empirischen Untersuchungen zu verifizieren versucht. Dabei testet er auch aus der Theorie heraus gewonnene Aussagen und Hypothesen. Kritik ergibt sich wie bei der Studie HOFSTEDES bezüglich der Auswahl der Befragten, welche er maßgeblich aus seinen Managementtrainings rekrutiert. Dabei ist fraglich, ob bei den Probanden bereits interkulturelle Kenntnisse vorhanden sein könnten, sodass die Ergebnisse verfälscht wären. Aus wissenschaftlicher Sicht nicht akzeptabel ist hingegen die mangelnde Transparenz über die Herleitung der Dimensionen und deren Operationalisierung. Des Weiteren existiert nur eine knappe Erläuterung der Methodik. Damit scheidet auch diese Studie für die weitere Betrachtung aus.[510]

Prägend für die Untersuchung von DÜLFER ist der Bezug zur Entscheidungsfindung. Es wird untersucht, inwiefern unterschiedliche Ebenen der Kultur die Entscheidung von Managern beeinflussen.[511] Es entsteht ein konzeptioneller Ansatz, welcher nicht-kulturelle Ausprägungen einzelner Länder anhand von Dimensionen miteinander vergleicht. Kulturelle Unterschiede werden als wichtiger Einflussfaktor für die Entscheidungsfindung gesehen. Damit ist der konzeptionelle Ansatz eher zur Betrachtung unternehmerischer Entscheidungsprozesse geeignet als zur Identifizierung kultureller Unterschiede auf Ebene der Wertschöpfung.

Im Gegensatz zu DÜLFER geht SCHWARTZ von einer sehr engen Sichtweise der Kultur aus und beschränkt diese rein auf Werte. Dabei kritisiert er u.a. auch die Studie von KLUCK-

[506] Siehe Kluckhohn/Strodtbeck (1961) und auch Kutschker/Schmid (2008), S. 701ff.
[507] Siehe insbesondere Hall/Hall (1990) und zusammenfassend Kutschker/Schmid (2008), S. 708ff.
[508] Siehe z.B. Broszinsky-Schwabe (2011) oder Holliday (2011).
[509] Vgl. Trompenaars/Woolliams (2004) und Trompenaars/Hampden-Turner (2002).
[510] Vgl. zu diesen und weiteren Kritikpunkten insbesondere Hofstede (1996) und Kutschker/Schmid (2008), S. 738ff sowie die dort angegebene Literatur.
[511] Siehe u.a. Dülfer (1981) und Dülfer/Jöstingmeier (2008). Siehe zusammenfassend Kutschker/Schmid (2008), S. 764ff.

HOHN/STRODTBECK. Die von ihm identifizierten und durch eine großzahlige Erhebung validierten Kulturdimensionen beziehen sich ähnlich der WVS auf eine rein landeskulturelle Abgrenzung. Er geht vom Vorhandensein von Basismerkmalen aus, mit welchen jede Kultur beschrieben werden kann.[512] Dabei berücksichtigt er in keiner Weise explizit nichtlandesspezifische Subkulturen, wie beispielsweise Unternehmen. Durch die fehlende Anschlussfähigkeit an die Unternehmenskultur wird auch dieser Studie keine vertiefende Aufmerksamkeit gewidmet.

Neben diesen breit angelegten kulturvergleichenden Studien ist eine Vielzahl weiterer Erhebungen durchgeführt worden, die entweder einen bestimmten regionalen oder Länderfokus aufweisen oder sich einzelnen Bereichen, beispielsweise dem Zusammenspiel von Kultur und Organisationstrukturen, Managementtechniken oder Personaleinsatz, widmen.[513]

3.4 Veränderung kultureller Wertvorstellungen im Kontext der gegenseitigen Beeinflussung von Unternehmens- und Landeskultur

Wie in den vorhergehenden Kapiteln ersichtlich wurde, ist die Beziehung zwischen Unternehmens- und Landeskultur nach wie vor Gegenstand wissenschaftlicher Diskurse. In diesem Kapitel folgt eine detaillierte Betrachtung dieser Zusammenhänge vor allem unter dem Aspekt der Wandlungsfähigkeit der Kultur. Im Fokus der Wirtschaftswissenschaften liegt hier einzig die Wandlungsfähigkeit der Unternehmenskultur.[514] Der wirtschaftswissenschaftlichen Perspektive folgend, dass die Unternehmenskultur die Hauptkultur darstellt,[515] befassen sich die meisten Aufsätze mit der Beeinflussbarkeit dieser, lassen landeskulturelle Betrachtungen und Veränderungen jedoch außer Acht. Ausgehend von der Angleichung von Kulturen im Sinne der Transkulturalität, erläutert in Kapitel 3.4.1, folgt die Auseinandersetzung über die Beeinflussung beider Subkulturen in Kapitel 3.4.2. Diese bildet die Basis für die Diskussion unterschiedlicher Konzepte zur Veränderung bzw. Wandlungsfähigkeit der Kultur in Kapitel 3.4.3.

3.4.1 Kulturelle Angleichung im Sinne der Transkulturalität

Entgegen der hier ausführlich diskutierten kulturvergleichenden Studien und Ansätze wird in der Wissenschaft auch der transkulturelle Ansatz diskutiert, welcher von einer globalen Angleichung der Kulturen ausgeht.[516] Ähnlich der Differenzierung von Mutter- und Tochtergesellschaften im Internationalen Management stellt die Transkulturalität die höchst mögliche Integration von Kulturen dar. Darüber hinaus wird zwischen einzelnen Kulturen, Interkulturalität und Multikulturalität unterschieden. Die Interkulturalität geht von einem Kontakt unterschiedlicher Kulturgruppen aus, welcher jedoch nicht zu einer Vermischung führt, sondern Konflikte hervorruft.[517] Hingegen beschreibt die Multikulturalität eine friedliche Koexistenz

[512] Siehe insbesondere Schwartz (1992); Schwartz (1994) und Schwartz/Bilsky (1990).
[513] Aufgrund der Ein- bzw. Beschränkungen dieser Studien und dem häufigen Bezug zu den grundlegenden Studien werden diese nicht weiter ausgeführt und berücksichtig. Ein Überblick ist Kutschker/Schmid (2008), S. 779ff zu entnehmen.
[514] Vgl. Erez/Gati (2004), S. 584 i.V.m. Harzing/Hofstede (1996).
[515] Siehe Kapitel 3.1.2.
[516] Siehe hierzu u.a. Drori/Jang/Meyer (2006); Epstein (2009); Erez/Drori (2009); Friedman (2005) und Welsch (1999).
[517] Siehe hierzu Herder (1967) und auch Niedermann (1941).

unterschiedlicher Kulturen in einem gemeinsamen Raum, wobei Akzeptanz für die andere Kultur vorhanden ist, aber keine Übernahme von Werten und Praktiken aus den anderen Kulturbereichen erfolgt. Nach WELSCH sind diese Konzepte anzuzweifeln, da es durch die mannigfaltigen Möglichkeiten einfacher und direkter Kommunikation sowie dem persönlichen Austausch über Kultur- und Landesgrenzen hinweg zu einer Begünstigung kultureller Angleichung kommt.[518]

Wesentlich für das Konzept der Transkulturalität ist die Annahme, dass Kultur und kulturelle Veränderungsprozesse auf individueller Ebene betrachtet werden können. Dies schließt auch eine bewusste oder unbewusste Entscheidungsfreiheit von Individuen über die Ablehnung kultureller Isoliertheit und damit über die Annahme oder Ablehnung fremder kultureller Werte und Handlungen mit ein.[519] Dies eröffnet professionsbezogenen Subkulturen im Unternehmen die Möglichkeit, über die Unternehmensgrenzen hinweg kulturell abgegrenzte, soziale Einheiten bilden zu können, die mit den Tätigkeiten und spezifischen Aufgaben der Mitarbeiter gekoppelt sind. So wird im Internationalen Management den Managern durch vielfältige Auslandsaufenthalte eine gegenüber den lokal gebliebenen sozialen Einheiten des Unternehmens eine dominante professionsbezogene Subkultur zugeschrieben. Wichtig ist bezüglich der Transkulturalität, dass sie kein holistisches Konzept darstellt. Sie bezieht sich auf soziale Einheiten, die nicht durch Institutionen oder formale Regelungen voneinander getrennt sind.[520] Bisher nicht untersucht ist hingegen, inwiefern sich Transkulturalität nur auf bestimmte Kulturebenen beziehen kann, kulturelle Wertvorstellungen und kulturelle Handlungen somit differieren können.

Entsprechend der Auffassung, dass die Veränderung der Kultur langfristig, ungesteuert und evolutionär ist, muss davon ausgegangen werden, dass auch die Bildung transkulturell abgrenzbarer sozialer Einheiten einen langfristigen und evolutionären Charakter hat.[521] Zudem ist HOFSTEDE folgend der Einfluss der unternehmens- und berufsbezogenen Kultur als bedeutender Einzuschätzen, als der Einfluss der Landeskultur. Wie das Zusammenwirken zwischen Unternehmens- und Landeskultur beschrieben werden kann, wird im folgenden Kapitel aufgezeigt.

3.4.2 Die gegenseitige Abhängigkeit von Landes- und Unternehmenskultur

Neben der direkten Beeinflussung und Veränderung der Kultur bzw. kultureller Wertvorstellungen spielt zur Beantwortung der Forschungsfrage auch die Beziehung zwischen Landes- und Unternehmenskultur eine entscheidende Rolle. Insbesondere HOFSTEDE sieht in der Verankerungstiefe[522] der Werte eine Möglichkeit zur Differenzierung, welche durch die unterschiedlichen Betrachtungsebenen von Land und Unternehmen verursacht wird.[523] So dominieren nach seiner Theorie landeskulturell die Werte, während Praktiken eine wichtigere Rol-

---

518 Vgl. Welsch (1999), S. 196; Kincaid/Kincaid (1987), S. 216 und Epstein (2009), S. 329. EPSTEIN spricht hier auch von Globalismus.

519 Vgl. Epstein (2009), S. 349.

520 Unter diese Institutionen fällt neben Organisationsstrukturen auch die gegenseitige Anerkennung von Staaten und deren Landesgrenzen.

521 Vgl. Schein (2010), S. 12ff.

522 Begriff nach SCHREYÖGG; siehe Kapitel 3.2.2.

523 Vgl. Hofstede (2001), S. 391.

le im Unternehmen spielen. Dies basiert auf der Annahme, dass im Land bzw. in den gesellschaftlichen Gruppen durch die längere Zugehörigkeit zum gesellschaftlich/familiären Umfeld, wichtige kulturelle Merkmale und Werte tiefer verankert werden können als dies in der vergleichsweise kurzen Verweildauer im Unternehmen möglich ist.[524]

Welche Rolle die Landeskultur auf nationaler Ebene bei der Beeinflussung der Unternehmenskultur auf Basis eines dynamischen Begriffsverständnisses spielt, wurde in einigen Folgestudien der in Kapitel 3.3 vorgestellten kulturvergleichenden Studien untersucht. Nach SHANE ET AL. korrelieren gesellschaftliche Unterschiede bezüglich Unsicherheitsvermeidung, Machtdistanz und Individualismus mit bevorzugten ‚championing behaviour' in den jeweiligen Ländern. HAYES/PRAKASAM identifizieren die Bedeutung der Machtdistanz bei der Ausgestaltung der Geschäftsbeziehung zwischen Beratern und ihren Kunden.[525] Eine Begründung, warum dies so ist, wird jedoch nicht gegeben.

Durch den theoriebasierten Ansatz der GLOBE-Studie wird eine gute Übersicht über mögliche Erklärungsansätze gegeben, warum die Landeskultur die Unternehmenskultur beeinflussen kann. Als besonders geeignet für die Erklärung der Beeinflussung werden die Cultural Immersion Theorie, die Social Network Theorie, die Resource Dependency Theorie sowie die Institutionentheorie angesehen,.[526]

Der grundlegende Mechanismus bei der *Cultural Immersion Theorie* liegt in der mit der Zeit steigenden Wahrscheinlichkeit der Annahme bestimmter Verhaltensmuster. Es wird davon ausgegangen, dass sich Personen meist in ein und demselben sozialen (kulturellen) Umfeld befinden. Je öfter die dort üblichen und vorgelebten Verhaltensmuster verwendet werden, desto höher ist die Wahrscheinlichkeit, dass sie auch in Zukunft angewandt werden. Aus verhaltenspsychologischer Sicht entsteht ein selbststärkendes Meinungssystem, welches durch Stimuli (dem wiederholten Durchführen bestimmter Verhaltensmuster) zur Akzeptanz der Verhaltensmuster in der sozialen Gruppe führt. Es entsteht somit ein bestimmtes Meinungs- bzw. Wertesystem innerhalb der sozialen Gruppe.[527] Wird ein Unternehmen als soziales und offenes System verstanden, welches von seiner Umwelt abhängt und beeinflusst wird, so ist dieses durch die dort arbeitenden Menschen in ein soziales System eingebunden, in welchem bestimmte Verhaltensmuster auf Basis eines gemeinsam entwickelten Meinungs- und Wertesystem etabliert sind. Nach der Cultural Immersion Theorie ist die Wahrscheinlichkeit sehr groß, dass diese Verhaltensmuster in das Unternehmen hineingetragen werden. Dieser Effekt konnte durch kulturvergleichende Studien belegt werden.[528] Eine besondere Rolle wird hierbei den Gründern bzw. Führungsverantwortlichen zugeschrieben. So suchen sich Gründer bzw. Führungsverantwortliche, die in einer Gesellschaft mit einem bestimmten Wertesystem aufgewachsen sind, zunächst eher Gleichgesinnte, die dieses Wertesystem und die damit einhergehenden Verhaltensmuster ebenfalls verinnerlicht haben. Zudem wird der Gründer bzw.

---

[524] Vgl. Hofstede (2001), S. 391ff. und auch Wilkins/Ouchi (1983), S. 479.

[525] Vgl. Dickson/BeShears/Gupta (2004), S. 76 sowie Hayes/Prakasam (1989) und Shane/Venkataraman/MacMilan (1995). Auch Studien zur Beeinflussung der Unternehmenskultur durch andere Subkulturen sind vorhanden, sind für diese Arbeit jedoch nicht relevant. Siehe hierzu einführend Dickson/BeShears/Gupta (2004), S. 76ff.

[526] Vgl. Dickson/BeShears/Gupta (2004), S. 77ff.

[527] Vgl. Erez/Earley (1993); Hanges/Lord/Dickson (2000) und Lord/Maher (1991).

[528] Vgl. z.B. Jang (1997); Meschi/Roger (1994) oder Schuler/Rogovsky (1998).

Führungsverantwortliche Entscheidungen bezüglich Unternehmensstruktur und -prozessen im Sinne dieses Wertesystems treffen. Dieses Verhalten und damit einhergehend der enge Bezug zwischen Landes- und Unternehmenskultur wird einerseits durch eine Vielzahl von Studien belegt, andererseits erweitert es den Erklärungsansatz zur Unternehmenskultur nach SCHEIN.[529]

Bei der *Social Network Theorie* steht nicht der eigentliche Entstehungsprozess des Wertesystems im Vordergrund, sondern die Einbindung des Unternehmens in das soziale Netzwerk. Die soziale Konstruktion kultureller Wertvorstellungen und Handlungen basiert auf der Interaktion im sozialen Netzwerk. Durch das Erlernen anhand von ‚best practices' und das Kopieren von Verhaltensweisen auf institutioneller Ebene können gemeinsam neue, bessere Lösungen und Verhaltensweisen gefunden werden. Eine solch soziales System, bei welchem die einzelnen Organisationen ein großes Zusammengehörigkeitsgefühl haben, lebt von der Kooperation und vom Teilen des Wissens. Über das Zusammengehörigkeitsgefühl lassen sich beispielsweise die Einflüsse von nicht-gewinnorientierten Unternehmen, wie Umweltschutzverbände, Sozialverbände oder Verbraucherschutzverbände, erklären. Durch die Identifikation mit diesen nicht-gewinnorientierten Unternehmen können Wertvorstellungen und Verhaltensweisen übernommen werden, sodass sich ein Einfluss aus der Umwelt auf die Unternehmenskultur ergibt.[530] Ein weiterer erklärender Ansatz bezieht sich nicht allein auf das Zusammengehörigkeitsgefühl, sondern auf den Zwang, erfolgreiche Verhaltensweise innerhalb eines sozialen Netzwerkes kopieren zu müssen. Der Zwang entsteht durch den Drang zur Nichtverschlechterung der eigenen Situation innerhalb des Netzwerkes bzw. der Vermeidung der Gefahr, aus dem Netzwerk ausgeschlossen zu werden. Es entsteht eine strukturelle Gleichheit, die in der Annahme von gleichen Rollen und gleichem Verhalten resultiert. Auch wenn aufgrund des Wettbewerbs zwischen Unternehmen die Angleichung sicher begrenzt ist, stellt dies einen Erklärungsansatz dar, wie es zu branchentypischen Verhaltensregeln und u.U. Werten kommen kann. Es ist ein Ansatz, mit welchem grundsätzlich die Ausbildung von Subkulturen erklärt werden kann.[531]

Bei der *Resource Dependency Theorie* steht die Abhängigkeit der Manager von ihren Mitarbeitern im Fokus. Durch werthaltige Ressourcen wird diese Abhängigkeit seitens der Manager kontrolliert. Durch diese ressourcenbedingten Anreize entstehen gleiche Verhaltensweisen. Dies lässt sich auch auf die Abhängigkeit von Unternehmen und ihren Lieferanten übertragen. Inwiefern sich hierüber gemeinsame Werte entwickeln, bleibt offen.[532] Was die Erklärungsansätze nicht leisten, ist eine umgekehrte Erklärung, inwiefern die Unternehmenskultur (nicht das Unternehmen und die Handlungen als Ganzes) Auswirkungen auf die Landeskultur haben kann.

Alles in Allem finden sich die den einzelnen Erklärungstheorien eigenen Mechanismen, welche kulturelle Änderungen – insbesondere bei der Unternehmenskultur – bewirken, in der

[529] Vgl. Dickson/BeShears/Gupta (2004), S. 78f. Als Studien werden hier Hanges/Lord/Dickson (2000); Locke (1991); Lord/Brown/Freiberg (1999) und Miller/Kets de Vries/Toulouse (1982) angeführt. Zum Unternehmenskulturkonzept nach SCHEIN siehe Kapitel 3.2.1.

[530] Vgl. Dickson/BeShears/Gupta (2004), S. 79 i.V.m. Ibarra/Andrews (1993) und Levine/Moreland (1990).

[531] Vgl. Dickson/BeShears/Gupta (2004), S. 80. Zur Bildung landeskultureller Subkulturen siehe Berelson/Steiner (1964) oder Doreian (1979).

[532] Vgl. Dickson/BeShears/Gupta (2004), S. 80f.

Institutionentheorie wieder. Durch neuere Ansätze wie dem Neo-Institutionalismus können Erklärungen zur Verbreitung von Wertvorstellungen und Nachahmung von Handlungen in Gruppen unter Einbezug institutioneller Randbedingungen und im Zusammenwirken zwischen den einzelnen Institutionen hergeleitet werden. DICKSON/BESHEARS/GUPTA merken an, dass der Mechanismus des Zusammengehörigkeitsgefühls auf einer anderen Ebene verortet ist, als die Isomorphie als wesentlichem Mechanismus des Neo-Institutionalismus. Im Vergleich zu der Erklärungsweite der Isomorphie und anderer Konstrukte des Neo-Institutionalismus kann die Immersion-Theorie nur ergänzend zu Rate gezogen werden.[533]

Betrachtet man den globalen Hintergrund auch im Sinne der Mutter-Tocheter-Beziehung, so kommt es automatisch zur Frage nach Lösungsmöglichkeiten für das Problem der wechselseitigen Beziehung zwischen Unternehmens- und Landeskultur. Hier stehen sich in den Wirtschaftswissenschaften die Pluralisten und die Universalisten gegenüber. In Anlehnung an PERLMUTTERS polyzentrische Orientierung favorisieren die Pluralisten eine Anpassung der Unternehmenskultur der Tochtergesellschaft an die jeweilige Landeskultur. Dies hat Vorteile bezüglich der Flexibilität und Spezialisierung, während der Koordinationsaufwand deutlich ansteigt. Für die Universalisten ist hingegen die Konvergenz der Unternehmenskultur zur Muttergesellschaft entscheidend, um Identifikation, Loyalität und Vorteile bei der Steuerung erreichen zu können. Wie aus der Debatte um Globalisierungs- vs. Lokalisierungsvorteile bereits bekannt, stehen dem vor allem der Verlust an Spezialisierungsvorteilen sowie hohe Kosten bezüglich der Personalentwicklung gegenüber.[534]

Letztendlich formulieren BLAZEJEWSKI/DOROW für den Zusammenhang zwischen Unternehmenskultur und Landeskultur drei Positionen, welche eine bewusste Harmonisierung der Unternehmenskultur im globalen Kontext in Frage stellen:[535]

- Die Stabilität und Heterogenität nationaler Kulturen stehen der Vereinheitlichung grenzüberschreitender Unternehmenswerte entgegen. Die durch das private bzw. nationale Umfeld vermittelten Wertvorstellungen dominieren gegenüber den unternehmerischen Wertvorstellungen.
- Eine gezielte Beeinflussung bzw. Gestaltung der Unternehmenskultur ist aufgrund der als dominierend angenommen primären Sozialisation der Menschen auch im nationalen Umfeld kaum möglich.
- Es ist fraglich, inwiefern eine Harmonisierung einer Unternehmenskultur im globalen Kontext überhaupt erstrebenswert ist, gilt ein heterogenes Umfeld nach der Diversity-Forschung als wesentlicher Grund für Kreativität und Innovationen.

Von den Autoren wird darauf hingewiesen, dass die Gegenpositionen keinen Widerspruch zum dynamischen Begriffsverständnis der Kultur darstellen. Es wird lediglich die bewusste und zielgerichtete Beeinflussbarkeit ausgeschlossen. Dies bezieht sich insbesondere auf die Wertvorstellungen, da die bewusste Beeinflussung der Handlungsmuster explizit für möglich

[533] Vgl. insbesondere Dickson/BeShears/Gupta (2004), S. 85.
[534] Vgl. Schmidt (2008), S. 123.
[535] Nach Blazejewski/Dorow (2007), S. 11f. Siehe auch eine ähnliche Begründung bei Schmidt (2008), S. 124f.

erklärt wird.[536] In welcher Form Veränderungen der Kultur bzw. von Subkulturen im unternehmerischen und gesellschaftlichen Umfeld möglich ist, wird im folgenden Kapitel näher beschrieben.

3.4.3 Die Besonderheiten kultureller Veränderungen

Gegen den Widerstand des Wandels innerhalb eines Unternehmens werden in der Literatur insbesondere zwei Punkte angeführt:[537] Erstens wird für eine Wandlungsfähigkeit im Unternehmen, was auch die Innovationsfähigkeit einschließt, der Kultur eine besondere Bedeutung zugeschrieben. Wandel muss positiv bewertet werden, was im Umkehrschluss auch eine Offenheit gegenüber anderen Handlungsmustern und Wertvorstellungen impliziert.[538] Der zweite Punkt greift das dynamische Begriffsverständnis der Kultur auf. Es wird postuliert, dass sich die Kultur per se in einem ständigen Fluss der Veränderungen befindet. Dies wird durch ständig neue Probleme und Herausforderungen in der Umwelt der sozialen Einheiten bedingt. Relevant ist das für das Unternehmen als Umwelt der sozialen Einheit, da die unternehmerische Umwelt gegenüber der Gesellschaft und Familie dynamischere Elemente aufweist.[539] Bezüglich der gegenseitigen Beeinflussung ist es somit notwendig, die Ursache für Veränderungsprozesse abzugrenzen, die einzelnen Ebenen in Bezug zueinander zu setzen und die beschriebenen unterschiedlichen Dynamiken verstehen zu können.

Eine grundsätzliche Einordnung zu Veränderungen der Kultur bietet der Ansatz von WILLIAMSON. Dieser unterscheidet fünf Ebenen (Ebene 0 bis 4). Ausgehend von Ebene 0, welche die grundsätzliche Entwicklung des Geistes repräsentiert, kann auf Ebene 1 von Kultur bzw. der Berücksichtigung impliziter Eigenschaften gesprochen werden. Dies umfasst neben informalen Regelsystemen, Bräuchen und Normen auch die Religion und Werte. Diese determinieren schließlich eine Ebene der institutionellen Umgebung, welche durch formelle Regeln bezüglich des Eigentums und Besitz abgegrenzt wird. Die Anwendung und Durchsetzung der formellen Regeln, welche die Verteilung (knapper) Ressourcen ermöglichen, wird in der vierten Ebene beschrieben.[540] Demnach wäre die Kultur im Sinne informaler Regelsysteme und geteilten Glaubens ein beschränkender Faktor für die Entwicklung allgemein gültiger Regelsysteme. Einer rückwärtsgerichteten Beeinflussung übergeordneter Ebenen wird nur bedingt Raum gegeben. Dies liegt nicht zuletzt an den zeitlichen Veränderungsprozessen, welche bei übergeordneten Ebenen weitaus langwieriger sind als die jeweils determinierten Ebenen.[541]

Bei dem hier verwendeten dynamischen Begriffsverständnis wird die Kultur nicht als alleinig bedingender Faktor angesehen. Durch eine Weiterentwicklung des Modells von WILLIAMSON durch JONG wird gezeigt, dass Kultur auf die anderen Ebenen ebenso Einfluss nehmen kann, wie auch jene auf die Kultur (siehe Abbildung 29). Veränderungen kultureller Wertvorstellungen werden somit durch das Durchsetzen formaler Regeln oder durch die Anwendung

---

536 Siehe zum Kulturverständnis von HOFSTEDE insbesondere Kapitel 3.3.2.1.
537 Vgl. Schreyögg (2004), S. 29ff.
538 Vgl. u.a. Deal/Kennedy (1982); Hedberg/Nystrom/Starbuck (1976) oder Kanter (1992).
539 Vgl. u.a. Pascale (1990) und Schoenberger (1998).
540 Vgl. Jong (2009), S. 32f. i.V.m. Williamson (2000).
541 WILLIAMSON spricht hier beispielsweise bei Ebene 1 von 100 bis 1000 Jahren, während formelle Regelsysteme sich innerhalb von 10 bis 100 Jahren verändern können. Vgl. Jong (2009), S. 34.

ökonomischer Prinzipien ermöglicht.[542] Als Grundlage gilt hierfür die Veränderbarkeit von Einstellungen und Werten durch Kommunikation mit anderen Individuen. Insbesondere im Kindesalter, wenn Informationen weit häufiger unbewusst aufgenommen werden, spielt dies eine wichtige Rolle.[543]

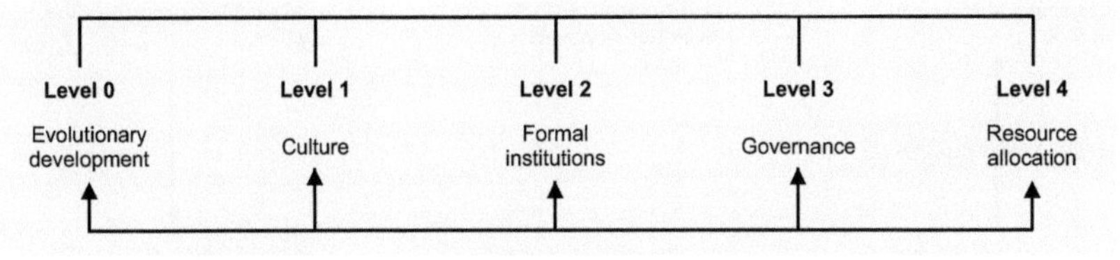

Abbildung 29: Kultur als beeinflusster und beeinflussender Faktor. (Quelle: Nach Jong (2009), S. 35.)

Betrachtet man nun das Unternehmen als oben aufgeführte Institution, so wird in der Literatur der Kommunikation als Ermöglicher der Veränderung bzw. des Wandels[544] der (Unternehmens-)Kultur eine wichtige Rolle zugesprochen. Als Verursacher für die Wandlung von Wertvorstellungen und Handlungsmuster werden unternehmerische Führungspersönlichkeiten (Entrepreneure) und Subkulturen aufgeführt, welche über die Kommunikation ihre Wertvorstellungen ausdrücken und somit beobachtbar sind. SCHEIN oder auch CAMERON/QUINN beschreiben die Vorgaben bzw. das Vorleben dieser Persönlichkeiten als essenziell für die Legitimation der Handlungsmuster für andere Mitarbeiter im Unternehmen.[545]

Die Ausbildung verschiedener Subkulturen in einem Unternehmen wird hingegen auf die unterschiedliche Wertigkeit von Symbolen verschiedener (beruflicher) sozialer Einheiten (Subkulturen)[546] oder die Mehrdeutigkeit von Symbolen und Riten zurückgeführt.[547] Die Mehrdeutigkeit von Symbolen und die damit einhergehende Ausprägung von Subkulturen bildet schließlich die Basis für die Ausbildung von Transkulturalität, wie oben beschrieben.[548] Es wird als erforderlich angesehen, dass für eine Veränderung von Wertvorstellungen bzw. Handlungsmuster das Bewusstsein bei den Individuen der sozialen Einheit erstens für die Probleme und Nachteile aktuell akzeptierter Werte und Handlungen und zweitens für Alternativen vorhanden ist. Darüber hinaus ist es notwendig, dass dieses Bewusstsein bei allen betei-

[542] Vgl. Jong (2009), S. 35f.
[543] Vgl. Jong (2009), S. 35ff.
[544] Entsprechend der hier verwendeten Begriffsbestimmung von Kultur wird nicht von einem direkt steuerbaren Veränderungsprozess mit vorhersagbarem Ergebnis ausgegangen. Dennoch wird in der Fachliteratur eine Diskussion über die ethischen Grundsätze zur bewussten Beeinflussbarkeit von Kultur geführt. Siehe z.B. Schmidt (2008), S. 213ff.; Schreyögg (1991b); Smircich (1983) oder Ulrich (1984).
[545] Siehe u.a. Schein (1983a); Schein (1984b); Schein (1985) und Cameron/Quinn (2006). Siehe hierzu auch den Hinweis zur interkulturellen Kommunikation in Kapitel 3.3.1.
[546] Siehe hierzu Kapitel 3.2.3. Siehe auch Tietel (2004), S. 63ff. i.V.m. Lohmer/Wernz (2000) und Maas/Schüller (1990).
[547] Vgl. Howard-Grenville et al. (2011), S. 524 i.V.m. Kunda (2006); Louis (1983); Martin/Siehl (1983); Martin (2002); Meyerson/Martin (1987); Sackmann (1992); Sackmann (1989); Sackmann (1990) und van Maanen/Barley (1984). Damit ist eine alternative Erklärung zu HOFSTEDES Auffassung gegeben, dass im Unternehmen Praktiken gegenüber Werten dominant sind, während es im gesellschaftlich/familiären Umfeld umgekehrt ist; siehe Kapitel 3.4.2. Gleich ist bei beiden Ansätzen die höhere Dynamik im unternehmerischen Umfeld. Zu den Mustern der Akkulturation zwischen den Subkulturen siehe Trice (1993), S. 222f.
[548] Vgl. Kapitel 3.4.1

ligten Individuen vorhanden ist. Ohne dies ist die Bildung kollektiver Veränderungen nicht möglich.[549]

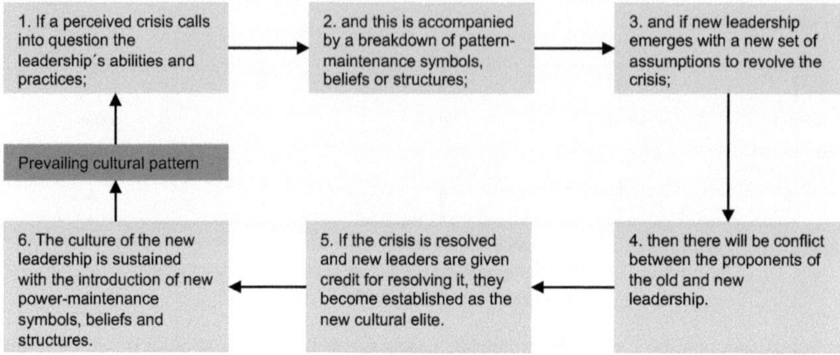

Abbildung 30: Dyers Evolutionsmodell zur kulturellen Veränderung. (Quelle: Nach Dyer (1985), S. 211.)

Neben den Verursachern, Initiatoren bzw. Ermöglichern kultureller Veränderungen sind die danach eintretenden Phasen der Veränderung zu beschreiben. Die bedeutendsten fünf Modelle zur kulturellen Veränderung sind LUNDBERGS Lernzyklusmodell, DYERS Evolutionsmodell, SCHEINS Lebenszyklusmodell, GALIARDIS an den organisationalen Wandel angelehntes Modell und ein auf Mikroprozesse fokussiertes Modell von LEWIN/BEYER/TRICE. Exemplarisch soll hier das Modell von DYER beschrieben werden. In seinem Modell beschreibt er folgende Phasen (siehe Abbildung 30):[550]

- Trotz typischen Verhaltens (das Durchführen von Handlungen auf Basis bisher akzeptierter Werte) kommt es zu Konflikten. Es entsteht eine sogenannten Krise. Die bisherigen Handlungsmuster der Kultur führen jedoch zu keiner Lösung des bestehenden Problems.
- Als direkte Folge ergibt sich ein Misstrauen in die etablierten Handlungsmuster in Form von Normen, Riten und Symbolen. Damit es zu Veränderungen kommen kann, muss an dieser Stelle die oben beschriebene bewusste Beobachtung des Versagens bisheriger kultureller Elemente vorhanden sein.
- Um die Krise und dessen spezifisches Problem dennoch lösen zu können, kommt es zur Ausprägung alternativer Handlungsweisen und Wertvorstellungen. Werden diese Schattenkulturen auch durch eine Zuordnung zu sozialen Einheiten voneinander abgrenzbar, ergeben sich neue Subkulturen, die auf verschiedene Art und Weise mit dem Problem umgehen. Auch eine Umverteilung von Ressourcen im Unternehmen geht hiermit einher. Hieraus resultiert eine Barriere gegenüber dem Wandel, da die Umver-

[549] Vgl. Georg Schreyögg (1991b), S. 211f.; Schmidt (2008), S. 216ff. und Howard-Grenville et al. (2011).
[550] Vgl. Schreyögg (2008), S. 389f. und Dyer (1985).

teilung mit persönlichen Zielen im Konflikt stehen kann, sodass sich Neues schwerer durchsetzen lässt.

- Werden auf Basis neuer Handlungsmuster und Wertvorstellungen dieses Problem oder ähnliche Probleme gelöst und entsteht ein Anreiz zur Nachahmung, werden die neuen Handlungsmuster und Wertvorstellungen in der gesamten sozialen Einheit (Unternehmen) adaptiert. Es entfaltet sich eine neue Kultur mit (zumindest zum Teil) neuen Riten, Symbolen, Praktiken und Werten.

Vergleicht man dieses Modell mit den anderen Modellen zur kulturellen Veränderung, so lassen sich folgende Gemeinsamkeiten identifizieren:

- Die Ursache für die kulturelle Veränderung bildet in der Regel die Wahrnehmung einer Krise oder ähnliche für die soziale Einheit und auch für das Individuum markante und nicht so einfach lösbare Probleme und Herausforderungen.
- Die Initiierung des Veränderungsprozesses erfolgt stets durch starke Führungspersönlichkeiten.
- Eine Konsolidierung erfolgt durch die Wahrnehmung des Nutzens, der durch die Veränderung entsteht.
- Die Vermittlung der Veränderungen erfolgt durch Maßnahmen, die ein Umlernen fördern.

Als Ursache für Veränderungen bei der Unternehmenskultur können im Sinne WILLIAMSON übergeordnete Wandlungen landeskultureller Werte oder gesellschaftlicher Entwicklungen gelten. Landeskulturelle und umweltbedingte Einflüsse auf die Geschäftsbeziehung wurden in einigen Studien untersucht und die Notwendigkeit interkultureller Fähigkeiten aufgezeigt (siehe Abbildung 31).[551] Neben den oben bereits angemerkten Funktionen wie Koordination, Planung oder Kontrolle wird auch auf Auswirkungen auf die Verhandlungsstrategie mit internationalen Geschäftspartnern, das Management des Technologiewandels[552], die Art der Motivation und Führung sowie ethische und soziale Verantwortung des Unternehmens eingegangen.[553] Bezüglich der Koordination definieren BARTLETT/GHOSHAL in diesem Zusammenhang für verschiedene Kulturbereiche unterschiedliche Ausprägungen. So haben sie bei japanischen Unternehmen eine Tendenz zur Zentralisierung beobachtet, welche durch eine gemeinsame Willensbildung geprägt ist. Amerikanischen Unternehmen wird ein intensiver Einsatz der Formalisierung zur Koordination zugesprochen, wogegen die Sozialisation bei europäischen Unternehmen eine hohe Bedeutung hat.[554] Der Landeskultur ist somit eine Beeinflussung unternehmerischen Handelns ebenso zuzusprechen wie auch der Veränderung unternehmenskultureller Elemente im Sinne von Handlungsmustern.

---

[551] Vgl. Phatak/Bhagat/Kashlak (2005), S. 139ff.

[552] Im internationalen Kontext beispielsweise beschrieben durch die Produktlebenszyklustheorie nach VERNON. Siehe Kapitel 2.1.1.2.1.

[553] Vgl. Cavusgil/Knidght/Riesenberger (2008), S. 131f.; Morschett/Schramm-Klein/Zentes (2009), S. 135f. und Rugman/Collinson (2009), S. 132. Im weitern Verlauf der Arbeit spielen diese zusätzlichen Funktionen keine bedeutende Rolle und werden daher nicht weiter diskutiert.

[554] Vgl. Bartlett/Ghoshal (1990), S. 202ff.

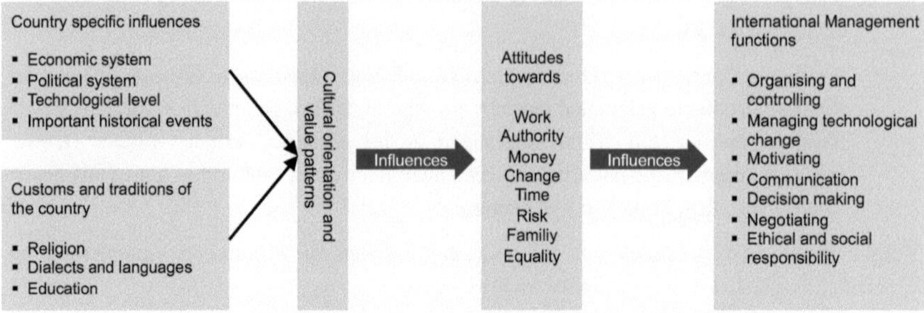

Abbildung 31: Umwelteinflüsse auf das Internationale Management. (Quelle: Nach Phatak/Bhagat/Kahlak 2005, S. 140.)

Ein Transfer der Modelle auf die Gesellschaft bzw. auf Nationen ist aufgrund der weitaus höheren Komplexität formaler und informaler Regeln und der geringeren Dynamik beim Wandel von Werten nicht möglich. Darüber hinaus findet sich in den Modellen keine Erklärungsansatz für das Zustandekommen von Differenzen zwischen einzelnen Subkulturen oder die Annahme neuer Normen und Werte.

Eine Veränderung der Kultur, die nicht durch Krisen (kulturelle Schocks), sondern durch die Verschiedenheit in der Kultur verursacht wird, führen HOWARD-GRENVILLE ET AL. durch den Ansatz von SWIDLER ein. Die eher instrumentale Sichtweise der Kultur führt dazu, dass Kultur in verschiedener Weise verwendet bzw. erlebt wird.[555] Durch gleiche Handlungen in einer sozialen Einheit bzw. in einem Kollektiv entwickelt sich ein gemeinsames Verständnis. Die Etablierung hängt auf individueller Ebene von der Ausstattung mit kultureller Vielseitigkeit ab, welche der sozialen Einheit zur Verfügung steht. Verweisend auf das Modell von WEICK/QUINN wird durch die Überschneidung der kulturellen Ausstattung Stabilität und Konvergenz in den Handlungen und Strategien erreicht.[556]

Relevant ist dieser Ansatz, der sich auf die Veränderung beim Individuum konzentriert, insbesondere dann, wenn ein Veränderungsprozess durch die Isolation vom ursprünglichen Umfeld ermöglicht wird. Hierdurch wird ein reflexives Denken bei den Individuen über die eigenen Handlungen und auch Wertvorstellungen ermöglicht. Durch Erkenntnisse über Differenzen zu anderen Individuen oder sozialen Einheiten und deren alternative Handlungsweisen inklusive der zugrunde liegenden Wertvorstellungen aus der kulturellen Ausstattung ergibt sich die Möglichkeit zum Überdenken der eigenen Wertvorstellungen. Es folgt eine kulturelle Angleichung, welche auf der Legitimation durch andere Gruppen und der Separation vom ursprünglichen Umfeld basiert.[557]

Dieser Ansatz ermöglicht es, kulturelle Veränderungen abseits massiver Auslöser, wie z.B. bedeutende historische Geschehnisse wie Kriege, Staats- und Wirtschaftskrisen oder unter-

[555] Vgl. Swidler (1986).
[556] Vgl. Howard-Grenville et al. (2011), S. 524; Swidler (1986); Swidler (2001) und Weick/Quinn (1999).
[557] Vgl. Howard-Grenville et al. (2011), S. 524f.; Lewin (1947); Turner (1967); Turner (1977); Turner (1982) und Turner (1987).

nehmerische Krisen, erklären zu können.[558] Auch der von SCHEIN, LEWIN oder WEICK/QUINN angesprochene Hauptbeeinflusser bzw. Initiator von außen hat keine dominante Rolle bei der Veränderung kultureller Werte und Handlungen. Bei fehlendem Wissen über das aktuelle Verständnis der kulturellen Wertvorstellungen und Handlungen können Externe den Veränderungsprozess gar blockieren. Auch wenn unbestritten ist, dass kulturelle Impulse von außen für eine Veränderung notwendig sind, wird der eigentliche Veränderungsprozess durch Individuen mit Überblick über die innerhalb der sozialen Einheit bzw. deren Individuen akzeptierbaren kulturellen Wertvorstellungen und Handlungen gefördert bzw. ermöglicht.[559] Dies betrifft den Zugriff auf und das Verständnis von kulturellen Wertvorstellungen bzw. Handlungen, welche das Individuum der sozialen Einheit in sein ‚Repertoire' aufnehmen kann und dies vor allem als legitim empfindet. Der direkte Bezug zu den eigenen Problemen, die durch die Kultur, deren Normen und Riten gelöst werden können, ist das ausschlaggebende Merkmal für die Akzeptanz im täglichen Handeln.[560]

Im Vergleich zu dem exemplarisch vorgestellten Kulturevolutionsmodell nach DYER lassen sich folgende Unterschiede festhalten:

- Verursacher der kulturellen Veränderung sind beobachtbare Unterschiede bezüglich kultureller Handlungsweisen und Wertevorstellung anstatt Krisen in der Umwelt des Betrachters.
- Eine starke externe Führungspersönlichkeit wird nicht vorausgesetzt, um diese Unterschiede erkennen und den Individuen der sozialen Einheit bewusst machen zu können. Dennoch erfordert es zumindest externe Anreize, um ein Eigeninteresse für die Beobachtung von Unterschieden zu generieren und interne Begleiter, die ein Verständnis für die (noch) dominanten Handlungsmuster und Wertvorstellungen haben.
- Die Verbreitung und die Schaffung von Legitimität erfolgt nicht durch Umlernen oder sonstige aktive Maßnahmen, sondern durch Separation vom Alltäglichen und dem Bewusstwerden des Nutzens von alternativen Handlungsmustern und Wertevorstellungen.

Damit eignet sich dieser Ansatz sowohl für die Erklärung kultureller Wandlungen im Unternehmen als auch im gesellschaftlichen bzw. familiären Umfeld. Insbesondere der Aspekt, dass keine gravierenden Krisen für einen Veränderungsprozess für notwendig gehalten werden, erweitert die Erklärungsmöglichkeiten für beobachtbare Veränderungen unabhängig von der subkulturellen Zugehörigkeit.

3.5 Konzeptioneller Bezugsrahmen: Kulturelle Zusammenhänge bei einem international handelnden Unternehmen

Die bis dato hergeleiteten und diskutierten Zusammenhänge zwischen Unternehmenszielen, Unternehmensfunktionen, Unternehmenskultur inklusive der professionsbezogenen Subkultu-

[558] Siehe z.B. Morrill (2008); Schmidt (2008), S. 215ff. oder Dyer (1985).

[559] Siehe als Beispiel die Rolle von Meistern im Rahmen der Ausbildung von Arbeits- bzw. Subkulturen bei Senghaas-Knobloch (2004).

[560] Vgl. Howard-Grenville et al. (2011), S. 528f.; Howard-Grenville et al. (2011), S. 535f. und Schmidt (2008), S. 222f.

ren und Landeskultur spiegeln sich treffend in einem Zitat von BARTLETT/GHOSHAL wider, das sie im Rahmen ihrer Arbeiten zur internationalen Unternehmensführung formuliert haben:

> *„Eine wichtige Lektion haben alle erwähnten Unternehmen gelernt, als sie ihren Weg durch die komplexen Prozesse des strategischen Wandels suchten: Die Fähigkeit eines Unternehmens, neue Strategien zu entwickeln und einzusetzen, hängen von den bereits bestehenden organisatorischen Gegebenheiten ab. Darunter verstehen wir drei Faktoren: die Stärken und Kompetenzen, die das Unternehmen über Jahrzehnte hinweg aufgebaut hat; die Verteilung von Management-Verantwortung und Einflußmöglichkeiten [sic!], die nicht leicht veränderbar sind; die etablierten Beziehungsmuster, die jeden strukturellen Wandel überdauern. In ihrer Gesamtheit bilden diese Attribute die Unternehmenskultur. [...] Die Unternehmen mußten [sic!] – nicht selten durch Versuch und Irrtum – lernen, daß [sic!] diese Hindernisse nur auf Wegen überwunden werden konnten, die der Unternehmenskultur entsprachen. Deshalb mußten [sic!] die Unternehmen ihre eigene Kultur und ihre organisatorischen Fähigkeiten kennenlernen. Nur dann konnten sie sie zu ihrem Vorteil nutzen.“*[561]

Dass der Unternehmenskultur ein bedeutender Einfluss auf die Effizienz unternehmerischen Handelns nicht abzusprechen ist, wurde in dem vorhergehenden Kapitel bereits aufgezeigt. Neben einer Zusammenfassung der Erkenntnisse aus der Betrachtung der kulturellen Elemente, ihrer Beziehung zueinander sowie kultureller Veränderungsmöglichen wird im Kapitel 3.5.1 der Bezug zum Untersuchungsobjekt des international handelnden Unternehmens beschrieben. Die sich hieraus ergebenden Forschungspotenzial und die Implikationen für das weitere Vorgehen zur Beantwortung der Forschungsfrage werden in den Kapiteln 3.5.2 und 3.5.3 beschrieben.

3.5.1 Die Bedeutung internationaler Aktivitäten für die kulturelle Betrachtung unternehmerischen Handelns

Ein effizientes unternehmerisches Handeln ist durch die Unternehmenskultur bedingt. Im Sinne derivater Funktionen ist hierfür sowohl die interne Verankerung der Unternehmenskultur bzw. ihrer Werte und Handlungen als auch die damit einhergehende Notwendigkeit der externen Anpassung entscheidend. Als primäre Funktionen werden hierbei die Integration der Mitglieder in das Unternehmen bzw. deren Identifikation mit den Unternehmenszielen genannt und die Koordination durch soziale Kontrolle beschrieben.

Somit stehen die kulturellen Elemente im Fokus der Betrachtung. Entsprechend HOUSE ET AL. wird der Differenzierung zwischen Werten und Handlungen gefolgt. Die weiteren der Definition eigenen Attribute, beispielsweise jenes der Riten, Normen oder Symbole sind im Wesentlichen der Concepta-Ebene zuzuordnen und damit im Sinne des Forschungsvorhabens wesentliche Elemente, die es im konkreten Fall zu beobachten gilt. Es wird der Prämisse gefolgt, dass diese Elemente auf Wertvorstellungen oder Handlungsmustern basieren. Letztere stellen somit einen anderen Abstraktionsgrad dar, der für die Erklärung der Zusammenhänge notwendig ist.

---

[561] Bartlett/Ghoshal (1990), S. 54.

Wie oben beschrieben, bilden die Subkulturen innerhalb eines Unternehmens die Schnittstelle zur Umwelt und insbesondere zu den dort vorherrschenden Wertvorstellungen und kulturbedingten Handlungen. Gemäß der arbeitskulturellen Betrachtung ist eine Unterscheidung anhand der Professionen zu treffen. Es wird zwischen anleitenden Tätigkeiten (z.B. Manager oder Gruppenleiter), jene die Produktion indirekt unterstützenden Tätigkeiten (z.B. Sachbearbeiter in der Administration), jene die Produktion direkt unterstützenden Tätigkeiten (z.B. Lagerarbeiter) und fertigenden Tätigkeiten im Sinne der Wertschöpfung (z.B. Arbeiter) unterschieden. Grundsätzlich wird der Ansatz SWIDLERS verfolgt, dass es durch beobachtbare Unterschiede zwischen den einzelnen sozialen Einheiten zur Anpassung des unternehmenskulturellen Repertoires an Handlungsmöglichkeiten in Form von Riten oder Normen kommen kann. Dass im Sinne DYERS auch Krisen kulturelle Veränderungen auslösen können, soll nicht explizit ausgeschlossen werden.

Um die Unterschiede zwischen den einzelnen Subkulturen beobachten zu können, werden soziale Einheiten anhand der Profession voneinander abgegrenzt und die Ausprägungen anhand der landeskulturellen Dimensionen nach HOUSE ET AL. beschrieben. Die Anlehnung an die GLOBE-Studie erfolgt im Wesentlichen aus folgenden Gründen:

- Die Erkenntnisse anderer Studien wurden bei der Konzeption und Durchführung der GLOBE-Studie berücksichtigt.
- Die Kulturdimensionen sind sowohl seitens der Theorien als auch seitens der Empirie valide.
- Durch den Einbezug internationaler Experten bei der Konzeption, Erhebung und Auswertung der Studie kann gegenüber den anderen kulturvergleichenden Studien von einer gewissen kulturellen Transsubjektivität ausgegangen werden.
- Die Durchführung und die Ergebnisse der GLOBE-Studie sind transparent und detailliert ausgearbeitet. Es besteht ein direkter Zugriff auf die Unterlagen.
- Die GLOBE-Studie ist die einzige, in der Wertvorstellungen und Handlungen separat betrachtet, erhoben und analysiert werden.

Eine weitere Einschränkung ergibt sich aus der Debatte über die Dominanz von Werten oder Handlungen. Wurden in vielen Fällen, so auch bei der GLOBE-Studie, die Handlungen von Managern in den Vordergrund der Betrachtung gerückt und die Wertvorstellungen als gegeben angenommen, soll im Rahmen dieser Forschungsarbeit der Fokus auf die Wertvorstellungen sozialer Einheiten und deren Veränderbarkeit gelegt werden. Zu begründen ist dies damit, dass Werte die Grundlage für ein gerechtes und legitimes Handeln darstellen. Nicht zuletzt hieraus ist auch die Konjunktivformulierung bei HOUSE ET AL. zur Erhebung der Wertvorstellungen entstanden.

Der Einfluss der Branchenkultur konnte in den bisherigen Studien nicht vollständig ausgeschlossen werden. Durch die in Kapitel 2.3 erfolgte Abgrenzung des Untersuchungsobjekts als international handelndes Unternehmen mit der Fokussierung auf physische Wertschöpfungsaktivitäten wird dieser Einfluss im Rahmen dieser Forschungsarbeit eingeschränkt.

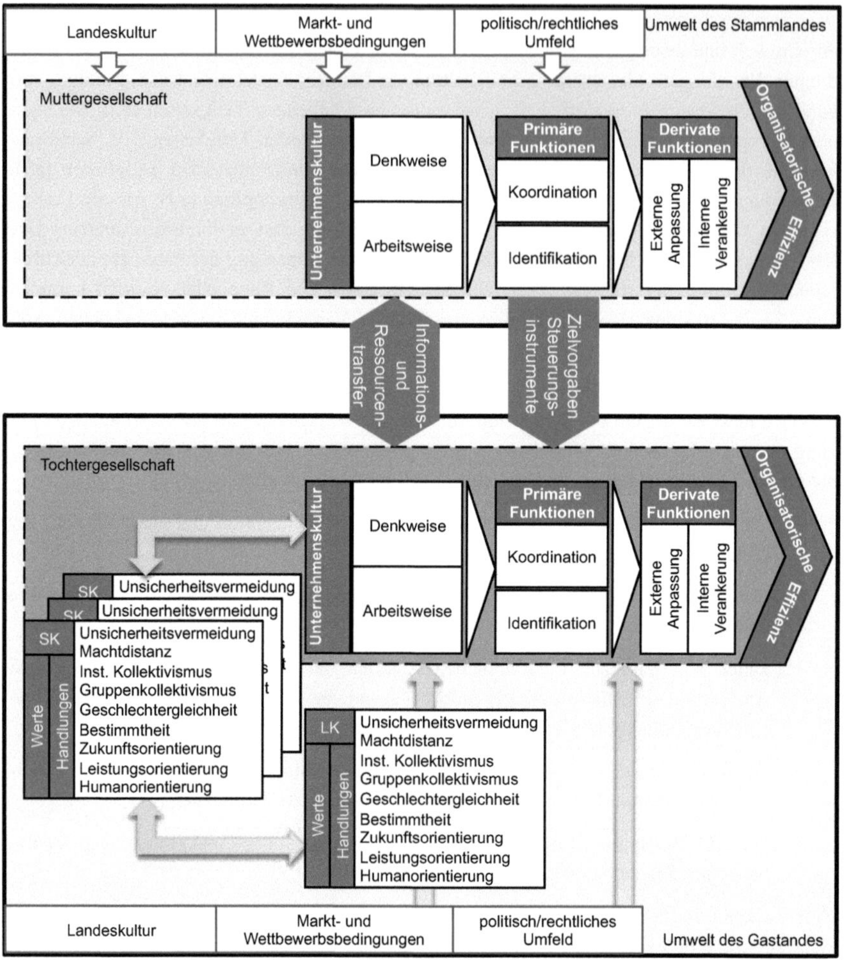

Lengende: LK = Landeskultur; SK = Subkultur

Abbildung 32: Konzeptioneller Bezugsrahmen zur Veränderung kultureller Wertvorstellungen eines international handelnden Unternehmens.

Auf institutioneller Ebene werden im Sinne WILLIAMSONS und JONGS mit der Unterscheidung zwischen Mutter- und Tochtergesellschaft zwei Einheiten untersucht. Da sich die Forschungsfrage auf die kulturelle Veränderung bei Gastlandarbeitern bezieht, wird die Muttergesellschaft als Bestandteil der Umwelt der Tochtergesellschaft bestimmt. Zielvorgaben, strategische Ausrichtung und sonstige Ausprägungen der Mutter-Tochter-Beziehung im Sinne PERLMUTTERS, BHARTLETT/GHOSHALS und FERDOWS transportieren je nach Ausgestaltung auch Denk- und Handlungsmuster, die es per Vorgabe in der Tochtergesellschaft zu verinnerlichen gilt. Mit dem Zwang der Einführung von Produktionssystemen wie Kaizen, JIT oder JIS oder ganzer Philosophien wie Lean Production, Lean Management oder 5S seien nur einige Beispiele genannt. Dabei gilt die Unternehmenskultur der Muttergesellschaft mit ihren eigenen Denk- und Handlungsmustern als gegeben. Grundsätzlich können die Vorgaben der Muttergesellschaft als Auslöser von Krisen interpretiert werden. Auch der zweite, oben aufgeführte Auslöser für kulturellen Wandel, die Differenzen in den sozialen Einheiten der Subkulturen, entsteht beispielsweise durch die Entsendung von Führungskräften oder durch einen die Gesellschaften übergreifenden Austausch auf Professionsebene. Der Bezugsrahmen ist in Abbildung 32 zusammengefasst.

3.5.2 Beschreibung des Forschungspotenzials zur Veränderung kultureller Wertvorstellungen in international handelnden Unternehmen

Wie die vorhergehenden Kapitel gezeigt haben, sind insbesondere durch die grundlegenden Arbeiten von SMIRCICH, SCHEIN, HOFSTEDE oder HOUSE ET AL. viele Fragestellungen bezüglich des Zusammenhangs zwischen Unternehmens- und Landeskultur einerseits und deren Auswirkung auf die organisatorische Effizienz andererseits in der Theorie aufgearbeitet. Dennoch ergeben sich aus Sicht der hier verfolgten Forschungsfrage folgende Forschungsbedarfe:

- *Mangelnde Berücksichtigung von Wertvorstellungen:* Die Theorie zur Kultur und insbesondere zur Unternehmenskultur weist auf die grundsätzliche Trennung zwischen beobachtbaren (Handlungen) und nicht beobachtbaren Elemente (Werte) hin. Dennoch werden insbesondere Auswirkungen auf Handlungen im Unternehmen auf Basis kultureller Wertvorstellungen behandelt. Nur selten ist die Veränderung von Wertvorstellungen Gegenstand der Betrachtung. Insbesondere die kulturvergleichenden Studien verzichten auf eine differenzierende Betrachtung. Als Ausnahme ist die GLOBE-Studie anzuführen. Bei genauer Betrachtung des Hypothesenmodells wird auch hier ersichtlich, dass Wertvorstellungen als verursachende Variable gesehen werden. Wie oben geschildert, wird zudem nicht HOFSTEDES Modell gefolgt, nach welchem Praktiken gegenüber Werten im Unternehmen dominieren. Im Gegensatz hierzu wird in dieser Forschungsarbeit die Auffassung vertreten, dass auch im Unternehmen die Handlungen auf Basis spezifischer Werte getroffen werden und diese im Unternehmen bzw. in den jeweiligen Subkulturen einen gleichen Stellenwert einnehmen.
- *Fehlende Betrachtung kultureller Veränderungen oder Unterschiede auf der Ebene ausführender Tätigkeiten:* Im Mittelpunkt oben dargestellter Theorien und Studien stehen insbesondere die Führung der Mitarbeiter im internationalen Kontext sowie das Management international handelnder Unternehmen im Vordergrund der Betrachtung. Die hieraus abgeleiteten Handlungsempfehlungen und Steuerungsinstrumente sind hergeleitet worden, ohne die Profession der direkt wertschöpfenden Mitarbeiter zu berücksichtigen. Da die internationale Wertschöpfung einer der Hauptgründe für Auslandsaktivitäten ist und auch die Mitarbeiter der Fertigung immer stärker in den kulturellen Austausch im Unternehmen einbezogen werden, bedarf es einer differenzierten Betrachtung einzelner Professionen. Aufgrund subkultureller Unterschiede im Unternehmen bedarf es der Erarbeitung von Grundalgen für eine differenzierende Betrachtung der Führungs- und Managementinstrumente.

- *Lücken bei der Betrachtung von Auswirkungen der Unternehmenskultur auf landeskulturelle Wertvorstellungen in der mikro-analytischen Kulturforschung:* Im Fokus wirtschaftswissenschaftlicher Forschung steht insbesondere die Auswirkung der Unternehmensumwelt auf das Unternehmen bzw. auf seine Mitarbeiter. Der umgekehrte Bezug wird entweder bezüglich des Absatzmarktes (beispielsweise die Wirkung bestimmter Marken und Maßnahmen auf die Kunden), im Rahmen des Public Affairs Managements (bei unternehmerischer Unzulänglichkeiten in den Bereichen des Corporate Social Responsibility oder bei rechtlich und ökologisch unzulänglichem Verhalten) oder im Rahmen volkswirtschaftlicher und politisch/gesellschaftlicher Veränderungen untersucht. Erkenntnisse zu landeskulturellen Veränderungen auf mikroanalytischer Ebene sind nicht bekannt.

- *Die Tochtergesellschaft zwischen unternehmerischer und landeskultureller Umwelt:* Internationale Unternehmensaktivitäten sind stets geprägt durch den Gegensatz von Lokalisierungs- und Globalisierungsvorteilen. Zwar werden die Beziehungen zwischen Mutter- und Tochtergesellschaften ausführlich behandelt. Dabei wird in der Regel von einem starken Einfluss der Muttergesellschaft auf ihre Tochtergesellschaften ausgegangen. Auf kultureller Ebene ist jedoch nach wie vor unklar, inwiefern ein umgekehrter Einfluss von den Subkulturen der Tochtergesellschaft auf die Unternehmenskultur der Muttergesellschaft aufgrund kultureller Unterschiede besteht.

3.5.3 Implikationen für die Fallstudie und deren Interpretation

Das in Kapitel 2.3 abgegrenzte Untersuchungsobjekt, der hergeleitete konzeptionelle Bezugsrahmen in Kapitel 3.5.1 sowie das in Kapitel 3.5.2 beschriebene Forschungspotenzial determinieren das weitere Vorgehen in den Bereichen der Fallauswahl, der Erhebungsmethodik sowie der Fallauswertung wie folgt:

- *Zum Untersuchungsbereich:* Gemäß der Forschungsfrage beschränkt sich der Untersuchungsbereich auf kulturelle Werte. Der Zusammenhang zur organisatorischen Effizienz wird hingegen auf Basis bestehender Theorien und Konzepte beschrieben.

- *Zur Fallabgrenzung:* Als Untersuchungsobjekt ist ein international handelndes Unternehmen abgegrenzt, dessen internationale Aktivitäten auf der Realisierung von Lohnkostenvorteilen beruhen. Im Fokus der Untersuchung steht eine fertigende Tochtergesellschaft. Durch die Beschränkung auf physische Wertschöpfung wird vor allem der Brancheneinfluss reduziert. Dennoch bedarf es bezüglich der Branche einer weiteren Spezifizierung über die Art der durchgeführten, wertschöpfenden Aktivitäten. So gleichen sich die Fertigung und die damit einhergehenden Handlungsmuster in der Lebensmittelindustrie, in der Chemieindustrie oder im Maschinenbau nur bedingt.

- *Zur Rolle der Muttergesellschaft:* Hier ist insbesondere auf die Unternehmenskultur der Muttergesellschaft hinzuweisen, welche als gegeben angenommen wird. Es ist während der Fallstudie darauf zu achten, inwiefern sich diese von jener der Tochtergesellschaft unterscheidet. Da dies jedoch nicht auf Ebene der Wertvorstellungen geschieht, sondern insbesondere im Sinne vorgelebter Handlungsmuster, ist es nicht notwendig, diese im selben Umfang wie jene der Tochtergesellschaft zu erfassen.

- *Zur Einordnung der Falleinheiten:* Die Beschreibung der Falleinheiten bezieht sich insbesondere auf die Ausprägungen des EPRG-Profils nach PERLMUTTER, der Führungstypologie von BARTLETT/GHOSHAL und der Rollentypologie nach FERDOWS. Diese drei Typologien bilden den theoretischen Rahmen für die Interpretation der Auswirkungen eingesetzter Führungs- und Steuerungsinstrumente.
- *Zur Betrachtung der Veränderung kultureller Wertvorstellung:* Kulturelle Wertvorstellungen sind sowohl im Unternehmens- als auch im gesellschaftlich/familiären Umfeld zu erheben. Um Differenzen zwischen Subkulturen beschreiben zu können, ist eine Unterscheidung der sozialen Einheiten anhand ihrer Profession zu berücksichtigen. Als Ursache für die Veränderung kultureller Wertvorstellungen werden sowohl Krisen als auch Differenzen in den Subkulturen zugelassen.

4 Empirische Untersuchung zur Veränderung kultureller Wertvorstellungen ungarischer Gastlandarbeiter deutscher Unternehmen

Zur Beantwortung der Forschungsfrage und zur Vorbereitung der Theorieerweiterung bedarf es empirischer Erkenntnisse über die tatsächlichen Veränderungen kultureller Wertvorstellungen[562] von Gastlandarbeitern. Die Untersuchungstiefe schließt ein quantitatives Forschungsdesign aus (siehe hierzu insbesondere Kapitel 4.1.1). Anhand einer eingebetteten Fallstudie wird ein Aussagensystem zum erklärenden Verstehen der Veränderung kultureller Wertvorstellungen und der Wirkungen auf die Unternehmenskultur der Tochtergesellschaft hergeleitet. Darüber hinaus werden Maßnahmen beschrieben, welche die organisatorische Effizienz beeinflussen. Hierzu folgt in den Kapiteln 4.1.2 bis 4.1.4 die Beschreibung des Falls. Die Auswertung und Ableitung von Aussagen erfolgt in Kapitel 4.2. Eine Besonderheit stellt der Datensatz dar, welcher sowohl Interviews, Beobachtungen und öffentlich zugängliche Dokumente aus einer qualitativen Datenerhebung enthält als auch einen üblicherweise bei quantitativen Datenerhebungen verwendeten Fragebogen. Die Auswertung selbst erfolgt mit Unterstützung quantitativer Analyseinstrumente, jedoch qualitativ im Sinne der Fallstudienforschung.

4.1 Forschungsdesign der empirischen Untersuchung

Bevor im nächsten Kapitel mit der eigentlichen Auswertung begonnen werden kann, ist in den folgenden Abschnitten darauf einzugehen, warum die Fallstudie bei dieser Untersuchung das geeignete Forschungsdesign ist und welche Bestandteile sie hat. Darüber hinaus werden der Datenkorpus sowie das Vorgehen bei der Auswertung unter Berücksichtigung der quantitativen und qualitativen Datenbasis beschrieben. Um schließlich die Güte der Fallstudie für eine analytische Theoretisierung bewerten zu können, werden abschließend Qualitätskriterien vorgestellt und in Bezug zu dieser Fallstudie gesetzt.

4.1.1 Die Fallstudie als Forschungsmethode

Yin führt in seinem Standardwerk zur Fallstudienforschung drei wesentliche Merkmale eines Untersuchungsbereiches auf, nach welchen die Fallstudie das geeignete Mittel zur Erkenntnisgewinnung ist:[563]

1. Es handelt sich um eine Forschungsfrage, die das ‚Wie' oder ‚Warum' von Zusammenhängen hinterfragt.
2. Der Forscher hat keinen Einfluss auf die Geschehnisse und Entwicklungen.
3. Es werden maßgeblich gegenwärtige Phänomene aus dem realen Kontext heraus betrachtet.

Die Fallstudie steht als Forschungsmethode zur Verfügung, welche die Hintergründe über Sachverhalte oder beobachtbare (und meist quantitativ erhebbare) Zusammenhänge hervorbringt. Sie ist prädestiniert, einen Beitrag zur Erläuterung auf allen Ebenen komplexer sozia-

[562] Zur Abgrenzung von Werten und Wertvorstellungen siehe das in Kapitel 3.1.1 beschriebene Kulturverständnis.

[563] Nach Yin (2009), S. 2 und 18f.

ler Phänomene zu leisten, insbesondere wenn die Grenzen zwischen Phänomen und seinem Kontext nicht scharf vom Beobachter abzugrenzen sind. In vielen Fällen wird hingegen argumentiert, dass die Fallstudie gegenüber Befragungen oder Experimenten einzig einen explorativen Beitrag leisten kann und nicht geeignet ist, Aussagensysteme zu begründen oder diese gar zu prüfen. Hingegen wird hier davon ausgegangen, dass jede Forschungsmethode grundsätzlich einen Beitrag zur Exploration, Deskription oder Erklärung leisten kann.[564] Wie Tabelle 8 zu entnehmen ist, kann der jeweilige Verwendungszweck nach den oben beschriebenen Kriterien voneinander abgegrenzt werden.

Method	Form of research question	Requires control of behavioral events?	Focuses on contemporary events?
Experiment	How, why?	yes	yes
Survey	Who, what, where, how many, how much?	no	yes
Archival analysis	Who, what, where, how many, how much?	no	yes/no
History	How, why?	no	no
Case study	How, why?	no	yes

Tabelle 8: Einsatzmöglichkeiten unterschiedlicher Forschungsmethoden. (Quelle: Nach Yin (2009), S. 8.)

Einer der Haupteinwände, welcher gegen den Einsatz von Fallstudien vorgebracht wird, ist, dass man von einem Fall nicht auf die Gesamtheit schließen kann. Bei Betrachtung einer statistischen Generalisierung von Erkenntnissen oder Hypothesen kann dem auch nicht widersprochen werden. Ziel der Fallstudie ist es jedoch, eine analytische Generalisierung zu erreichen. Ziel ist nicht der Test bestehender Theorien auf ihre ‚breite' Gültigkeit. Vielmehr sollen Aussagensysteme generiert, überprüft oder Theorien weiter entwickelt werden.[565] Die Kritik an der qualitativen Forschung im Allgemeinen und der Fallstudie im Besonderen war der schwierigen systematischen und einheitlichen Aufbereitung der Daten und Erkenntnisse geschuldet. Im Vergleich zu quantitativen Forschungsmethoden gab es wenig anleitende Literatur zur Durchführung von Fallstudien und damit auch keine Standards bezüglich der Durchführung und der Überprüfbarkeit von Ergebnissen im Sinne der Validität und Reliabilität. Dieser Umstand hat sich nicht zuletzt durch die Standardwerke zur systematischen Fallstudienforschung und Theoriebildung von YIN oder EISENHARDT geändert.[566]

In Anlehnung an die oben angeführten Hauptkriterien zur Auswahl der Forschungsmethode ist für die Fallstudie die Artenvielfalt der Daten und ihr teils nicht standardisierte Form typisch. Dies basiert auf dem Umstand, dass aufgrund der Durchlässigkeit zwischen Phänomen

[564] Vgl. Yin (2009), S. 4ff. Siehe hierzu insbesondere die Ausführungen zur wissenschaftstheoretischen Einordnung dieser Forschungsarbeit in Kapitel 1.3.

[565] Vgl. Yin (2009), S. 38f.

[566] Vgl. Yin (2009), S. 14ff. Als Standardwerke sind u.a. Yin (1981); Yin (2011); Eisenhardt (1989) und Eisenhardt/Graebner (2007) zu nennen. Vertiefungen der Ansätze finden sich beispielsweise bei Abbott (2004); Alvesson/Kärreman (2011); Alvesson/Hardy/Harley (2008); Bryman (2000); Bryman/Buchanan (2009); Eriksson (2008); Gläser/Laudel (2009); Stake (1995) oder Stake (2006).

und Kontext sowie der Tiefe der Untersuchung deutlich mehr Variablen als Datensätze vorhanden sind, eine quantitative Auswertung somit nicht möglich ist.[567] Fallstudien sind damit zur Beantwortung von Verständnisfragen (‚Wie?' oder ‚Warum?') prädestiniert. Im Rahmen dieser Forschungsarbeit soll eine Antwort darauf gegeben werden, wie sich die kulturellen Wertvorstellungen der Arbeiter verändern. Es sollen auch Gründe gefunden werden, warum sie das tun. Durch die hohe Komplexität des Untersuchungsbereichs reichen standardisierte Fragebogenerhebungen nicht aus. Dies ist allein dadurch bedingt, da Ursache und Wirkung potenzieller Veränderungen bisher noch nicht nachgewiesen sind.

Dass der Forscher oder Beobachter in diesem Zusammenhang keinen Einfluss auf die sozialen Einheiten bzw. deren Einstellungen nehmen kann, ergibt sich allein schon aus der Definition der Kultur und dem dahinter liegenden dynamischen Begriffsverständnis. Aufgrund der Annahme, dass insbesondere Werte nur über lange Zeit und nur durch einen komplexen, evolutorischen Prozess Änderungen erfahren können, sind Erhebungen mittels Experimente ausgeschlossen. Auch das dritte Kriterium, die Analyse gegenwärtiger Phänomene und ihre nicht genaue Abgrenzbarkeit zum Kontext, lässt sich anhand des hier verwendeten konzeptionellen Bezugsrahmens beobachten, sodass auch dies für den Einsatz der Fallstudienmethode spricht.

Wie eingangs beschrieben, tritt das Phänomen kultureller Veränderungen bei den sozialen Einheiten in ihren Subkulturen auf. Ob nun der Bezug zur Landeskultur oder der Einfluss durch die Muttergesellschaft Teil des Phänomens oder einzig Bestandteil des determinierenden Kontext ist, kann aus der Theorie heraus nicht beantwortet werden. Entsprechende Forschungsbereiche wurden im Rahmen der Abgrenzung des konzeptionellen Bezugsrahmens definiert. Um die komplexen Sachverhalte eingehend analysieren und interpretieren zu können, bedarf es einer tiefen Untersuchung, welche detailliert auf die Leute und deren Umstände, insbesondere im Bereich des Arbeitsumfeldes, eingeht. Dies bedingt von vornherein die Informationsgewinnung auf unterschiedlichen Professionsebenen sowie anhand verschiedener Datenarten.

Nicht zuletzt aus diesem Sachverhalt heraus bedarf es eines zielgerichteten Vorgehens zur Herleitung des hier angestrebten Aussagensystems. Dabei werden folgende Schritte unterschieden:[568]

1. Definition der Forschungsfrage,
2. Beschreibung bedingender Propositionen,
3. Abgrenzung der zu untersuchenden Einheiten,
4. Bestimmung der Datenauswertung und
5. Definition der Kriterien zur Interpretation.

Da die Forschungsfrage bereits eingehend beschrieben wurde und die Forschungsbereiche im Sinne von Propositionen durch den konzeptionellen Bezugsrahmen abgegrenzt wurden, wird im Folgenden auf die Abgrenzung der Fallstudie und ihrer Einheiten eingegangen, ein Über-

[567] Vgl. Yin (2009), S. 17f.
[568] Vgl. Yin (2009), S. 27ff. und auch Stake (1995), S. 4ff. sowie Stake (2006), S. 22ff.

blick über die Daten und das Vorgehen ihrer Auswertung gegeben sowie die Kriterien zur Interpretation der Ergebnisse bestimmt.

4.1.2 Auswahl und Abgrenzung der Fallstudie

Die Auswahl einer geeigneten Fallstudie basiert in erster Linie auf der Abgrenzung des Untersuchungsobjekts und des konzeptionellen Bezugsrahmens. Da dies noch immer eine große Menge potenzieller Fälle umfasst, sind die Bedeutung für das wirtschaftliche Handeln und nicht zuletzt auch der Zugang zu entsprechenden Daten wichtige Auswahlkriterien.

Seitens der Fallstudientheorie werden vier Arten von Fallstudien unterschieden (siehe Abbildung 33). Zunächst kann es sich um eine einzelne Fallstudie oder um mehrere Fallstudien handeln. Diese wiederum können eine oder mehrere Falleinheiten beinhalten. Die Durchführung einer einzelnen Fallstudie basiert auf einem der folgenden Argumente:[569]

1. Der Fall stellt einen kritischen Fall dar. Er ist dafür geeignet, eine etablierte Theorie zu testen oder gegebenenfalls zu erweitern. Es muss bestimmbar sein, wann die Aussagen als wahr angenommen werden können oder andere Erklärungsansätze heranzuziehen sind.
2. Der Fall ist einzigartig oder extrem. Besonders gut lässt sich dieses Argument an einem hypothetischen Beispiel aufzeigen: Würde man ein sprechendes Schwein finden, wäre dieser Sachverhalt einzigartig und extrem zugleich. Für die Untersuchung, wie dies möglich ist, ist es irrelevant, ob es noch weitere sprechende Schweine gibt oder nicht.[570]
3. Der Fall ist repräsentativ für andere Fälle. Lassen sich Ergebnisse auf andere Fälle aufgrund ihrer Gleichheit direkt übertragen, so wäre es nicht zielführend, diese Fälle ebenfalls im Detail zu betrachten. Selbstverständlich muss die Repräsentativität dieses einen Falls für andere Fälle entsprechend nachgewiesen werden.
4. Es handelt sich um ein nur schwer zugängliches Untersuchungsobjekt. Dies ist insbesondere bei sozial stark abgegrenzten Gruppen der Fall. Beispielsweise ist es schwer vorstellbar, dass innerhalb eines Gettos Jugendbanden Fragebögen ausfüllen würden. Um zu verstehen, wie dort die Beziehungen und Ursachen für Verhaltensweisen sind, bedarf es einer intensiven Beschäftigung mit und der direkten Auseinandersetzung innerhalb dieser Gruppen.
5. Der Fall wird über längere Zeit beobachtet. Es wird an mehreren Erhebungspunkten überprüft, inwiefern sich die Bedingungen und Eigenschaften der Untersuchungseinheit(en) verändern.

Innerhalb der Einzelfallstudie kann es jedoch mehrere Falleinheiten geben. Nicht nur eine Einheit zu untersuchen, ist dann notwendig, wenn innerhalb eines Falles auf operativer Ebene Zusammenhänge beobachtet werden sollen, die zu beobachtenden Einheiten der Ebene aber stark heterogen ist. Für einzelne Einheiten, die beispielsweise durch Selektion oder durch Clusterbildung voneinander abgegrenzt werden können, müssen unterschiedliche Kriterien

[569] Vgl. Eriksson (2008), S. 117ff. und insbesondere Yin (2009), S. 46ff. sowie Stake (2006), S. 22ff.
[570] Nach dem Beispiel von Siggelkow (2007), S. 20.

zur Bewertung gefunden werden. Auch differierende Bedingtheiten der Falleinheiten führen zu einem solchen Falldesign. Die Herausforderung liegt schließlich darin, von der Untersuchung der Falleinheiten Schlüsse für den Fall abzuleiten und bei der Analyse und Interpretation nicht auf der Ebene der Falleinheiten zu verbleiben.[571]

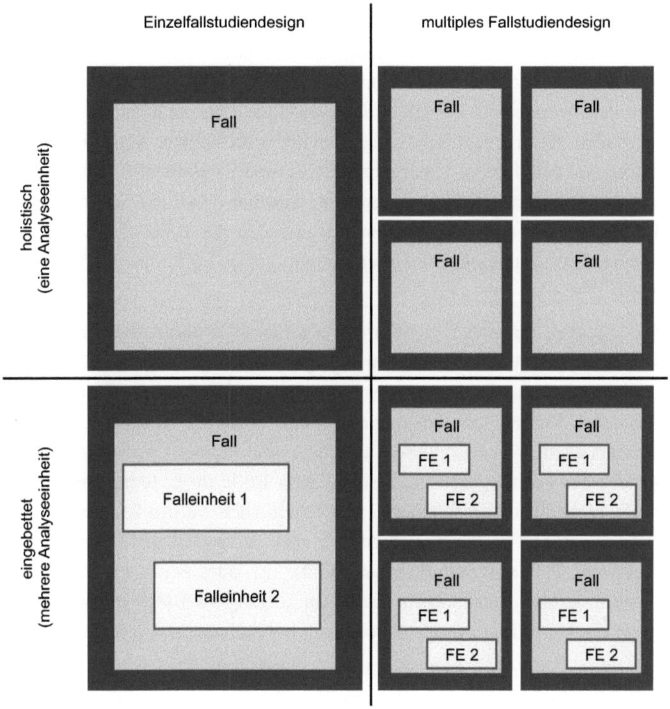

Abbildung 33: Differenzierung verschiedener Fallstudienarten. (Quelle: Nach Yin (2009), S. 46.)

Die bereits oben erwähnten multiplen Fallstudien haben gegenüber den einfachen Fallstudien unter anderem den Vorteil, dass sich aus dem Vergleich der Ergebnisse beider Fallstudien Erkenntnisse über die Robustheit einer abgeleiteten oder überprüften Theorie ergeben. Dies ist jedoch nicht im Sinne eines Stichprobenumfangs eines quantitativen Forschungsdesigns zu verstehen. Im Fokus steht die Replikation der Ergebnisse, welche nicht durch die Anzahl durchgeführter Fallstudien an Güte gewinnt, sondern durch ein entsprechendes Design spezifischer Fallstudien.[572] Die multiple Fallstudie kann hingegen bei bestimmten Fallarten (siehe oben Nr. 2, 3 oder 5) nicht eingesetzt werden. Eine heterogene Gestaltung bezüglich der Falleinheiten eines jeden Falls ist auch hier wieder möglich. Und grundsätzlich muss berücksichtigt werden, dass der Mehrwert des Einsatzes einer multiplen Fallstudien durch ein in Bezug

[571] Vgl. Yin (2009), S. 52f. und Stake (2006), S. 39ff.
[572] Vgl. Yin (2009), S. 53ff.

setzen der Fälle untereinander erreicht wird und nicht durch die Einzelauswertung der Fälle.[573]

Mit dem Ziel der hiesigen Fallstudie, kulturelle Veränderungen als Basis für ein Aussagensystem zur kulturellen Anpassung von Gastlandarbeitern zu identifizieren und zu analysieren, müssen zeitbezogene Vergleiche berücksichtigt werden.[574] Die Abgrenzung des Untersuchungsobjekts und des konzeptionellen Bezugsrahmens lassen jedoch ein Übertragen der Erkenntnisse aus einem konkreten Fall auf andere Fälle grundsätzlich zu. Hinzu kommt, dass der Zugang zu den Arbeitern sich nicht einfach gestaltet. Dies ist nicht zuletzt durch die Arbeitgeber begründet, die eine Befragung der Arbeiter insbesondere wegen des leicht erkennbaren monetären Ausfalls für das Unternehmen aufgrund wegfallender Arbeitszeit nicht dulden. Des Weiteren wurde die Erfahrung gemacht, dass nur durch das Setzen bestimmter Anreize die Bereitschaft der Arbeiter gegeben war, sich an der Erhebung zu beteiligen.[575] Es bedarf somit eines Eigeninteresses des Unternehmens an der im Rahmen dieser Arbeit behandelten Thematik.[576]

Diese Gründe sprechen für eine Durchführung als Einzelfallstudie. Determiniert wird diese durch die beim konzeptionellen Bezugsrahmen offenen Kontextfaktoren bezüglich der Beziehung zwischen Mutter- und Tochtergesellschaft. Um den Einfluss des Unterschieds bei der Beziehung zwischen Mutter- und Tochtergesellschaft bewerten zu können, werden mehrere Falleinheiten untersucht. Von besonderem Interesse sind hierbei Unterschiede bezüglich des Autonomiegrades der Tochtergesellschaft sowie ihrer Rolle im Unternehmensverbund. Kontextfaktoren, die nicht aus den erhobenen Daten beschrieben werden konnten, zum Verstehen kultureller Veränderungen bei Gastlandarbeitern aber einen Beitrag leisten können, werden durch Aussagen von PERLMUTTER, BARTLETT/GHOSHAL oder FERDOWS ergänzt.[577] Die Falleinheiten werden darüber hinaus auch nach dem Zugang zu Daten unterschieden, da beispielsweise eine direkte Befragung der Arbeiter nur bei Falleinheit A möglich war.

Wie Tabelle 9 zeigt, werden bei der Fallstudie drei Analyseebenen berücksichtigt, die sich aus der Abgrenzung des Untersuchungsobjekts ableiten. Einerseits handelt es sich auf der Mikroebene um die durch die Professionen und demographischen Ausprägungen abgrenzbaren sozialen Einheiten als Subkulturen. Hiervon ist die Tochtergesellschaft als Institution mit ihrer Unternehmenskultur abzugrenzen. Auf der Makroebene werden diese beiden Ebene in den Fall ‚international handelndes Unternehmen' eingebettet. Auf dieser wird die grundsätzliche Problematik kultureller Veränderung, auf welche sich das Aussagensystem beziehen muss, erfasst.

[573] Vgl. Stake (2006), S. 39ff. und Yin (2009), S. 56f.

[574] Dies ist bedingt durch das dynamische Begriffsverständnis, welches eine kurz- oder mittelfristige Veränderung der Kultur ausschließt.

[575] Auch diese Handlung ist eine Beobachtung bezüglich der Unternehmens- bzw. Landeskultur der (Mit-) Arbeiter. In anderen Ländern wäre ein Anreiz u.a. nicht zwingend notwendig.

[576] Das grundsätzliche Interesse an diesem Thema und die generelle Bereitschaft, sich an der Erhebung zu beteiligen, ist ein Indiz für die Relevanz des Themas.

[577] Damit ist im Rahmen dieser Forschungsarbeit ein testen dieser Theorien nicht möglich.

	Fall	Falleinheit	
	International handelndes Unternehmen	Tochtergesellschaft	Subkulturen
Beziehung zwischen Mutter- und Tochtergesellschaft	• Steuerungsinstrumente • Zielvorgaben	• Rolle der Tochtergesellschaft im Unternehmensverbund, • Know-how- und Wissenstransfer • Entscheidungsfreiheit	• fachlicher und kultureller Austausch auf Professionsebene
Unternehmenskultur der Tochtergesellschaft	• Vorgabe von Denk- und Arbeitsphilosophien • Technologien	• Denk- und Arbeitsphilosophien • technokratische und personenorientierte Koordinations- und Steuerungsinstrumente • Gestaltung der Arbeitsumgebung • Einflüsse aus der Umwelt	• Gestaltung der Zusammenarbeit innerhalb und zwischen den Professionen auf Basis von Normen und Riten • Differenzierung der Anforderungen an verschiedene Professionen
Wertvorstellungen	• kulturelle Differenzen	• Instrumente mit Einfluss auf die Wertvorstellungen im Unternehmens- und gesellschaftlich/familiären Umfeld	• Transfer landeskultureller Wertvorstellungen in das Unternehmensumfeld • Transfer unternehmenskultureller Wertvorstellungen in das gesellschaftlich/familiäre Umfeld • kulturelle Differenzen in den nach der Profession und demographisch abgegrenzten Subkulturen

Tabelle 9: Untersuchungsebenen der Fallstudie und der Falleinheiten.

Die Falleinheiten beziehen sich auf die beiden unteren Ebenen. Um diese auf der obersten Ebene in Bezug zueinander setzen zu können, müssen landeskulturelle Unterschiede zwischen den Falleinheiten weitestgehend ausgeschlossen werden. Die Abgrenzung der Fallstudie erfolgt daher landesbezogen. Um im Gegensatz hierzu kulturelle Differenzen in der Untersuchungseinheit zwischen Unternehmens- und Landeskultur identifizieren zu können, werden keine multinationale Unternehmen betrachtet, bei denen laut oben diskutierter Theorien der kulturelle Einfluss der Muttergesellschaft geringer sein kann. Im Sinne des Untersuchungsobjekts werden Tochtergesellschaften deutscher Unternehmen betrachtet, die in Ungarn wertschöpfende Aktivitäten durchführen.

Deutschland als Sitz der Muttergesellschaft wurde ausgewählt, da Deutschland als Industrieland zu den wissensstarken Ländern zählt. Wertschöpfende Aktivitäten im Sinne der Produktion werden zur Realisierung von Lokalisierungsvorteilen in Länder mit niedrigen Löhnen ausgelagert. Die Bedeutung einzelner Länder für deutsche Unternehmen lässt sich insbesondere an den Direktinvestitionen erkennen. Am Meisten investiert wird noch immer in die USA, wobei dort keine Lohnkostenvorteile realisierbar sind und damit der Fokus nicht auf wertschöpfende Aktivitäten liegt, sondern auf den Marktzugang. Bezogen auf die Lohnkostenvorteile ist insbesondere China zu nennen, welches in den letzten zehn Jahren die größten Zuwachsraten bei den Direktinvestitionen aufweist (siehe Abbildung 34). Dennoch wurde in die wichtigsten osteuropäischen Länder im Vergleich zu China in 2010 noch immer das Doppelte investiert (Osteuropa: ca. 57 Mrd. Euro, China: ca. 27 Mrd. Euro). Osteuropa drängt sich zudem aufgrund der wachsenden Bedeutung regionaler Wertschöpfung als Untersuchungsgebiet auf.

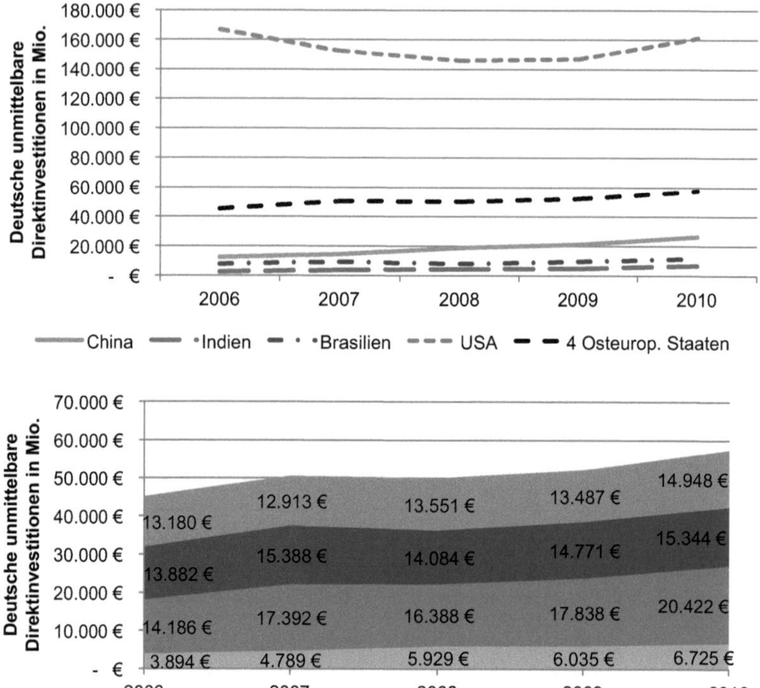

Abbildung 34: Entwicklung der Direktinvestitionen deutscher Unternehmen in verschiedenen Ländern. (Quelle. Nach den Daten der Deutschen Bundesbank 2012.)

Hauptinvestitionsland mit ca. 20 Mrd. Euro in 2010 ist in Osteuropa Polen. Es folgen Ungarn mit 15,3 Mrd. Euro, die Tschechische Republik mit rund 15 Mrd. Euro und schließlich die Slowakei mit 6,7 Mrd. Euro.[578] Unter Einbezug der Größe des Arbeitsmarktes ist Ungarn (ca. 1500 Euro/Einwohner) gegenüber Polen (ca. 530 Euro/Einwohner) bei den Direktinvestitio-

[578] Datengrundlage aus Deutsche Bundesbank (2012).

nen eine deutlich höhere Bedeutung beizumessen. Auch aufgrund seiner wirtschaftlichen Bedeutung für deutsche Unternehmen wird Ungarn als Gastland bestimmt.[579]

4.1.3 Vorgehensweise bei der Datenerhebung

Die Herausforderung im Rahmen der definierten Fallstudien besteht in der Erfassung kultureller Unterschiede. Nach dem allgemeinen Kulturverständnis und insbesondere nach dem Verständnis der Unternehmenskultur, ist die hier zu untersuchende Wertebene nicht direkt erfass- oder beobachtbar. Im Rahmen der Kulturforschung wird anhand beobachtbarer Elementen, wie z.B. Riten, Symbole oder der Sprachgebrauch, Rückschluss auf die zugrunde liegenden Werte gezogen. Der Vorteil liegt darin, dass die sehr komplexe Kultur sehr tief betrachtet und für jeden einzelnen Fall bzw. für jede einzelne Falleinheit erschlossen werden kann. Deswegen wird insbesondere seitens der Anthropologen eine quantitative Erhebung als nicht zielführend ausgeschlossen.[580] Bezüglich der qualitativen Forschung dominieren bei der Datenerhebung vor allem Interviews, Beobachtungen und das zielgerichtete Sammeln von Dokumenten jeglicher Art. Allen Erhebungsmethoden gemein ist, dass sie durch Kommunikation und einem landesspezifischen (kulturellen) Sprachverständnis determiniert sind. Im vorliegenden Fall liegt ein entsprechendes Sprachverständnis beim Forscher nicht vor. Die Möglichkeit, durch Interviews oder Beobachtungen die Wertvorstellungen zu erfassen und somit die Ausprägung von Werten feststellen zu können, ist somit stark begrenzt. Das Hinzuziehen eines Dolmetschers führt ebenfalls zu einem Informationsverlust und fügt eine weitere Ebene der Interpretation der Aussagen bzw. Beobachtungen hinzu.

Aufgrund dieser Barrieren bei der Datenerhebung und Auswertung, wurde für das Vorgehen ein Mixed-Method-Ansatz gewählt. Innerhalb dessen werden Methoden der Datenerhebung und/oder der Analyse miteinander kombiniert. Zu beachten ist jedoch, dass durch den Einsatz mehrerer Methoden auch der Aufwand zur Durchführung und Auswertung stark ansteigt. Entsprechend wohl begründet und wohl überlegt müssen die Gestaltung und die Umsetzung des Forschungsdesigns sein.[581]

Im Rahmen dieser Forschungsarbeit ist die Fallstudie als dominierend anzusehen. Die Barrieren bei der Erfassung der Wertvorstellungen durch einen quantitativen Erhebungsansatz der kulturvergleichenden Studien umgangen. Im Sinne des in Kapitel 3.3.1 beschriebenen Bypasses kulturvergleichender Studien werden auf Basis eines Fragebogens Ausprägungen kultureller Wertvorstellungen bestimmt. Insbesondere HOUSE ET AL. führen dies für Werte und Handlungen sowie Unternehmen und Länder getrennt durch. Nicht zuletzt aufgrund des Einsatzes eines international und interkulturell besetzten Teams zur Entwicklung eines möglichst transsubjektiven und kulturunabhängig deutbaren Fragebogens sowie der Ausarbeitung der Durchführung der Erhebung wurde die GLOBE-Studie als Referenz für diese Untersuchung herangezogen.[582] Die Deutung der Ergebnisse ist jedoch qualitativer Natur im Sinne wahrgenom-

---

579 Siehe hierzu die Ausführungen in der thematischen Einleitung in Kapitel 1.1.

580 Siehe hierzu auch Kapitel 3.3.1.

581 Vgl. Bryman/Bell (2007), S. 643ff. und Yin (2009), S. 62f.

582 Das Nutzen bereits bestehender Ressourcen ist einerseits thematisch begründet, andererseits sogar von Wissenschaftlern der kulturvergleichenden Forschung gefordert: „[W]e have enough of these values-based, large-scale survey, and it just is not terribly useful to have more of them." Earley (2006), S. 928. Siehe auch O. Shenkar (2012b) und Shenkar (2012a). Durch die umfangreiche Dokumentation der GLOBE-Studie, dem

mener Beobachtungen. Neben dieser quantitative Erhebung werden auch Interviews, Beobachtungen in den Untersuchungseinheiten sowie öffentlich zugängliche Dokumente über die Falleinheiten ausgewertet. Es ergibt sich die in Tabelle 10 angeführte Struktur der Datenerhebung dieser Fallstudie.

Untersuchungsebene	Falleinheit A	Falleinheiten B – D
Fall	Interviews, Dokumentenrecherche	Interviews, Dokumentenrecherche
Tochtergesellschaft	Interviews, Dokumentenrecherche, Beobachtungen	Interviews, Dokumentenrecherche, Beobachtungen
(Mit-)Arbeiter	Beobachtungen, Fragebogenergebnisse	Beobachtungen

Tabelle 10: Arten der verwendeten Datenquellen in den Untersuchungsebenen.

Obwohl der GLOBE-Fragebogen mit seinen Indikatoren in deutscher Sprache sowie das Berechnungsverfahrung für die Kulturdimensionen vorgelegen haben, bestand die Gefahr, dass sich aufgrund der Übersetzung ins Ungarische ein Bias ergibt. Da in dieser Untersuchung zudem eine andere Zielgruppe adressiert wird, als dies bei der ursprünglichen GLOBE-Studie der Fall ist, bedarf es Anpassungen bzw. Überprüfungen, um einen möglichen Bias ebenfalls auszuschließen. Daher wurde folgende Vorgehensweise bei der Weiterentwicklung des Fragebogens durchgeführt:

1. Der deutsche GLOBE-Fragebogen wurde mit einem deutschen Facharbeiter auf Verständnisprobleme durchgesehen. Fragen wurden an das entsprechende Verständnisniveau angepasst.
2. Der angepasste Fragebogen wurde von einem ungarischen Muttersprachler ins ungarische übersetzt und von einer anderen Person wieder zurück übersetzt. Die Rückübersetzung wurde mit dem angepassten deutschen Fragebogen abgeglichen. Inhaltliche Unterschiede wurden mit einer ungarischen Germanistin diskutiert und im ungarischen Fragebogen entsprechend umformuliert.
3. Der ungarische Fragebogen wurde von einer ungarischen Pädagogin auf die Einfachheit der Formulierungen hin überprüft, um das Verständnis für die Arbeiter zu erhöhen.
4. Von einem deutsch sprechenden ungarischen Wissenschaftlicher konnten inhaltliche bzw. fachliche Differenzen zwischen dem angepassten deutschen Fragebogen und dem ungarischen Fragebogen ausgeschlossen werden.
5. Im Unternehmen, in welchem die Datenerhebung durchgeführt wurde, ist der Fragebogen nochmals vorab auf Verständlichkeit getestet worden.

Das Ergebnis dieses Verfahrens ist ein Fragebogen, welcher einerseits die kulturellen Eigenheiten der ungarischen Sprache berücksichtigt und andererseits eine für die Profession der Arbeiter adäquate Einfachheit in den Formulierungen aufweist. Neben den Arbeitern wurde der Fragebogen auch an folgende Professionen ausgegeben: Beschäftigte der Administration,

---

Zugang zum Fragebogen und die detaillierte Beschreibung der Auswertung ist Transparenz zur Bewertung der Güte der Studie gegeben.

Arbeiter in Leitungsfunktion, Sonstige (z.B. Entwicklungsingenieure oder Systemadministratoren).[583]

Bei der qualitativen Datenerhebung wurden die Interviews semistrukturiert durchgeführt. Anhand von Leitfragen sind je nach Untersuchungsebene zur Kultur im Land, zur Kultur im Unternehmen, zur Anbindung an die Muttergesellschaft oder auch direkt zu kulturellen Unterschieden Fragen gestellt worden. Dabei sollte den Interviewpartnern die Möglichkeit gegeben werden, die ihnen wichtigen Dinge zu finden und zu benennen. Bei der Fragetechnik wurde darauf geachtet, keine Antworten implizit vorzugeben.

Die Beobachtungen konnten insbesondere bei eintägigen Werksbesuchen gewonnen werden. Die Dokumentation der Beobachtungen erfolgte in der Regel durch zwei Personen, um die Beobachtungsprotokolle abgleichen zu können. Die Recherche nach offiziell zugänglichen Dokumenten erfolgte einerseits über das Internet, beispielsweise die Unternehmenshomepage der jeweiligen Falleinheit, andererseits wurde in der lokalen Presse nach Artikeln und/oder Filmmaterial über die Falleinheiten recherchiert.

4.1.4 Struktur der Datenbasis für die Fallstudie und Vorgehensweise bei der Datenauswertung

Im Rahmen der Fallstudie wurden neun Interviews geführt, 205 Fragebögen ausgewertet, vier Beobachtungstermine wahrgenommen und 28 Artikel sowie ein Filmbeitrag ausgewertet. Zudem ist eine veröffentlichte Fallstudie über die Falleinheit D berücksichtigt worden.

Die Ziele der Auswertung der qualitativ erhobenen Daten unterscheiden sich entsprechend der Untersuchungsebene. Die (Teil-)Interviews, die auf Ebene des Falls durchgeführt wurden, hatten das Ziel, die grundsätzliche Problematik kultureller Anpassung zu erfassen und somit die Rahmenbedingungen, welche durch den konzeptionellen Bezugsrahmen definiert sind, zu erfassen und zu beschreiben. Gleiches gilt für die (Teil-)Interviews, die auf Ebene der Tochtergesellschaft geführt wurden. Insbesondere die Anbindung zur Muttergesellschaft sowie Aussagen über die Unternehmenskultur von Mutter- und Tochtergesellschaft wurden für die weitere Analyse aufbereitet. Anhand einer Transkription wurden durch ein Coding kulturelle Elemente und deren Ausprägungen (z.B. Symbole, Riten) und Steuerungsinstrumente der Mutter- und Tochtergesellschaft identifiziert. Gleichem Zweck diente die Analyse der weiteren Dokumente.

Vervollständigt wurde die Datentriangulation durch den Abgleich der gewonnenen Aussagen mit den gemachten Beobachtungen. Ziel ist es, ein Aussagensystem über die Beziehung zwischen Mutter- und Tochtergesellschaft, die verwendeten Instrumente zur Beeinflussung der Unternehmenskultur sowie zur Ausprägung der Unternehmenskultur und deren Differenzen zur ungarischen Landeskultur aufzubauen. Diese Vorgehensweise wurde bei allen vier Falleinheiten durchgeführt.

Zur Auswertung werden die Codes bzw. Kategorien für die qualitative Analyse aus dem Bezugsrahmen heraus abgeleitet. Es handelt sich somit nicht um einen reinen induktiven Theoriebildungsprozess sondern, wie in der Einführung beschrieben, um eine Theorieerweiterung

[583] Da die Fragen keine fachlichen Termini aufweisen, ist davon auszugehen, dass kein anderes Verständnis bei administrativ Beschäftigten oder anderen Berufsgruppen vorhanden ist.

unter Berücksichtigung von Vorwissen.[584] Entsprechend des Bezugsrahmens und der hier verwendeten Theorie, dass Wertvorstellungen über Subkulturen in das Unternehmen bzw. in das gesellschaftlich/familiäre Umfeld hineingetragen werden, muss beobachtet werden, inwiefern Aussagen über Subkulturen im Unternehmen bzw. im Land getroffen wurden. Darüber hinaus ist es notwendig, Aussagen zur Unternehmenskultur als solche zu kategorisieren. Die dritte Ebene, die zu betrachten ist, ist die Beziehung zwischen Mutter- und Tochtergesellschaft, da diese insbesondere bezüglich der Führung und der Rolle der Tochtergesellschaft im Verbund Aufschlüsse gibt. Diesen drei grundsätzlichen Kategorien werden unterschiedliche Codes zugeordnet:

- *Subkultur_Unternehmen:* Im Sinne der primären Kulturfunktionen im Unternehmen (Koordination und Identifikation) werden zunächst Aussagen zur Arbeitsweise und zur Identifikation mit dem Unternehmen zusammengefasst. Zudem sind im Sinne der derivaten Funktionen (externe Anpassung und interne Verankerung) Aussagen zur Anforderung an das Unternehmen aufzunehmen.
- *Subkultur_Land:* Entsprechend der Kategorie Subkultur_Unternehmen werden auch bezüglich des Landes Erwartungen im Sinne von Anforderungen sowie die Arbeitsweise und die Identifikation mit dem gesellschaftlich/familiären Umfeld aufgenommen. Dies ist notwendig, um eine Vergleichbarkeit zwischen beiden Umfeldern herzustellen und daraus Unterschiede identifizieren zu können.
- *Unternehmenskultur:* Auf Ebene der Tochtergesellschaft sind im Sinne der Beeinflussung der Unternehmenskultur einerseits die eingesetzten Instrumente zu identifizieren. Andererseits sind auch hier Aussagen zur Koordination und Identifikation mit dem Unternehmen zu bestimmen.
- *Mutter-Tochter-Beziehung:* Zur Beschreibung des Einflusses der Muttergesellschaft auf die Tochtergesellschaft ist auf Führungs- und Kontrollinstrumente der Muttergesellschaft einzugehen. Zudem sind Aussagen über die Rolle der Tochtergesellschaft zu identifizieren. Dem kulturellen Einfluss wird unter Berücksichtigung des kulturellen Austausches zwischen beiden Gesellschaften Tribut gezollt. Damit wird der im Bezugsrahmen dargestellte Aspekt berücksichtigt, dass die Unternehmenskultur der Tochtergesellschaft durch die Muttergesellschaft beeinflusst werden kann.

Grundlage für das Aussagensystem zur Erklärung von Veränderung kultureller Wertvorstellungen bei den Arbeitern bildet hingegen die bei Unternehmen A durchgeführte quantitative Erhebung (siehe Kapitel 4.2.2.2). Die Auswertung erfolgt in vier Schritten:

1. Die deskriptive Analyse umfasst den Vergleich der Mittelwerte der nach der GLOBE-Studie abgegrenzten Dimensionen der Unternehmens- und Landeskultur anhand verschiedener demographischer Gruppen. Dabei werden alle erhobenen Professionen berücksichtigt. Ziel ist es, mit dem Vergleich zwischen landes- und unternehmenskulturellen Ausprägungen der jeweiligen Dimension relevante Unterschiede für eine tiefere Untersuchung zu identifizieren. Die Berücksichtigung aller Professionen – und nicht

[584] Siehe zur wissenschaftstheoretischen Einordnung insbesondere Kapitel 1.3.

nur jene der Arbeiter – dient zur Übersicht und zur Identifizierung grundsätzlicher kultureller Differenzen zwischen den Professionen.

2. Um der Fragestellung nachgehen zu können, inwiefern sich bei den Arbeitern[585] eine Veränderung bei der Einschätzung kultureller Werte ergeben hat, werden zwei Analysen durchgeführt. Die erste Analyse beinhaltet eine Two-Step-Clusteranalyse jeder einzelnen Kulturdimension zur Gruppierung möglichst homogener Bewertungen kultureller Wertvorstellungen. Dies wird sowohl für die Landes- als auch für die Unternehmenskultur durchgeführt. Die gebildeten Cluster werden anhand ihrer demographischen Charakteristika beschrieben. Etwaige Unterschiede bei den demographischen Faktoren werden durch den Mann-Whitney-U-Test auf Signifikanz geprüft.[586]

3. Bei der zweiten Analyse werden im Sinne einer Varianzanalyse demographisch extreme Gruppen bezüglich der Attribute Alter (jung vs. alt), Unternehmenszugehörigkeit (kurze vs. lange Zugehörigkeit), Arbeitserfahrung in einem anderen ausländischen Unternehmen (kurze vs. lange Erfahrungszeit) und allgemeine Auslandserfahrung (kurze vs. lange Erfahrungszeit) gebildet. Die Gruppen umfassen die 10% der Arbeiter mit den niedrigsten bzw. höchsten Ausprägungen auf dem jeweiligen Kontinuum. Für jede Kulturdimension wird per Mann-Whitney-U-Test auf signifikante Unterschiede bei der Bewertung der Wertvorstellungen zwischen den jeweiligen Extremgruppen getestet.

4. Die Aussagen aus den drei Analysen werden anhand einer Triangulation validiert. Sie bilden die Basis der Erklärung für kulturelle Unterschiede des Aussagensystems über kulturelle Veränderungen im Unternehmen bzw. im gesellschaftlich/familiären Umfeld.

Die im Rahmen der quantitativen Auswertung verwendeten Analyseverfahren dienen lediglich zur Unterstützung der qualitativen Auswertung. Jegliche Unterschiede bzw. Nicht-Unterschiede sind als Beobachtungen bezüglich der Wertvorstellungen befragter Personen zu interpretieren. Die notwendigen Voraussetzungen an die Datenbasis zur Anwendung der Analyseverfahren sind gegeben.

Die für Falleinheit A gewonnenen Aussagen aus der qualitativen und der quantitativen Erhebung werden anschließend durch eine Triangulation in Bezug zueinander gesetzt. Die Triangulation der Erkenntnisse aus allen Falleinheiten dient neben dem inhaltlichen Erkenntnisgewinn auf Fallebene auch der Berücksichtigung der unterschiedlichen Rahmenbedingungen zur Bildung des Aussagensystems. Das gesamte Vorgehen ist in Abbildung 35 zusammengefasst.

---

[585] Es wurden nur Arbeiter in die Grundgesamtheit aufgenommen, deren erste Staatsangehörigkeit ungarisch ist und die keine anderweitige Staatsangehörigkeit haben oder in einem anderen Land geboren wurden.

[586] Der Mann-Whitney-U-Test ist ein nichtparametrischer Test. Die Anwendung dieses Testes ist notwendig, da die Voraussetzungen für einen parametrischen Test (t-test), z.B. normalverteilte Daten, nicht angenommen werden können. Zudem ist die Voraussetzung eines Intervallskalenniveaus bei durch eine Likert-Skala erhobenen Daten zumindest fraglich. In Studien wurde identifiziert, dass die nichtparametrischen Tests in ihrer Aussagekraft den parametrischen Tests kaum nachstehen. Einzig auf den Nachteil einer geringeren Trennschärfe wird eingegangen. Da dies bei der hiesigen Fragestellung die Aussagekraft sogar erhöht, kommen nichtparametrische Tests zum Einsatz. Vgl. u.a. Winter/Dodou (2010) und die dort angegebene Literatur. Bei mehreren Clustern kommt als nichtparametrischer Test der Kruskal-Wallis-Test zum Einsatz.

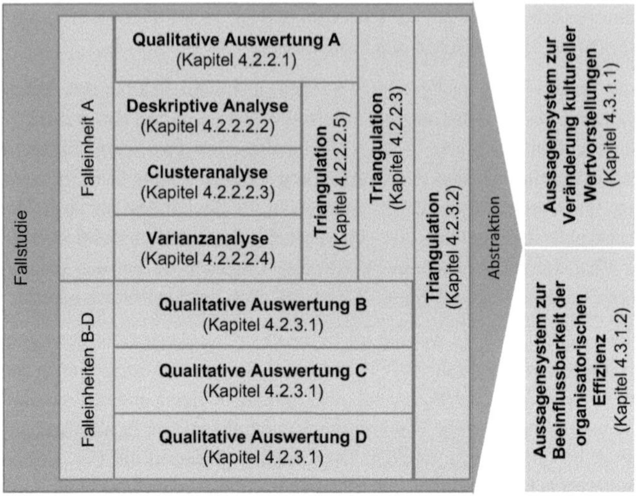

Abbildung 35: Vorgehen zur Herleitung eines Aussagensystems zur Veränderung kultureller Wertvorstellungen und zur Beeinflussbarkeit der organisatorischen Effizienz.

4.1.5 Zur Qualitätsbeurteilung der Fallstudie

In Anlehnung an die empirische Sozialforschung sind auch in der Fallstudie Kriterien zu benennen, mit welchen die Güte des Vorgehens und der Ergebnisse geprüft werden kann. Zur Beurteilung der Güte werden insbesondere folgende Kriterien angeführt:[587]

- *Konstruktvalidität:* Identifikation korrekter operativer Kennzahlen für den Untersuchungsgegenstand.
- *Interne Validität:* Etablierung angenommener kausaler Zusammenhänge zwischen Beobachtungen.
- *Externe Validität:* Definition des Bereiches, in dessen Rahmen die Generalisierung erfolgen soll.
- *Reliabilität*: Es ist sicherzustellen, dass eine wiederholte Durchführung der Fallstudie zu demselben Ergebnis führt.

Bezogen auf die Fallstudie ergibt sich daraus für die Konstruktvalidität, dass verschiedene Datenquellen zur Erarbeitung der Beobachtungen herangezogen werden sollten.[588] Im Rahmen dieser Forschungsarbeit wird dies durch die quantitative Erhebung einerseits, sowie durch Beobachtungen, Interviews und öffentlich zugänglichen Daten andererseits gewährleis-

[587] Nach Bryman/Bell (2007), S. 410; Steinke (2008), S. 320ff. und Yin (2009), S. 40ff. In Anlehnung an GUBA und LINCOLN bennen BRYMAN/BELL diese vier Gütekritieren zur Herausstellung des qualitativen Ansatzes in credibility, transferability, dependability und confirmability um. Im Rahmen dieser Forschungsarbeit werden jedoch die oben beschriebenen Gütekriterien verwendet. Vgl. Bryman/Bell (2007), S. 341f. i.V.m. Guba (1985); Guba/Lincoln (2003) und Lincoln (1995).

[588] Vgl. Yin (2009), S. 41f.

tet. Durch die Triangulation der Daten bzw. der aus ihnen abgeleitet Aussagen besteht eine größtmögliche Konstruktvalidität.

Eine hohe interne Validität kann durch eine entsprechende Analyse der Daten erreicht werden. Dies betrifft die Berücksichtigung wiederkehrender Muster in den Daten, das Erklären von identifizierten Mustern, das Identifizieren von Logiken im Sinne kausaler Zusammenhänge oder die fallübergreifende Synthese gewonnener Erkenntnisse.[589] Zur Unterstützung der internen Validität im Rahmen dieser Forschungsarbeit wurde ein Auswertungsschema zur Analyse der Beobachtung aus der quantitativen und qualitativen Erhebung eingesetzt. Dieses Umfasst neben der Indizierung aller Beobachtungen auch eine Zuordnung zu den Ausprägungen der demographischen Faktoren, Kulturdimensionen und professionsbezogene Abgrenzung der Subkulturen. Zudem wurden Zuordnungsmatrizen für die aus einzelnen Beobachtungen hergeleitete Aussagen angelegt. Auch bei der Herleitung der Aussagen n-ter Ordnung wurde die Zuordnung der Aussagen der vorhergehenden Ordnung dokumentiert.[590] Durch die Triangulation auf mehreren Stufen der Datenanalyse konnten wiederkehrende Muster identifiziert, ein erklärendes Verstehen für die identifizierten Zusammenhänge generiert und Schritt für Schritt abstrahiert werden (siehe Abbildung 35).

Die externe Validität ist das Kriterium, welches für die qualitative Forschung am schwersten zu erfüllen ist. Es beschreibt die Wahrscheinlichkeit, dass die Erkenntnisse auch außerhalb des betrachteten Falls gültig sind. Auch bei der analytischen Generalisierung stellt sich die Bildung der Theorie nicht automatisch ein. Es bedarf der Untersuchung weiterer Fälle, die in Bezug zueinander gesetzt werden. Gewinnt man in diesen weiteren Fällen die gleichen Erkenntnisse oder kann Unterschiede über die Theorie erläutern, kann den Erkenntnissen ein starker Beitrag zur Theorie(erweiterung) beigemessen werden. Es werden vor allem multiple Fallstudien angeführt, die einen positiven Effekt auf die externe Validität haben.[591] Um der externen Validität im Rahmen dieser Forschungsarbeit genügen zu können, werden insgesamt vier Einheiten in der Fallstudie untersucht und die Erkenntnisse durch eine Triangulation abgeglichen. Aufgrund der Ähnlichkeit der Falleinheiten ist eine Abgrenzung als vier Einzelfälle nicht zielführend. Die Ähnlichkeit ist für die Auswertung wichtig, um eine gegenseitige Beeinflussung von zu vielen Unterscheidungsmerkmalen einzuschränken. Es ergibt sich damit eine Beschränkung der analytischen Generalisierung auf kulturelle und regionale Nähe der Länder, in denen sich die Mutter- und die Tochtergesellschaft befinden. Zudem ist eine Generalisierbarkeit auf andere Branchen nicht möglich. Durch das hier vorgestellte Forschungsdesign und die Vorgehensweise bei der Datenanalyse sind jedoch die Grundlagen für die Überprüfung anhand weiterer Fälle gelegt.[592]

Das mithin bekannteste Kriterium stellt die Reliabilität dar. Diese ist gegeben, wenn andere Forscher bei gleicher Durchführung der Fallstudie zu den selben Ergebnissen kommen. Ziel

[589] Vgl. Yin (2009), S. 136ff.

[590] Die entsprechenden Tabellen sind dem Anhang zu entnehmen.

[591] Vgl. Yin (2009), S. 43f.

[592] Aufgrund des Aufwandes, der für die Datenerhebung und deren Auswertung notwendig ist, würde die Betrachtung weiterer Fälle dieses Forschungsvorhaben bei Weitem überschreiten. Zudem würden andere Einflussfaktoren, wie beispielsweise die geographische Entfernung, berücksichtigt werden müssen, welche zur Beantwortung der hier behandelten Forschungsfrage jedoch nicht notwendig sind, aber die Komplexität der Untersuchung stark erhöhen.

muss es sein, Fehlerquellen und einen möglichen Bias bei der Datenerhebung und der Interpretation zu minimieren. Zur Vermeidung von Verzerrungen bei der Datenerhebung wurde beim Forscher durch mehrere längere Aufenthalte in Ungarn eine Sensibilität für die kulturellen Unterschiede geschaffen. Aufgrund des Mixed-Method-Ansatzes und der entsprechenden Sprachkenntnisse der Interviewpartner sind Verzerrungen bei der Datenerhebung allenfalls minimal. Bezüglich der Interpretation ist es aus Sicht der Fallstudienforschung die vielen unterschiedlichen Datenarten, -quellen und Auswertungsverfahren vor allem notwendig, die gewählten Schritte zu operationalisieren und umfassend zu dokumentieren. Die Anfertigung eines Protokolls über alle Fallstudienaktivitäten sowie der Aufbau einer Fallstudiendatenbank werden hier als probate Mittel vorgeschlagen.[593] Den Vorschlägen wurde bei dieser Forschungsarbeit gefolgt. Jedwede Datenerhebung, unabhängig ob Interview, Beobachtung oder Recherche, wurde im Fallstudienprotokoll erfasst, die Inhalte protokolliert und einer Datenbank zugeführt. Etwaige Zwischenschritte zur Vorbereitung der Auswertung wurden standardisiert abgelegt.

4.2 Fallstudie zur Herleitung eines Aussagensystems über die Veränderung kultureller Wertvorstellungen bei Gastlandarbeitern in einer produzierenden Tochtergesellschaft eines deutschen Unternehmens in Ungarn

Bevor die Beobachtungen aus der quantitativen und qualitativen Erhebung beschrieben werden, ist zunächst auf die Falleinheiten der Fallstudie einzugehen (Kapitel 4.2.1). Gemäß des in Kapitel 4.1.4 beschriebenen Vorgehens erfolgt im Anschluss die Darstellung der Erkenntnisse aus der Falleinheit A (Kapitel 4.2.2). Aufgrund des Umfangs der Analyse werden die Erkenntnisse der Falleinheit A gesondert beschrieben. Kapitel 4.2.3 umfasst hingegen die Beschreibung der Erkenntnisse aus der Analyse der Falleinheiten B-D sowie die Triangulation der Erkenntnisse aus allen vier Falleinheiten und die Abstraktion auf Fallebene.

4.2.1 Beschreibung der Falleinheiten

Basis für die Fallstudie ist die volkswirtschaftliche und kulturelle Abgrenzung Ungarns, welche eine Einordnung der Fallstudie in ihren Kontext ermöglicht (Kapitel 4.2.1.1). Im Anschluss werden die vier hier zu betrachtenden Falleinheiten beschrieben (Kapitel 4.2.1.2 bis Kapitel 4.2.1.5). Dies impliziert auch eine erste Einordnung in den in Kapitel 3.5 hergeleiteten Bezugsrahmen anhand der Typologien nach PERLMUTTER, BARTLETT/GHOSHAL und FERDOWS.

4.2.1.1 Volkswirtschaftliche und kulturelle Abgrenzung Ungarns

Als Hauptmotiv für Direktinvestitionen deutscher Unternehmen in Ungarn wurde das geringe Lohnniveau bei ausreichendem Qualifikationsniveau der (Mit-)Arbeiter bestimmt. Annäherungsweise wird in deutschen Tochtergesellschaften in Ungarn ca. 1/3 des deutschen Lohns bezahlt. Im Schnitt verdient ein ungarischer Facharbeiter ca. 800 Euro brutto monatlich. Jedoch sind die Lohnnebenkosten geringer als in Deutschland (aktuell ca. 35% in Ungarn) und

[593] Vgl. Yin (2009), S. 45.

liegen damit auf demselben Niveau wie etwa in der Tschechischen Republik.[594] Zudem gibt es in Ungarn seit 2006 eine deutlich höhere Arbeitslosigkeit, welche von 6,3% in 2006 auf 10,8% im Juni 2012 angestiegen ist (Deutschland im Juni 2012: 5,5%). Für die Unternehmen bedeutet dies eine große Auswahl an entsprechend qualifiziertem Fachpersonal zu geringen Lohnkosten. Mit einer Quote von über 20% ist die junge Generation zwischen 20 und 29 Jahren überdurchschnittlich stark von Arbeitslosigkeit betroffen.[595]

Die hohen Direktinvestitionen schlagen sich auch im Handelsüberschuss Ungarns nieder. War dieser zu Beginn 2009 noch nahezu ausgeglichen, ist der Export seitdem um 40% gestiegen, die Inlandsnachfrage jedoch um knapp 20% gesunken. Dominierend sind bei der Wertschöpfung der Fahrzeugbau, die Fertigung elektrischer, optischer und informationstechnischer Produkte sowie die Nahrungsmittelherstellung.[596] In den ersten beiden Branchen findet sich auch der höchste Anteil an Direktinvestitionen wieder. Dass der Unterschied zwischen Deutschland und Ungarn nicht nur auf volkswirtschaftlicher Ebene deutlich ist, zeigen unter anderem die Differenzen des Global Competitive Index, welcher Deutschland in allen neun Kategorien einen deutlich besseren Rang zuteilt als Ungarn. Eine Ausnahme bildet die Arbeitsmarkteffizienz, bei welcher beide Länder annähernd gleich bewertet werden. Dies liegt insbesondere an Faktoren wie der deutlich höheren Flexibilität bei der Lohnfindung in Ungarn oder den flexiblen Einstellungs- und Entlassungsmöglichkeit.[597] Letztlich stellt die Ausprägung dieser Faktoren einen weiteren Lokalisierungsvorteil für Unternehmen in Ungarn gegenüber dem Standort Deutschland dar.

Kulturelle Unterschiede zwischen beiden Ländern bzw. ihrer Gesellschaften werden nach der GLOBE-Studie vor allem bei der Unsicherheitsvermeidung gesehen (siehe Tabelle 11). Demnach versucht die ungarische Gesellschaft Unsicherheiten eher zu vermeiden, was die Bedeutung von Riten und Normen stärkt. Bei der Ist-Situation, welche die tatsächlichen Handlungen der Gesellschaft beschreibt, ist das Verhältnis genau umgekehrt. Demnach empfindet die deutsche Gesellschaft, dass es in Deutschland sehr sicher ist und man Riten und Normen folgen kann. Seitens der Ungarn besteht zwar Bedürfnis hiernach, die Realität ist jedoch durch Unsicherheiten geprägt. Dieser Bezug zwischen beiden Ländern ist auch bei der Zukunftsorientierung zu beobachten. Demnach wird Planungssicherheit oder vorausschauendes Denken in Ungarn höher wertgeschätzt als in Deutschland. Die Umsetzung in entsprechende Handlungen wird aber eher in Deutschland denn in Ungarn vollzogen. Des Weiteren ist zu beobachten, dass es vor allem bezüglich der Handlungen größere Differenzen zwischen den beiden Gesellschaften gibt. Neben der Geschlechtergleichheit (im Sinne der Kulturdimension der GLOBE-Studie), welche in Ungarn eher praktiziert wird als in Deutschland, ist auch der Gruppenkollektivismus anzuführen. Demnach wird die Identifikation mit einer gesellschaftlichen Gruppe oder mit der Familie in Ungarn nicht nur als sehr wichtig empfunden, sondern

[594] Erkenntnisse aus einer eigenen Erhebung. Stichprobe waren zehn Mitarbeiter deutscher Unternehmen in Ungarn sowie vier Mitarbeiter deutscher Unternehmen in Deutschland. Das Ausbildungsniveau und die Anstellung waren vergleichbar. Zudem konnte identifiziert werden, dass das Lohnniveau in ungarischen Unternehmen gerade einmal 1/10 des Lohnniveaus in Deutschland beträgt. Bestätigt wurden diese Zahlen in einem Interview mit der Deutsch Ungarischen Industrie und Handelskammer (DUIHK). Siehe zu detaillierten Informationen zum Lohnniveau DUIHK (2012a).

[595] Quelle: Eurostat.

[596] Stand 2010. Vgl. DUIHK (2011) und aktuell DUIHK (2012b).

[597] Zum Vergleich zwischen Deutschland und Ungarn siehe insbesondere Sala-i-Martin/Schwab (2011).

die Menschen verhalten sich im Alltag auch entsprechend. Ein umgekehrtes Verhältnis ist bezüglich der Leistungsorientierung zu erkennen. Seitens der deutschen Gesellschaft wird nicht nur die Belohnung für Leistungsbereitschaft und -steigerung als sehr wichtig erachtet, auch das Verhalten wird dementsprechend angesehen. Hingegen wird die Leistungsorientierung von der ungarischen Gesellschaft nicht als weniger wichtig erachtet. Die Handlungen im Land werden als noch weniger leistungsorientiert angesehen.

Unabhängig des Landes ist in den Daten der GLOBE-Studie auffällig, dass die Machtdistanz im Sinne der Wertvorstellungen gering bewertet wird. Auch aggressives Verhalten wird missbilligt. Auf Seiten der realen Handlungen wird das nahezu gegenteilige Bild skizziert. Ein ähnlicher Sachverhalt ergibt sich für die Humanorientierung, wobei der Wunsch nach Fairness und Freundlichkeit stärker ausgeprägt ist, als dies in den Handlungen wahrgenommen wird.

Aus diesen Erkenntnissen kann geschlossen werden, dass es nicht ausreicht, nur die Praktiken oder Handlungen in beiden Ländern zu betrachten. Denn durch die von der sozialen Einheiten beobachtbare Differenz zwischen Handlungen und der eigenen kulturellen Wertebasis kann, wie oben beschrieben, der Drang zu kulturellen Veränderungen entstehen.

Kulturdimension	deutsche gesell. Wertvorstellungen	ungarische gesell. Wertvorstellungen	deutsche gesell. Handlungen	ungarische gesell. Handlungen
Unsicherheitsvermeidung	W 3,32 - 3,94 E	4,66	E 5,16 - 5,22 W	3,12
Machtdistanz	W 2,54 - 2,69 E	2,49	W 5,25 - 5,54 E	5,56
Inst. Kollektivismus	E 4,68 - 4,82 W	4,50	E 3,56 - 3,79 W	3,53
Gruppenkollektivismus	W 5,18 - 5,22 E	5,54	W 4,02 - 4,52 E	5,25
Geschlechtergleichheit	W 4,89 - 4,90 E	4,63	E 3,06 - 3,10 W	4,08
Bestimmtheit	W 3,09 - 3,23 E	3,35	W 4,55 - 4,73 E	4,79
Zukunftsorientierung	W 4,85 - 5,23 E	5,70	E 3,95 - 4,27 W	3,21
Leistungsorientierung	W 6,01 - 6,09 E	5,96	E 4,09 - 4,25 W	3,43
Humanorientierung	E 5,44 - 5,46 W	5,48	W 3,18 - 3,40 E	3,35

Tabelle 11: Deutsch-ungarischer Kulturvergleich anhand der Kulturdimensionen der GLOBE-Studie. (Quelle der Daten: House et al. (2004). Bei Deutschland wird zwischen West- (W) und Ostdeutschland (E) unterschieden.)[598]

[598] Die angegebenen Werte sind Mittelwerte, die sich aus der Befragung anhand einer siebenstufigen Likert-Skala ergeben haben.

4.2.1.2 Erste Falleinheit: Das Unternehmen A

Unternehmen A produziert und vertreibt Elektronikbauteile für die Industrie. Es hat weltweit über 500 Mitarbeiter. In der ungarischen Tochtergesellschaft arbeiten ca. 270 Menschen, wovon ca. 210 Mitarbeiter Arbeiter sind. Die Tochtergesellschaft wurde Mitte der neunziger Jahre gegründet.

Die Tochtergesellschaft wird von einem von der Muttergesellschaft entsandten Geschäftsführer geführt. Unabhängig von der Profession sind die restlichen Mitarbeiter der Tochtergesellschaft in der Regel Gastlandarbeiter. Generell hat sich Anfang des Jahrzehnts ein Wandel zwischen Mutter- und Tochtergesellschaft vollzogen. Der Nationalitätenwechsel in der Führung der Tochtergesellschaft, das Angleichen der Arbeitsprozesse und die Anpassung des Namens der Tochtergesellschaft an die Muttergesellschaft sind Belege dafür, dass die Tochtergesellschaft enger an die Muttergesellschaft gebunden ist. Die Zielvorgaben für die Tochtergesellschaft in Ungarn unterscheiden sich dabei nicht von jenen deutscher Tochtergesellschaften. Zudem gibt es keine wesentlichen technologischen Differenzen bezüglich der Fertigungsverfahren oder in der Verwaltung zwischen Mutter- und Tochtergesellschaft. Die Vorgaben der Muttergesellschaft sind im Wesentlichen in Eigenverantwortung zu erfüllen. Auch das bewusste Bestreben der Mitarbeiter der Tochtergesellschaft, sich von der Muttergesellschaft weiterhin abzugrenzen, lässt auf einen Wandel von einer eher polyzentrischen hin zu einer ethnozentrischen Orientierung schließen.

Das Bewusstsein über die Notwendigkeit unternehmenskultureller Unterschiede sowie der Fähigkeit zur lokalen Anpassung in der Tochtergesellschaft spricht zwar für die Einordnung als Multinationales Unternehmen im Sinne BARTLETT/GHOSHALS. Die starke Rolle der Muttergesellschaft bei der Umsetzung von Strategien, wie auch der Technologie- und Wissenstransfer von der Mutter- zur Tochtergesellschaft lassen dennoch auf ein Globales Unternehmen schließen. Die geringe Marktbearbeitung und fehlende Entwicklungsverantwortung in der ungarischen Tochtergesellschaft führen zu einer Einordnung als Off-Shore Factory. Trotz des im Vergleich zur Muttergesellschaft gleichen Technologiestands und einer strategischen Nähe zur Muttergesellschaft liegt der Fokus allein auf der Fertigung unter Ausnutzung der Standortvorteile.

Branche	Elektronik
Geschäftsbereich	business to business
Mitarbeiter weltweit	über 500
Mitarbeiter in der ungarischen Tochtergesellschaft	ca. 270
Leitung der Tochtergesellschaft	deutsche Nationalität, früher durch einen ungarischen Geschäftsführer besetzt
Gesamtumsatz	ca. 40 Mio. Euro (2008)
EPRG-Orientierung	von polyzentrisch hin zu ethnozentrisch verändernd
Führungstypologie	Globales Unternehmen
Rolle der Tochtergesellschaft	Off-Shore Factory

Tabelle 12: Steckbrief des Unternehmens der Falleinheit A.

4.2.1.3 *Zweite Falleinheit: Das Unternehmen B*

Das Unternehmen der zweiten Falleinheit betätigt sich auf dem Geschäftsfeld der Automatisierungstechnik. Das Unternehmen ist im Vergleich zu jenem der ersten Falleinheit mit Vertretungen in über 50 Ländern weitaus globaler aufgestellt, was sich auch im Jahresumsatz von ca. 250 Mio. Euro (2007) ausdrückt. Weltweit sind ca. 2200 Mitarbeiter beschäftigt, während in der ungarischen Tochtergesellschaft 500 Mitarbeiter angestellt sind. Ca. 50 hiervon sind Ingenieure. Ergänzt wird der Mitarbeiterstamm durch ca. 100 Leiharbeiter. Die Tochtergesellschaft wurde im selben Zeitraum gegründet, wie jene der ersten Falleinheit. Neben der auf die Fertigung und Entwicklung spezifizierte Tochtergesellschaft gibt es in Ungarn noch eine Gesellschaft, die sich auf den Vertrieb fokussiert.

Gegen Ende des vergangenen Jahrzehnts wurde in der Tochtergesellschaft eine Umstrukturierung aufgrund eines Generationenwechsels eingeleitet. Eine wichtige Änderung ist der Einsatz eines ungarischen Geschäftsführers mit mehrjähriger Berufserfahrung in Deutschland. In der Folge ist die ehemals sehr enge Beziehung zwischen Mutter- und Tochtergesellschaft gelockert worden. Auch flachere Hierarchien wurden eingeführt, insbesondere um die internen Kommunikationswege zu vereinfachen. Trotz der stärkeren Dezentralisierung bei der Führung der Tochtergesellschaft wird bezüglich der Unternehmenskultur eine größere Nähe zur Muttergesellschaft attestiert. Dennoch ist man sich der kulturellen Unterschiede insbesondere auf Führungsebene der Tochtergesellschaft bewusst und geht entsprechend darauf ein.

Die Wandlung in der Mutter-Tochter-Beziehung bewirkt eine Erweiterung der grundsätzlich ethnozentrischen durch Einflüsse einer polyzentrischen Orientierung. Dabei agiert das Gesamtunternehmen wie ein internationales Unternehmen, wobei Kernkompetenzen, wie beispielsweise die Entwicklung, auch in der ungarischen Tochtergesellschaft aufgebaut werden. Es sind somit erste Ansätze einer Multinationalen Unternehmung erkennbar. Die gegenüber der Tochtergesellschaft der ersten Falleinheit vorhandene Kompetenzerweiterung drückt sich nicht zuletzt in einer anderen Rollenfunktion aus. Diese ist hier als Source Factory zu bezeichnen, was der Tochtergesellschaft eine höhere strategische Bedeutung zumisst.

Branche	Automatisierungstechnologie
Geschäftsbereich	business to business
Mitarbeiter weltweit	ca. 2200
Mitarbeiter in der Tochtergesellschaft	ca. 500
Leitung der Tochtergesellschaft	ungarische Nationalität mit mehrjähriger Berufserfahrung in Deutschland
Gesamtumsatz	ca. 250 Mio. Euro (2007)
EPRG-Orientierung	ethnozentrisch mit polyzentrischen Tendenzen
Führungstypologie	Internationales Unternehmen
Rolle der Tochtergesellschaft	Source Factory

Tabelle 13: Steckbrief des Unternehmens der Falleinheit B.

4.2.1.4 *Dritte Falleinheit: Das Unternehmen C*

Das dritte Unternehmen ist ein Zulieferer der Fahrzeugindustrie. Es weist einen Jahresumsatz von ca. 450 Mio. Euro auf (2007) bei ca. 2000 Beschäftigten. Die ungarische Tochtergesellschaft, welche ebenfalls zu Beginn des letzten Jahrzehnts des 20. Jahrhunderts gegründet wurde, beschäftigt ca. 280 Mitarbeiter, wovon ca. 240 Arbeiter (inklusive Leiharbeiter) sind. Fokus der Tochtergesellschaft ist die Fertigung einer Komponente aus dem generellen Produktportfolio des Unternehmens.

Der Geschäftsführer ist ungarischer Nationalität. Er hat seine Karriere in der Tochtergesellschaft begonnen. Seine Funktion sieht er im Sinne eines Werksleiters, der die Vorgaben seitens der Muttergesellschaft umzusetzen hat. Nicht nur bei den Zielvorgaben, auch bei der Umsetzung besteht ein hoher Kontrollgrad seitens der Muttergesellschaft, was sich in einer engen Zusammenarbeit des Managements der Tochtergesellschaft mit der Muttergesellschaft zeigt. Auch eine regelmäßige Entsendung von Arbeitern nach Deutschland zum Einarbeiten ist vorgesehen. Der Muttergesellschaft ist somit ein großer Einfluss auf die Tochtergesellschaft zu attestieren. Durch die intensive Kontroll- und Steuerungsfunktion ist die Mutter-Tochter-Beziehung sehr ethnozentrisch geprägt. Diese Zentralisierung bezieht sich insbesondere auf den Know-how- und Wissenstransfer.

Die Tochtergesellschaft dient einzig der Erfüllung fertigender Aufgaben in Abhängigkeit der von der Muttergesellschaft bereitgestellten Ressourcen. Diese starke Zentralisation entspricht der Führungstypologie eines Globalen Unternehmens, wobei hier nicht der Export im Sinne einer Marktbearbeitung als solchem im Vordergrund steht, sondern die Fertigung und Ausnutzung der Lokalisierungsvorteile. Durch die fehlende Bereitschaft, Know-how in die Tochtergesellschaft zu transferieren, sind dort auch keine erweiterten Kompetenzen im Sinne FERDOWS zu verorten. Von allen betrachteten Falleinheiten erfüllt diese Tochtergesellschaft am ehesten die Rolle einer Off-Shore Factory.

Branche	Fahrzeugindustrie
Geschäftsbereich	business to business
Mitarbeiter weltweit	ca. 2000
Mitarbeiter in der ungarischen Tochtergesellschaft	ca. 280
Leitung der Tochtergesellschaft	ungarische Nationalität, langjährig in der Tochtergesellschaft angestellt
Gesamtumsatz	450 Mio. Euro (2007)
EPRG-Orientierung	ethnozentrisch
Führungstypologie	Globales Unternehmen
Rolle der Tochtergesellschaft	Off-Shore Factory

Tabelle 14: Steckbrief des Unternehmens der Falleinheit C.

4.2.1.5 *Vierte Falleinheit: Das Unternehmen D*

Das Unternehmen der vierten Falleinheit unterscheidet sich von den vorhergehenden insbesondere bezüglich des Geschäftsbereiches. Es werden Elektrokleingeräte für den Endkundenmarkt gefertigt. Das Unternehmen vertreibt die Produkte weltweit über Partner bei einem Jahresumsatz von ca. 110 Mio. Euro (2010). Weitere Tochtergesellschaften, außer jener in Ungarn gibt es jedoch nicht. Diese ist ebenfalls zu Beginn des letzten Jahrzehnts des letzten Jahrhunderts gegründet worden. Dort arbeiten ca. 130 Menschen, wobei die Anzahl saisonal schwankt. Der Fokus der Tochtergesellschaft liegt einzig auf der Fertigung. Marketing und Entwicklung werden allein von der Muttergesellschaft betrieben.

Das Unternehmen ist seit mehreren Generationen in Familienbesitz und wird auch als solches geführt. Zu Beginn wurde ähnlich der Tochtergesellschaft der dritten Falleinheit in Ungarn ein ungarischer Werksleiter eingesetzt. Entscheidungen werden allein in der Muttergesellschaft getroffen. Aktuell ist ein ungarischer Geschäftsführer eingesetzt. Die Zielvorgaben kommen zwar auch heute noch von der Muttergesellschaft, die Umsetzung erfolgt jedoch weitestgehend in Eigenverantwortung. Trotzdem wird bei wichtigen Entscheidungen die Muttergesellschaft einbezogen. Dies wird durch kurze, bidirektionale Kommunikationswege ermöglicht. Auch der Know-how-Transfer findet in beide Richtungen statt. Dies widerspricht zwar einer ethnozentrischen Orientierung. Jedoch hat sich gezeigt, dass die Tochtergesellschaft von der Muttergesellschaft bei der Leitung stark abhängig ist und durch diese geprägt und beeinflusst wird.

Die Integration der Tochtergesellschaft beim Know-how-Transfer sowie die grundsätzliche Exportorientierung des Unternehmens lassen auf ein Globales Unternehmen schließen. Dem entspricht auch die Tendenz, das Wissen in der Muttergesellschaft zu bündeln. Die Konfiguration der Werte und Fähigkeiten ist durch den direkten Einfluss des Eigentümers auf die Tochtergesellschaft geprägt. Die Rolle der Tochtergesellschaft ist von ihrer grundsätzlichen Ausrichtung als eine Off-Shore Factory zu beschreiben, welche jedoch durch eigene Verbesserungsbestrebungen in der Produktion und dem dadurch entstehenden Fertigungs-Know-how von größerer Bedeutung für die Muttergesellschaft ist als eine reine Off-Shore Factory.

Branche	Elektrokleingeräte
Geschäftsbereich	business to consumer
Mitarbeiter weltweit	unbekannt
Mitarbeiter in der ungarischen Tochtergesellschaft	130
Leitung der Tochtergesellschaft	ungarische Nationalität mit mehrjähriger Berufserfahrung in Deutschland
Gesamtumsatz	110 Mio. Euro (2010)
EPRG-Orientierung	ethnozentrisch
Führungstypologie	Globales Unternehmen
Rolle der Tochtergesellschaft	Off-Shore Factory mit erweiterten Kompetenzen

Tabelle 15: Steckbrief des Unternehmens der Falleinheit D.

4.2.2 Untersuchung der ersten Falleinheit: Unternehmen A

Die Untersuchung der ersten Falleinheit umfasst, wie oben beschrieben, einen qualitativen und einen quantitativen Teil. Der qualitative Teil bezieht sich auf die Auswertung von Interviews und Beobachtungen sowie auf eine Dokumentenanalyse. Durch eine Datentriangulation werden Aussagen zur Veränderung kultureller Wertvorstellungen abgeleitet (Kapitel 4.2.2.1). Der quantitative Teil fokussiert hingegen auf die Erklärung kultureller Veränderungen aufgrund zu bestimmender demographischer Faktoren. Ziel des Kapitels 4.2.2.2 ist es, beeinflussende Faktoren zu identifizieren und damit Veränderungen kultureller Wertvorstellungen zu belegen. Durch die Triangulation der Aussagen aus der qualitativen und quantitativen Auswertung werden schließlich in Kapitel 4.2.2.3 Aussagen zweiter Ordnung abstrahiert, welche die Grundlage zur Herleitung des Aussagensystems zur Veränderung kultureller Wertvorstellungen in international handelnden Unternehmen darstellen.

4.2.2.1 Qualitative Analyse A: Erkenntnisse aus der qualitativen Erhebung der ersten Falleinheit zur Einordnung in den konzeptionellen Bezugsrahmen und zur Vorbereitung der Aussagentriangulation

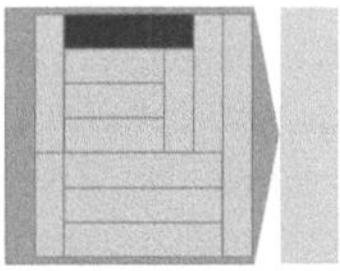

Entsprechend der Aufteilung der drei Untersuchungsebenen (siehe Tabelle 9) wird im folgenden Kapitel 4.2.2.1.1 sowohl auf die Beziehung zwischen Mutter- und Tochtergesellschaft eingegangen, wie auch Elemente der Unternehmenskultur der Tochtergesellschaft beschrieben. Dies umfasst neben der vorherrschenden Denk- und Arbeitsweise auch Instrumente, mit welchen versucht wird, auf die Unternehmenskultur oder auf die Subkulturen Einfluss zu nehmen.[599] In Kapitel 4.2.2.1.2 werden schließlich Aussagen zur Ausprägung der Subkulturen im Unternehmen hergeleitet.

4.2.2.1.1 Mutter-Tochter-Beziehung und eingesetzte Instrumente zur Koordination und Identifikation im Sinne der Unternehmenskultur

4.2.2.1.1.1 Die Rolle und Führung der ungarischen Tochtergesellschaft im Fokus des Austauschs unternehmenskultureller Elemente zwischen Mutter- und Tochtergesellschaft

Wie im Bezugsrahmen beschrieben, ist von einem maßgeblichen Einfluss seitens der Muttergesellschaft auf die kulturellen Elemente der Tochtergesellschaft über die zugewiesene Rolle im Unternehmensverbund und über die Art und Weise der Führung auszugehen. Den in Kapitel 4.2.1.2 angesprochenen Wandel von einer poly- hin zu einer ethnozentrischen Orientierung ist durch die kulturellen Vermittlungsversuche durch die Führung der Tochtergesellschaft geprägt (IB41, IB42, IB57, IB67, IB81, IB83, IB84, IB85, IB86, IB89, IB90). Es besteht das Bestreben, eine Akzeptanz unternehmenskultureller Unterschiede zu bewirken. Es geht hierbei um Unterschiede, die durch jene in den Gesellschaften vorherrschenden Subkulturen bestehen (IB40, IB77, IB86, IB92, IB94, IB100, IB131). Trotz zentraler Zielvorgaben seitens der Muttergesellschaft (IB74, IB82, IB98) ist demnach keine rein ethnozentrische Orientierung zu beobachten. Dies spiegelt sich auch in dem Streben nach einer Vermittlung einer reflektionsorientierten Einstellung gegenüber Neuerungen der Muttergesellschaft wider (IB5, IB96). Trotzdem wird auch bei der Entscheidungsfindung in zentralen Themen die Muttergesellschaft mit eingebunden (IB93).

[599] Zu den verwendeten Indizes siehe den Anhang. Die Auflösung der Indizes kann aus datenschutzrechtlichen Gründen nicht veröffentlicht werden.

Diese Neuerungen beziehen sich vor allem auf Fertigungstechnologien und die Gestaltung von Arbeitsprozessen. Mit der Rolle als Off-Shore Factory (IB69, IB70, IB80) ist die Tochtergesellschaft auf die Entwicklungsarbeit in der Mutter- bzw. in einer deutschen Schwestergesellschaft angewiesen. Es ergibt sich ein starker Know-how-Transfer von Deutschland nach Ungarn (IB60, IB71, IB73, IB74). Der Know-how-Transfer bewirkt, dass der ungarischen Tochtergesellschaft technologisch hochentwickelte Maschinen zur Verfügung stehen. Es besteht ein hoher Automatisierungsgrad, welcher gepaart mit den Lohnkostenvorteilen in Ungarn zu einem hohen X-Effizienzgrad führt (IB73, IB74). Dadurch, dass die Schwestergesellschaften dieselben Kunden haben, die Technologie teilen und einen hohen Wissenstransfer haben, entsteht eine hohe Abhängigkeit voneinander. Dies drückt sich zudem in der Angleichung des Namens der Tochtergesellschaft an den der Muttergesellschaft und in der Annäherung der Leistungsfähigkeit der Tochtergesellschaft an jene der Schwestergesellschaft aus (IB76, IB77). Auch das Bild nach außen in Form des Gebäudes, der Außenanlage oder der Serviceorientierung gegenüber Kunden und Besuchern lässt auf eine über eine ausführende Einheit hinausgehende Stellung schließen (IB101, IB108). Für die ungarische Tochtergesellschaft bedeutet dies trotz der Einordnung als Off-Shore Factory, dass sie ein wesentlicher Bestandteil der unternehmensübergreifenden Wertschöpfung ist und nicht einfach ausgetauscht werden kann. Dies impliziert seitens der Muttergesellschaft die Notwendigkeit, auch auf die kulturellen Belange der Tochtergesellschaft eingehen zu müssen. Dies spiegelt sich in Beobachtungen zum Austausch (unternehmens-)kultureller Elemente wider.

So ist beispielsweise für den Know-how-Transfer von Deutschland nach Ungarn eine Entsendung von (Mit-)Arbeitern zum Erwerb entsprechender Kenntnisse zur Anwendung neuer Technologien notwendig.[600] Wird eine neue Maschine in Ungarn zuerst eingeführt, werden auch deutsche Arbeiter in Ungarn eingelernt (IB58, IB61). Zur Überbrückung der sprachlichen und kulturellen Barrieren werden keine besonderen Maßnahmen getroffen. Bedingt durch das ungarische Ausbildungssystem und teils enge familiäre Verbindungen nach Deutschland oder Österreich gibt es unabhängig von der Profession viele deutschsprachige Mitarbeiter, die teils langjährige Auslandserfahrung in Deutschland haben. Zudem ist in der Muttergesellschaft ein Mitarbeiter mit fortgeschrittenen Ungarischkenntnissen beschäftigt, der die ungarischen Arbeiter vor Ort unterstützen kann (IB25, IB45, IB60, IB62, IB63, IB64). Ein kultureller Austausch, der nicht durch den Austausch auf Basis der wertschöpfenden Tätigkeit basiert, ist ebenfalls eingeschränkt zu beobachten (IB66, IB67, IB68, IB156).

Die kulturellen Unterschiede zwischen Mutter- und Tochtergesellschaft werden insbesondere im Umgang mit Neuerungen gesehen. So basiert der gewünschte reflektionsorientierte Umgang mit Neuerungen jeglicher Art auf der grundsätzlichen Offenheit gegenüber Veränderungen. Diese Offenheit ist in der deutschen Mutter- bzw. Schwestergesellschaft nicht zu beobachten (IB30, IB33). Dies betrifft nicht nur die eigentliche Wertschöpfungsebene, sondern auch die administrative Ebene, beispielsweise bei der Einführung neuer Informations- und Kommunikationssysteme. Ein weiterer Unterschied wird auch in der Integration der Mitarbei-

[600] Elementar für das Erlernen des Umgangs mit Maschinen oder neuer Arbeitsprozesse ist weniger das Aneignen expliziten Wissens, sondern das Annehmen implizitem Wissen. Dieser Wissenstransferprozess wird einzig durch das gemeinsame Arbeiten an einem Objekt ermöglicht, was eine Entsendung von Arbeitern bedingt. Siehe hierzu die Lerntheorie nach JOHANSON/VAHLNE in Kapitel 2.1.1.2.4.

ter und der damit einhergehenden Identifikation mit dem Unternehmen bzw. der sozialen Einheit gesehen (IB165).

Trotz des Versuchs, die Tochtergesellschaft stärker an die Muttergesellschaft zu binden bzw. in den Unternehmensverbund zu integrieren, wird in der ungarischen Tochtergesellschaft großer Wert auf Eigenständigkeit gelegt (IB42, IB65, IB67). Dies verhindert letzten Endes eine Assimilation oder Kreation der Unternehmenskulturen der Mutter- und Tochtergesellschaft.[601] Eine reine Separation kann allerdings auch nicht beobachtet werden (IB65, IB90, IB97 i.V.m. IB98, IB129). Dies liegt an dem Umstand, dass mit den oben beschriebenen Maßnahmen auch der kulturelle Austausch gefördert wird. Zumindest seitens der ungarischen Tochtergesellschaft ist von einer partiellen Integration kultureller Handlungen und Werte auszugehen. Die Beschränkung auf einen Teilbereich der Unternehmenskultur ist durch das Bewusstsein der Führung der Tochtergesellschaft gegeben, dass der Zwang, bestimmte Verhaltensformen anzunehmen, sich kontraproduktiv zu Motivation, Koordination und Leistungserstellung auswirkt (IB129, IB131, IB161). Dennoch wird seitens der Führung der Tochtergesellschaft formuliert, dass eine Akzeptanz der Besonderheiten der Unternehmenskultur der Tochtergesellschaft in der Muttergesellschaft wünschenswert wäre, um Entscheidungs- und Ablaufprozesse zielgenauer modellieren zu können (IB23, IB41).[602]

4.2.2.1.1.2 Die Unternehmenskultur der ungarischen Tochtergesellschaft und Instrumente zur direkten oder indirekten Beeinflussung der Unternehmenskultur

Einen wesentlichen Beitrag zur Identifikation mit der Tochtergesellschaft wird durch die Übernahme sozialer Verantwortung geleistet. Wesentlich ist hierbei, dass die soziale Verantwortung sich nicht nur auf die Geschehnisse im Unternehmen beschränken (IB28, IB35, IB55, IB112, IB114, IB153, OD45, OD46, OD47) sondern auch über das (physisch nicht vorhandene; IB102) Werkstor hinausgehen (IB119, IB120, IB121, IB124, IB125, IB126, IB157, OD44). Seitens der Mitarbeiter drückt sich dies in entsprechender Dankbarkeit (IB35) und der Identifikation mit der Tochtergesellschaft aus (IB159, IB164, IB167). Maßgeblich für die Identifikation mit der Tochtergesellschaft ist zudem der im vorhergehenden Abschnitt diskutierte Wunsch einer Abgrenzung gegenüber der Mutter- bzw. Schwestergesellschaft zu nennen.[603] Zusätzlich wird die Integration durch gemeinsame Aktivitäten mit den Kollegen im gesellschaftlich/familiären Umfeld gestützt (IB43, IB157, IB165). Die starke Verbundenheit mit dem Unternehmen drückt sich zudem in der Diskussion um die Änderung des Namens der Tochtergesellschaft aus. Es lässt sich einerseits das Selbstverständnis der Mitarbeiter der Tochtergesellschaft beobachten, dass man eine eigenständige und leistungsfähige Einheit ist (IB39, IB42, IB44, IB45, IB76, IB77, IB159, IB164, IB167). Andererseits wird die Notwendigkeit vor allem seitens der Führung gesehen, dass ohne eine Integration und stärkere Anbindung an die Mutter- und Schwestergesellschaften nicht das ganze Potenzial im Sinne effi-

---

[601] Zu den verschiedenen Arten der gegenseitigen Beeinflussung von Unternehmenskulturen siehe Kapitel 2.1.2.2.2.

[602] Diese Beobachtungen entsprechen der emischen Sichtweise auf das interkulturelle Management. Siehe hierzu die Diskussion in Kapitel 3.3.1.

[603] Identitätsbildung durch Abgrenzung ist eine von vier wesentlichen in der Literatur diskutierten Möglichkeiten. Siehe zur weiteren Betrachtung kollektiver Identität insbesondere Giesen (1987); Giesen (1999b) oder Giesen (1999a). Zu den Grundlagen siehe z.B. Abels (2010).

zienter Koordination abgerufen werden kann (IB40, IB67, IB76, IB77, IB92, IB109, IB156, IB161, IB164). Aus Sicht der derivaten Funktionen[604] wird seitens der Führung der Tochtergesellschaft versucht, den externen Anforderungen von Seiten der Kunden wie auch insbesondere von Seiten der Muttergesellschaft zu erfüllen bzw. sich entsprechend anzupassen. Aufgrund der starken internen Verankerung der Mitarbeiter bei der vormals polyzentrisch orientierten Muttergesellschaft ergibt sich die Notwendigkeit, die Interessen der Mitarbeiter gegenüber der Muttergesellschaft und anderen Akteuren der Umwelt zu vertreten und auf eine Akzeptanz der Eigenständigkeit hinzuwirken.

Neben der identitätsstiftenden sozialen Verantwortung und der Identifikation mit der Tochtergesellschaft lässt sich im Sinne der Unternehmenskultur eine große Offenheit beobachten. Dabei kann zwischen zwei Ebenen unterschieden werden: Offenheit gegenüber Dingen, die aus der Umwelt an die Tochtergesellschaft herangetragen werden sowie eine Offenheit im Umgang mit anderen Mitarbeitern der Tochtergesellschaft. Die wichtigsten Beobachtungen der ersten Ebene wurden bereits bei der Betrachtung der Mutter-Tochter-Beziehung diskutiert. Neben der Akzeptanz neuer Technologien in der Fertigung oder auch in der Administration trifft dies auch auf die Bereitschaft zu, die Neuerungen zu verstehen und zu erlernen. Auch wenn dies maßgeblich durch die Führung der Tochtergesellschaft in Form von Entsendungen durchgesetzt wird, lässt sich auch eine persönliche Motivation beobachten (IB31, IB63, IB150). Des Weiteren ist auch in der generellen Umwelt eine gewisse Offenheit zu beobachten, beispielsweise gegenüber benachbarten Unternehmen, Wettbewerbern, Kunden oder auch gegenüber dieser Untersuchung (IB101, IB102, IB103, IB106, IB111, IB119, IB128, OD41, OD42). Die Offenheit im Umgang mit anderen Kollegen und Mitarbeitern wird unter anderem durch das junge und dynamische Umfeld getrieben. Dabei spielt auch die Konfrontation mit unterschiedlichen Kulturen innerhalb der Tochtergesellschaft eine wesentliche Rolle (IB26, IB36, IB37, IB39, IB45, IB110, IB128, IB159, IB165, OD45). Es erfolgt somit bezüglich der Offenheit eine Anpassung an die Umwelt der Tochtergesellschaft. Dies beinhaltet beispielsweise notwendige Anpassungen zur Leistungssteigerung der X-Effizienz in der Wertschöpfung auf Initiative der Muttergesellschaft oder auf Initiative von Forschungseinrichtungen. Auch das bewusste Nutzen der Möglichkeiten aus der Umwelt zur Realisierung von Effizienzvorteilen (beispielsweise durch Bündelung von Bedarfen über die Unternehmensgrenze hinweg) drückt die Offenheit der Tochtergesellschaft aus. Dies erfordert wiederum eine entsprechende Identifikation der Mitarbeiter unter Fokussierung auf die Ziele der Tochtergesellschaft. Ohne einen offenen Umfang zwischen den Mitarbeitern, Kollegen und der Führung könnte das Potenzial der Umwelt der Tochtergesellschaft nicht genutzt werden.

Neben der Identitätsfunktion der Unternehmenskultur bildet die Koordinationsfunktion die zweite Säule für organisatorische Effizienz in der Tochtergesellschaft. Insbesondere hier lassen sich auch innerhalb des Unternehmens zwischen der aus Deutschland eingesetzten Führung und den ungarischen Arbeitern Unterschiede bezüglich kultureller Verhaltensweisen beobachten. Deutsch geprägte Vorstellungen über Pünktlichkeit und Exaktheit treffen hier auf einen entspannten Umgang in der Zusammenarbeit (IB8, IB9, IB10, IB13, IB14, IB86, IB92, IB131, IB135, IB136, IB138, IB140, IB160). Um eine bessere Koordination zu gewährleis-

[604] Siehe hierzu den konzeptionellen Bezugsrahmen in Abbildung 32.

ten, werden insbesondere bezüglich der Pünktlichkeit oder der Ungestörtheit in Teamrunden Anreize für ein anderes Verhalten gesetzt. Diese kommen ohne direkte Anweisungen aus, die mit landeskulturellen Vorstellungen über den Umgang mit den entsprechenden Attributen konfligieren würden (IB10, IB12, IB40, IB51, IB52, IB138). Unterscheidungen sind hier jedoch bezüglich der Profession zu machen. So gelten für Arbeiter durch die zeitlich abhängigen Arbeitsschritte striktere Anforderungen bei der Leistungserstellung, als dies in der Administration der Fall ist. Trotzdem wird einerseits bei den Arbeitern bei entsprechenden Verfehlungen flexibel reagiert. Andererseits werden in der Administration auch bestimmte Rahmenbedingungen vorgegeben (IB140, IB141, IB142, IB143).

Grundsätzlich wird seitens der Führung darauf geachtet, dass ein kommunikatives und freundliches Zusammenarbeiten ermöglicht wird (IB8, IB9, IB10, IB12, IB27, IB104, IB107, IB122, IB155). Neben dem direkten Informationsaustausch untereinander und der oben bereits angesprochenen Offenheit gegenüber Kollegen, Mitarbeitern und auch gegenüber der Führung (IB27, IB36, IB37) ist die Lösung von Problemen in der Gruppe eine geförderte Arbeits- und Denkweise (IB27, IB122, IB155, OD45). Von der Führung wird zudem daran gearbeitet, dass Probleme und Lösungen von den Mitarbeitern pro aktiv erkannt und kommuniziert werden. Dies beinhaltet gegebenenfalls auch Vorgaben, die von der Muttergesellschaft bezüglich bestimmter Arbeitsprozesse gemacht werden, die aber durch die landesspezifischen oder kulturellen Gegebenheiten in der Tochtergesellschaft nicht umsetzbar sind (IB32, IB33, IB38, IB97, IB145, IB148, IB148, IB158). In diesem Kontext wird den ungarischen Mitarbeitern jedoch eine gewisse Leidensfähigkeit zugesprochen, was aber insbesondere Teil der subkulturellen Betrachtung in den folgenden Abschnitten ist. Grundsätzlich geht es um eine hohe Eigenmotivation der Mitarbeiter, Probleme selbstständig lösen zu wollen, obwohl dies unter Einbeziehung von Kollegen oder Vorgesetzten einfacher, schneller und damit effizienter möglich wäre (IB21, IB24, IB38, IB145, IB148). Es wird deutlich, dass hier noch ein Unterschied zwischen der Anforderung an die Mitarbeiter seitens Unternehmenskultur und den vorhandenen Denk- und Verhaltensweisen vorliegt. Auch über Arbeits- und Prüfpläne lässt sich das Problem des Umgangs mit nicht vorhersehbaren Situationen nicht vollends lösen, „denn Lücken gibt es in der Regel immer“ (IB24, IB144, IB145). Umso wichtiger ist für eine organisatorische Effizienz bzw. eine Effizienz in der Ablauforganisation eine bestimmte Denkweise, deren Akzeptanz und Verinnerlichung nicht zuletzt durch die kulturellen Wertvorstellungen der Subkulturen bedingt wird. An diesem Kriterium wird auch gemessen, ob der Wunsch der Führung der Tochtergesellschaft nach einer kritischen Problem- und Lösungsorientierung Teil der Unternehmenskultur werden kann oder nicht.

Für eine effiziente Koordination innerhalb des Unternehmens ist zudem der Umgang mit den unterschiedlichen Sprachen von zentraler Bedeutung. Durch die Konfrontation mit der deutschen Sprache aufgrund der engen Zusammenarbeit beim Technologietransfer und der Wertschöpfung mit der Muttergesellschaft, des Kontakts mit englischsprachigen und ungarischen Kunden bedarf es neben der Offenheit und entsprechender Kenntnisse auch einer Bereitschaft, Dinge auf andere Art und Weise zu erklären, zu wiederholen oder notfalls eine dritte Person zur Unterstützung heranzuziehen. Dabei muss vermieden werden, dass ein Nicht-Verstehen nicht auf die Unfähigkeit des Kollegen oder Mitarbeiters zurück geführt wird.[605] Innerhalb der Tochtergesellschaft ist dieses Verständnis zu beobachten. Es wird dort, wo es notwendig ist, mit Sprachtrainings gearbeitet. Aufgrund der Historie sind bei den Arbeitern häufig notwendige Sprachfertigkeiten schon von Haus aus vorhanden, sodass die Kommunikation mit der Mutter- bzw. Schwestergesellschaft nicht nur über die deutsche Führung geführt wird, eine direkte Zusammenarbeit auch bei Arbeitern oder in der Administration möglich ist (IB26, IB48, IB62, IB63, IB64, IB95, IB105). Vorhandene Deutschkenntnisse werden als positive Zusatzqualifikation gewertet und nicht als Grundvoraussetzung gesehen. Zudem zeigt der Anspruch an die Mutter- bzw. Schwestergesellschaft, sich auch auf die ungarische Sprache und Kultur einzulassen, dass einerseits das Eigenverständnis und die Identifikation mit der Tochtergesellschaft stark ausgeprägt sind und andererseits auch Unterschiede gelebt und nicht zwanghaft negiert werden (IB25, IB63, IB94). Für eine effiziente Abstimmung der Arbeitsprozesse zwischen den Gesellschaften muss jeder einen Schritt auf den Anderen zugehen.

Bezüglich der Entlohnung als weiteres wesentliches Element zur Leistungserstellung und Koordination wird auf eine leistungsorientierte Entlohnung vertraut. Jeder soll für seine Leistungen auch entsprechend bezahlt werden, auch wenn hier weiteres Potenzial zur Motivation bei der Lösungsfindung zu beobachten ist (IB78, IB120, IB121, IB150, IB153, IB154, OD47). Dies zeigt auch die soziale Verantwortung gegenüber den Mitarbeitern. Einerseits wird versucht, Mitarbeitern eine möglichst langfristige Perspektive unter Berücksichtigung der marktseitigen Rahmenbedingungen zu geben, andererseits ist man sich des Wertes der Arbeiter für das Unternehmen bewusst (IB78, IB153). Demnach wird auch im Rahmen der Bezahlung versucht, das Spannungsfeld zwischen interner Verankerung und Anpassung an externe Rahmenbedingungen zu überbrücken, um eine möglichst hohe organisatorische Effizienz zu erreichen. Grundsätzlich lässt sich beobachten, dass bezüglich finanzieller Anreizsysteme noch Potenzial für eine stärkere interne Verankerung besteht.

Aus Perspektive der instrumentellen Kulturbetrachtung kann festgehalten werden, dass die Führung der Tochtergesellschaft mit unterschiedlichen bewusst oder unbewusst eingesetzten Instrumenten versucht, die Unternehmenskultur der Tochtergesellschaft zu beeinflussen. Neben den eben angesprochen finanziellen Anreizsystemen, welche insbesondere bei den Arbeitern sehr wirksam sind (IB28, IB99, IB114, IB117, IB120, IB123, IB150, IB153, OD47), sind auch motivierende Anreize für ein kritisches Problemlösungsverhalten und zielgerichtete Zusammenarbeit (IB11, IB117, IB138, OD45, OD46), Unterstützung zur innerbetrieblichen Förderung (IB55, IB112, IB117, IB118, IB119, IB121, IB122, IB157, IB159, IB167, OD46) sowie Unterstützung in privaten Problembereichen (IB124, IB125, IB126, IB127, IB157, OD44) zu beobachten. Darüber hinaus werden viele Instrumente eingesetzt, um einerseits die Abgrenzbarkeit zwischen den Standorten zu wahren, andererseits aber die notwendige Durchlässigkeit für eine effiziente Zusammenarbeit zu ermöglichen (IB25, IB26, IB58, IB66, IB68, IB85, IB95, IB117, IB156, IB158, IB159, IB164, IB167).

[605] Siehe zu den Herausforderungen interkultureller Kommunikation z.B. Broszinsky-Schwabe (2011), S. 96ff.; Holliday (2011), S. 18ff.; Hu/Fan (2011); Lauring (2011) oder Madlock (2012).

4.2.2.1.2 Subkulturelle Beobachtungen zur Herleitung eines Aussagensystems über die kulturelle Veränderung der Wertvorstellungen von ungarischen (Mit-)Arbeitern in Falleinheit A

4.2.2.1.2.1 Subkulturelle Betrachtung der Arbeitsweise in der Tochtergesellschaft

Im Fokus dieser Auswertung stehen Folgerungen aus Aussagen, die sich auf die Arbeitsweise subkulturell abgegrenzter Mitarbeiter der ungarischen Tochtergesellschaft beziehen. Im Gegensatz zur Unternehmenskultur stehen Wertvorstellungen und Handlungen (Praktiken) der Mitarbeiter im Vordergrund der Betrachtung. Die hier getroffenen Aussagen bilden somit die Basis der oben abgeleiteten Ausprägung der Koordinationsfunktion. Gemäß dem Bezugsrahmen ist bei der subkulturellen Betrachtung die Differenzierung nach den Kulturdimensionen zu berücksichtigen. Bei den Aussagen auftretende Überschneidungen sind ein Zeichen dafür, dass die Kulturdimensionen nicht gänzlich unabhängig voneinander sind. Zur Geschlechtergleichheit konnten aus Sicht der Subkulturen keine Aussagen abgeleitet werden.

Bezüglich der Unsicherheitsvermeidung ist zu beobachten, dass sich die Mitarbeiter den täglichen Herausforderungen und den damit auftauchenden Problemen eigenständig stellen (IB6, IB21, IB22, IB24, IB26, IB32, IB60, IB95, IB96). Auch unbekannte Neuerungen werden grundsätzlich ohne Kritik angenommen und umgesetzt, auch wenn sie vermeintliche Nachteile mit sich bringt und ein stilles Unverständnis bei den Mitarbeitern hervorruft (IB7, IB22, IB24, IB27, IB33). Zusammenfassend lässt sich hierfür der Begriff der Leidensfähigkeit definieren: Innerhalb der Arbeitsabläufe werden Unannehmlichkeiten zu Gunsten klarer Arbeitsanweisungen und Regeln akzeptiert. Diese Leidensfähigkeit lässt sich sowohl in der Administration als auch bei den Arbeitern beobachten. Gestützt wird dieses Streben dadurch, dass die Mitarbeiter die Vorzüge der eigenen (ungarischen) Subkultur zu schätzen wissen (IB21, IB27, IB29, IB95, IB131, IB138, OD45). Bei den Arbeitern ist die Unsicherheitsvermeidung hingegen als besonders stark ausgeprägt zu beobachten. Dies ist durch die Anforderungen seitens der Tochtergesellschaft begründet, welche zur effizienten Wertschöpfung auf hohem Qualitätsniveau Koordinations- und Steuerungsinstrumente einsetzt, die den Arbeitern einen engen Rahmen bei der Ausführung ihrer Tätigkeiten vorgeben (IB24, IB27, IB144, IB145, OD42). Durch diesen Umstand sind für die Arbeiter gegenüber den anderen Professionen keine gesonderten Rückschlüsse über die Höhe der Bedeutung bei der Wertvorstellung abzuleiten. Anzumerken sei in diesem Zusammenhang zudem, dass die Unsicherheitsvermeidung bei den Mitarbeitern der deutschen Mutter- bzw. Schwestergesellschaft noch höher einzuschätzen ist (IB33, IB96, IB155).

Weitaus weniger hoch eingeschätzt wird die Bedeutung zentraler und autoritärer Entscheidungen (IB27, IB107, IB138). Es kann beobachtet werden, dass die Mitarbeiter in die Entscheidungsprozesse eingebunden werden bzw. ihren Beitrag zur Entscheidung bei der Problemlösung oder Prozessverbesserung einbringen möchten (IB19, IB27, IB60). Basis hierfür ist eine eigene Reflektion von Handlungen und Anweisungen, wenn diese auch nicht zwingend nach außen getragen wird (IB6, IB18, BI19, IB20, IB24, IB34). Dieses Mit-Einbringen-Wollen mindert jedoch nicht das Bewusstsein dafür, dass es bestimmte Regeln und Anweisungen gibt, die für ein Funktionieren des Wertschöpfungsprozesses notwendig sind. Dies gilt insbesondere für wertschöpfende Tätigkeiten, welche mit weniger Entscheidungsfreiheit und Gestaltbarkeit bei der Ausführung ausgestattet sind (IB16, IB18, IB24, IB27). Handelt es sich hingegen um Anweisungen, die aus einem kulturellen Unterschied heraus entstehen, werden autoritär vermittelte Verhaltensvorschriften von den Mitarbeitern nicht positiv aufgenommen (IB313, IB138, IB140).

Es lässt sich eine hohe Bedeutung des sozialen Miteinanders unter Kollegen und die damit einhergehende Integration und Identifikation mit der Arbeitsgruppe und der Tochtergesellschaft anhand des Strebens nach Zusammenhalt und Zusammenarbeit beobachten (IB27, IB60, IB107, IB122, IB128, IB155, OD45). Dies gilt sowohl für die administrativ Beschäftigten als auch für die Arbeiter der Tochtergesellschaft. Durch die große Bedeutung der deutschen Sprache zur Kommunikation mit der Führung der Tochtergesellschaft und bei der direkten Abstimmung mit entsprechenden Abteilungen der Muttergesellschaft entsteht durch die unterschiedlichen Sprachkenntnisse ein weiterer Anreiz, durch gemeinschaftliches Handeln diese sprachlichen Defizite auszuräumen. Insbesondere bei der Fertigung wirken Arbeiter mit Deutschkenntnissen als Integratoren bei der Abstimmung realer Wertschöpfungsprozesse (IB26, IB48, IB60, IB105). Dass sich dieser Zusammenhalt nicht nur auf die Arbeit bezieht, lässt sich auch anhand sozialer Aktivitäten im gesellschaftlich/familiären Umfeld beobachten (BI29, IB155).

Auch wenn es Mitarbeiter mit einer besonderen Bedeutung für die Integration gibt, lässt sich beobachten, dass diese sich nicht autoritär oder bestimmend verhalten. Grundsätzlich sind sich die Mitarbeiter ihrer eigenen Meinung und Fähigkeiten bewusst. Hierbei ist gegenseitiger Respekt vorhanden (IB5, IB6, IB22, IB24). Beispielsweise lässt sich aus der nicht immer gegebenen Pünktlichkeit ableiten, dass die Mitarbeiter sich ihrer Handlung bewusst sind. Eine direkte Anweisung zum pünktlichen Erscheinen oder gar eine Bestrafung würde eine Blockadehaltung hervorrufen und wäre damit kontraproduktiv. Durch indirekte Anreizsysteme, welche auch von den Mitarbeitern getragen werden, kann jeder Mitarbeiter selbst über sein Verhalten entscheiden und etwaige Konsequenzen akzeptieren (IB8, IB9, IB10, IB12, IB13, IB14, IB138). Dass es sich hierbei um Wertvorstellungen handelt und nicht nur um kulturelle Handlungen, zeigt der Umgang bei der Lösungsfindung von Problemen und ineffizienten Arbeitsprozessen. Nach außen werden diese nicht getragen, auch wenn eine eigene Meinung und Reflektion über die Sachverhalte vorhanden ist (IB6, IB16, IB18, IB19, IB20, IB145). Trotz allem ist man sich bestimmter Rahmenbedingungen bezüglich des eigenständigen Handelns für die Entstehung einer gemeinsamen Arbeitsleistung bewusst (IB140, IB141, IB142, IB143, IB144). Zudem lassen sich entsprechend der Machtdistanz Unterschiede zwischen Arbeitern und der Administration ausmachen. So sind in der Fertigung zwar ein ähnliches Selbstverständnis und ein grundsätzlicher Wunsch nach Partizipation zu beobachten. Durch die enger aufeinander abgestimmten Arbeitsprozesse ergeben sich aber weniger Freiheitsgrade bei der Entscheidungsfindung oder Arbeitsweise (IB14, IB16, IB18, IB140, IB144).

Von der Art der Arbeitsweise lassen sich auch Aussagen zur Zukunftsorientierung ableiten. So steht bei den Mitarbeitern zunächst die eigene Leistung im Vordergrund. Ein Verständnis, dass die eigenen Handlungen Auswirkungen auf die danach folgenden Schritte oder sogar auf andere Leistungsprozesse im Unternehmen haben, ist hingegen nicht zu beobachten (IB11, IB17, IB32). Getragen wird diese Aussage auch durch den Umgang mit Problemen oder bei Änderungen im Arbeitsablauf. Die oben beschriebene Bestimmtheit bzw. das Streben nach eigenständiger Lösungsfindung geht mit einer geringen Voraussicht einher, dass dies entweder negative Effekte auf andere Arbeitsschritte hat oder es durch Einbindung anderer Kollegen effizientere bzw. bessere Lösungsmöglichkeiten gäbe (IB18, IB19, IB20, IB21, IB38). Selbstverständlich sind hier auch die Arbeitsebenen zu berücksichtigen. So wird Vorausschauendes Handeln von Arbeitern seitens der Führung weniger eingefordert als von anderen Professionen. Dennoch lässt sich auch auf dieser Arbeitsebene beobachten, dass beispielsweise beim Auftreten von Problemen oder nicht in Arbeitsanweisungen abgebildeten Situationen eigene Lösungen gefunden werden, bei denen Konsequenzen für andere Arbeitsprozesse nur in geringem Maße berücksichtigt werden und dies zu Ineffizienzen in der Wertschöpfung führt (IB17, IB18, IB21, IB38).

Die Bedeutung der Humanorientierung wird einerseits durch den hohen Stellenwert des sozialen Umgangs miteinander geprägt (IB29, IB37, IB106, IB155), andererseits ist bei der Zusammenarbeit auch ein hohes Eigeninteresse vorhanden (IB12, IB14, IB122). Dies wurde oben im Rahmen der Bestimmtheit anhand des Beispiels der Pünktlichkeit beschrieben. Darüber hinaus ist von einer hohen grundsätzlichen Bedeutung im Sinne von Wertvorstellungen bei der Humanorientierung auszugehen. Dies drückt sich in der Bereitschaft der Mitarbeiter aus, sich für eine bessere Koordination der Arbeitsprozesse entsprechende Sprachfähigkeiten anzueignen und sich bei Verständigungsproblemen gegenseitig zu helfen (IB26, IB48, IB63, IB95, IB105, IB106, OD46).

Wie bereits oben beschrieben, ist eine intrinsische Motivation, Leistung auch über das geforderte Maß hinaus zu erbringen, vorhanden (IB21, IB22, IB31, IB60, IB95, OD47). Die Bereitschaft hierzu ist aufgrund kultureller Unterschiede jedoch nicht immer direkt ersichtlich (IB12, IB21). Auf Basis des hohen Selbstverständnisses im Sinne der Bestimmtheit wird auch nach Lücken bei den Arbeitsanweisungen gesucht, um Prozesse positiv ‚anders' ausführen zu können. Aufgrund der oben beschriebenen eingeschränkten Zukunftsorientierung hat dies jedoch nicht immer einen aus Unternehmersicht positiven Effekt (IB21, IB22, IB24). Grundsätzlich ist zu beobachten, dass nicht nur der Leistungswille, sondern vor allem auch eine entsprechende Entlohnung geleisteter Arbeit von hoher Bedeutung ist und sowohl zur Integration als auch zur Motivation einen wichtigen Beitrag leisten (IB28, IB72, IB99, IB114, IB115, IB153, OD47).

4.2.2.1.2.2 Subkulturelle Identifikation mit der und Anforderungen an die Tochtergesellschaft sowie subkulturelle Besonderheiten im gesellschaftlich/familiären Umfeld

Die Identifikation mit dem Unternehmen ist insbesondere durch die Kulturdimension des Gruppenkollektivismus geprägt (IB29, IB31, IB34, IB39, IB40, IB41, IB42, IB43, IB44, IB45, IB66, IB76, IB102, IB118, IB128, IB131, IB157, IB159, IB165, IB167). Dabei ist einerseits integratives Verhalten zu beobachten. Dies gilt sowohl für die eigentlichen Arbeitsprozesse als auch für soziale Prozesse ohne direkten Bezug zur Leistungserstellung. Gemeinsame Aktivitäten, die Zusammenarbeit bei der Lösungserarbeitung oder das gegenseitige Aushelfen bei Kommunikationsschwierigkeiten dienen als entsprechende Beispiele. Andererseits wird die Integration durch die Möglichkeit zur Abgrenzung von der Muttergesellschaft bzw. der deutschen Schwestergesellschaft begünstigt. Wie bereits bei der Unternehmenskultur beschrieben, ist es den Mitarbeitern ein großes Bedürfnis, selbst über die Akzeptanz von Denk- und Arbeitsweisen, die seitens der Muttergesellschaft an die Tochtergesellschaft herangetragen werden, bestimmen zu können. Die Möglichkeit, dies im Sinne einer Art von Standortrivalität auch ausleben zu können, führt zu einer höheren Identifikation mit der Tochtergesellschaft, weckt gleichzeitig aber auch das Bewusstsein und auch die Akzeptanz der Unterschiede zur Mutter- bzw. Schwestergesellschaft (IB39, IB40, IB41, IB42, IB66, IB76, IB 160, IB164, IB165, IB167). Das Bewusstsein für die Andersartigkeit lässt sich auch anhand der oben beschriebenen, grundsätzlichen Aufgeschlossenheit gegenüber Neuem und einer gewissen Neugier gegenüber Fremdem beobachten.

Mit der Identifikation gehen außerdem kulturelle Anforderungen einher, die an die Tochtergesellschaft gestellt werden. Es stehen insbesondere der institutionelle Kollektivismus, die Leistungs- und die Humanorientierung im Fokus der Betrachtung. Stark ausgeprägt ist die Anforderung an das Unternehmen, dass die Entlohnung entsprechend der erbrachten Leistung erfolgt. Problematisch wird dies, wenn die Tochtergesellschaft als Mittler staatlicher Änderungen, wie einer höheren Besteuerung des Gehalts oder Kürzungen bei Zusatzleistungen (Boni, Cafeteria-System oder Geschenke), fungieren muss. Die Tochtergesellschaft hat in dieser Situation das Problem, dass sie für etwaige Kürzungen im ‚Portemonnaie' des Mitarbeiters eigentlich nicht die Verantwortung trägt, aber als erster Ansprechpartner der Mitarbeiter bei Lohn- und Gehaltsfragen in eine Stellvertreterrolle gedrängt wird. Damit sprechen die Mitarbeiter der Tochtergesellschaft eine höhere Verantwortung bei der Gleichverteilung von Ressourcen bzw. des Lohns zu als dem Staat (IB3, IB28, IB47, IB114, IB115, IB120, IB123, IB124, IB127, IB150, OD47).

Spezielle Anforderungen beziehen sich des Weiteren auf einen fairen Umgang unter den Mitarbeitern und auch beider Unternehmensführung. So muss eine Grundversorgung im Sinne von Waschmöglichkeiten in der Fertigung, angemessene Verpflegung oder die Möglichkeit, den Arbeitsplatz auch mit öffentlichen Verkehrsmitteln erreichen zu können, grundsätzlich gegeben sein (IB55, IB112, IB118). Darüber hinaus wird der soziale Umgang mit den Mitarbeitern auch bei Problemen außerhalb des Unternehmensumfeldes durchaus geschätzt, was sich insbesondere in zusätzlicher Beratungsleistung ausdrückt (IB35, IB37,IB72, IB124, IB125). Dass sich der Unternehmensbezug nicht nur auf zusätzliche Hilfeleistungen seitens des Unternehmens im gesellschaftlich/familiären Umfeld beschränkt, zeigt sich an den gemeinsamen Aktivitäten in der Freizeit. Daraus lässt sich auch für den privaten Bereich eine hohe Bedeutung des Gruppenkollektivismus ableiten.

4.2.2.1.3 Zusammenfassung der qualitativen Auswertung der ersten Falleinheit

Die qualitative Auswertung hat wichtige Erkenntnisse zum Verhältnis zwischen Mutter- und Tochtergesellschaft hervorgebracht. Diese beinhalten nicht nur generelle Aussagen zu den Kriterien nach PERLMUTTER bzw. BARTLETT/GHOSHAL, sondern auch wichtige Hinweise zum Umgang mit kulturellen Unterschieden zwischen beiden Standorten:[606]

- F1: Es liegt eine ethnozentrische Orientierung bei der Führung der Tochtergesellschaft zugrunde, die sich jedoch aus einer eher polyzentrischen Orientierung in den letzten Jahren entwickelt hat.

[606] Die angegebenen Indizes sind notwendig, um bei den nachfolgenden Triangulationen höherer Ordnung auf die zugrunde liegenden Aussagen verweisen zu können. Eine Zuordnung der im vorhergehenden Text angegebenen Aussagen bzw. Beobachtungen zu diesen Aussagen kann Anhang A.1.3. entnommen werden.

- F2: Die Tochtergesellschaft nimmt die Rolle einer Off-Shore Factory ein. Sie verfügt über keine bzw. nur geringe eigene Entwicklungskapazitäten, was einen Technologie- und Know-how-Transfer von der Mutter- zur Tochtergesellschaft bedingt.
- F3: Die Tochtergesellschaft ist bei den Fertigungstechnologien auf nahezu demselben Stand wie die deutsche Schwestergesellschaft.
- F4: Der Austausch zwischen Mutter- und Tochtergesellschaft erfolgt nicht nur über die Führung der Tochtergesellschaft, sondern insbesondere auch auf der Arbeitsebene.
- F5: Die Entscheidungsfindung bei zentralen Themen erfolgt grundsätzlich unter Einbezug der Muttergesellschaft.
- F6: Die Führung der Tochtergesellschaft hat das Bestreben, Akzeptanz bei der Muttergesellschaft für kulturelle Unterschiede zwischen Mutter- und Tochtergesellschaft zu schaffen.

Neben der Muttergesellschaft gehören auch das Land und landeskulturelle Eigenschaften zur Umwelt der Tochtergesellschaft. Aus dieser Perspektive heraus lassen sich folgende Aussagen zusammenfassen:

- U1: Es bestehen unternehmenskulturelle Unterschiede zwischen Mutter- und Tochtergesellschaft.
- U2: Soziale Kontakte im Unternehmen werden auch im gesellschaftlich/familiären Umfeld gepflegt. Es besteht somit eine hohe Durchlässigkeit landeskultureller Wertvorstellungen in das Unternehmen anhand verschiedener Subkulturen.
- U3: Die Unterstützung der Mitarbeiter durch die Tochtergesellschaft reicht auch in das gesellschaftlich/familiäre Umfeld hinein.
- U4: Es besteht eine große Offenheit gegenüber Dingen aus der Umwelt der Tochtergesellschaft sowie im Umgang unter den Mitarbeitern. Diese unternehmenskulturelle Eigenschaft wird durch die Subkulturen der Tochtergesellschaft getragen.
- U5: Bezüglich der leistungsgerechten Entlohnung ergibt sich ein Spannungsfeld bezüglich interner Verankerung und externer Anpassung. Trotz des Bewusstseins über die Wertigkeit jedes einzelnen Mitarbeiters müssen bei der Entlohnung bzw. Vertragsgestaltung die externen Marktbedingungen berücksichtigt werden.

Darüber hinaus können wichtige Aussagen zur Unternehmenskultur der Tochtergesellschaft und ihrem Beitrag zur organisatorischen Effizienz abgeleitet werden. Wesentlich ist zudem die Erkenntnis, dass es Ausprägungen der Unternehmenskultur gibt, welche durch die Subkulturen getragen werden. Es sind aber auch von Seiten der Führung der Tochtergesellschaft gewünschte Verhaltensweisen für eine Verbesserung der Koordination bzw. Identifikation vorhanden, welche sich aus Perspektive der Subkulturen nicht wiederfinden:

- I1: Eine Assimilation oder Kreation der Unternehmenskultur ist aufgrund des ausgeprägten Dranges nach Eigenständigkeit seitens der Subkulturen in der Tochtergesellschaft nicht möglich. Dies wird auch von der Führung der Tochtergesellschaft unterstützt. Dies steht einer stärkeren Integration der Tochtergesellschaft in die Muttergesellschaft entgegen. Es ergibt sich somit ein Spannungsfeld zwischen interner Verankerung und externer Anpassung.

- I2: Es besteht eine hohe Identifikation der Mitarbeiter mit der Tochtergesellschaft.
- KO1: Bei der Einführung von Neuerungen auf Initiative der Muttergesellschaft ist das Bestreben seitens der Führung der Tochtergesellschaft, ein reflektionsorientiertes Annahmeverhalten bzw. einer Denkweise bei den Mitarbeitern der Tochtergesellschaft zu etablieren.
- KO2: Ein kultureller Austausch findet in der Fertigung durch die Notwendigkeit von Entsendungen zur Sicherstellung des Know-how-Transfers statt.
- KO3: Zur Verhaltensbeeinflussung der Mitarbeiter in der Tochtergesellschaft werden auch indirekte Instrumente eingesetzt. Dies basiert auf einer hohen kulturellen Abneigung gegenüber Dominanz und autoritärem Verhalten.
- KO4: Der Informationsaustausch in der Tochtergesellschaft wird trotz vorhandener sprachlicher Barrieren für eine bessere Koordination gefördert.
- KO5: Auf Ebene der Unternehmenskultur wird zur besseren Koordination versucht, ein problemlösungsorientiertes Verhalten bei den Mitarbeitern zu etablieren. Dem stehen von Seiten der Subkulturen hohe Anforderungen an die Eigenständigkeit sowie eine geringe Akzeptanz zentraler Entscheidungsfindung entgegen.
- KO6: Zur zielgerichteten Koordination müssen seitens der Mitarbeiter Arbeitsanweisungen und grundlegende Regeln zur Leistungserstellung akzeptiert werden. Diese Regeln sind in der Fertigung enger gefasst als in der Administration.

Bezogen auf die Subkulturen bzw. die Kulturdimensionen hat die Analyse der qualitativen Erhebung folgende Aussagen ergeben:

- I3: Es ist ein großer Wunsch nach Identifikation mit dem Unternehmen zu beobachten. Es lässt sich bei den Arbeitern und bei den administrativ Beschäftigten eine soziale Einheit beobachten, welche nach außen, insbesondere gegenüber der Muttergesellschaft, bewusst gezeigt wird.
- KO7/I4: Durch einen hohen zu beobachtenden Grad der Bestimmtheit sind vor allem indirekte Anreizsysteme zur Verhaltensbeeinflussung im Sinne der unternehmerischen Koordination und Identifikation notwendig. Anhand der anders gearteten Tätigkeit ist den administrativ Beschäftigten ein höheres Streben nach Bestimmtheit zuzuschreiben.
- KO8: Sowohl bei den Arbeitern als auch in der Administration ist ein hohes Streben nach Unsicherheitsvermeidung zu beobachten. Diese basiert vor allem auf der oben beschriebenen Leidensfähigkeit, Neuerungen zu Gunsten der Einhaltung bestehender Regelungen nicht aktiv zu hinterfragen.
- KO9: Zentrale Entscheidungsgewalt und autoritäres Verhalten werden innerhalb der Tochtergesellschaft nicht geschätzt. Dieses Grundverständnis gilt insbesondere gegenüber Mitarbeiter oder Führungskräfte, die sich aufgrund einer anderen Nationalität autoritär verhalten.

- KO10: Die Notwendigkeit einer zukunftsgerichteten und vorausschauenden Handlungsweise ist bei den rein ausführenden Professionen bzw. Subkulturen nur eingeschränkt zu beobachten.
- KO11: Einem fairen Umgang der Mitarbeiter untereinander wird eine hohe Bedeutung beigemessen.
- KO12: Es besteht eine hohe Leistungsorientierung. Zwischen den Professionen der Arbeiter und der Administration ist bezüglich der Art wirkender Anreize zu differenzieren.
- KO13: Nach Meinung der Mitarbeiter steht die Tochtergesellschaft bezüglich des Lohns in der Pflicht, eine gerechte Verteilung zu erzeugen. Dass der Staat dies wesentlich mitbeeinflusst, wird in der Regel nicht erkannt.

4.2.2.2 Quantitative Analyse: Identifikation demographischer Einflussfaktoren auf die Bewertung kultureller Wertvorstellungen von Gastlandarbeitern in ethnozentrisch geführten Tochtergesellschaften deutscher Unternehmen in Ungarn

Während die qualitative Erhebung vor allem Erkenntnisse über die Führung der Tochtergesellschaft, Mechanismen der Koordination und Identifikation sowie einzelne Ausprägungen der Unternehmenskultur abgeleitet werden konnten, sind kulturelle Unterschiede bei den Arbeitern anhand dieser Datenbasis nicht erhebbar. Wie in den Kapiteln 4.1.3 und 4.1.4 begründet, dient hierzu die Auswertung eines Fragebogens in Anlehnung an die GLOBE-Studie. Nach der Beschreibung der Datenbasis erfolgt eine erste deskriptive Auswertung mit einem Vergleich der Landes- und Unternehmenskultur sowie eine spezifische Auswertung der Unternehmenskultur nach demographischen Gruppen (quantitative Analyse 1/3 in Kapitel 4.2.2.2.2). Den zweiten und dritten Teil bilden die Clusteranalyse zur Bestimmung homogener Bewertungen der Wertvorstellungen (quantitative Analyse 2/3 in Kapitel 4.2.2.2.3) sowie die Beschreibung der Erkenntnisse aus der Faktoranalyse anhand homogener demographisch abgegrenzter Randgruppen (quantitative Analyse 3/3 in Kapitel 4.2.2.2.4). Die aus den drei Analysen gewonnenen Erkenntnisse werden abschließend einander gegenüber gestellt und Aussagen zur Veränderung von Wertvorstellungen bei Gastlandarbeitern abgeleitet.

4.2.2.2.1 Beschreibung der Datenbasis[607]

An der Erhebung haben insgesamt 205 Mitarbeiter mitgewirkt. Aufgrund auffälliger Daten (u.a. fehlende Angaben oder homogene Gewichtung) wurden elf Fälle ausgeschlossen, sodass sich eine Grundgesamtheit von N=194 ergibt. Entsprechend der Zielgruppe haben sich 138 Arbeiter der Produktion an der Umfrage beteiligt. Es wurde nicht zwischen unterschiedlichen Wertschöpfungsbereichen differenziert. Unter die Gruppe der ‚Sonstigen' fallen u.a. Entwicklungsingenieure, IT-Spezialisten oder jene, die ohne weitere Kommentierung das entsprechende Feld angekreuzt haben. Diese konnten auch nachträglich den drei zuvor beschriebenen Gruppen nicht eindeutig zugeordnet werden. Keine Angaben zu ihrer Position im Unternehmen machten vier Probanden.

[607] Die Daten wurden im November 2011 erhoben.

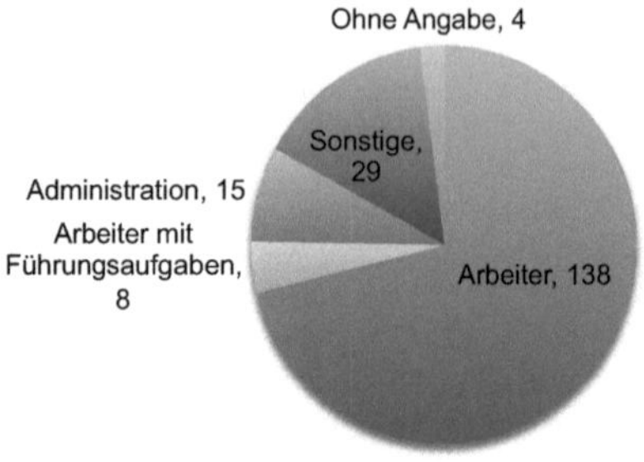

Abbildung 36: Verteilung der Stichprobe nach der Position/Profession im Unternehmen (N=194).

59% der Befragten sind weiblich (N=188). Fast 50% der Befragten sind zudem weibliche Arbeiter, wohingegen der männliche Anteil an Arbeitern lediglich 23% aller Befragten ausmacht. Ein umgekehrtes Verhältnis ergibt sich einzig bei den befragten Arbeitern mit Leitungsfunktion.

Von besonderer Bedeutung ist für die Auswertung die Betrachtung nationaler Unterschiede bzw. das Vorhandensein von Auslandserfahrungen. Bis auf zwei Ausnahmen, die auch die deutsche Staatsbürgerschaft besitzen, sind alle Befragten ungarische Staatsbürger. Bezüglich der Elternhaussprache ergibt sich jedoch ein anderes Bild. So sprechen 8,5% der Arbeiter daheim bzw. im Elternhaus deutsch bzw. ungarisch und deutsch. Bei diesen Probanden ist eine andere kulturelle Herkunft möglich. Der Anteil anderer Sprachen ist zu vernachlässigen.

Bezüglich der Auslandserfahrung gaben ca. 12% aller Befragten an, bereits im Ausland tätig gewesen zu sein oder anderweitig im Ausland Erfahrungen gesammelt zu haben. Bei den Arbeitern liegt der Anteil mit ca. 9% leicht darunter. Dabei variiert die Länge des Auslandsaufenthaltes deutlich (siehe Tabelle 16).

	Dauer der Auslandserfahrung in Monaten			Anteil an der Gesamtgruppe	
	Minimum	Mittelwert	Maximum	N	Prozent
Arbeiter	6,0	138,5	372,0	12	6,3%
Arbeiter mit Führungsaufgaben	216,0	288,0	360,0	2	1,1%
Administration	3,0	14,3	36,0	4	2,1%
Sonstige	6,0	61,5	96,0	4	2,1%
Gesamt	3,0	115,5	372,0	22	11,6%

Tabelle 16: Durchschnittliche Dauer der Auslandserfahrung in Monaten (N=22).

Auffällig ist die extreme Streuung bei den Arbeitern mit Aufenthalten von einem halben Jahr bis hin zu 31 Jahren. Dies ist einerseits auf Entsendungen im Job zu ausländischen Werken, andererseits auf das Zurückkehren nach mehrjährigem Arbeitseinsatz im Ausland zurückzuführen. Zudem sind wenige Zuwanderungen aus dem Ausland vorhanden. Im Vergleich zu den anderen Gruppen fällt zudem der hohe Mittelwert von ca. 11,5 Jahren auf. Dies lässt darauf schließen, dass die Arbeiter für einen längeren Lebensabschnitt ins Ausland gehen. Bemerkenswert ist hierbei, dass keine Korrelation der Dauer eines Auslandsaufenthaltes mit dem Alter der jeweiligen Personen nachzuweisen ist. Dies ist auf größere Bereitschaft und leichtere Umsetzung für junge Mitarbeiter durch die Öffnung der Grenzen in den letzten 20 Jahren zurückzuführen.

	Alter in Jahren		
	Minimum	Mittelwert	Maximum
Arbeiter	23,0	40,0	59,0
Arbeiter mit Führungsaufgaben	36,0	47,4	57,0
Administration	30,0	39,5	54,0
Sonstige	21,0	32,3	49,0
Gesamt	21,0	39,1	59,0

Tabelle 17: Alter nach der Position/Profession im Unternehmen (N=192).

Das mittlere Alter der Befragten liegt bei 39,1 Jahren (siehe Tabelle 17). Im Vergleich zu den anderen Professionen im Unternehmen hat erwartungsgemäß die Gruppe der (Mit-)Arbeiter mit Führungsaufgaben das höchste Durchschnittsalter. Auch die hohe Bandbreite an Altersgruppen, angefangen bei 21 Jahren bis hin zu 59 Jahren bei nahezu allen Professionen, lässt auf eine gemischte Altersstruktur im Unternehmen schließen. Dies ist auch dadurch aufzuzeigen, dass weder eine Normalverteilung noch eine sonstige Verteilung nachzuweisen ist.

Schließlich ist im Rahmen der Befragung noch die Zugehörigkeitsdauer zu dem Unternehmen erhoben worden (siehe Tabelle 18). Hier ergab sich ein durchschnittlicher Gesamtwert von 5 ¾ Jahren, wobei die Leute in der Administration deutlich länger im Unternehmen sind (durchschnittlich ca. 8 Jahre) als die Arbeiter (durchschnittlich ca. 5,5 Jahre). Die kürzeste Arbeitszeit beträgt 11 Monate, während von den Befragten die am Längsten zum Unternehmen gehörenden Mitarbeiter seit 24 Jahren beschäftigt werden.[608] Es lässt sich eine schwache, aber höchst signifikante Korrelation zwischen dem Alter und der Dauer der Unternehmenszugehörigkeit nachweisen.[609]

	Dauer der Unternehmenszugehörigkeit		
	Minimum	Mittelwert	Maximum
Arbeiter	11,0	67,7	288,0
Arbeiter mit Führungsaufgaben	20,0	112,9	164,0
Administration	36,0	93,4	146,0
Sonstige	10,0	52,5	142,0
Gesamt	10,0	69,2	288,0

Tabelle 18: Durchschnittliche Unternehmenszugehörigkeit in Monaten differenziert nach der Position/Profession in der Tochtergesellschaft (N=190).

[608] Die Beschäftigungszeit geht über die Existenz der Tochtergesellschaft hinaus. Da es sich um eine Übernahme Mitte der neunziger Jahre handelt, ist davon auszugehen, dass die Mitarbeiter schon bei dem Vorgängerunternehmen gearbeitet haben.

[609] Rangkorrelation (keine Normalverteilung) nach Kendall's Tau b = 0,231 bei p = 0,000 (zweiseitig) und Spearman's Rho = 0,312 bei p = 0,000 (zweiseitig); N = 168.

Gegenüber den Arbeitern mit Führungsaufgaben und den Mitarbeitern in der Administration sind die Arbeiter insgesamt deutliche kürzer im Unternehmen (siehe Tabelle 18). Eine Häufung gibt es bei den Arbeitern, die bis zu 2,5 Jahre im Unternehmen tätig sind.

Für die deskriptive Auswertung werden folgende demographische Gruppen definiert:

- *Profession/Position im Unternehmen*: Hier wird der oben genannten Einteilung in Arbeiter, (Mit-)Arbeiter mit Führungsaufgaben, Administration und Sonstige gefolgt.
- *Auslandserfahrung*: Es wird differenziert, inwiefern jemand bereits im Ausland tätig war bzw. längere Zeit dort gelebt hat. Nicht berücksichtigt wird, ob ein Mitarbeiter bereits in einem nicht-ungarischen Unternehmen tätig war oder nicht.
- *Nationalität*: Es wird grundsätzlich zwischen den Staatsbürgerschaften differenziert. Sind bei einer ungarischen Staatsbürgerschaft nicht-ungarische Angaben bezüglich der zweiten Staatsbürgerschaft oder dem Geburtsland gemacht worden, wurde aufgrund anderer kultureller Wurzeln die jeweilig nicht-ungarische Nationalität zugeordnet. Dies ist damit zu begründen, dass die Untersuchung Werteveränderungen ungarischer Gastlandarbeiter erfassen soll und Fremdeinflüsse bei der Gruppe ungarischer Mitarbeiter auszuschließen sind.
- *Geschlecht*: Es wird zwischen weiblichen und männlichen Mitarbeitern unterschieden.

4.2.2.2.2 Quantitative Analyse 1/3: Deskriptive Auswertung zu kulturellen Unterschieden der Falleinheit A

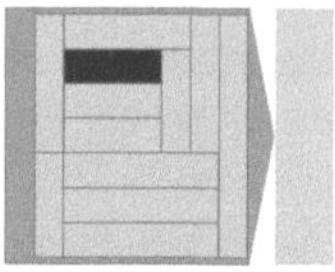

Ziel der deskriptiven Analyse ist es, einen Überblick über die Ausprägung kultureller Wertvorstellungen in der Falleinheit zu geben. Im Fokus liegt sowohl der Vergleich zwischen der unternehmens- und landeskulturellen Ausprägung einzelner Gruppen als auch der unternehmenskulturelle Vergleich zwischen den jeweiligen Gruppen. Die Gruppen werden nach der Profession in Kapitel 4.2.2.2.2.1 und nach den demographischen Faktoren Auslandserfahrung, Nationalität und Geschlecht abgegrenzt (Kapitel 4.2.2.2.2.2 bis 4.2.2.2.2.4). Die deskriptive Auswertung schließt mit einer Zusammenfassung der Kernaussagen in Kapitel 4.2.2.2.2.5 und einer gesonderten Betrachtung der Erkenntnisse zur Profession der Arbeiter in Kapitel 4.2.2.2.2.6.[610]

4.2.2.2.2.1 Unterschiede bei den kulturellen Wertvorstellungen verschiedener Professionen

Bezüglich der Unternehmenskultur lässt sich grundsätzlich feststellen, dass die Ausprägungen von den Arbeitern niedriger oder gleich jener der Landeskultur bewertet werden. Die am Höchsten bewerteten Wertvorstellungen sind die Humanorientierung und die Zukunftsorientierung, dicht gefolgt vom Gruppen- und institutionellen Kollektivismus. Zwischen den beiden Letztgenannten gibt es auch die größte Differenz bezüglich der unternehmens- und landeskulturellen Bewertung. Dies weist darauf hin, dass Arbeiter der Integration in ihrem gesellschaftlichen Umfeld eine höhere Bedeutung zuweisen als im Arbeitsumfeld. Zudem wird

[610] Die gebildeten Aussagen aus der deskriptiven Analyse werden hier textuell beschrieben. Zur Auswertung erfolgte eine Indizierung und Kategorisierung. Siehe hierzu Anhang A.1.5 und A.1.6. Eine Übersicht der Mittelwerte nach den hier abgegrenzten Gruppen ist in Anhang A.1.4 zu finden.

dem Unternehmen geringere Bedeutung bei der Verteilung gemeinschaftlicher Ressourcen und der Förderung gemeinschaftlicher Handlungsweisen zugesprochen, als staatlich institutionellen Einrichtungen. Die höchsten Ausprägungen ergeben sich bei den Arbeitern in den Dimensionen des Gruppenkollektivismus, der Humanorientierung und der Leistungsorientierung bei der Landeskultur (alle Mittelwerte über 4). Den Arbeitern ist somit besonders wichtig, in ihrem gesellschaftlichen Umfeld integriert zu sein, wobei dies auf Fairness, Freundlichkeit, Großzügigkeit und Fürsorge basieren sollte. Auch die Anerkennung von Leistung spielt eine herausragende Rolle.

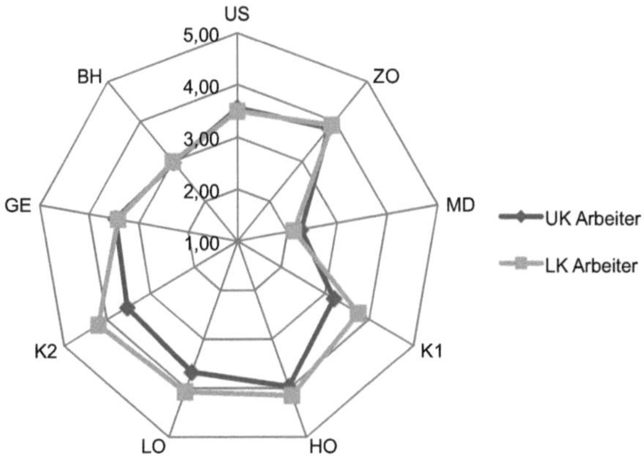

Abbildung 37: Vergleich unternehmens- und landeskultureller Wertvorstellungen bei den Arbeitern.

Keine Unterscheidung wird bezüglich des Unternehmens- oder gesellschaftlich/familiären Umfelds dagegen bei der Unsicherheitsvermeidung, der Zukunftsorientierung, der Machtdistanz, der Geschlechtergleichheit und der Bestimmtheit gesehen. Die niedrigen Mittelwerte von Bestimmtheit und Machtdistanz lassen darauf schließen, dass ein höfliches, respektvolles und partizipatives Miteinander innerhalb einer Hierarchie- bzw. gesellschaftlichen Ebene von großer Bedeutung sind. Egozentrisches, aggressives und autoritäres Verhalten wird weit weniger geschätzt, um nicht zu sagen verachtet (siehe Abbildung 37).

Zum Vergleich der Arbeiter mit den (Mit-)Arbeitern mit Führungsaufgaben (siehe Abbildung 38)*:* Im Vergleich der Unternehmenskultur zwischen Arbeitern und (Mit-)Arbeitern mit Führungsaufgaben ist zu beobachten, dass die Ausprägungen der Dimensionen bei letzterer Gruppe annähernd gleich oder größer ist. Es gibt keine Dimension, bei welcher die Arbeiter eine wesentlich höhere Wertigkeit angegeben haben. Bedeutende Unterschiede lassen sich beim Gruppenkollektivismus (Differenz von 0,71 Punkten auf der Likert-Skala), bei der Leistungsorientierung (0,64 P.) und bei der Machtdistanz (0,51 P.) beobachten. Demnach spielt nach Meinung der (Mit-)Arbeiter mit Führungsaufgaben die Identifikation mit dem Unternehmen eine wichtigere Rolle, als dies von den Arbeitern als erforderlich gesehen wird.

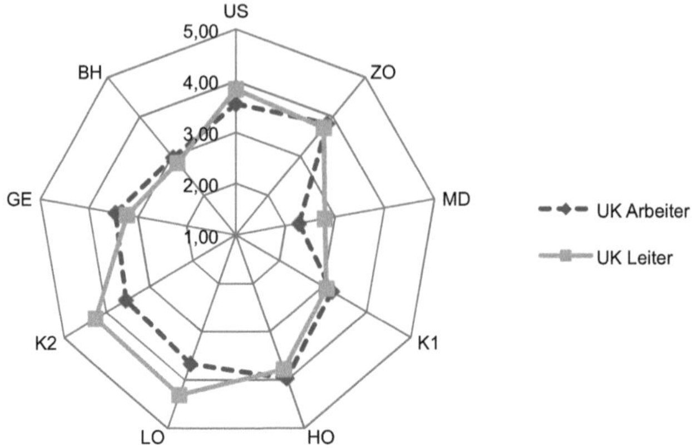

Abbildung 38: Unternehmenskultureller Vergleich zwischen Arbeitern und (Mit-)Arbeiter mit Führungsaufgaben (Leiter).

Dass zudem eine höhere Leistungsbereitschaft von (Mit-)Arbeitern mit Führungsaufgaben eingefordert wird, lässt sich auf die höhere Verantwortung gegenüber dem Unternehmen, Kunden und auch gegenüber den eigenen Mitarbeitern im Rahmen ihrer Führungsfunktion zurückführen. Die Relevanz ergibt sich daraus, dass gegenüber der Differenz bei der landeskulturellen Bewertung beider Gruppen ein wesentlicher Unterschied besteht (0,32 P. bei den Differenzen zum Gruppenkollektivismus bzw. 0,31 P. bei der Leistungsorientierung). Daraus ist zu schließen, dass durch die Abweichung zur jeweiligen landeskulturellen Einschätzung und der sich veränderten Einschätzung innerhalb der Unternehmenskultur kulturelle Veränderungen beim Gruppenkollektivismus und bei der Leistungsorientierung durch die Tätigkeit im Unternehmen verursacht werden. Ähnlich oder gleich werden von Arbeitern und (Mit-)Arbeitern mit Führungsaufgaben die Bestimmtheit, Geschlechtergleichheit und die Unsicherheitsvermeidung bewertet.

Gleichen sich die Höchstwerte der Landeskultur von (Mit-)Arbeitern mit Führungsaufgaben mit jenen der Arbeiter, sind im Rahmen der Unternehmenskultur bei der Leistungsorientierung und beim Gruppenkollektivismus die höchsten Bewertungen zu beobachten. Innerhalb des Unternehmens haben Leistungsbereitschaft und -steigerung sowie der Zusammenhalt in der Abteilung bzw. Gruppe für (Mit-)Arbeiter mit Führungsaufgaben einen hohen Stellenwert.

Ein umgekehrter Schluss erfolgt bezüglich der Machtdistanz: Da hier der Unterschied zwischen den Differenzen innerhalb der Dimension bei Landes- bzw. Unternehmenskultur nahezu nicht existent ist, aber zwischen den hier betrachteten Gruppen besteht, haben entweder externe Faktoren (z.B. Art und Güte der Ausbildung) eine beeinflussende Rolle oder die Wertvorstellungen haben sich im Unternehmen entsprechend ausgeprägt und sind in das gesellschaftlich/familiäre Umfeld hineingetragen worden.

Bezüglich der landeskulturellen Wertvorstellungen der (Mit-)Arbeiter mit Führungsaufgaben ist die hohe Bewertung der Zukunftsorientierung auffällig. Dies lässt auf die hohe Bedeutung langfristiger Planung und vorausschauendem Verhalten im gesellschaftlich/familiären Umfeld schließen. Interessant ist, dass die Differenz zur unternehmenskulturellen Bewertung den zweithöchsten Mittelwert aufweist. Langfristige Sicherheit sowie das Vorausdenken und langfristiges Planen werden im gesellschaftlich/familiären Umfeld als wichtiger erachtet als im Unternehmen. Als Einfluss kann hier die Art und Weise der Führung der Tochtergesellschaft gesehen werden. Durch eine enge Anbindung an die Muttergesellschaft, ein höherer Einsatz von Weisungsinstrumenten (Machtdistanz) und die hohe Bedeutung von Normen, Regeln und Riten (Unsicherheitsvermeidung) ist eine langfristige Planungssicherheit Realität, was ein Streben nach dieser im Sinne von Wertvorstellungen nicht mehr notwendig macht. Dies zeigt sich auch in der unterschiedlichen Bewertung zwischen Arbeitern und (Mit-)Arbeitern mit Führungsaufgaben. Aufgrund der Führungsverantwortung ist der Anspruch an eine vorausschauende Planung bei (Mit-)Arbeitern mit Führungsaufgaben größer als bei den Arbeitern. Durch die Tätigkeitsbeschreibungen und Weisungen gibt es für Arbeiter kein Bedürfnis nach einer langfristigen Planungssicherheit. Durch die Determiniertheit und damit einhergehende positive Erfahrungen sinkt die Wichtigkeit zukunftsorientierten Gestaltens im Vergleich zum Anspruch im gesellschaftlich/familiären Umfeld.

Ein ähnlicher Zusammenhang lässt sich auch beim institutionellen Kollektivismus beobachten, der im Vergleich zu den Arbeitern eine noch größere Differenz zwischen der unternehmens- und landeskulturellen Bewertung aufweist. So ist bei den (Mit-)Arbeitern mit Führungsaufgaben zu beobachten, dass das Unternehmen nicht in der Pflicht stehen sollte, Ressourcen gerecht zu verteilen oder gemeinsame Handlungen zu fördern. Dagegen ist dies eine grundsätzliche Forderung gegenüber staatlichen Institutionen.

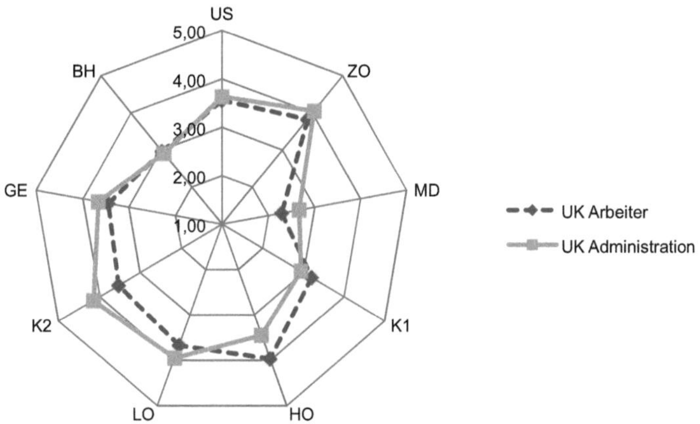

Abbildung 39: Unternehmenskultureller Vergleich zwischen Arbeitern und administrativ Beschäftigten.

Zum Vergleich der Arbeiter mit den administrativ Beschäftigten (siehe Abbildung 39): Die große Diskrepanz zwischen unternehmens- und landeskultureller Bedeutung des institutionellen Kollektivismus ist ebenso prägend für den Vergleich zwischen Arbeitern und Mitarbeitern der Administration, wie auch die häufig gleiche oder höhere Bewertung der unternehmens-

gegenüber der landeskulturellen Ausprägungen. Bis auf die vergleichsweise hohe Differenz beim institutionellen Kollektivismus sind die Unterschiede jedoch gering. Dies lässt darauf schließen, dass im administrativen Umfeld entsprechend der Bewertungen der Arbeiter und der (Mit-)Arbeiter mit Führungsaufgaben dem Unternehmen keine soziale Fürsorgeverantwortung zugesprochen wird. Hier stehen insbesondere der Staat und das familiäre Umfeld in der Pflicht.

Höchstwerte sind bei administrativen Mitarbeitern beim Gruppenkollektivismus sowie der Leistungsorientierung und bei der Unternehmenskultur zusätzlich bei der Zukunftsorientierung zu beobachten. Die hohe Bedeutung eines Leistungsbewusstseins mit entsprechender Belohnung und die Identifikation sowohl im gesellschaftlich/familiären Umfeld als auch mit dem eigenen Unternehmen und der Arbeitsgruppe ist charakteristisch für die Mitarbeiter der Administration.

Die hohe Ausprägung der unternehmenskulturbezogenen Zukunftsorientierung geht mit der Identifikation mit dem Unternehmen einher. Gründe hierfür sind nicht zuletzt auch die Sicherheit, die den Mitarbeitern seitens des Unternehmens über Zukunftsperspektiven gegeben werden. Zwar nicht mit äußerst hohen Ausprägungen, jedoch noch deutlich über dem Durchschnitt liegend, spielen auch Fairness, die Gleichstellung der Geschlechter und das Verhindern risikoreicher Situationen eine wichtige Rolle bei der Beschreibung eines unternehmerischen bzw. gesellschaftlichen Sollzustandes.

Wie bei den vorhergehenden Gruppen im Unternehmen hat auch bei den administrativ Beschäftigten die Machtdistanz keine große Bedeutung. Darüber hinaus besteht beim Vergleich zwischen den Arbeitern und den administrativ Beschäftigten eine deutlich niedrigere Bewertung des Gruppenkollektivismus und der Machtdistanz von Seiten der Arbeiter. Bei der Machtdistanz ist jedoch zu berücksichtigen, dass es sich um eine grundsätzlich niedrige Bewertung handelt, der Unterschied insbesondere bei dem Vergleich zwischen unternehmenskultureller und landeskultureller Bewertung der administrativ Beschäftigten zu beobachten ist. Partizipative Führung wird geschätzt, wobei im gesellschaftlich/familiären Umfeld Autorität noch kritischer bewertet wird als im Unternehmen. Dies spiegelt sich auch im Ausmaß der Bestimmtheit wider, wobei ein hohes Maß an Selbstbewusstsein oder gar aggressives Verhalten nur bedingt toleriert werden. Darüber hinaus lassen sich bezüglich der Zukunftsorientierung ähnliche Beobachtungen machen, wie beim Verhältnis zwischen Arbeitern und (Mit-)Arbeitern mit Führungsaufgaben. Da dieser Effekt unabhängig von der zum Vergleich herangezogenen Gruppe ist, lässt sich daraus schließen, dass es mit der Tätigkeit der Arbeiter an sich zusammenhängen kann.

Einen wesentlichen Unterschied zum vorhergehenden Vergleich gibt es bezüglich der Humanorientierung. Diese sollte nach Ansicht der Arbeiter deutlich höher ausgeprägt sein und ein deutlich freundlicherer und fairer Umgang miteinander bestehen als dies seitens der administrativ Beschäftigten gesehen wird. Ein enger Zusammenhalt und Hilfsbereitschaft werden als wichtige Grundlage angesehen, um die Arbeit in der Produktion bewältigen zu können. Da von beiden Gruppen die Humanorientierung im gesellschaftlich/familiären Umfeld als noch wichtiger angesehen wird als im Unternehmensumfeld, ist die Differenz im Wesentliche auf die Tätigkeit innerhalb des Unternehmens zurückzuführen.

4.2.2.2.2.2 Differenzierte Betrachtung kultureller Wertvorstellungen anhand der Auslandserfahrung

Bezüglich der Auslandserfahrung wurde differenziert, inwiefern sich die Mitarbeiter über einen längeren Zeitraum (mehrere Monate oder Jahre) im Ausland aufgehalten haben. Dabei wurde nicht unterschieden, ob dieser Aufenthalt familiäre oder berufliche Gründe hatte.

Bei der Gruppe, die keine Auslandserfahrung aufweist, werden der Gruppenkollektivismus, die Humanorientierung sowie die Leistungsorientierung mit den höchsten Werten aus Sicht der Landeskultur bedacht. Das Bedürfnis einer leistungsgerechten Bewertung ist dieser Gruppe somit genauso zuzuschreiben, wie auch ein guter Umgang im sozialen Bereich und die Aufforderung an staatliche Institutionen, sich zu einer gerechten Verteilung gesellschaftlicher Ressourcen zu verpflichten.

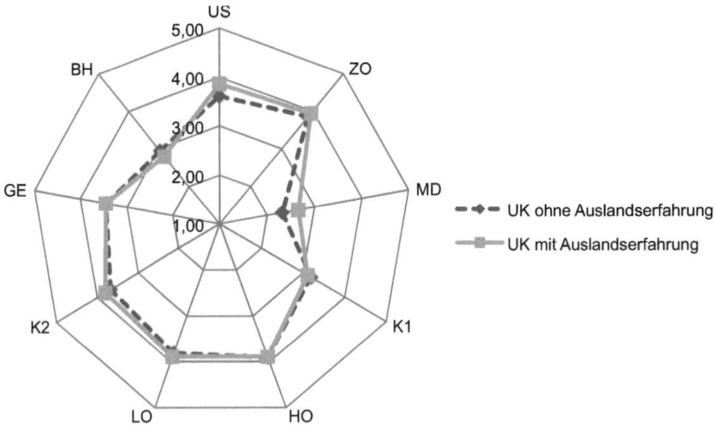

Abbildung 40: Unternehmenskulturelle Differenzierung der Wertvorstellungen zwischen Mitarbeitern ohne und mit Auslandserfahrung.

Bezüglich der Unternehmenskultur weist neben der Leistungsorientierung und der Humanorientierung auch die Zukunftsorientierung eine hohe Bewertung auf. Entscheidende Unterschiede zwischen der unternehmens- und landeskulturellen Bewertung lassen sich einzig beim Gruppen- und institutionellen Kollektivismus beobachten. Hier liegt die unternehmenskulturelle Bewertung deutlich unter jener der landeskulturellen Bewertung. Anhand des geringen Wertes bei der Machtdistanz lässt sich erkennen, dass symbolisierte Dominanz und Vormundschaft ebenso wenig in der Gesellschaft wie auch im Unternehmen geduldet werden. Es ist an dieser Stelle der Schluss zu ziehen, dass für diese Gruppe ein gutes Miteinander und ein partizipativer Führungsstil geachtet werden, während Aggressivität und Selbstzentriertheit nicht teil des Wertesystems sind.

Für die Mitarbeiter mit Auslandserfahrung ergibt sich ein nahezu identisches Bild (siehe Abbildung 40). Gruppen- und institutioneller Kollektivismus, Leistungsorientierung und Humanorientierung spielen sowohl bei einer unternehmenskulturellen als auch bei einer landeskulturellen Bewertung eine große Rolle. Es ist dagegen die Differenz Auffällig, die sich aus der landes- und unternehmenskulturellen Bewertung der Machtdistanz ergibt. Der höhere Mittelwert bezüglich der Unternehmenskultur lässt darauf schließen, dass durch die Aktivitäten im Ausland die Akzeptanz von Statussymbolen und hierarchischer Entscheidungsfindung im Unternehmensumfeld größer wird. Dass dies jedoch professionsbedingt ist, zeigt sich dadurch, dass diese Differenzierung bei den Arbeitern nicht vorhanden ist. Ein Einfluss auf die landeskulturelle Bewertung ist jedoch nicht zu beobachten. Daraus kann die grundsätzliche kulturelle Nähe zwischen den Ländern bzw. zwischen der Mutter- und Tochtergesellschaft abgeleitet werden. Anzumerken ist an dieser Stelle, dass die beobachtete unternehmenskulturelle Unterscheidung bei der Profession der Arbeiter nicht auszumachen ist.

4.2.2.2.2.3 Differenzierte Betrachtung kultureller Wertvorstellungen anhand der Nationalität

Neben den ungarischen Mitarbeitern hat auch eine geringe Anzahl an Mitarbeitern anderer Nationalitäten an der Erhebung teilgenommen. Aufgrund großer Unterschiede sowohl bei der Landes- als auch bei der Unternehmenskultur wird hier besonderes Augenmerk auf die Gruppe der deutschen Mitarbeiter gelegt. Dabei sind die Ergebnisse aufgrund der geringen Stichprobengröße nur auf das untersuchte Unternehmen zu beziehen und nicht auf die Allgemeinheit übertragbar.

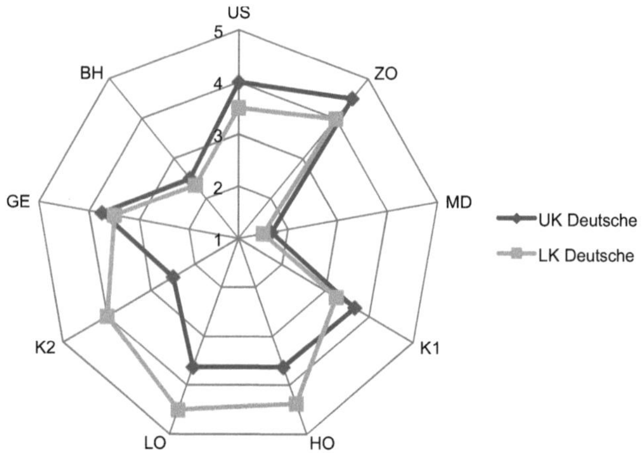

Abbildung 41: Unternehmens- und landeskulturelle Unterschiede der Wertvorstellungen bei Deutschen.

Bei den ungarischen Mitarbeitern lassen sich die schon vorher identifizierten Charakteristika der unternehmens- und landeskulturellen Ausprägungen beobachten. Auffällig ist an dieser Stelle, dass mit der Zukunftsorientierung, der Unsicherheitsvermeidung, der Geschlechtergleichheit, der Bestimmtheit und auch mit der Machtdistanz die Mehrzahl der Dimensionen bezüglich Landes- und Unternehmenskultur gleiche bzw. annähernd gleiche Werte aufweisen. Die Wertvorstellungen bezüglich Landes- und Unternehmenskultur ähneln sich somit.

Die teils deutliche Differenzen, die bei deutschen Mitarbeitern zwischen unternehmenskultureller und landeskultureller Bewertung zu beobachten sind (siehe Abbildung 41), können dadurch erklärt werden, dass die Mitarbeiter mit deutschem Hintergrund mit einer anderen Kultlur konfrontiert werden und landeskulturelle Wertvorstellungen eher beibehalten als dies bei der Unternehmenskultur der Fall ist.

Erwartungsgemäß ergibt der Vergleich deutscher und ungarischer Mitarbeiter große Unterschiede (siehe Abbildung 42). Demnach schreiben die deutschen Mitarbeiter der Zukunftsorientierung, dem institutionellen Kollektivismus und in geringerem Maße der Unsicherheitsvermeidung sowie der Geschlechtergleichheit eine höhere Bedeutung zu als die ungarischen Mitarbeiter. Dabei ist die Verantwortung, die seitens der deutschen Mitarbeiter bezüglich der Fürsorgepflicht von dem Unternehmen erwartet wird, im Vergleich auffällig hoch. Da diese Differenz zwischen ungarischen und deutschen Mitarbeitern bei einer landeskulturellen Betrachtung deutlich kleiner ausfällt, ist die Beobachtung auf die Tätigkeit im Unternehmen zurückzuführen. Die Differenz beruht auf einer unterschiedlichen Bewertung seitens der ungarischen Mitarbeiter, welche die landeskulturelle Bewertung des institutionellen Kollektivismus ähnlich der deutschen Gruppe einschätzen, die unternehmenskulturelle Bewertung jedoch weitaus geringer ist.

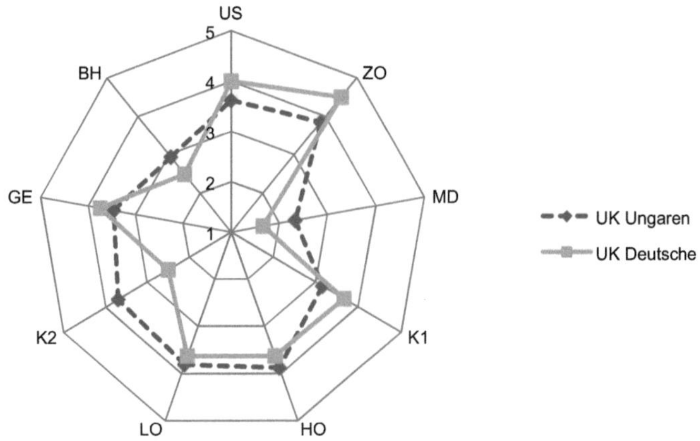

Abbildung 42: Unternehmenskultureller Vergleich bezüglich der Nationalität.

Ungarische Mitarbeiter nehmen Unternehmen somit nicht bei einer Gleichverteilung von Gütern und Ressourcen sowie bei der Förderung gemeinsamer Handlungen in die Pflicht, wie sie dies gegenüber dem Staat tun. Deutsche Mitarbeiter sehen hierin jedoch eine wesentliche Aufgabe des Unternehmens. Die soziale Verantwortung des Unternehmens wird von Mitarbeitern unterschiedlicher Nationalitäten verschieden interpretiert.

Noch auffälliger ist die Differenz bei der Zukunftsorientierung. Gibt es bezüglich der Unternehmenskultur eine höhere Einschätzung der Bedeutung seitens deutscher Mitarbeiter, werten ungarische Mitarbeiter diese als landeskulturell bedeutender ein. Das Planen künftiger Ereignisse, vorausschaundes Investieren und die Förderung des Allgemeinwohls im Unternehmen sind somit insbesondere für deutsche Mitarbeiter relevant, während ungarische Mitarbeiter diesen Werten im gesellschaftlich/familiären Umfeld eine höhere Bedeutung beimessen.

Entsprechendes gilt für die Unsicherheitsvermeidung. Es lässt sich beobachten, dass die Bedeutung der Sicherheit von Normen, Regeln und Ritualen für deutsche Mitarbeiter im Unternehmen größer ist, als für ungarische Mitarbeiter. Im landeskulturellen Kontext ist dies jedoch genau umgekehrt. Ungarische Mitarbeiter sind im Unternehmen eher unsicherheitsafin und könnten auf bestehende Regeln verzichten, wie dies für deutsche Mitarbeiter im gesellschaftlichen Kontext der Fall ist. Dies lässt darauf schließen, dass die Akzeptanz von Regeln und Normen bei ungarischen Mitarbeitern im Unternehmen weitaus geringer ist. Diese Beobachtung wird durch den geringen Wert der Machtdistanz unterstützt.

Die größte Differenz zwischen den betrachteten Gruppen ergibt sich bezüglich des Gruppenkollektivismus. Dabei ist insbesondere die geringe Bewertung seitens deutscher Mitarbieter anzumerken, welche auch bei der landeskulturellen Bewertung zu beobachten ist. Ein Einfluss seitens der Tätigkeit im Unternehmen ist daher nicht anzunehmen, sodass eine weitere Betrachtung dieses Punktes nicht erfolgt. Gleiches gilt für die Kulturdimension der Machtdistanz.

4.2.2.2.2.4 Differenzierte Betrachtung kultureller Wertvorstellungen anhand des Geschlechts

Bei der geschlechterspezifischen Betrachtung gibt es bezüglich der beiden Gruppen keine wesentlichen Unterschieden. Bei beiden Geschlechtern ist bezüglich der Landeskultur die Bewertung des Gruppenkollektivismus, der Leistungsorientierung und der Humanorientierung am stärksten ausgeprägt. Bei der Unternehmenskultur gilt dies zudem für die Zukunftsorientierung. Die größte Differenzierung zwischen unternehmens- und landeskultureller Bewertung besteht bei beiden Geschlechtern beim Gruppen- und institutionellen Kollektivismus. Die niedrigsten Werte erreichen wiederum die Machdistanz und die Bestimmtheit, wobei bei der Machtdistanz ein kleiner Bewertungsunterschied zwischen Männern und Frauen auftritt. Dabei ist im Unternehmen eine höhere Akzeptanz der Machtdistanz gegenüber der Gesellschaft bzw. Familie zu beobachten. Alle weiteren Dimensionen werden bezüglich Unternehmens- und Landeskultur als gleich ausgeprägt angegeben.

Bezogen auf die Dimension der Geschlechtergleichheit ist die größte Differenzierung zwischen männlichen und weiblichen Mitarbeitern zu beobachten. Dennoch ist aufgrund der geringen Wertigkeit der Differenz von einem einheitlichen Rollenverständnis von Frau und Mann im unternehmen auszugehen. Die Bedeutung einer Verminderung der Differenzen zwischen Frauen- und Männerrollen wird grundsätzlich als positiv wahrgenommen, aber kein hoher Stellenwert eingeräumt. Aufgrund der großen Gleichheit der Werteinstellungen bezüglich unternehmenskultureller Dimensionen ist eine differenzierte Betrachtung bei den nachfolgenden Analysen nicht notwendig.

4.2.2.2.2.5 Kernergebnisse aus dem deskriptiven Vergleich zwischen Unternehmens- und Landeskultur

In Tabelle 19 sind alle Beobachtungen bezüglich unterschiedlicher Ausprägungen kultureller Dimensionen bei Unternehmens- und Landeskultur nach den demographischen Gruppen zusammengefasst.

Gruppe	Ausprägung	HW UK	HW LK	NW UK	NW LK	Gleichheit	große Differenz
Position im Unternehmen	Arbeiter	HO, ZO	K2, HO, LO	MD	MD	US, ZO, GE, BH	K2, K1
	Leiter	LO, K2	K2, ZO, LO, HO	MD	MD	US, BH, LO	K1, ZO
	Administration	K2, LO, ZO	K2, LO	MD, BH	MD, BH	US, K2	K1
	Sonstige	LO, US	K2, LO, HO	MD, BH	MD, BH	MD, LO, BH, ZO	MD, LO, BH, ZO
Auslandserfahrung	nicht Vorhanden	HO, LO, ZO	K2, HO, LO	MD	MD	BH, GE, US, ZO	K2, K1
	vorhanden	HO, LO, ZO	HO, LO, K2	MD	MD	US, BH, GE, ZO	K1, K2
Nationalität	Ungaren	ZO, HO, LO	K2, HO, LO	MD	MD	ZO, US, BH, GE	K1, K2
	Deutsche	US, ZO	LO, HO	MD, BH	MD, BH	GE, BH, MD,	K2, LO, HO
Geschlecht	weiblich	ZO, HO, LO	K2, HO, LO	MD	MD	GE, BH, ZO, US	K1, K2
	männlich	HO, LO, K2, ZO, US	K2, LO, HO	MD	MD	MD, US, BH, GE, ZO	K1, K2

Tabelle 19: Zusammenfassung des Vergleichs zwischen Unternehmens- und Landeskultur unterschiedlicher demographischer Gruppen. (Legende: HW = Höchstwert, NW = niedrigster Wert, UK = Unternehmenskultur, LK = Landeskultur)

Sind über alle Gruppen hinweg die Dimensionen der Landeskultur gleich oder höher bewertet als jene der Unternehmenskultur, bildet die Machtdistanz in den meisten Fällen eine Ausnahme. Dies lässt darauf schließen, dass Machtsymbole und die Annahme von Weisungen im Unternehmen eher geduldet werden. Da dies auch bei den Arbeitern mit Leitungsfunktion der Fall ist, kann dies auch nicht an der Fokussierung der Befragung auf Arbeiter liegen. Auffällig ist zudem über alle Gruppen hinweg die große Differenz zwischen Landes- und Unternehmenskultur beim Gruppen- und institutionellen Kollektivismus. Es ist zu untersuchen, ob dieser Unterschied bereits zu Beginn der Tätigkeit im Unternehmen vorhanden ist oder erst mit der Zeit entsteht. Bezüglich der Ergebnisse der differenzierten Betrachtung nach der Nationalität kann bereits jetzt festgehalten werden, dass Arbeiter mit deutschem Hintergrund von der Stichprobe ausgenommen werden müssen, um die spätere Analyse bei der Gruppe der Arbeiter nicht zu verfälschen.

Die wichtigsten Schlussfolgerungen aus dem Vergleich der Unternehmens- und Landeskultur einzelner Gruppen werden folgend zusammengefasst:

- Aufgrund der unterschiedlichen Bewertungen bei der Landeskultur bezüglich der Position im Unternehmen ist eine Verallgemeinerung kultureller Wertvorstellungen über Nationen oder Gesellschaften hinweg nicht möglich. Es ist zu prüfen, inwiefern die Profession im Unternehmen einen Einfluss auf die gesellschaftlichen und familiären Wertvorstellungen hat.
- Aus den teils stark vom absoluten Mittelwert abweichende Angaben kann geschlossen werden, dass unabhängig von Profession, Auslandserfahrung, Nationalität oder Geschlecht ein ausgeprägtes Bewusstsein über die Wertvorstellungen vorhanden ist. Die Befragten sind sich sowohl im gesellschaftlichen als auch im unternehmerischen Umfeld ihrer kulturellen Eigenheiten bewusst. Dies ist jedoch kein Kriterium dafür, dass sie auch sensibel für kulturelle Unterschiede sind.
- Unabhängig von demographischen Gruppeneinteilungen werden aggressives und selbstbezogenes Verhalten ebenso wenig wertgeschätzt wie die Bedeutung von Status- und Machtsymbolen. Hingegen sollte die Identifikation mit den Kollegen bzw. mit dem gesellschaftlichen und familiären Umfeld ebenso wichtig sein wie die Gestaltung der Zukunft.
- Langfristige Sicherheit sowie das Vorausdenken und langfristige Planen werden im familiären und gesellschaftlichen Umfeld als wichtiger erachtet als im Unternehmen. Als Ursache kommt neben dem Führungsstil (Machtdistanz) auch die strategische Steuerung der Tochtergesellschaft durch die Muttergesellschaft in Frage.
- Dem Unternehmen wird keine soziale Fürsorgeverantwortung zugesprochen. Hier stehen insbesondere der Staat und das familiäre Umfeld in der Pflicht.
- Bezüglich der Identifikation mit dem Unternehmen ist zu beobachten, dass dies von allen Professionen sehr hoch bewertet wird.
- Seitens der Mitarbeiter ohne Auslandserfahrung wird ein partizipativer Führungsstil im Unternehmen gefordert, wie dies auch für Entscheidungen des Staates und im gesellschaftlichen Umfeld der Fall ist.
- Aus der Unterscheidung nach Nationalitäten lässt sich ableiten, dass die Wertvorstellungen der Unternehmens- und Landeskultur nach Ansicht der ungarischen Mitarbeiter ähnlich sind. Unterscheidungen sind einzig beim Kollektivismus und bei der Leistungsorientierung zu beobachten.
- Die kulturelle Integration von Mitarbeitern mit deutschem familiärem oder kulturellem Hintergrund ist eingeschränkt.
- Statussymbole und zentrale Entscheidungen werden von weiblichen Mitarbeitern im Unternehmen eher akzeptiert, als dies im gesellschaftlich/familiären Umfeld der Fall ist. Bei männlichen Mitarbeitern ist diese Beobachtung nicht zu machen.

Aus der Vielzahl an Beobachtungen bezüglich gleicher oder unterschiedlicher Bewertungen unternehmenskultureller Ausprägungen verschiedener demographischer Gruppen lassen sich folgende Kernaussagen zusammenfassen:

- Aus dem Vergleich zwischen Arbeitern und (Mit-)Arbeitern mit Führungsaufgaben hat sich ergeben, dass kulturelle Veränderungen des Gruppenkollektivismus und der Leistungsorientierung durch die Tätigkeit im Unternehmen verursacht werden.
- Eine hohe Leistungsbereitschaft wird insbesondere von (Mit-)Arbeitern mit Führungsaufgaben eingefordert.
- Die bei der Unternehmens- und Landeskultur gleichermaßen vorhandenen Differenzen bezüglich der Machtdistanz weisen entweder auf externe Einflussfaktoren hin oder es findet ein Wertetransfer vom Unternehmen in das gesellschaftliche Umfeld statt.
- Die fehlende Diskrepanz bei der Wertigkeit der Zukunftsorientierung zwischen (Mit-)Arbeitern mit Führungsaufgaben und Arbeitern sowie auch der Administration im Unternehmen kann durch die Einschränkung des Vorausplanens dieser Gruppe durch die Unternehmensleitung bzw. die Muttergesellschaft verursacht sein.
- Die Art der Profession beeinflusst die Wertvorstellungen bezüglich der Machtdistanz und Humanorientierung im unternehmenskulturellen Kontext.
- Eine Beeinflussung kultureller Werte durch Auslandsaufenthalte ist mit Ausnahme der Machtdistanz nicht zu beobachten. Entweder ist die Unternehmenskultur der Tochtergesellschaft jener der Muttergesellschaft sehr ähnlich oder innerhalb der Tochtergesellschaft haben sich eigenständige Wertvorstellungen derart stark etabliert, dass sie kaum durch anderweitige Erfahrungen verändert werden.
- Die Werteinstellungen zur Machtdistanz werden durch Auslandserfahrungen beeinflusst.
- Die soziale Verantwortung des Unternehmens wird von Mitarbeitern unterschiedlicher Nationalitäten verschieden interpretiert. So wird im Gegensatz zu Mitarbeitern mit deutschem Hintergrund ein entsprechendes Engagement seitens des Unternehmens von ungarischen Mitarbeitern als weniger erforderlich angesehen.
- Die Akzeptanz von Regeln und Normen bei ungarischen Mitarbeitern ist im Unternehmen weitaus geringer als dies bei deutschen Mitarbeitern der Fall ist.
- Es sind kaum Differenzen zwischen weiblichen und männlichen Mitarbeitern bei den kulturellen Wertigkeiten im Unternehmen festzustellen. Selbst die Geschlechtergleichheit wird von beiden Gruppen nur unwesentlich verschieden bewertet.

4.2.2.2.2.6 Besonderheiten bei der deskriptiven Auswertung der Arbeiter

Wird die Gruppe der Arbeiter im Besonderen betrachtet, so lassen sich neben den Erkenntnissen aus dem vorhergehenden Kapitel auch einige weitere Unterschiede ausmachen. Hervorzuheben sind insbesondere die in Kapitel 4.2.2.2.2.1 beschriebenen Differenzen zwischen der Unternehmens- und Landeskultur sowie die dort beschriebene Differenzen zu den anderen Professionen.

Beschränkt man die weitere demographische Einteilung (Auslandserfahrung, Nationalität und Geschlecht) auf die Gruppe der Arbeiter, so lassen sich zur allgemeinen Betrachtung jeweils nur geringe Unterschiede ausmachen. Dies liegt nicht zuletzt daran, dass der Großteil der Befragten aus der Arbeiterschaft kommt. Folgende Unterschiede können beobachtet werden:

- Arbeiter mit Auslandserfahrung schätzen die Notwendigkeit der Leistungsorientierung geringer als dies bei der Grundgesamtheit der Fall ist. Es ergibt sich eine Angleichung der Arbeiter mit und ohne Auslandserfahrung bezüglich der unternehmenskulturellen Betrachtung der Leistungsorientierung.
- Die Bedeutung von Machtsymbolen (Machtdistanz) gleicht sich bei Arbeitern mit und ohne Auslandserfahrung ebenso an. Die generelle Unterscheidung bei der untersuchten Gesamtheit ist hier aus Perspektive der Unternehmenskultur nicht vorhanden.
- Grundsätzlich niedriger bewertet wird seitens der Arbeiter mit Auslandserfahrung die Wichtigkeit der Bestimmtheit. Sowohl bezüglich der Landes- als auch der Unternehmenskultur sollte nach Meinung dieser Gruppe ein selbstbewusstes bzw. aggressives Auftreten nicht toleriert werden. Arbeiter ohne Auslandserfahrung tolerieren ähnlich der Grundgesamtheit ein höheres Maß an Selbstbewusstsein und Aggressivität.
- Gegenüber der Grundgesamtheit schätzen männliche Arbeiter die unternehmenskulturelle Bedeutung des Gruppenkollektivismus als geringer ein. Dies gilt in geringerem Maße auch für die Leistungsorientierung. Aus landeskultureller Perspektive gibt es hier keine veränderte Bewertung.
- Keine wesentlichen Unterschiede lassen sich bezüglich der nationalen Unterscheidungen gegenüber den Erkenntnissen aus der Grundgesamtheit beobachten.

4.2.2.2.3 Quantitative Analyse 2/3: Clusteranalyse zur Identifikation homogener Gruppen bei den Gastlandarbeitern zur Feststellung signifikanter Veränderungen der Wertvorstellungen

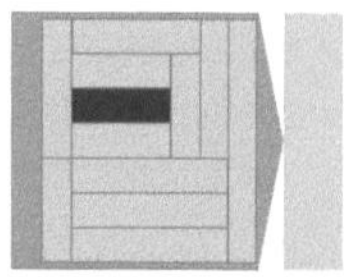

Um der Fragestellung nachgehen zu können, inwiefern sich bei den Gastlandarbeitern[611] eine Veränderung bei den kulturellen Wertvorstellungen ergeben hat, werden zwei Analysen durchgeführt. Grundsätzlich handelt es sich um eine Two-Step-Clusteranalyse zur Gruppierung möglichst homogener Bewertungen kultureller Wertvorstellungen für jede der neun Kulturdimensionen nach GLOBE. Die gebildeten Cluster werden anhand ihrer demographischen Charakteristika beschrieben und etwaige Unterschiede durch den Mann-Whitney-U-Test auf Signifikanz geprüft. [612] Die erste Analyse bezieht sich auf die unternehmenskulturell abgrenzbaren Clustern in den jeweiligen Kulturdimensionen (siehe Kapitel 4.2.2.2.3.1). Dies beinhaltet neben einer unternehmenskulturellen Auswertung demographischer Unterschiede zwischen den Clustern auch eine landeskulturelle Betrachtung der unternehmenskulturell abgegrenzten Cluster. Diese fließt in die spätere Triangulation ein und

[611] Es wurden nur Gastlandarbeiter in die Grundgesamtheit aufgenommen, deren erste Staatsangehörigkeit ungarisch ist und die keine anderweitige Staatsangehörigkeit haben oder in einem anderen Land geboren wurden.

[612] Die gebildeten Aussagen aus der Clusteranalyse werden hier textuell beschrieben. Zur Auswertung erfolgte eine Indizierung und Kategorisierung. Siehe hierzu Anhang A.1.5 und A.1.6.

bietet einen weiteren Anhaltspunkt für die Validität der in der zweiten Analyse identifizierten Cluster bzw. deren demographischen Unterschiede. Bei dieser zweiten Analyse werden die Cluster aus der Landeskultur identifiziert und auf demographische Unterschiede hin untersucht (siehe Kapitel 4.2.2.2.3.2). Entsprechend der ersten Analyse erfolgt hier zudem eine Betrachtung der unternehmenskulturellen Bewertung der landeskulturell abgegrenzten Cluster, um auch hier für die später folgenden Triangulation einen weiteren Anhaltspunkt für die Validität der demographischen Unterschiede bei den unternehmenskulturell abgegrenzten Cluster zu haben.

4.2.2.2.3.1 Untersuchung unternehmenskultureller Veränderungen der Wertvorstellungen von Gastlandarbeitern anhand demographischer Faktoren

Bei jeder Unternehmenskulturdimension konnten mindestens zwei Cluster voneinander abgegrenzt werden. Bei der Unsicherheitsvermeidung und dem institutionellen Kollektivismus sind es vier, bei der Humanorientierung drei voneinander abgrenzbare Cluster. Alle Cluster weisen höchst signifikante Unterschiede bezüglich ihrer Werte auf.[613] Zur demographischen Beschreibung der Charakteristika wurden das Alter, die Dauer der Unternehmenszugehörigkeit, gesammelte Arbeitserfahrung bei einem anderen ausländischem Unternehmen in Ungarn, das Geschlecht sowie die Aufenthaltsdauer im Ausland herangezogen (Details siehe Tabelle 21).[614] Die unternehmens- und landeskulturelle Bewertungen der Wertvorstellungen jedes unternehmenskulturell abgegrenzten Clusters werden zur besseren Übersicht bei jeder der nachfolgend beschriebenen Kulturdimensionen gesondert dargestellt. Die Ergebnisse werden in Kapitel 4.2.2.2.3.1.10 zusammengefasst.

4.2.2.2.3.1.1 Unternehmenskultur: Cluster der Unsicherheitsvermeidung

Wie Tabelle 20 zu entnehmen ist, sind bei der Unsicherheitsvermeidung vier Cluster abgegrenzt worden, deren Mittelwert (MW) von einer sehr niedrigen Bewertung der Bedeutung der Unsicherheitsvermeidung (2,25 auf einer fünf-stufigen Likert-Skala bei Cluster 3) bis hin zu einer sehr hohen Wertigkeit der Unsicherheitsvermeidung reicht (4,19 bei Cluster 1). Auch die Arbeiter des zweiten Clusters weisen dem Verlass auf Normen und Regeln einen erhöhten Stellenwert zu. Zudem stellt dieses Cluster das homogenste aller Cluster dar (Varianz von 0,02). Weiterhin ist die geringe Anzahl der dem dritten Cluster zugewiesenen Fälle (N=9) auffällig.

		Unternehmenskultur				Landeskultur			
		MW	SA	V	N	MW	SA	V	N
US	1	4,19	,28	,08	39	3,82	,57	,32	39
	2	3,62	,13	,02	39	3,40	,63	,39	39
	3	2,25	,48	,23	9	3,29	,54	,29	9
	4	3,13	,17	,03	43	3,28	,53	,28	43

Tabelle 20: Bewertung der Wertvorstellungen in den unternehmenskulturell abgegrenzten Clustern der Unsicherheitsvermeidung.

[613] Getestet mit dem Mann-Whitney-U-Test. Bei mehreren unabhängigen Stichproben wurde zudem ein Kruskal-Wallis-H-Test durchgeführt. Für alle Tests gilt: p(2-seitig) < 0,01. Der Silhouetten-Kohäsionswert ist bei allen Clustern > 0,5.

[614] Eine Beschreibung anhand der Ausbildungsdauer wäre ebenfalls möglich gewesen. Da sich diese bei den Gastlandarbeitern nicht wesentlich unterscheiden, wurde darauf verzichtet.

Unternehmenskultur		Alter (in Jahren)					Unternehmenszugehörigkeit (in Monaten)					Arbeitserfahrung bei einem ausländischen Unternehmen in Ungarn (Anzahl)		Dauer der Erfahrung bei einem ausländischen Unternehmen (in Monaten)					Geschlecht (Anzahl)		Auslandserfahrung (Leben)		Dauer der Auslandserfahrung im Leben (in Monaten)				
		Max	MW	Min	SA	N	Max	MW	Min	SA	N	Nein	Ja	Max	MW	Min	SA	N	w	m	Nein	Ja	Max	MW	Min	SA	N
Unsicherheitsvermeidung	1	59,0	38,6	23,0	9,2	39	165,0	68,0	15,0	40,6	34	25	14	84,0	57,6	4,0	27,5	14	25	14	38	1	60,0	60,0	60,0		1
	2	57,0	41,1	23,0	9,7	39	156,0	69,1	17,0	44,1	35	21	18	240,0	62,5	6,0	65,0	17	28	11	36	3	36,0	18,0	6,0	15,9	3
	3	55,0	44,1	31,0	9,0	8	141,0	78,6	24,0	44,9	8	4	5	228,0	85,2	30,0	81,7	5	8	1	9	0					0
	4	58,0	39,3	23,0	10,7	41	288,0	64,5	11,0	56,7	39	23	20	252,0	59,4	5,0	74,6	20	30	12	42	1	12,0	12,0	12,0		1
Zukunftsorientierung	1	58,0	39,4	23,0	9,4	84	168,0	64,8	15,0	41,0	77	44	41	240,0	66,2	4,0	62,4	41	62	23	82	3	36,0	18,0	6,0	15,9	3
	2	59,0	41,0	24,0	10,7	43	288,0	74,1	11,0	58,1	39	29	16	252,0	51,1	6,0	62,4	15	29	15	43	2	60,0	36,0	12,0	33,9	2
Machtdistanz	1	59,0	38,4	23,0	10,0	62	165,0	61,0	11,0	39,7	54	34	29	252,0	76,0	4,0	75,5	29	46	17	60	3	60,0	26,0	6,0	29,6	3
	2	58,0	41,4	23,0	9,5	65	288,0	73,9	15,0	52,8	62	39	28	168,0	47,3	5,0	40,1	27	45	21	65	2	36,0	24,0	12,0	17,0	2
Institutioneller Kollektivismus	1	58,0	40,6	23,0	9,2	65	162,0	69,5	15,0	42,5	56	34	32	240,0	62,3	5,0	53,0	32	50	16	65	1	6,0	6,0	6,0		1
	2	59,0	42,4	25,0	10,9	12	288,0	101,5	24,0	74,0	12	8	4	30,0	18,0	12,0	10,4	3	9	3	10	2	60,0	36,0	12,0	33,9	2
	3	58,0	39,0	23,0	11,2	32	168,0	59,9	11,0	43,6	31	19	15	252,0	54,9	4,0	62,7	15	21	12	32	2	36,0	24,0	12,0	17,0	2
	4	53,0	37,6	25,0	8,8	18	118,0	3,5	15,0	37,5	17	12	6	240,0	102,0	12,0	104,3	6	11	7	18	0					0
Humanorientierung	1	58,0	39,3	23,0	9,9	55	154,0	58,5	11,0	37,8	52	29	26	252,0	60,3	4,0	71,3	26	37	18	52	3	36,0	18,0	6,0	15,9	3
	2	55,0	39,6	23,0	9,4	47	168,0	72,9	18,0	46,7	41	27	23	240,0	60,7	12,0	46,9	23	39	10	50	0					0
	3	59,0	41,9	23,0	10,5	25	288,0	80,3	15,0	63,6	23	17	8	228,0	73,7	12,0	77,9	7	15	10	23	2	60,0	36,0	12,0	33,9	2
Leistungsorientierung	1	59,0	41,4	23,0	9,5	75	165,0	67,9	15,0	43,5	69	42	34	240,0	70,1	5,0	62,8	34	53	23	73	3	60,0	36,0	12,0	24,0	3
	2	55,0	37,8	23,0	9,9	52	288,0	67,9	11,0	53,1	47	31	23	252,0	50,0	4,0	60,6	22	38	15	52	2	12,0	9,0	6,0	4,2	2
Gruppenkollektivismus	1	56,0	37,3	23,0	10,1	78	288,0	68,5	11,0	49,1	71	43	37	252,0	64,9	4,0	65,1	36	50	29	78	2	12,0	9,0	6,0	4,2	2
	2	59,0	44,1	26,0	7,8	49	165,0	67,0	15,0	45,1	45	30	20	240,0	57,3	5,0	57,9	20	41	9	47	3	60,0	36,0	12,0	24,0	3
Geschlechtergleichheit	1	59,0	39,7	23,0	9,3	74	168,0	65,7	11,0	44,0	69	39	37	252,0	68,1	4,0	63,3	37	60	16	72	4	60,0	28,5	6,0	24,7	4
	2	58,0	40,3	23,0	10,6	53	288,0	71,2	15,0	52,3	47	34	20	228,0	50,7	5,0	60,1	19	31	22	53	1	12,0	12,0	12,0		1
Bestimmtheit	1	59,0	40,8	23,0	10,0	81	168,0	68,9	15,0	46,2	75	47	37	240,0	65,3	6,0	62,7	36	61	22	81	3	60,0	34,0	6,0	27,1	3
	2	58,0	38,4	23,0	9,3	46	288,0	66,2	11,0	50,0	41	26	20	252,0	56,6	4,0	62,4	20	30	16	44	2	12,0	12,0	12,0	0,0	2

Tabelle 21: Demographische Beschreibung der in den Kulturdimensionen unternehmenskulturell abgegrenzten Cluster. (Legende: Max = Maximalwert, MW = Mittelwert, Min = Minimalwert, SA = Standardabweichung, N = gültige Anzahl, w = weiblich, m = männlich)

Die geringe Fallanzahl führt mitunter dazu, dass keine hohe Signifikanz bei den folgenden Beobachtungen gegeben ist.[615] Seitens der Altersstruktur ergibt sich die größte Differenz zwischen dem ersten Cluster (38,6 J.; siehe Tabelle 21) und dem dritten Cluster (44,1 J.),[616] wobei bei diesem Cluster auch das Minimalalter von allen Clustern am höchsten ist. Der dritte Cluster weist zudem die mit Abstand längste durchschnittlichste Unternehmenszugehörigkeit auf (78 M.). Dabei ist die Differenz zwischen Maximalwert und Minimalwert von allen Clustern am geringsten. Die niedrigste durchschnittliche Unternehmenszugehörigkeit lässt sich beim vierten Cluster beobachten (64,5 M.).[617]

Alle vier Cluster werden anteilsmäßig von weiblichen Arbeitern dominiert. Das Verhältnis von 8:1 beim dritten Cluster kann auf die geringe Anzahl zurückgeführt werden. Aber auch die Unterschiede bei den anderen Cluster fallen mit einem Verhältnis von ca. 2,5:1 bzw. 1,8:1 (Cluster 1) deutlich aus. Keine aussagekräftigen Unterschiede können bezüglich der Auslandserfahrung gemacht werden. Dies liegt an der geringen Quote an Arbeitern in allen identifizierten Clustern, die einen längeren Auslandsaufenthalt getätigt haben.

Trotz statistisch nicht belegbarer Unterscheidungen der Cluster auf Basis ihrer demographischen Charakteristika kann beobachtet werden, dass sich der dritte Cluster durch Erfahrungswerte (Alter, Unternehmenszugehörigkeit, Arbeitserfahrung in einem ausländischen Unternehmen) von den anderen Clustern unterscheidet. Es ist die Aussage zu treffen und im folgenden Verlauf zu prüfen, inwiefern Erfahrung bzw. einer der drei genannten Faktoren zu einer unternehmenskulturell niedrigen Bewertung der Unsicherheitsvermeidung führt. Diese Aussage wird nicht zuletzt dadurch unterstützt, dass der landeskulturelle Mittelwert des dritten Clusters deutlich höher liegt. Insgesamt liegen die landeskulturellen Mittelwerte der hier betrachteten Cluster auf fast gleichem Niveau. Demnach kann anhand der Clusteranalyse das Alter als Einflussfaktor auf die unterschiedliche Bewertung der Unsicherheitsvermeidung in der Unternehmenskultur ausgeschlossen werden, da altersbedingte Werteveränderungen unabhängig von Unternehmenszugehörigkeiten stattfinden.

4.2.2.2.3.1.2 Unternehmenskultur: Cluster der Zukunftsorientierung

Bezüglich der Zukunftsorientierung ist zwischen zwei Clustern zu differenzieren. Die Mittelwerte der Cluster weichen um 1,29 Punkte auf der Likert-Skala ab (siehe Tabelle 22). Dabei ist zu beobachten, dass dem ersten Cluster mit dem höheren Mittelwert fast doppelt so viele Fälle zugeordnet wurden wie dem zweiten Cluster. Dies spiegelt die oben festgestellte Dominanz einer bei den Arbeitern als wichtig angesehenen Vorausplanung und Zukunftsinvestition wider. Trotz der hohen Varianz bei beiden Clustern ist die Abgrenzung nach dem Schwarzschen-Bayes-Kriterium höchst trennscharf.

		Unternehmenskultur				Landeskultur			
		MW	SA	V	N	MW	SA	V	N
ZO	1	4,26	,40	,16	85	4,10	,59	,35	85
	2	2,97	,49	,24	45	3,56	,66	,44	45

Tabelle 22: Bewertung der Wertvorstellungen in den unternehmenskulturell abgegrenzten Clustern der Zukunftsorientierung.

[615] Im Folgenden werden nur die Cluster 1 und 3 miteinander verglichen, da hier die größte Differenz in der Bewertung der Unsicherheitsvermeidung besteht.
[616] Mann-Whitney-U = 100,500; p(2-seitig) = 0,116.
[617] Mann-Whitney-U = 106,000; p(2-seitig) = 0,157.

Bei Betrachtung der Altersmittelwerte beider Cluster (siehe die Zeile zur Zukunftsorientierung in Tabelle 21) ist kein wesentlicher Unterschied zu erkennen. Anders stellt sich dies bei der Dauer der Unternehmenszugehörigkeit dar. Mit 74,1 Monaten ist die Dauer der Unternehmenszugehörigkeit in Cluster 2 um ca. 10 Monate länger als jene in Cluster 1 (64,8 M.).[618]

Eine ähnliche Abweichung ergibt sich bezüglich der Arbeitserfahrung in einem anderen ausländischen Unternehmen, deren Signifikanz jedoch nicht nachweisbar ist. Auch bezüglich der Geschlechterverteilung lässt sich kein wesentlicher Unterschied zwischen Cluster 1 (Verhältnis weibliche zu männliche Mitarbeiter von 2,7:1) und Cluster 2 (2:1) beobachten. Ähnlich der Cluster der Unsicherheitsvermeidung ist auch hier der Anteil an Erfahrungen im Ausland in beiden Clustern sehr gering (Anzahl N <= 3), sodass der höhere Mittelwert bei Cluster 2 bezüglich der Dauer des Auslandsaufenthaltes nicht für die weitere Interpretation herangezogen werden kann.

Bezüglich der Zukunftsorientierung muss somit festgehalten werden, dass die unterschiedliche Bewertung der Arbeiter in den jeweiligen Clustern nicht auf demographische Unterschiede zurückgeführt werden kann. Einzig der Unterschied bei der Dauer der Unternehmenszugehörigkeit liefert einen Anhaltspunkt, dass mit höherer Erfahrung (Cluster 2) die Zukunftsorientierung geringer bewertet wird. Der umgekehrte Zusammenhang ergibt sich bezüglich der Arbeitserfahrung bei einem anderen ausländischen Unternehmen. Dass dies ein auf das Unternehmen bezogener Effekt ist, zeigt sich an dem deutlich höheren Mittelwert des zweiten Clusters bei landeskultureller Betrachtung (siehe Tabelle 22).

4.2.2.2.3.1.3 Unternehmenskultur: Cluster der Machtdistanz

Entsprechend der allgemeinen Beschreibung aus der deskriptiven Analyse, ist das Niveau der Bewertung der Machtdistanz sehr niedrig. Trotzdem ist ein Cluster abzugrenzen, welches einen deutlich niedrigeren Mittelwert von 1,59 aufweist (siehe Cluster 1 im Vergleich zu Cluster 2 in Tabelle 23). Beiden Clustern sind eine nahezu identische Anzahl an Fällen zugeordnet, wobei die Varianz im zweiten Cluster doppelt so groß ist. Dies lässt auf eine ungleichmäßigere Verteilung innerhalb des zweiten Clusters schließen.

		Unternehmenskultur				Landeskultur			
		MW	SA	V	N	MW	SA	V	N
MD	1	1,59	,37	,14	63	1,88	,63	,40	63
	2	2,95	,55	,30	67	2,39	,67	,45	67

Tabelle 23: Bewertung der Wertvorstellungen in den unternehmenskulturell abgegrenzten Clustern der Machtdistanz.

Auch bei der Bewertung der Machtdistanz ist das zweite Cluster jenes, welches eine höhere durchschnittliche Altersgruppe beinhaltet und auch eine 12,9 Monate längere durchschnittliche Dauer der Unternehmenszugehörigkeit aufweist (siehe die Zeile zur Machtdistanz in Tabelle 21). Entgegen des Verhältnisses beim Alter ist hier auch der Maximalwert der Dauer der Unternehmenszugehörigkeit des zweiten Clusters deutlich höher (um 123 Monate) als bei Cluster 1.[619] Das Alter kann daher nicht als beeinflussender Faktor gesehen werden. Umge-

618 Ein statistisch signifikanter Unterschied kann nicht nachgewiesen werden: Mann-Whitney-U = 1426,000; p(2-seitig) = 0,659.

619 Eine statistische Signifikanz des Unterschiedes ist nicht vorhanden. Alter: Mann-Whitney-U = 1656,000; p(2-seitig) = 0,83. Dauer der Unternehmenszugehörigkeit: U = 1413,400; p(2-seitig) = 0,150. Arbeitserfahrung bei einem Auslandsunternehmen: U = 314,000; p(2-seitig) = 0,205. Die getroffenen Aussagen gelten somit als beobachtete Tendenz.

kehrt verhält es sich mit der Arbeitserfahrung bei einem anderen ausländischen Unternehmen. Ist der Anteil an Arbeitern mit entsprechender Erfahrung in beiden Clustern annähernd gleich, weist der erste Cluster einen um 28,7 Monate höheren Mittelwert auf. Zusammenfassend bewirkt eine längere Unternehmenszugehörigkeit die Akzeptanz einer höheren Machtdistanz und zentralen Entscheidungen, während für die Erfahrung in einem anderen ausländischen Unternehmen der umgekehrte Zusammenhang zu beobachten ist. Für den landeskulturellen Kontext gelten dieselben Beobachtungen. Aufgrund des niedrigen Signifikanzniveaus der Ausprägungsvergleiche beider Cluster, können diese nur als Tendenzaussagen geltend gemacht werden.

Bezüglich Geschlecht und der Auslandserfahrungen lassen sich die Cluster hingegen nicht differenzieren. Auch bei Einbezug der landeskulturellen Kenndaten beider Cluster sind aufgrund des ähnlichen Niveaus aus den Charakteristika keine grundsätzlichen Aussagen ableitbar.

4.2.2.2.3.1.4 Unternehmenskultur: Cluster des institutionellen Kollektivismus

Bezüglich des institutionellen Kollektivismus sind vier Cluster zu unterscheiden. Auch hier ergibt sich eine hohe Mittelwertdifferenz von 2,18 Punkten auf der Likert-Skala (Cluster 2 und Cluster 4; siehe Tabelle 24). Diesen beiden Clustern sind zudem die wenigsten Fälle zugeordnet (12 bzw. 18). Die einzelnen Varianzen der Cluster sind extrem gering, was auf eine hohe Trennschärfe bei der Clusterabgrenzung schließen lässt.

		Unternehmenskultur				Landeskultur			
		MW	SA	V	N	MW	SA	V	N
K1	1	2,91	,15	,02	66	3,67	,53	,28	66
	2	2,17	,30	,09	12	3,86	,71	,51	12
	3	3,51	,17	,03	34	3,72	,59	,35	34
	4	4,35	,31	,10	18	4,10	,32	,10	18

Tabelle 24: Bewertung der Wertvorstellungen in den unternehmenskulturell abgegrenzten Clustern des institutionellen Kollektivismus.

Die demographischen Charakteristika unterscheiden sich maßgeblich zwischen Cluster 2 und 4. So beträgt der Abstand beim Alter 6,8 Jahre (Cluster 2 42,4 J., Cluster 4 37,6 J.), die Differenz der Dauer der Unternehmenszugehörigkeit 48 Monate (Cluster 2 101,5 M., Cluster 4 53,5 M.; siehe die Zeile zum institutionellen Kollektivismus in Tabelle 21). Umgekehrt verhält es sich bei der Arbeitserfahrung bei anderen ausländischen Unternehmen. Hier ist die Dauer bei Cluster 4 (102 M.) deutlich höher, als bei Cluster 2 (18 M.). Der große Unterschied ist durch die hohen Maximalwerte bei Cluster 4 bedingt (240 M.). Die anderen demographischen Faktoren weisen keine besonderen Unterschiede auf.

Durch die umgekehrte Differenz beim Mittelwert zwischen Alter und Unternehmenszugehörigkeit einerseits und der Arbeitserfahrung in einem anderen ausländischen Unternehmen andererseits ist im Gegensatz zur Dimension der Unsicherheitsvermeidung die Definition des Clusters 2 als „Erfahrungscluster“ nicht ganz so eindeutig. Durch die niedrige Anzahl zugeordneter Fälle beim Faktor Arbeitserfahrung bei ausländischen Unternehmen (N = 3) ist der Einfluss dieses Faktors als nicht stark einzuordnen.

So lässt sich die Aussage ableiten, dass bei niedrigerem Alter und kürzerer Unternehmenszugehörigkeit ein höherer Anspruchs an unternehmerische Institutionen bei der Verteilung gemeinschaftlicher Ressourcen gestellt wird. Der Einfluss auf die Ansprüche an staatliche Institutionen ist hingegen zu verwerfen, da der landeskulturelle Mittelwert des zweiten Clusters sehr nahe an jenem des vierten Clusters liegt. Ein wesentlicher Unterschied beim vierten

Cluster bezüglich unternehmens- und landeskulturellen Mittelwert ist dagegen nicht beobachtbar.

4.2.2.2.3.1.5 Unternehmenskultur: Cluster der Humanorientierung

Im Rahmen der Bewertungen der Humanorientierung lassen sich nach der Unternehmenskultur drei Cluster mit hoher Trennschärfe identifizieren. Dabei repräsentiert das erste Cluster Arbeiter, welche Fairness, Freundlichkeit und Fürsorge gegenüber anderen einen äußerst hohen Stellenwert einräumen (MW = 4,58; siehe Tabelle 25). Den niedrigsten Mittelwert weist das dritte Cluster auf (MW = 2,89). Dabei sind diesem Cluster nur halb so viele Fälle zugeordnet wie den Clustern 1 und 2. Die im Vergleich hohe Varianz weist darauf hin, dass der dritte Cluster zudem nicht ganz so stark eingegrenzt ist, wie dies bei den anderen Clustern der Fall ist.

		Unternehmenskultur				Landeskultur			
		MW	SA	V	N	MW	SA	V	N
HO	1	4,58	,26	,07	55	4,50	,54	,29	55
	2	3,80	,20	,04	50	4,16	,56	,32	50
	3	2,89	,40	,16	25	3,31	,62	,38	25

Tabelle 25: Bewertung der Wertvorstellungen in den unternehmenskulturell abgegrenzten Clustern der Humanorientierung.

Bei den demographischen Faktoren Alters, Arbeitserfahrung in ausländischen Unternehmen sowie erworbene Auslandserfahrung lassen sich keine besonderen Auffälligkeiten zwischen den Clustern beobachten (siehe Tabelle 21). Hingegen ist der Mittelwert der Dauer der Unternehmenszugehörigkeit des dritten Clusters (MW = 80,3 M.) deutlich höher, als jener des ersten Clusters (MW = 58,5 M.), was sich auch im Maximalwert widerspiegelt. Schließlich ist bezüglich des Geschlechts zu erwähnen, dass der zweite Cluster stark durch weibliche Arbeiter geprägt wird (3,9:1). Der dritte Cluster hat hingegen den höchsten Anteil an männlichen Arbeitern (3:2).

Damit ist der Dauer der Unternehmenszugehörigkeit auch bei der unternehmenskulturellen Abgrenzung der Humanorientierung ein Einfluss zuzugestehen. Dieser ist als allgemein anzunehmen, da bei den landeskulturellen Kenndaten der Cluster kein wesentlicher Unterschied zu den unternehmenskulturellen Kenndaten zu beobachten ist (siehe Tabelle 25).

4.2.2.2.3.1.6 Unternehmenskultur: Cluster der Leistungsorientierung

Bei der Leistungsdimension sind unternehmenskulturell zwei Cluster zu identifizieren, die sich im Mittelwert um einen Punkt auf der Likert-Skala unterscheiden (siehe Tabelle 26). Dabei sind dem zweiten Cluster die Fälle mit geringerer Bewertung zugeordnet (N = 54). Deutlich mehr Fälle bei geringerer Streuung und einer damit einhergehenden engeren Abgrenzung finden sich im Cluster 1 wieder.

		Unternehmenskultur				Landeskultur			
		MW	SA	V	N	MW	SA	V	N
LO	1	4,08	,34	,12	76	4,19	,49	,24	76
	2	3,08	,47	,22	54	3,91	,65	,42	54

Tabelle 26: Bewertung der Wertvorstellungen in den unternehmenskulturell abgegrenzten Clustern der Leistungsorientierung.

Im Vergleich zu den anderen Kulturdimensionen gibt es hier keine unterschiedlichen Mittelwerte bezüglich der Dauer der Unternehmenszugehörigkeit (für beide Cluster gilt MW = 67,9 M.; siehe Tabelle 21). Entsprechendes gilt für den Anteil weiblicher Arbeiter.

Unterschiedlich sind hingegen die Mittelwerte beim durchschnittlichen Alter. Es wurden dem ersten Cluster um 3,6 Jahre ältere Mitarbeiter zugeordnet (MW = 41,4 J.).[620] Hingegen sind bei den Faktoren Arbeitserfahrung in einem anderen ausländischen Unternehmen bzw. Auslandserfahrung beim zweiten Cluster die höheren Mittelwerte beobachtbar. Bezüglich der Arbeitserfahrung in einem anderen ausländischen Unternehmen liegt der Mittelwert bei Cluster 1 um 20,1 Monate höher (MW = 70,1 M.), wobei der Maximalwert bei Cluster 2 höher ist. Bei der Auslandserfahrung ist anzumerken, dass durch die geringe Anzahl vorkommender Fälle (N <= 3) der Faktor bei der Interpretation nicht berücksichtigt werden kann.

Beim Vergleich der unternehmenskulturellen mit jenen der landeskulturellen Bewertungen kann die Aussage getroffen werden, dass ein höheres Alter zu einer höheren Bewertung der Bedeutung der Leistungsorientierung führt. Da sich der landeskulturelle Mittelwert dem unternehmenskulturellen Mittelwert beim zweiten Cluster angleicht, ist der Umkehrschluss nur für die Beeinflussung der Unternehmenskultur zulässig (siehe Tabelle 26). Eine weitere Erkenntnis ist, dass die Dauer der Betriebszugehörigkeit keinen Einfluss auf die Einschätzung der Leistungsorientierung zu haben scheint.

4.2.2.2.3.1.7 Unternehmenskultur: Cluster des Gruppenkollektivismus

Die zwei Cluster des Gruppenkollektivismus haben einen Mittelwertunterschied von 1,21 Punkten auf der Likert-Skala (siehe Tabelle 27). Das zweite Cluster weist den höheren Mittelwert (4,28) bei einer deutlich geringeren Varianz auf. Hingegen wurden dem ersten Cluster mehr Fälle zugewiesen (N = 80).

		Unternehmenskultur				Landeskultur			
		MW	SA	V	N	MW	SA	V	N
K2	1	3,07	,51	,26	80	3,93	,77	,59	80
	2	4,28	,40	,16	50	4,61	,48	,23	50

Tabelle 27: Bewertung der Wertvorstellungen in den unternehmenskulturell abgegrenzten Clustern des Gruppenkollektivismus.

Das Hauptaugenmerk bei den demographischen Faktoren liegt auch hier auf dem Alter der den Clustern zugeordneten Arbeitern. Es ergibt sich ein höchst signifikanter Unterschied bei den Mittelwerten von 6,8 Jahren (siehe Tabelle 21).[621] Der höhere Mittelwert des Alters ist bei Cluster 2 zu beobachten (MW = 44,1 J.). Dieser Unterschied ist auch bei den Maximal- und Minimalwerten beider Cluster zu beobachten. Neben dem Alter ist zudem die Geschlechterverteilung der beiden Cluster grundsätzlich verschieden. Während das erste Cluster einen relativ hohen Männeranteil (w:m = 1,7:1) aufweist, ist dieser beim zweiten Cluster deutlich geringer (w:m = 4,6:1).

Die anderen Faktoren weisen keine wesentlichen Unterschiede auf, insbesondere auch nicht die Mittelwerte der Dauer der Unternehmenszugehörigkeit (1,5 M. Differenz).

Aus den Beobachtungen ist abzuleiten, dass mit höherem Alter die Gemeinschaft an Bedeutung gewinnt. Zudem wird sie von weiblichen Arbeitern eher gefordert als von ihren männlichen Kollegen. Beim Vergleich der unternehmens- und landeskulturellen Kenndaten beider Cluster zeigt sich, dass der Mittelwert bei der Landeskultur bei beiden Clustern höher ist. Die Differenz des ersten Clusters ist hierbei ausgeprägter (von MW = 3,07 auf MW = 3,93; siehe Tabelle 21). Demnach ist zu prüfen, ob es mit zunehmendem Alter zu einer Angleichung der

---

[620] Nach dem Mann-Whitney-Test ist dieser Unterschied statistisch signifikant bei p(2-seitig) = 0,042 <= 0,05.

[621] Nach dem Mann-Whitney-U-Test ergibt sich ein p(2-seitig) = 0,000 <= 0,001.

unternehmenskulturellen Bewertung des Gruppenkollektivismus an die landeskulturelle Bewertung kommt.

4.2.2.2.3.1.8 Unternehmenskultur: Cluster der Geschlechtergleichheit

Bei der Geschlechtergleichheit werden zwei Cluster voneinander abgegrenzt, deren Mittelwerte um 1,05 Punkte auf der Likert-Skala auseinander liegen. Das erste Cluster repräsentiert dabei jene Arbeiter, welche die Notwendigkeit der Gleichberechtigung hoch einschätzen (MW = 3,89; siehe Tabelle 28). Diesem Cluster werden auch die meisten Fälle zugeordnet. Die Varianz der beiden Cluster ist annähernd gleich, sodass von einer ähnlichen Homogenität auszugehen ist.

		Unternehmenskultur				Landeskultur			
		MW	SA	V	N	MW	SA	V	N
GE	1	3,89	,34	,12	76	3,53	,34	,11	76
	2	2,84	,36	,13	54	3,24	,50	,25	54

Tabelle 28: Bewertung der Wertvorstellungen in den unternehmenskulturell abgegrenzten Clustern der Geschlechtergleichheit.

Erwartungsgemäß ist beim ersten Cluster der Anteil weiblicher Arbeiter deutlich höher (w:m = 3,75:1 bei Cluster 1 und 1,41:1 bei Cluster 2; siehe Tabelle 21). Ein kleiner Unterschied lässt sich bei der Arbeitserfahrung in einem anderen ausländischen Unternehmen beobachten. Hier ergibt sich eine Differenz bei den Mittelwerten von 17,4 Monaten. Die Unterschiede bei allen weiteren demographischen Faktoren fallen derart gering aus, dass sie nicht zur Herleitung von Aussagen dienen können.

Bei der landeskulturellen Betrachtung der Cluster ist zu beobachten, dass die Mittelwerte beider Cluster deutlich enger beieinander liegen. Daraus kann geschlossen werden, dass die Gleichbehandlung der Geschlechter im Unternehmen für weibliche Arbeiter einen höheren Stellenwert einnimmt, als dies bei Männern oder im gesellschaftlich/familiären Umfeld der Fall ist.

4.2.2.2.3.1.9 Unternehmenskultur: Cluster der Bestimmtheit

Wie in der deskriptiven Analyse erläutert, wird selbstbewusstes und aggressives Auftreten nur wenig akzeptiert. Dies spiegelt sich auch in den gebildeten Clustern wider, auch wenn hier nochmals bezüglich des Niveaus differenziert werden kann. So hat der Cluster 1 einen um 1,09 Punkte höheren Mittelwert (MW = 3,37) als der zweite Cluster. Dem ersten Cluster sind zudem annähernd doppelt so viele Fälle zugeordnet (N=84).

		Unternehmenskultur				Landeskultur			
		MW	SA	V	N	MW	SA	V	N
BH	1	3,37	,43	,18	84	3,19	,57	,33	84
	2	2,28	,37	,13	46	2,72	,73	,54	46

Tabelle 29: Bewertung der Wertvorstellungen in den unternehmenskulturell abgegrenzten Clustern der Bestimmtheit.

Die größte Auffälligkeit bei den demographischen Charakteristika beider Cluster ist, dass kein wesentlicher Unterschied bei den Faktoren bestimmt werden kann. Es kann bei der Bestimmtheit somit keine Aussage getroffen werden, welcher demographische Faktor die unternehmenskulturelle Abgrenzung der Cluster beeinflussen könnte.

4.2.2.2.3.1.10 Zusammenfassung der Aussagen aus der unternehmenskulturellen Abgrenzung von Clustern nach den Kulturdimensionen

Folgende Kernaussagen zu den einzelnen Kulturdimensionen lassen sich bezüglich des Einflusses einzelner demographischer Faktoren aus der obigen Analyse zusammenfassen:

- Unsicherheitsvermeidung: Es ist die Aussage zu treffen und im folgenden Verlauf zu prüfen, inwiefern Erfahrung bzw. einer der drei genannten Faktoren zu einer unternehmenskulturell niedrigen Bewertung der Unsicherheitsvermeidung führt.
- Unsicherheitsvermeidung: Insgesamt liegen die landeskulturellen Mittelwerte der hier betrachteten Cluster auf fast gleichem Niveau. Demnach kann das Alter als Einflussfaktor auf die unterschiedliche Bewertung der Unsicherheitsvermeidung in der Unternehmenskultur ausgeschlossen werden, da altersbedingte Werteveränderungen unabhängig von Unternehmenszugehörigkeiten stattfinden.
- Zukunftsorientierung: Bezüglich der Zukunftsorientierung ist festzuhalten, dass die unterschiedliche Bewertung der Arbeiter in den jeweiligen Clustern nicht auf demographische Unterschiede zurückgeführt werden kann.
- Zukunftsorientierung: Einzig die Unterschiede bei der Dauer der Unternehmenszugehörigkeit und der Arbeitserfahrung bei einem anderen ausländischen Unternehmen können Anhaltspunkte dafür liefern, dass mit höherer Erfahrung die Zukunftsorientierung geringer bewertet wird. Dieser Einfluss ist einzig auf das Unternehmensumfeld zu beziehen
- Machtdistanz: Auch bei Berücksichtigung der landeskulturellen Kenndaten sind aufgrund der ähnlichen Ausprägung der demographischen Faktoren beider Cluster keine grundsätzlichen Aussagen zu unterschiedlichen Wertvorstellungen ableitbar.
- Institutioneller Kollektivismus: Es ist die Aussage zu treffen, dass bei niedrigerem Alter und kürzerer Unternehmenszugehörigkeit ein höherer Grad des Anspruchs an unternehmerische Institutionen bei der Verteilung gemeinschaftlicher Ressourcen gestellt wird. Der Einfluss auf die Ansprüche an staatliche Institutionen ist hingegen zu verwerfen.
- Humanorientierung: Es ist der Dauer der Unternehmenszugehörigkeit bei der unternehmenskulturellen Abgrenzung der Humanorientierung ein Einfluss zuzugestehen.
- Leistungsorientierung: Beim Vergleich der unternehmens- und der landeskulturellen Bewertungen ist die Aussagen zu treffen, dass ein höheres Alter zu einer höheren Bewertung der Bedeutung der Leistungsorientierung führt. Da sich der landeskulturelle Mittelwert dem unternehmenskulturellen Mittelwert zwischen den Clustern angleicht, ist der Umkehrschluss nur für die Beeinflussung der Unternehmenskultur zulässig. Eine weitere Erkenntnis ist, dass die Dauer der Unternehmenszugehörigkeit keinen Einfluss auf die Einschätzung der Leistungsorientierung zu haben scheint.
- Gruppenkollektivismus: Aus den Beobachtungen ist abzuleiten, dass mit höherem Alter die Gemeinschaft an Bedeutung gewinnt. Zudem wird der Gruppenkollektivismus von weiblichen Arbeitern eher gefordert, als von ihren männlichen Kollegen.

- Gruppenkollektivismus: Es ist zu prüfen, ob es mit zunehmendem Alter zu einer Angleichung der unternehmenskulturellen Bewertung des Gruppenkollektivismus an die landeskulturelle Bewertung kommt.
- Geschlechtergleichheit: Die Gleichbehandlung der Geschlechter im Unternehmen hat für weibliche Arbeiter einen höheren Stellenwert als für Männern oder im gesellschaftlich/familiären Umfeld.
- Bestimmtheit: Es kann bei der Bestimmtheit keine Aussage getroffen werden, welcher demographische Faktor die unternehmenskulturelle Abgrenzung der Cluster beeinflusst.

4.2.2.2.3.2 Untersuchung landeskultureller Veränderungen der Wertvorstellungen von Gastlandarbeitern anhand demographischer Faktoren

Bei der Clusterbildung nach der landeskulturellen Bewertung der Kulturdimensionen existieren für jede Kulturdimension mindestens zwei Cluster. Bei den Kulturdimensionen Unsicherheitsvermeidung, Zukunftsorientierung, institutioneller Kollektivismus und Bestimmtheit lassen sich jeweils drei Cluster voneinander abgrenzen. Alle Cluster sind in ihren Mittelwerten bzw. Trends höchst signifikant unterscheidbar.[622]

Entsprechend der unternehmenskulturellen Betrachtung werden zur demographischen Beschreibung der Charakteristika das Alter, die Dauer der Unternehmenszugehörigkeit, die gesammelte Arbeitserfahrung bei einem anderen ausländischem Unternehmen in Ungarn, das Geschlecht sowie die Aufenthaltsdauer im Ausland herangezogen.[623] Die jeweiligen Ausprägungen der demographischen Faktoren für die landeskulturell abgegrenzten Cluster aller Kulturdimensionen sind Tabelle 31 zu entnehmen. Die Erkenntnisse zu den einzelnen Kulturdimensionen werden in Kapitel 4.2.2.2.3.2.10 zusammengefasst.

4.2.2.2.3.2.1 Landeskultur: Cluster der Unsicherheitsvermeidung

Die am niedrigsten und am höchsten bewerteten Cluster liegen bei der landeskulturellen Einschätzung im Mittel 1,61 Punkte auf der Likert-Skala auseinander. Dabei hat der erste der drei Cluster mit 4,51 Punkten auf der Likert-Skala den höchsten Mittelwert. Der niedrigste Mittelwert ist bei Cluster 3 zu beobachten (siehe Tabelle 30). Dem ersten Cluster wurden gegenüber den anderen beiden Clustern mit N = 17 sehr wenige Fälle zugeordnet.

		Landeskultur				Unternehmenskultur			
		MW	SA	V	N	MW	SA	V	N
US	1	4,51	,26	,07	17	3,93	,51	,26	17
	2	3,69	,20	,04	60	3,59	,62	,39	60
	3	2,91	,35	,12	53	3,34	,51	,26	53

Tabelle 30: Bewertung der Wertvorstellungen in den landeskulturell abgegrenzten Clustern der Unsicherheitsvermeidung.

[622] Getestet mit dem Mann-Whitney-U-Test bzw. mit dem Kruskal-Walis-H-Test bei mehreren unabhängigen Stichproben. Für alle Tests gilt p(2-seitig) < 0,01. Der Silhouetten-Kohäsionswert ist bei allen Dimensionen > 0,5.

[623] Bezüglich des demographischen Faktors der Ausbildungsdauer gab es bei keiner Dimension relevante Unterschiede. Auf eine ausführliche Beschreibung wurde daher verzichtet.

Landeskultur		Alter (in Jahren)					Unternehmenszugehörigkeit (in Monaten)					Arbeitserfahrung bei einem ausländischen Unternehmen in Ungarn (Anzahl)		Dauer der Erfahrung bei einem ausländischen Unternehmen (in Monaten)					Geschlecht (Anzahl)		Auslandserfahrung im Leben (Anzahl)		Dauer der Auslandserfahrung im Leben (in Monaten)				
		Max	MW	Min	SA	N	MA	MW	Min	SA	N	Nein	Ja	Max	MW	Min	SA	N	w	m	Neir	Ja	Max	MW	Min	SA	N
Unsicherheits-vermeidung	1	55,0	38,3	23,0	9,8	17	288,0	79,3	15,0	69,3	16	14	3	84,0	51,3	10,0	37,8	3	10	7	16	1	12,0	12,0	12,0		1
	2	59,0	40,0	23,0	10,3	59	165,0	72,6	15,0	44,6	55	34	26	240,0	60,6	4,0	53,7	26	39	21	57	3	60,0	36,0	12,0	24,0	3
	3	57,0	40,4	24,0	9,4	51	168,0	58,1	11,0	40,2	45	25	28	252,0	64,9	6,0	72,6	27	42	10	52	1	6,0	6,0	6,0		1
Zukunfts-orientierung	1	55,0	41,3	26,0	7,8	47	288,0	74,5	15,0	53,2	44	28	20	240,0	72,9	6,0	68,7	20	35	13	45	3	36,0	20,0	12,0	13,9	3
	2	58,0	41,7	25,0	10,1	20	162,0	59,1	19,0	37,7	19	14	6	72,0	37,0	12,0	24,1	6	12	8	20	0					0
	3	59,0	38,3	23,0	11,0	60	165,0	65,6	11,0	45,5	53	31	31	252,0	60,1	4,0	62,7	30	44	17	60	2	60,0	33,0	6,0	38,2	2
Machtdistanz	1	59,0	40,5	23,0	9,6	70	165,0	64,3	11,0	43,6	61	36	35	252,0	72,1	4,0	70,5	35	51	20	68	3	60,0	34,0	6,0	27,1	3
	2	58,0	39,2	23,0	10,1	57	288,0	71,9	15,0	51,4	55	37	22	168,0	45,7	5,0	41,5	21	40	18	57	2	12,0	12,0	12,0	0,0	2
Institutioneller Kollektivismus	1	57,0	42,6	25,0	9,2	29	162,0	72,9	11,0	47,9	26	18	11	252,0	81,2	6,0	85,1	11	23	6	28	1	12,0	12,0	12,0		1
	2	59,0	40,0	23,0	10,0	66	288,0	69,3	15,0	51,7	59	38	31	240,0	63,5	4,0	62,6	31	44	24	65	4	60,0	28,5	6,0	24,7	4
	3	55,0	37,4	23,0	9,7	32	120,0	61,1	15,0	38,3	31	17	15	120,0	44,4	10,0	33,6	14	24	8	32	0					0
Human-orientierung	1	58,0	40,7	23,0	9,9	72	168,0	69,5	15,0	42,4	66	38	35	240,0	58,5	4,0	57,6	35	54	19	70	3	36,0	18,0	6,0	15,9	3
	2	59,0	39,0	23,0	9,7	55	288,0	65,8	11,0	53,6	50	35	22	252,0	68,3	12,0	70,3	21	37	19	55	2	60,0	36,0	12,0	33,9	2
Leistungs-orientierung	1	55,0	39,1	23,0	9,6	57	162,0	59,8	15,0	43,1	51	31	27	240,0	65,5	4,0	62,1	26	43	15	56	2	12,0	9,0	6,0	4,2	2
	2	59,0	40,6	23,0	10,1	70	288,0	74,3	11,0	49,9	65	42	30	252,0	59,3	5,0	63,3	30	48	23	69	3	60,0	36,0	12,0	24,0	3
Gruppen-kollektivismus	1	59,0	40,0	23,0	10,1	96	165,0	65,5	15,0	42,2	87	55	43	240,0	58,3	4,0	56,8	43	68	29	94	4	60,0	28,5	6,0	24,7	4
	2	56,0	39,8	23,0	8,9	31	288,0	75,2	11,0	60,6	29	18	14	252,0	75,1	10,0	78,9	13	23	9	31	1	12,0	12,0	12,0		1
Geschlechter-gleichheit	1	59,0	39,4	23,0	9,6	79	288,0	65,2	11,0	50,8	73	41	41	252,0	67,5	4,0	67,3	40	64	17	77	5	60,0	25,2	6,0	22,6	5
	2	58,0	40,9	23,0	10,2	48	162,0	72,5	15,0	41,1	43	32	16	168,0	48,9	5,0	46,5	16	27	21	48	0					0
Bestimmtheit	1	59,0	38,8	23,0	10,1	52	168,0	64,6	15,0	42,1	49	29	25	240,0	58,1	6,0	58,0	25	35	18	51	3	60,0	34,0	6,0	27,1	3
	2	58,0	40,1	23,0	9,9	44	156,0	59,7	11,0	41,7	39	22	22	252,0	70,7	4,0	76,4	22	32	12	43	1	12,0	12,0	12,0		1
	3	56,0	41,5	23,0	9,4	31	288,0	85,2	15,0	59,5	28	22	10	84,0	52,7	10,0	28,5	9	24	8	31	1	12,0	12,0	12,0		1

Tabelle 31: Demographische Beschreibung der in den Kulturdimensionen landeskulturell abgegrenzten Cluster. (Legende: Max = Maximalwert, MW = Mittelwert, Min = Minimalwert, SA = Standardabweichung, N = gültige Anzahl, w = weiblich, m = männlich)

Bezüglich möglicher demographischer Einflussfaktoren sind wesentliche Unterschiede nur bei der Unternehmenszugehörigkeit und bei der Arbeitserfahrung in einem anderen ausländischen Unternehmen zu identifizieren (siehe Tabelle 31). Die höchsten bzw. niedrigsten Mittelwerte sind dabei bei den Clustern 1 und 3 zu finden. Die Differenz bei der Dauer der Unternehmenszugehörigkeit beträgt 21,2 Monate (höchster MW = 79,3 M. bei Cluster 1). Dagegen ist der höchste Mittelwert bezüglich der Arbeitserfahrung bei einem anderen ausländischen Unternehmen bei Cluster 3 zu finden (MW = 64,9). Die Differenz zum ersten Cluster beträgt hier 13,6 Monate. Die Aussagefähigkeit wird dadurch beschränkt, dass bei diesem Faktor im ersten Cluster lediglich drei Arbeiter vorhanden sind, die entsprechende Erfahrungen gesammelt haben. Eine ähnlich niedrige Anzahl ist bei allen drei Clustern bezüglich der Auslandserfahrung vorhanden, sodass auch die hier vorhandenen Unterschiede bei der Dauer der Auslandserfahrung nicht weiter berücksichtigt werden.

Einen weiteren Unterschied zwischen erstem und drittem Cluster ergibt sich bei dem Anteil weiblicher Arbeitskräfte. Beim ersten Cluster besteht ein Verhältnis zwischen weiblichen und männlichen Arbeitern von 1,4:1. Beim dritten Cluster ist dieses Verhältnis mit 4,2:1 weit höher.

Beim Alter sind keinerlei wesentliche Unterschiede zwischen den Clustern zu beobachten. Demnach kann einzig der Dauer der Unternehmenszugehörigkeit ein Einfluss auf die landeskulturelle Bewertung der Unsicherheitsvermeidung zugesprochen werden. Dass dies nicht nur für die landeskulturelle, sondern auch für die unternehmenskulturelle Bewertung gültig ist, ergibt sich aus dem nahezu identischen Profil der unternehmenskulturellen Kenndaten der hier betrachteten Cluster.[624]

4.2.2.2.3.2.2 Landeskultur: Cluster der Zukunftsorientierung

		Landeskultur				Unternehmenskultur			
		MW	SA	V	N	MW	SA	V	N
ZO	1	4,55	,27	,07	48	4,19	,64	,41	48
	2	2,80	,58	,33	20	3,21	,73	,53	20
	3	3,79	,21	,04	62	3,71	,69	,47	62

Tabelle 32: Bewertung der Wertvorstellungen in den landeskulturell abgegrenzten Clustern der Zukunftsorientierung.

Auch bezüglich der Zukunftsorientierung ist zwischen drei Clustern zu differenzieren. Dabei weist der erste Cluster den höchsten Mittelwert bezüglich der Einschätzung über die Erfordernis zukunftsgerichteten Verhaltens oder auch bezüglich der Förderung des Allgemeinwohls (MW = 4,55). Demgegenüber steht der zweite Cluster, bei welchem die zugeordneten Arbeiter nur eine mittlere Erfordernis sehen (MW = 2,8). Die Anzahl der zugeordneten Arbeiter ist dabei die geringste von allen Clustern (N = 20 gegenüber N = 48 bei Cluster 2 und N = 62 bei Cluster 3; siehe Tabelle 32). Zudem ist im Verhältnis zu den anderen Clustern die Varianz des zweiten Clusters deutlich größer, was auf eine höhere Heterogenität der Werte im Cluster hinweist (siehe Tabelle 32).

Bei den demographischen Charakteristika der Cluster gibt es beim Alter und beim Geschlecht keine auffälligen Unterschiede. Da im Cluster 2 kein Arbeiter Auslandserfahrung hat, kann auch dieser Faktor nicht zu Vergleichen herangezogen werden (siehe Tabelle 31).

[624] Dass sich auch die Stichproben der landeskulturell abgrenzten Cluster bei der unternehmenskulturellen Unsicherheitsvermeidungsbewertung in ihrer Tendenz signifikant unterscheiden, ist durch einen Kruskal-Wallis-H-Test nachgewiesen: Chi-Quadrat = 17,464; df = 2; p(assymp.) = 0,000.

Die durchschnittliche Unternehmenszugehörigkeit ist im ersten Cluster am höchsten (MW = 79,3 M.). Mit 59,1 Monaten liegt der zweite Cluster um 15,4 Monate darunter. Bei der Arbeitserfahrung in einem anderen ausländischen Unternehmen haben wieder der erste Cluster den höchsten Mittelwert (MW = 72,9 M.) und der zweite Cluster den niedrigsten Mittelwert (MW = 37,0 M.). Damit kann den Arbeitern im ersten Cluster eine größere Erfahrung zugesprochen werden, als dies insbesondere beim zweiten Cluster der Fall ist. Eine größere Erfahrung geht mit einer höheren Bedeutung der Zukunftsorientierung einher. Dass dies nicht nur für die landeskulturelle Betrachtung gilt, zeigen die ähnlichen unternehmenskulturellen Kenndaten der Cluster. Des Weiteren ist festzuhalten, dass weder das Geschlecht noch das Alter einen entsprechenden Einfluss auf die Bedeutung der Zukunftsorientierung haben.

4.2.2.2.3.2.3 Landeskultur: Cluster der Machtdistanz

Entsprechend der oben generell beobachteten niedrigen Bewertung bei der Machtdistanz fallen auch die Mittelwerte der hier identifizierten Cluster sehr niedrig aus (siehe Tabelle 33). Dabei repräsentiert der erste Cluster mit einem Mittelwert von 1,61 diejenigen Arbeiter, die Entscheidungs- und Machtbündelung auf höherer gesellschaftlicher Ebene nicht dulden.

		Landeskultur				Unternehmenskultur			
		MW	SA	V	N	MW	SA	V	N
MD	1	1,61	,32	,10	71	2,05	,79	,63	71
	2	2,78	,46	,21	59	2,57	,78	,61	59

Tabelle 33: Bewertung der Wertvorstellungen in den landeskulturell abgegrenzten Clustern der Machtdistanz.

Bei den demographischen Faktoren lassen sich einzig bei der Arbeitserfahrung in einem anderen ausländischen Unternehmen wesentliche Unterschiede beobachten. Dabei liegt der Mittelwert des ersten Clusters um 24,7 Monate höher als jener des zweiten Clusters (siehe Tabelle 31). Es lässt sich beobachten, dass eine kürzere Arbeitserfahrung in einem anderen ausländischen Unternehmen zu einer höheren Akzeptanz der Machtdistanz im gesellschaftlich/familiären und auch bedingt im Unternehmensumfeld führt.[625] Bei den anderen demographischen Faktoren Alter, Unternehmenszugehörigkeit, Auslandserfahrung, Geschlecht und Nationalität kann kein Zusammenhang beobachtet werden.

4.2.2.2.3.2.4 Landeskultur: Cluster des institutionellen Kollektivismus

Die drei nach den Bewertungen des institutionellen Kollektivismus identifizierten Cluster sind in sich sehr homogen (siehe die Varianzen bei der Landeskultur in Tabelle 34). Den höchsten Mittelwert weist dabei der erste Cluster auf, während der institutionelle Kollektivismus im dritten Cluster mit 1,46 Punkten auf der Likert-Skala niedriger bewertet wird. Bei den zugeordneten Fällen dominiert hingegen der zweite Cluster (N=69). Die Anzahl bei den anderen beiden Clustern ist annähernd gleich.

		Landeskultur				Unternehmenskultur			
		MW	SA	V	N	MW	SA	V	N
K1	1	4,50	,25	,06	29	3,24	,63	,40	29
	2	3,79	,22	,05	69	3,25	,70	,49	69
	3	3,04	,28	,08	32	3,04	,39	,16	32

Tabelle 34: Bewertung der Wertvorstellungen in den landeskulturell abgegrenzten Clustern des institutionellen Kollektivismus.

[625] Der Kruskal-Wallis-Test ergibt bezüglich der Signifikanz des Unterschieds nach der Arbeitserfahrung in einem anderen ausländischen Unternehmen ein p(2-seitig) = 0,071 Damit ist der Unterschied beobachtbar allerdings nicht statistisch belegt.

Bei der demographischen Betrachtung ergibt sich für das Alter der Arbeiter des ersten und dritten Clusters ein statistisch nachweisbarer Unterschied.[626] Die Mittelwerte differieren um 5,2 Jahre, wobei der erste Cluster den höheren Mittelwert aufweist (siehe Tabelle 31). Ein weiterer Unterschied lässt sich bei der Arbeitserfahrung in einem anderen ausländischen Unternehmen beobachten. Hier liegt der Mittelwert des ersten Clusters um 36,8 Monate höher als jener des dritten Clusters. Da in beiden Clustern der Anteil an Arbeitern mit entsprechender Erfahrung sehr hoch ist, kann auch diese Beobachtung zur Ableitung von Aussagen genutzt werden. Alle weitern demographischen Faktoren weisen keine relevanten Unterschiede auf.

Zu berücksichtigen ist bei den zu generierenden Aussagen, dass die Cluster bei der unternehmenskulturellen Betrachtung des institutionellen Kollektivismus seitens älterer Mitarbeiter nicht annähernd ähnliche Mittelwerte aufweisen. Damit ergibt sich ein gleichgerichteter Einfluss des Alters auf die Bedeutung der Verpflichtung gesellschaftlicher Institutionen, gemeinschaftliches Handeln zu fördern. An das Unternehmen wird dieser Anspruch von Seiten der älteren Arbeiter nicht erhoben.

Bezüglich der Arbeitserfahrung in einem anderen ausländischen Unternehmen lässt sich ein ähnlicher Sachverhalt beobachten. Auch hier schätzen Arbeiter mit einer kürzeren Erfahrungsdauer die Bedeutung der Gleichverteilung durch gesellschaftliche Institutionen deutlich niedriger. Dagegen kann dieser Schluss bei der Dauer der Unternehmenszugehörigkeit gezogen werden.

4.2.2.2.3.2.5 Landeskultur: Cluster der Humanorientierung

Von den beiden landeskulturellen Clustern der Humanorientierung weist der erste mit 4,66 Punkten auf der Likert-Skala einen sehr hohen Mittelwert auf. Dabei sind diesem Cluster die mehr Fälle zugeordnet als dem zweiten Cluster. Trotzdem sind die Werte der Ausprägung der Humanorientierung im ersten Cluster wesentlich homogener, was an der niedrigen Varianz abgelesen werden kann (siehe Tabelle 35).

	Landeskultur				Unternehmenskultur			
	MW	SA	V	N	MW	SA	V	N
HO 1	4,66	,26	,07	73	4,27	,49	,24	73
2	3,48	,52	,27	57	3,55	,69	,47	57

Tabelle 35: Bewertung der Wertvorstellungen in den landeskulturell abgegrenzten Clustern der Humanorientierung.

Bezüglich der demographischen Einflussfaktoren lassen sich bei keinem Cluster wesentliche Unterschiede beobachten.

4.2.2.2.3.2.6 Landeskultur: Cluster der Leistungsorientierung

Gegenüber den anderen Kulturdimensionen stellt die Differenz der hier abgegrenzten Clustermittelwerte mit 0,95 Punkten die kleinste dar. Dabei wird von den Arbeitern des ersten Clusters die Wichtigkeit einer hohen Leistungsbereitschaft und Exzellenz ausge-

	Landeskultur				Unternehmenskultur			
	MW	SA	V	N	MW	SA	V	N
LO 1	4,60	,26	,07	58	3,84	,63	,40	58
2	3,65	,37	,14	72	3,53	,61	,37	72

Tabelle 36: Bewertung der Wertvorstellungen in den landeskulturell abgegrenzten Clustern der Leistungsorientierung.

[626] Nach dem Mann-Whitney-U-Test mit U = 322,000; p(2-seitig) = 0,040. Da es sich ursprünglich um drei Cluster handelt wäre mit einem angepassten Signifikanzniveau von p(2-seitig) = 0,017 die Signifikanz nicht direkt gegeben.

drückt. Gegenüber dem zweiten Cluster sind diesem aber nicht ganz so viele Arbeiter zugeordnet, wenn auch die Werte homogen sind (siehe Tabelle 36).

Im Gegensatz zur Humanorientierung gibt es bei der Leistungsorientierung einen Mittelwertunterschied zwischen den beiden Clustern bei der Unternehmenszugehörigkeit in Höhe von 14,5 Monaten (siehe Tabelle 31). Dies ist durch den deutlich niedrigeren Maximalwert beim ersten Cluster bedingt. Zudem lässt sich eine Differenz bei der Dauer der Auslandserfahrung beobachten. Hier waren die Arbeiter des zweiten Clusters deutlich länger im Ausland (25 M. länger). Aufgrund der geringen Anzahl an Arbeitern, die eine solche Erfahrung gemacht haben, ist dieser Beobachtung keine große Aussagekraft zuzuschreiben. Die weiteren demographischen Faktoren lassen keine wesentliche Differenzierung zwischen beiden Clustern zu.

Anhand dieser Beobachtungen führt bei den hier betrachteten Arbeitern eine längere Unternehmenszugehörigkeit zu einer geringeren Wichtigkeit der Leistungsorientierung in der Gesellschaft. Wie die unternehmenskulturellen Kenndaten der Bewertung der Leistungsorientierung zeigen, gilt diese Aussage nicht für die Leistungsorientierung im Unternehmen (siehe Tabelle 36). Die Beeinflussung landeskultureller Wertvorstellungen durch die Tätigkeit in einer deutschen Tochtergesellschaft wird durch die Beobachtung der Differenz bei der Arbeitserfahrung in einem anderen ausländischen Unternehmen bekräftigt.

4.2.2.2.3.2.7 Landeskultur: Cluster des Gruppenkollektivismus

Es lassen sich bezüglich des Gruppenkollektivismus zwei Cluster identifizieren. Die Arbeiter des ersten Clusters messen der Identifikation mit dem Land und dem sonstigen sozialen Umfeld einen hohen Wert bei. Diesem Cluster sind auch dreimal so viele Arbeiter zugeordnet wie dem zweiten Cluster. Auch die Varianz der Bewertungen ist geringer, was auf eine eindeutige Aussage schließen lässt.

		Landeskultur				Unternehmenskultur			
		MW	SA	V	N	MW	SA	V	N
K2	1	4,54	,37	,14	98	3,67	,78	,61	98
	2	3,12	,57	,33	32	3,11	,47	,22	32

Tabelle 37: Bewertung der Wertvorstellungen in den landeskulturell abgegrenzten Clustern des Gruppenkollektivismus.

Bezüglich der demographischen Faktoren ist festzuhalten, dass keine Differenzierung hinsichtlich des Alters getroffen werden kann. Die Mittelwerte und auch die Altersverteilung sind nahezu identisch (siehe Tabelle 31). Unterschiede sind hingegen bei der Dauer der Unternehmenszugehörigkeit und auch bei der Arbeitserfahrung in einem anderen ausländischen Unternehmen zu beobachten. Im Vergleich sind die Arbeiter des zweiten Clusters länger im Unternehmen (MW = 72,5 M.) und weisen auch eine höhere Arbeitserfahrung in einem nichtungarischen Unternehmen auf (MW = 75,1 M.).

Aus den Beobachtungen kann abgeleitet werden, dass die Dauer der Unternehmenszugehörigkeit in einem nicht-ungarischen Unternehmen bei den hiesigen Arbeitern zu einer geringeren Bewertung der Notwendigkeit der Identifikation mit dem Staat und im eigenen sozialen Umfeld führt. Dass diese Aussage auch für die Identifikation mit dem Unternehmen bzw. für den Zusammenhalt in der Arbeitsgruppe gilt, lässt sich aus ähnlichen Werten der unternehmenskulturellen Kenndaten für die beiden Cluster ableiten (siehe Tabelle 37).[627] Hingegen wird der Gruppenkollektivismus nicht durch das Alter bzw. Geschlecht beeinflusst.

4.2.2.2.3.2.8 Landeskultur: Cluster der Geschlechtergleichheit

		Landeskultur				Unternehmenskultur			
		MW	SA	V	N	MW	SA	V	N
GE	1	3,68	,24	,06	82	3,60	,58	,34	82
	2	2,94	,28	,08	48	3,19	,61	,37	48

Tabelle 38: Bewertung der Wertvorstellungen in den landeskulturell abgegrenzten Clustern der Geschlechtergleichheit.

Die beiden abzugrenzenden Cluster differieren in ihrem Mittelwert lediglich um 0,74 Punkte auf der Likert-Skala (siehe Tabelle 38). Dabei stufen die Arbeiter des ersten Clusters Anstrengungen zur Gleichbehandlung von Frauen und Männern in der Gesellschaft als wichtiger ein. Die Werte innerhalb der Cluster sind aufgrund der geringen Varianzen aber sehr homogen. Dem ersten Cluster sind beinahe doppelt so viele Fälle zugeordnet wie dem zweiten Cluster.

Beim Vergleich demographischer Faktoren beider Cluster lässt sich beim Alter kein wesentlicher Unterschied beobachten (siehe Tabelle 31). Erwartungsgemäß ist der Anteil weiblicher Arbeiter im ersten Cluster weitaus höher (w:m = 3,8:1) als im zweiten Cluster (1,3:1). Auch bezüglich der Anzahl an Arbeitern mit Auslandserfahrung gibt es bei dieser Dimension einen großen Unterschied: Sind im ersten Cluster immerhin fünf Arbeiter mit Auslandserfahrung, fehlen diese im zweiten Cluster gänzlich.

Die Differenz bei der Dauer der Unternehmenszugehörigkeit ist nicht nur wesentlich kleiner als jene bei der Dauer der Arbeitserfahrung in einem anderen ausländischen Unternehmen, sondern die höheren Mittelwerte sind unterschiedlichen Clustern zuzuordnen. Aus diesem Grund kommen diese beiden Faktoren nicht zur Einflussnahme der Bewertung des Gruppenkollektivismus in der Gesellschaft in Frage. Auch die Auslandserfahrung als solche ist als beeinflussender Faktor nicht zu berücksichtigen. Es bleibt schließlich einzig das Geschlecht, welches zu den unterschiedlichen Bewertungen führt. Dies gilt ebenso für die unternehmenskulturelle Einschätzung (siehe die unternehmenskulturellen Kenndaten in Tabelle 38).[628]

4.2.2.2.3.2.9 Landeskultur: Cluster der Bestimmtheit

		Landeskultur				Unternehmenskultur			
		MW	SA	V	N	MW	SA	V	N
BH	1	3,11	,16	,03	54	3,03	,53	,28	54
	2	2,31	,39	,15	44	2,66	,67	,45	44
	3	3,87	,39	,15	32	3,33	,67	,44	32

Tabelle 39: Bewertung der Wertvorstellungen in den landeskulturell abgegrenzten Clustern der Bestimmtheit.

Bei der Bestimmtheit ist zwischen drei Clustern zu differenzieren. Dabei beinhaltet das zweite Cluster die Gruppe jener Arbeiter, die aggressives Verhalten und ein hohes Maß an Selbstbewusstsein nicht dulden. Die Arbeiter des dritten Clusters hingegen sehen jene Eigenschaften als erstrebenswert an (siehe Tabelle 39). Die höchste Anzahl an Arbeitern wird im ersten Cluster zusammengefasst. Es sind jene Personen, die

[627] Nach dem Mann-Whitney-U-Test sind die beiden Cluster bezüglich der Unternehmenskultur signifikant unterschiedlich: U = 802,500; p(2-seitig) = 0,000.

[628] Nach dem Mann-Whitney-U-Test sind die beiden Cluster bezüglich der Unternehmenskultur signifikant unterschiedlich: U = 1071,500; p(2-seitig) = 0,000.

der Frage nach dem richtigen Maß an Selbstbewusstsein eher indifferent gegenüberstehen. Die beiden anderen Cluster weisen mit 44 bzw. 32 Arbeitern relativ gleich starke Gruppen auf.

Unterschiede bei den demographischen Faktoren sind nur in geringem Maße (Alter, Geschlecht) oder zwischen dem zweiten und dritten Cluster zu beobachten (Unternehmenszugehörigkeit, Arbeitserfahrung in einem anderen ausländischem Unternehmen; siehe Tabelle 31). Da diese beiden Cluster nicht den höchsten bzw. niedrigsten Mittelwert aufweisen, können keine eindeutigen Aussagen abgeleitet werden. Dies gilt ebenso für die Auslandserfahrung.

4.2.2.2.3.2.10 Zusammenfassung der Aussagen aus der landeskulturellen Abgrenzung von Clustern der verschiedenen Kulturdimensionen

Folgende Kernaussagen lassen sich zu den einzelnen Kulturdimensionen bezüglich der Einflussnahme einzelner demographischer Faktoren auf die Wertvorstellungen der Gastlandarbeiter aus der vorhergehenden Analyse zusammenfassen:

- Unsicherheitsvermeidung: Einzig der Dauer der Betriebszugehörigkeit kann ein Einfluss auf die landeskulturelle Bewertung der Unsicherheitsvermeidung zugesprochen werden. Dass dies nicht nur für die landeskulturelle sondern auch für die unternehmenskulturelle Bewertung gültig ist, ergibt sich aus dem nahezu identischen Profil der unternehmenskulturellen Kenndaten der hier betrachteten Cluster.
- Zukunftsorientierung: Eine höhere Erfahrung geht mit einer höheren Bedeutung der Zukunftsorientierung einher. Dass dies nicht nur für die landeskulturelle Betrachtung gilt, zeigen die ähnlichen unternehmenskulturellen Kenndaten der Cluster.
- Zukunftsorientierung: Es ist festzuhalten, dass weder das Geschlecht noch das Alter einen Einfluss auf die Bedeutung der Zukunftsorientierung haben.
- Machtdistanz: Eindeutige Aussagen für die Machtdistanz sind nicht ableitbar.
- Institutioneller Kollektivismus: Die Cluster weisen bei der unternehmenskulturellen Betrachtung des institutionellen Kollektivismus nicht annähernd ähnliche Mittelwerte auf. Es ergibt sich ein gleichgerichteter Einfluss des Alters auf die Bedeutung der Verpflichtung gesellschaftlicher Institutionen, gemeinschaftliches Handeln zu fördern.
- Institutioneller Kollektivismus: Bezüglich der Arbeitserfahrung in einem anderen ausländischen Unternehmen besteht kein Einfluss auf den institutionellen Kollektivismus, da sich eine entsprechende Beobachtung auch bei der Dauer der Unternehmenszugehörigkeit wiederfinden müsste.
- Humanorientierung: Bezüglich der demographischen Einflussfaktoren lassen sich bei keinem Cluster wesentliche demographische Unterschiede bezüglich der Humanorientierung beobachten.
- Leistungsorientierung: Eine längere Betriebszugehörigkeit führt zu einer geringeren Bewertung der Leistungsorientierung im gesellschaftlich/familiären Umfeld.
- Leistungsorientierung: Die Beeinflussung landeskultureller Wertvorstellungen der Leistungsorientierung durch die Tätigkeit in einer deutschen Tochtergesellschaft in

Ungarn wird durch die Beobachtung der Differenz bei der Arbeitserfahrung in einem anderen ausländischen Unternehmen bekräftigt.

- Gruppenkollektivismus: Die Dauer der Unternehmenszugehörigkeit in einem anderen ausländischen Unternehmen führt bei den Arbeitern zu einer geringeren Bewertung der Notwendigkeit der Identifikation mit dem Staat und im eigenen sozialen Umfeld. Dieser Zusammenhang ist auch bezüglich der Identifikation mit dem Unternehmen bzw. den sozialen Einheiten im Unternehmen zu beobachten.
- Gruppenkollektivismus: Der Gruppenkollektivismus wird nicht durch das Alter bzw. Geschlecht beeinflusst.
- Bestimmtheit: Zur Bewertung der Bestimmtheit kann keine eindeutige Aussage über beeinflussende Faktoren getroffen werden.

4.2.2.2.4 Quantiative Analyse 3/3: Gegenüberstellung der Bewertung kultureller Wertvorstellungen homogener Randgruppen

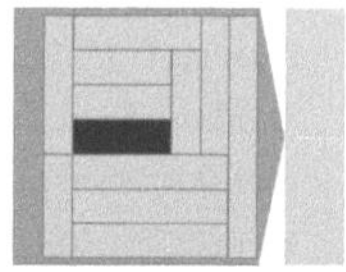

Bei der zweiten Analyse ungarischer Arbeiter werden möglichst homogene Gruppen bezüglich der demographischen Faktoren Alter, Unternehmenszugehörigkeit, Arbeitserfahrung in einem anderen ausländischen Unternehmen und Auslandserfahrung gebildet. Es werden die jeweils ersten und letzten 10% des Kontinuums eines jeden Faktors einander gegenübergestellt.[629] Eine Ausnahme bildet das Geschlecht, welches als Nominalfaktor per se zwei von einander abgrenzbare Gruppen bildet. Jede Dimension wird per Mann-Whitney-U-Test auf signifikante Unterschiede zwischen den jeweiligen Extremgruppen getestet (siehe Tabelle 41).[630]

Anhand der Bewertung der einzelnen Kulturdimensionen sind die Einschätzungen über die Bedeutung unternehmens- und landeskultureller Einstellungen dieser Gruppen auf Unterschiede in ihrer Tendenz zu testen. Die statistischen Kenndaten sind Tabelle 40 zu entnehmen.[631]

[629] Durch die Struktur der demographischen Faktoren kann die genaue Anzahl der Fälle pro Gruppen variieren. In besonderem Maße trifft dies beim demographischen Faktor der Auslandserfahrung zu, da hier insgesamt nur fünf Arbeiter das Kriterium erfüllen. In diesem Fall sind statistische Tests nicht möglich und etwaige Differenzen sind als Tendenzen zu interpetieren.

[630] Der Mann-Whitney-U-Test ist ein nichtparametrischer Test. Die Anwendung dieses Testes ist notwendig, da die Voraussetzungen für einen parametrischen Test (t-test), z.B. normalverteilte Daten, nicht angenommen werden können. Zudem ist die Voraussetzung eines Intervallskalenniveaus bei durch eine Likert-Skala erhobenen Daten zumindest fraglich. In Studien wurde Identifiziert, dass die nichtparametrischen Tests in ihrer Aussagekraft den parametrischen Tests kaum nachstehen. Einzig der Nachteil einer geringeren Trennschärfe wird eingegangen. Da dies bei der hiesigen Fragestellung die Aussagekraft sogar erhöht, kommen nichtparametrische Tests zum Einsatz. Vgl. u.a. Winter/Dodou (2010) und die dort angegebene Literatur.

[631] Die gebildeten Aussagen aus der Varianzanalyse werden hier textuell beschrieben. Zur Auswertung erfolgte eine Indizierung und Kategorisierung. Siehe hierzu Anhang A.1.5. und A.1.6.

Unternehmenskultur		Unsicherheits-vermeidung	Zukunfts-orientierung	Machtdistanz	Institutioneller Kollektivismus	Human-orientierung	Leistungs-orientierung	Gruppen-kollektivismus	Geschlechter-gleichheit	Bestimmtheit
		MW	MW	MW	MW	MW	MW	MW	MW	MW
Alter (Jahre)	G1	3,37	3,38	1,95	3,36	3,98	3,33	2,78	3,37	3,10
	G10	3,52	3,75	2,64	2,87	3,87	3,73	3,74	3,13	3,00
Dauer der Unternehmenszugehörigkeit (Monate)	G1	3,75	3,55	2,24	3,58	4,43	3,68	3,50	3,45	2,97
	G10	3,56	3,33	2,81	2,70	3,69	3,58	4,06	3,28	3,11
Arbeitserfahrung in einem anderen ausländischen Unternehmen (Monate)	G1	3,50	3,61	2,17	3,21	4,16	3,27	3,48	3,34	2,88
	G7	3,50	4,21	2,03	3,25	4,10	3,79	3,49	3,48	3,03
Auslandserfahrung (Monate)	G1	3,75	4,50	1,67	2,67	4,75	3,25	3,00	4,25	3,33
	G3	4,00	3,50	2,67	3,00	3,50	3,75	4,25	3,63	3,33
Geschlecht	w	3,49	3,89	2,26	3,15	3,98	3,70	3,65	3,56	2,99
	m	3,64	3,65	2,33	3,30	3,91	3,61	3,27	3,20	2,94

Landeskultur		Unsicherheits-vermeidung	Zukunfts-orientierung	Machtdistanz	Institutioneller Kollektivismus	Human-orientierung	Leistungs-orientierung	Gruppen-kollektivismus	Geschlechter-gleichheit	Bestimmtheit
		MW	MW	MW	MW	MW	MW	MW	MW	MW
Alter (Jahre)	G1	3,48	3,63	2,23	3,46	3,88	4,15	3,92	3,43	3,00
	G10	3,60	3,63	2,18	3,87	4,25	4,00	4,15	3,31	3,33
Dauer der Unternehmenszugehörigkeit (Monate)	G1	3,35	3,77	1,64	3,93	4,27	4,14	4,20	3,41	2,91
	G10	3,84	3,86	2,53	3,97	4,00	3,92	4,14	3,47	3,30
Arbeitserfahrung in einem anderen ausländischen Unternehmen (Monate)	G1	3,40	3,98	2,17	3,68	4,39	4,02	4,21	3,38	2,76
	G7	3,42	4,27	1,75	4,10	4,29	4,08	3,90	3,33	2,92
Auslandserfahrung (Monate)	G1	2,80	3,75	1,80	3,75	4,50	4,50	4,50	3,80	3,00
	G3	3,80	4,25	1,50	3,75	4,00	3,88	4,88	3,60	3,17
Geschlecht	w	3,41	3,98	2,07	3,78	4,22	4,09	4,22	3,48	3,05
	m	3,66	3,78	2,29	3,73	3,97	4,08	4,12	3,22	2,97

Tabelle 40: Unternehmens- und landeskulturelle Kenndaten der demographisch abgegrenzten Gruppen.

4.2.2.2.4.1 Vergleich junger und älterer Gastlandarbeiter

Die Gruppe G1 repräsentiert die 10% der jüngsten Arbeiter mit einem Durchschnittsalter von 24 Jahren. Die Gruppe G2 repräsentiert die 10% der ältesten Arbeiter mit einem Durchschnittsalter von 55,8 Jahren. Anhand des Mann-Whitney-U-Tests ergeben sich signifikante Unterschiede bei der unternehmenskulturellen Bewertung der Machtdistanz und des Gruppenkollektivismus. Mit einem Signifikanzniveau von $p < 0,1$ sind auch die Differenzen beim institutionellen Kollektivismus und bei der Leistungsorientierung signifikant. Bezüglich der unternehmenskulturellen Machtdistanz präferieren die jüngeren Arbeiter mit einem Wert von 1,95 auf der Likert-Skala keine zentrale Entscheidungsgewalt. Zwar ist diese Tendenz auch für die älteren grundsätzlich gültig. Jedoch sind diese eher bereit, zentral getroffene Entscheidungen zu akzeptieren und Respekt und Ansehen gegenüber den Entscheidern zu empfinden. Bei der Landeskultur ist diese Beobachtung nicht zu machen.

Unternehmenskultur

Dem. Faktor	Variable	UK_US	UK_ZO	UK_MD	UK_K1	UK_HO	UK_LO	UK_K2	UK_GE	UK_BH
Alter	Mann-Whitney-U	76	62,5	43	52	79	51	34,5	65,5	80
	Wilcoxon-W	167	153,5	134	143	170	142	125,5	156,5	171
	Z	-0,442	-1,137	-2,158	-1,693	-0,284	-1,773	-2,576	-0,994	-0,235
	Exakte Signifikanz (2-seitig)	0,673	0,265	0,03	0,095	0,791	0,079	0,009	0,335	0,827
Dauer der Unternehmenszuge-hörigkeit	Mann-Whitney-U	38	37,5	32,5	21	19	46	29,5	41	49
	Wilcoxon-W	83	82,5	98,5	66	64	91	95,5	86	115
	Z	-0,889	-0,921	-1,305	-2,205	-2,342	-0,268	-1,522	-0,655	-0,039
	Exakte Signifikanz (2-seitig)	0,383	0,375	0,204	0,026	0,019	0,81	0,135	0,536	0,987
Arbeitserfahrung in einem anderen ausländsichen Unternehmen	Mann-Whitney-U	83	53	72	81,5	74	53,5	83	72	71
	Wilcoxon-W	161	158	150	186,5	152	158,5	161	177	176
	Z	-0,053	-1,609	-0,628	-0,133	-0,519	-1,586	-0,052	-0,635	-0,682
	Exakte Signifikanz (2-seitig)	0,974	0,112	0,546	0,906	0,619	0,117	0,969	0,542	0,508
Auslandserfahrung	Mann-Whitney-U	1	0	0,5	1	0	0	0	0	1
	Wilcoxon-W	4	3	1,5	4	3	1	1	3	4
	Z	0	-1,225	-0,707	0	-1,225	-1,414	-1,225	-1,225	0
	Exakte Signifikanz (2-seitig)	1	0,667	1	1	0,667	0,333	0,667	0,667	1
Geschlecht	Mann-Whitney-U	1522,5	1450	1641,5	1511,5	1702	1587	1244,5	1121,5	1609
	Wilcoxon-W	5708,5	2191	5827,5	5697,5	2443	2328	1985,5	1862,5	2350
	Z	-1,079	-1,451	-0,456	-1,159	-0,140	-0,741	-2,510	-3,184	-0,633
	Exakte Signifikanz (2-seitig)	0,283	0,148	0,651	0,248	0,890	0,461	0,012	0,001	0,529

Landeskultur

Dem. Faktor	Variable	LK_US	LK_ZO	LK_MD	LK_K1	LK_HO	LK_LO	LK_K2	LK_GE	LK_BH
Alter	Mann-Whitney-U	78,5	55,5	79,5	49	63	67	71,5	69,5	62
	Wilcoxon-W	169,5	146,5	170,5	140	154	158	162,5	160,5	153
	Z	-0,311	-1,517	-0,258	-1,844	-1,112	-0,915	-0,689	-0,777	-1,183
	Exakte Signifikanz (2-seitig)	0,771	0,139	0,809	0,067	0,276	0,38	0,504	0,453	0,253
Dauer der Unternehmenszuge-hörigkeit	Mann-Whitney-U	23	47,5	9,5	48,5	37	38,5	49,5	43,5	31,5
	Wilcoxon-W	89	113,5	75,5	114,5	82	83,5	94,5	109,5	97,5
	Z	-2,043	-0,155	-3,068	-0,077	-0,962	-0,851	0	-0,465	-1,385
	Exakte Signifikanz (2-seitig)	0,044	0,891	0,001	0,952	0,352	0,417	1	0,671	0,178
Arbeitserfahrung in einem anderen ausländsichen Unternehmen	Mann-Whitney-U	83	58	56	49,5	77	78	79,5	76,5	71
	Wilcoxon-W	161	163	134	154,5	155	183	157,5	154,5	176
	Z	-0,052	-1,357	-1,45	-1,795	-0,367	-0,313	-0,234	-0,392	-0,682
	Exakte Signifikanz (2-seitig)	0,974	0,186	0,153	0,075	0,731	0,77	0,83	0,71	0,538
Auslandserfahrung	Mann-Whitney-U	0	0	1	1	1	0	0	0,5	0,5
	Wilcoxon-W	1	1	4	4	4	3	1	3,5	1,5
	Z	-1,414	-1,225	0	0	0	-1,225	-1,225	-0,707	-0,707
	Exakte Signifikanz (2-seitig)	0,333	0,667	1	1	1	0,667	0,667	1	1
Geschlecht	Mann-Whitney-U	1249	1545	1447	1648,5	1521	1699,5	1542,5	1171,5	1636,5
	Wilcoxon-W	5435	2286	5633	2389,5	2262	5885,5	2283,5	1912,5	2377,5
	Z	-2,499	-0,959	-1,466	-0,421	-1,083	-0,154	-0,974	-2,921	-0,486
	Exakte Signifikanz (2-seitig)	0,012	0,340	0,144	0,676	0,281	0,879	0,332	0,003	0,629

Tabelle 41: Signifikanzniveaus der Mann-Whitney-U-Tests der demographisch abgegrenzten Gruppen.

Auch die Wichtigkeit eines Zusammengehörigkeitsgefühls wird im Unternehmen seitens der älteren Arbeiter signifikant höher eingeschätzt als dies bei den jüngeren der Fall ist. Hier besteht vor allem bei den Jüngeren ein Unterschied zur landeskulturellen Betrachtung. Hier ist den jungen Arbeitern die Integration und Zusammengehörigkeit sehr wichtig. Dagegen fällt die Bewertung beim unternehmenskulturellen, institutionellen Kollektivismus im Vergleich zum Gruppenkollektivismus genau umgekehrt aus. Hier schätzen, wenn auch nicht signifikant, die Jüngeren die Bedeutung der gemeinschaftlichen Ressourcenverteilung im Unternehmen deutlich höher ein als ihre älteren Kollegen. Auffällig ist, dass die Älteren im landeskulturellen Umfeld die gemeinschaftliche Fürsorge sowohl gegenüber den Jüngeren, als auch gegenüber der eigenen unternehmenskulturellen Bewertung höher bewerten.

Bei der Leistungsorientierung ist auffällig, dass es wieder eine bezogen auf die Unternehmens- und Landeskultur unterschiedliche Einschätzung seitens der jüngeren Arbeiter gibt. Die Bedeutung der Belohnung von Leistungsbereitschaft und -steigerung wird seitens der Älteren im Unternehmen höher bewertet, während die Jüngeren dies in der Gesellschaft entsprechend der älteren Arbeiter als annähernd gleich wichtig betrachten.

4.2.2.2.4.2 Vergleich von Arbeitern mit kurzer und langer Unternehmenszugehörigkeit

Der zweite Vergleich ist anhand der Dauer der Unternehmenszugehörigkeit durchzuführen. In der ersten Gruppe G1 befinden sich jene 10% der Arbeiter, die am kürzesten im Unternehmen als Arbeiter verweilen (durchschnittliche Verweildauer: 25,2 M.). Die zweite Gruppe G10 weist hingegen eine durchschnittliche Dauer der Unternehmenszugehörigkeit von 167,8 Monaten auf. Anhand des Mann-Whitney-U-Tests lassen sich signifikante Unterschiede zwischen beiden Gruppen bezüglich der Unternehmenskultur beim institutionellen Kollektivismus und bei der Humanorientierung identifizieren. Bezogen auf die Landeskultur ergeben sich signifikante Unterschiede bei der Unsicherheitsvermeidung und bei der Machtdistanz. Herausstechende nicht-signifikante Unterschiede lassen sich hingegen nicht beobachten.

Die Bedeutung der Ressourcenverteilung im Unternehmen wird als elementar seitens der Dienstälteren im Vergleich zu erst kürzlich zum Unternehmen hinzugestoßenen Arbeitern gesehen. Dies spiegelt sich jedoch nicht bei der landeskulturellen Betrachtung beider Gruppen wider. Die Wichtigkeit, dass sich der Staat um die Förderung gemeinschaftlicher Handlungsweisen kümmert, wird von beiden Gruppen als ähnlich wichtig eingeschätzt und zudem als noch wichtiger als im Unternehmensumfeld.

Die Humanorientierung wird dagegen landeskulturell als etwa gleich wichtig eingeschätzt. Allerdings besteht auch hier für die dienstälteren Arbeiter gegenüber den Jüngeren eine höhere Bedeutung innerhalb des Unternehmens. Fairness, Freundlichkeit oder Fürsorge gegenüber den anderen Mitgliedern der sozialen Einheit ist für die länger im Unternehmen tätigen Arbeiter wesentlich bedeutender. Mit einem Wert von 4,0 auf der Likert-Skala gilt dies auch absolut und nicht nur relativ.

Die landeskulturelle Differenzierung bezüglich der Unsicherheitsvermeidung ergibt, dass Arbeiter, die noch nicht lange im Unternehmen sind, der Furcht vor einer unbekannten Zukunft weniger Wert beimessen. Die Verlässlichkeit von Riten und Normen zur Orientierung wird nicht gefordert. Bezogen auf das Unternehmen wird ein geringes Ausmaß der Vermeidung von Unsicherheiten dagegen von den Dienstälteren als wichtig angesehen, wenn auch dieser

Unterschied nicht signifikant zu belegen ist. Bei der Machtdistanz findet sich hingegen der signifikante Unterschied bei der landeskulturellen Betrachtung in der unternehmenskulturellen Betrachtung wieder. Demnach ist die Akzeptanz für eine Zentralisierung der Entscheidungen und die Wichtigkeit mächtiger Personen bei Dienstälteren weit höher, als bei erst kurz im Unternehmen angestellten Arbeitern.

4.2.2.2.4.3 Vergleich von Gastlandarbeitern mit wenig und viel Arbeitserfahrung in einem anderen ausländischen Unternehmen und bezüglich der geographischen Auslandserfahrung

Die Rückschlüsse bezüglich der Differenzierung nach der Arbeitserfahrung in einem anderen ausländischen Unternehmen und vor allem auch bezüglich der Auslandserfahrung der Arbeiter sind allein wegen der geringeren Anzahl an Probanden statistisch nicht signifikant. Deshalb wird im Folgenden anhand auffälliger Mittelwertdifferenzen die Beschreibung der Differenzierung durchgeführt.

Den Erkenntnissen aus der deskriptiven Beschreibung folgend, lassen sich bezüglich der Arbeitserfahrung in einem anderen ausländischen Unternehmen nur wenige Differenzen beobachten. Bezogen auf die Unternehmenskultur ist dies bei der Zukunftsorientierung (Delta von 0,6 Punkten auf der Likert-Skala) und bei der Leistungsorientierung (Delta von 0,52 Punkten auf der Likert-Skala) der Fall. In beiden Fällen wird von den Arbeitern mit längerer Erfahrung bei einem anderen ausländischen Unternehmen die Belohnung von Leistungsbereitschaft und -steigerung bzw. die Bedeutung zukunftsgerichteten Verhaltens wichtiger eingeschätzt als bei Arbeitern mit kurzer oder ohne Erfahrung bei einem anderen ausländischen Unternehmen. In der Landeskultur lassen sich diese Differenzen nicht beobachten. Es ist einzig ein Unterschied bezüglich des institutionellen Kollektivismus auffällig (Delta von 0,42 Punkten auf der Likert-Skala). Auch hier sind es die Arbeiter mit längerer Arbeitserfahrung in einem anderen ausländischen Unternehmen, welche der Bedeutung der Förderung gemeinschaftlicher Handlungsweisen durch den Staat einen hohen Wert beimessen. Bei allen anderen Dimensionen sind keine oder nur geringfügige Abweichungen zu beobachten und werden daher nicht weiter beschrieben.

Bezüglich der Auslandserfahrung ist die Stichprobe von drei Arbeitern, welche Auslandserfahrungen vorweisen, so gering, dass nur Einzelaussagen gemacht werden können. Grundsätzlich sind damit keine Tendenzen identifizierbar und auch keine belastbaren Aussagen im Rahmen dieser Analyse ableitbar.

4.2.2.2.4.4 Vergleich weiblicher und männlicher Arbeiter

Bei der Differenzierung nach dem Geschlecht ist auffällig, dass sowohl bezüglich der unternehmens- als auch bezüglich der landeskulturellen Bewertung nur geringe bzw. gar keine Unterschiede zwischen weiblichen und männlichen Arbeitern gemacht werden. Mit Ausnahme der Machtdistanz im Unternehmens- und gesellschaftlich/familiären Umfeld sowie der Unsicherheitsvermeidung im gesellschaftlich/familiären Umfeld bewerten weibliche Arbeiter die Kulturdimensionen teilweise leicht höher als männliche Arbeiter.

Signifikante Unterschiede sind im unternehmenskulturellen Kontext bei der Bewertung des Gruppenkollektivismus und der Geschlechtergleichheit auszumachen. Die Differenz beim

Gruppenkollektivismus liegt bei 0,38 Punkten auf der Likert-Skala.[632] Bei der Geschlechtergleichheit ist die Differenz mit 0,36 Punkten auf der Likert-Skala ähnlich ausgeprägt (siehe Tabelle 40).[633] Bei der landeskulturellen Auswertung ergibt sich gar nur eine Differenz von 0,26 Punkten auf der Likert-Skala, wenn auch hier wieder höchst signifikant.[634] Aufgrund der geringen Unterschiede bezüglich der Mittelwerte von weiblichen und männlichen Mitarbeitern kann nur eine tendenzielle Beobachtung der höheren Bewertung durch weibliche Mitarbeiter für die hier genannten Kulturdimensionen abgeleitet werden.

Es bedarf daher nicht nur für diese Ergebnisse der Triangulation mit den Ergebnissen aus der Clusteranalyse und deskriptiven Analyse, um valide Aussagen zweiter Ordnung ableiten zu können.

4.2.2.2.5 Triangulation 1: Auswertung der quantitativen Analyseergebnisse zur Generierung von Aussagen über die Veränderungen kultureller Wertvorstellungen bei Gastlandarbeitern

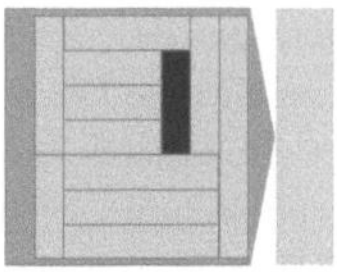

Die Erkenntnisse der drei durchgeführten Analysen (deskriptiv, Clusteranalyse und Varianzanalyse) werden im Folgenden einander gegenüber gestellt. Ziel ist es, durch eine Triangulation der Aussagen robuste und valide Erklärungen für die Veränderungen kultureller Wertvorstellungen zu identifizieren. Die Beschreibung erfolgt anhand der Kulturdimensionen. Die deskriptiven Aussagen werden insbesondere zur Einordnung der spezifischen Beobachtungen der Arbeiter in den Gesamtkontext verwendet. Dies umfasst beispielsweise den Vergleich mit anderen Professionen oder die Begründung zur Nichtberücksichtigung bestimmter demographischer Faktoren.[635]

4.2.2.2.5.1 Veränderungen von Wertvorstellungen der Unsicherheitsvermeidung

Bezüglich der Unsicherheitsvermeidung im Unternehmensumfeld ist die Beobachtung CA27a aus der Clusteranalyse am umfangreichsten. Diese fasst die demographischen Faktoren Alter, Dauer der Unternehmenszugehörigkeit und Erfahrung in einem anderen ausländischen Unternehmen unter dem Faktor ‚Erfahrung' zusammen. Die Aussage, dass die Unsicherheitsvermeidung mit zunehmender Erfahrung niedriger bewertet wird, wird jedoch von keiner anderen Aussage direkt unterstützt. Die Aussage CA40b ist dem sogar entgegengerichtet, wenn sich diese auch nur auf die Dauer der Unternehmenszugehörigkeit beschränkt. Auch die Beobachtung VA59b liefert keine eindeutige Unterstützung für den oben aufgeführten Zusammenhang. Eine Validierung der anderen genannten Einflussfaktoren Alter und Erfahrung in einem anderen ausländischen Unternehmen ist mangels Beobachtungen nicht möglich. Somit kann kein Zusammenhang zwischen unterschiedlichen Ausprägungen der demographischen Faktoren und der Unsicherheitsvermeidung im Unternehmensumfeld beschrieben werden.

Bezüglich des gesellschaftlich/familiären Umfeldes sind die Beobachtungen hingegen valide. Sowohl die Beobachtung CA27b als auch die Beobachtungen CA40a und VA59a beschreiben

---

[632] Das Signifikanzniveau des Mann-Whitney-U-Tests liegt bei p(2-seitig) = 0,012. Vergleiche Tabelle 41.

[633] Das Signifikanzniveau des Mann-Whitney-U-Tests liegt bei p(2-seitig) = 0,001. Vergleiche Tabelle 41.

[634] Das Signifikanzniveau des Mann-Whitney-U-Tests liegt bei p(2-seitig) = 0,001. Vergleiche Tabelle 41.

[635] Die verwendeten Aussagenindizes beziehen sich auf die Indizierung und Kategorisierung, dargestellt in Anhang A.1.5 und A.1.6.

eine unterschiedliche Bewertung der Unsicherheitsvermeidung anhand kürzerer und längerer Unternehmenszugehörigkeit. Es wird somit folgende Aussage zweiter Ordnung gebildet:

> *P1: Arbeiter mit längerer Unternehmenszugehörigkeit bewerten im gesellschaftlich/familiären Umfeld die Notwendigkeit von Normen und Riten zur Vermeidung von Unsicherheit (US) deutlich höher als Arbeiter mit kürzerer Unternehmenszugehörigkeit.*

Die bei der deskriptiven Analyse gemachte Beobachtung, dass unter Einbezug aller Professionen zwischen Unternehmens- und gesellschaftlich/familiären Umfeldes bei der Unsicherheitsvermeidung nicht zu differenzieren ist (DA1), widerspricht P1 insofern nicht, da mit DA3 unterschiedliche Bewertungen zwischen den Professionen im landeskulturellen Kontext beobachtet werden.

Die Veränderung der Bedeutung von Riten und Normen für eine Verringerung der Unsicherheit mit steigender Unternehmenszugehörigkeit im gesellschaftlich/familiären Umfeld kann somit nicht durch Werteveränderungen im Unternehmensumfeld der Subkultur der Arbeiter initiiert sein, da dann entsprechende Beobachtungen im Unternehmensumfeld gemacht hätten werden müssen. Die tägliche Erfahrung, dass Riten und Normen die Unsicherheit reduzieren, somit ein sicheres Arbeitsumfeld entsteht, kann das Bewusstsein schaffen, dass ein solcher Zustand auch im gesellschaftlich/familiären Umfeld erstrebenswert ist, aber bei weitem nicht so einfach erreicht werden kann.[636] Trotz der Komplexität in Unternehmen sind die Verflechtungen und Normen im gesellschaftlichen und familiären Umfeld meist deutlich vielfältiger und komplizierter, was den Wunsch nach Sicherheit in diesem Umfeld gegenüber dem Unternehmensumfeld noch verstärkt. Da insbesondere Normen und Handlungsanweisungen durch die Führung der Tochtergesellschaft und indirekt durch die Muttergesellschaft geprägt sind, ist die Unternehmenskultur als Ausgangspunkt für die Werteveränderungen anzusehen. Gründe wie Angst vor der Zukunft aufgrund eines altersbedingten Ausscheidens aus dem Unternehmen können hingegen ausgeschlossen werden, da dann eine entsprechende Beobachtung im Vergleich von jüngeren und älteren Arbeitern hätte vorhanden sein müssen.

4.2.2.2.5.2 Veränderungen von Wertvorstellungen der Zukunftsorientierung

Anhand der Beobachtungen aus der deskriptiven Analyse lässt sich zeigen, dass weder Geschlecht oder Auslandserfahrung einen Einfluss auf unterschiedliche Bewertungen der Zukunftsorientierung aufweisen. Dies wird sowohl für das Unternehmens- als auch für das gesellschaftlich/familiäre Umfeld angenommen (DA16, DA20, DA25). Entsprechende Validität erhält diese Erkenntnis durch ähnliche Beobachtungen der Cluster- bzw. Varianzanalyse (CA29a, CA41b, VA66). Hier wird zudem das Alter als beobachtbarer Einflussfaktor ausgeschlossen.

Anhand der Clusteranalyse wurde ein gleichgerichteter Zusammenhang zwischen der Arbeitserfahrung in einem anderen ausländischen Unternehmen und der Zukunftsorientierung

[636] Die Beobachtungen beziehen sich einzig auf die Wertvorstellungen, wie etwas sein sollte. Hat sich in einem Unternehmen ein Soll-Zustand etabliert (Ist-Zustand), so ist nicht zwingend gegeben, dass dieser im Bewusstsein der Arbeiter bezüglich des Soll-Zustandes ist. In der Regel werden Differenzen zwischen Ist und Soll bewusster wahrgenommen.

sowohl im Unternehmens- als auch im gesellschaftlich/familiären Umfeld beobachtet (CA29b, CA29c). Dieser gleichgerichtete Zusammenhang wird für die Dauer der Unternehmenszugehörigkeit nur im gesellschaftlich/familiären Umfeld beobachtet (CA29c). Aus der Varianzanalyse kann dieser Zusammenhang jedoch nicht signifikant bestätigt werden (VA62b). Hier sind keine unterschiedlichen Bewertungen anhand der Arbeitserfahrung in einem anderen ausländischen Unternehmen beobachtbar. Auf Seiten des Unternehmensumfeldes ist Anhand der Aussage erster Ordnung VA62a zumindest der gleichgerichtete Zusammenhang zwischen der Höhe der Bewertung der Zukunftsorientierung und der Höhe der Arbeitserfahrung in einem anderen ausländischen Unternehmen beobachtbar. Der Formulierung einer Aussage zweiter Ordnung steht inhaltlich der gegenläufige Zusammenhang seitens der Unternehmenszugehörigkeit bei der Clusteranalyse entgegen (CA29b). Die Beeinflussung durch die Beschäftigung in einem ausländischen Unternehmen müsste sich auch im eigenen Unternehmen widerspiegeln, da dieses aus Sicht der Arbeiter ebenfalls von einer ausländischen Muttergesellschaft beeinflusst wird. Die Klärung dieses vermeintlichen Widerspruchs liegt in den Mittelwertdifferenzen der unternehmens- bzw. landeskulturbezogenen Clusteranalyse. Weisen die anhand der Unternehmenskultur differenzierten Cluster nur einen kleinen Unterschied von 10 Monaten Unternehmenszugehörigkeit auf, sind dies bei der landeskulturellen Differenzierung über 15 Monate. Da hierbei auch ein gleichgerichteter Zusammenhang im unternehmenskulturellen Umfeld identifiziert wurde (siehe Tabelle 32), ist der bei der unternehmenskulturellen Clusteranalyse identifizierte Zusammenhang zwischen der Dauer der Unternehmenszugehörigkeit und der Wertigkeit der Zukunftsorientierung im Unternehmensumfeld zu relativieren. Dies wird auch dadurch unterstützt, dass ein Einfluss der Dauer der Unternehmenszugehörigkeit bei der Varianzanalyse ebenfalls nicht beobachtet werden kann. Somit ist von einem gleichgerichteten Zusammenhang zwischen der Wertigkeit der Zukunftsorientierung und der Arbeitserfahrung in einem anderen ausländischen Unternehmen im Unternehmensumfeld auszugehen. Dies ist im Sinne einer Aussage zweiter Ordnung wie folgt zu formulieren:

> *P2: Arbeiter mit größerer Erfahrung in einem anderen ausländischen Unternehmen messen der Bedeutung zukunftsgerichteten Verhaltens im Unternehmen einen höheren Wert bei als Arbeiter mit weniger oder keiner Erfahrung in einem anderen ausländischen Unternehmen.*

Diese Aussage impliziert, dass kein Transfer kultureller Wertvorstellungen aus dem gesellschaftlich/familiären Umfeld in das Unternehmen (bzw. umgekehrt) durch die Subkultur der Arbeiter bei der Zukunftsorientierung nachgewiesen werden kann. Diese Kulturdimension ist somit nur im unternehmenskulturellen Kontext interpretierbar. Dass der in P2 beschriebene Zusammenhang nicht im aktuellen Unternehmen eindeutig zu identifizieren ist, lässt darauf schließen, dass durch die Präsenz eines anderen Beispiels bezüglich Handlungen und Wertvorstellungen in einem anderen ausländischen Unternehmen eine größere Reflektion des eigenen Handelns und der eigenen Wertvorstellungen vorhanden ist. Wie in Kapitel 3.4.3 beschrieben, ist bei SWIDLER genau dieses Bewusstsein über die Differenz eine Ursache für die Initiierung eines kulturellen Veränderungsprozesses. Im konkreten Zusammenhang spielt die Unternehmenskultur der Tochtergesellschaft eine entscheidende Rolle bei der Erkenntnis über die Differenz. Werden Dinge gegenüber dem vorhergehenden Unternehmen als ‚anders' wahrgenommen, setzt sich ein Austausch hierüber in der Subkultur derjenigen in Gang, die entsprechende Erfahrungen in einem anderen ausländischen Unternehmen gesammelt haben. Je nach Akzeptanz im Sinne eines Legitimitätsverständnisses über die Werte wird die Unternehmenskultur des aktuellen Unternehmens mit ihren Wertvorstellungen und Handlungsweisen angenommen oder ein Veränderungsprozess initiiert.

Dass diese Sensibilität über differierende Wertvorstellungen durch die Erfahrung in einem anderen ausländischen Unternehmen nun bei der Zukunftsorientierung beobachtbar ist, lässt sich mit dem Fokus dieser Dimension auf eine vorausschauende Planung und Investition in die (eigene) Zukunft begründen. Demnach ist den Personen dieser Subkultur zu unterstellen, dass sie sich über die Entwicklung ihrer beruflichen Zukunft mehr auseinandergesetzt haben, als Personen, die nicht in einem anderen Unternehmen tätig waren oder nur sehr kurz. Schließlich ist ein Unternehmenswechsel nach längerer Unternehmenszugehörigkeit nur dann notwendig, wenn es einen externen Anreiz hierzu oder aber einen bedeutenden, wohlüberlegten Grund dafür gibt.

4.2.2.2.5.3 Veränderungen von Wertvorstellungen der Machtdistanz

Wie die deskriptive Analyse zeigt, ist die unterschiedliche Bewertung der Machtdistanz im Unternehmens- und gesellschaftlich/familiären Umfeld und auch zwischen diesen nicht von vornherein allein professionsabhängig (DA2a, DA2b, DA15). Im gesellschaftlich/familiären Umfeld lassen sich unterschiedliche Bewertungen beispielsweise bei weiblichen Mitarbeitern beobachten (DA3, DA10a). Hingegen ist diese Unterscheidung bei männlichen Mitarbeitern nicht zu beobachten (DA10b). Bezüglich der Arbeiter kann hingegen ein Einfluss des Geschlechts und der Auslandserfahrung ausgeschlossen werden (DA20, DA22, DA25, VA66). Auch bezüglich der Arbeitserfahrung in einem anderen ausländischen Unternehmen sind unter Einbezug der Cluster- bzw. Varianzanalyse keine Zusammenhänge beobachtbar (CA31a, VA66).

Die bei der Clusteranalyse beobachtbaren tendenziellen Zusammenhänge zwischen der Dauer der Unternehmenszugehörigkeit und der Höhe der Bewertung der Machtdistanz werden im Unternehmensumfeld anhand der Ergebnisse aus der Varianzanalyse ebenso wenig beobachtbar, wie auch der Einfluss der Arbeitserfahrung in einem anderen ausländischen Unternehmen (CA31c, CA31d). Hingegen wird die durch die Clusteranalyse identifizierte Neutralität bezüglich des Alters durch die höchst signifikante Differenzierung aus der Varianzanalyse eingeschränkt (CA31b, VA52a, VA61b). Mit geringerem Alter ist im unternehmenskulturellen Kontext eine geringere Akzeptanz zentraler Entscheidungen und autoritären Verhaltens vorhanden. Ein Blick auf die Mittelwerte der einzelnen Altersgruppen zwischen den jüngsten und ältesten Probanden zeigt jedoch, dass der signifikante Unterschied bei diesen beiden Extremgruppen Zufall ist. So weisen andere, im Schnitt jüngere Gruppen deutlich höhere Werte auf, als dies bei älteren Gruppen der Fall ist. Dies ist ein weiteres Indiz dafür, dass es keinen direkten Zusammenhang zwischen dem Alter und der unternehmenskulturellen Bewertung der Machtdistanz gibt.

Im gesellschaftlich/familiären Umfeld trifft die entsprechende Argumentation auf den Einfluss der Unternehmenszugehörigkeit zu. Dieser ist im Rahmen der Clusteranalyse nur bedingt zu beobachten. Die Varianzanalyse bildet mit einem höchst signifikanten Unterschied auch hier die dominierende Beobachtung (CA43a, VA61a). An den Mittelwerten der anderen, anhand der Unternehmenszugehörigkeit abgegrenzten Gruppen lässt sich zudem aufzeigen, dass es keinen unmittelbaren Zusammenhang zwischen der Dauer der Unternehmenszugehörigkeit und der Machtdistanz im gesellschaftlich/familiären Umfeld gibt. Zudem würde es aus auch aus der Theorie heraus schwer fallen zu begründen, warum ein unternehmensbezogenes Kriterium Einfluss auf die Wertvorstellungen im gesellschaftlich/familiären Umfeld haben soll, jedoch nicht auf die Wertvorstellung im Unternehmensumfeld. Ein entsprechendes Gegenargument aus der Logik bzw. Theorie heraus lässt sich auch für den demographischen Faktor ‚Alter' formulieren.

Der anhand der Clusteranalyse beobachtete Einfluss der Arbeitserfahrung in einem anderen ausländischen Unternehmen (CA43b) und das Alter (VA52b) können durch die Varianzanalyse nicht beobachtet werden. Somit sind für die Machtdistanz keine validen Aussagen zweiter Ordnung abzuleiten.

4.2.2.2.5.4 Veränderungen von Wertvorstellungen des institutionellen Kollektivismus

Anhand der deskriptiven Analyse hat sich gezeigt, dass die Nationalität durchaus einen Einfluss auf die Wertvorstellungen der Mitarbeiter im Rahmen des institutionellen Kollektivismus hat (DA18). Da hier kein Unterschied zwischen Arbeitern und Mitarbeitern anderer Professionen zu beobachten ist (DA25), ist es für die Analyse der Wertveränderung bei ungarischen Arbeitern essenziell, Fälle mit anderen Nationalitäten auszuschließen. Das Geschlecht kann hingegen als Einflussfaktor ausgeschlossen werden (DA20). Die deskriptive Analyse gibt bereits erste Anhaltspunkte, dass insbesondere zwischen unternehmens- und landeskulturellen Aspekten Unterschiede beobachtbar sind (DA18).

Bezüglich der Dauer der Unternehmenszugehörigkeit postuliert die Clusteranalyse, dass kürzer eingestellte Arbeiter einen höheren Anspruch an die Förderung einer gemeinschaftlichen Verteilung von Ressourcen durch das Unternehmen erheben (CA32a). Dieser Anspruch lässt sich anhand der Varianzanalyse bei älteren Arbeitern beobachten (VA56a), sodass für die Dauer der Unternehmenszugehörigkeit keine Einflussnahme formuliert werden kann. Anders sieht der Sachverhalt für das Kriterium 'Alter' aus. Hier lassen sich sowohl durch die Clusteranalyse als auch durch die Varianzanalyse eine höhere Bewertung des institutionellen Kollektivismus bezüglich des Unternehmens von jüngeren Arbeitern beobachten (CA32a, VA54a). Entsprechend hohe Ansprüche an den Staat werden im gesellschaftlich/familiären Umfeld von Arbeitern mit großer Arbeitserfahrung in einem anderen ausländischen Unternehmen formuliert (CA44a, VA64a). Keine entsprechenden Beobachtungen können hingegen bezüglich der Unternehmenszugehörigkeit formuliert werden (CA32b, CA44c, VA56b). Es sind somit folgende Aussagen zweiter Ordnung ableitbar:

> *P3a: Jüngere Arbeiter haben einen höheren Anspruch an die Förderung einer gemeinschaftlichen Verteilung von Ressourcen und gemeinschaftlicher Handlungsweisen seitens des Unternehmens.*
>
> *P3b: Arbeiter mit einer größeren Arbeitserfahrung in einem anderen ausländischen Unternehmen haben einen höheren Anspruch an den Staat bezüglich des institutionellen Kollektivismus als Arbeiter mit weniger Arbeitserfahrung in einem anderen ausländischen Unternehmen.*

Bei Betrachtung der unternehmens- und landeskulturellen Bewertung des institutionellen Kollektivismus, lässt sich unabhängig vom Analyseverfahren ein Zusammenhang zwischen der

Erfahrung der Arbeiter und der vergleichenden Bewertung im Unternehmens- und gesellschaftlich/familiären Umfeld beobachten (DA5, CA32c, CA44b, VA54b, VA56b, VA64b). Dabei sind unter ‚Erfahrung' ein hohes Alter, eine längere Unternehmenszugehörigkeit und eine größere Arbeitserfahrung in einem anderen ausländischen Unternehmen subsummiert:

> *P3c: Arbeiter mit großer Lebens- und Arbeitserfahrung schätzen die Bedeutung des Unternehmens bezüglich der Förderung gemeinschaftlichen Handelns niedriger ein, als dies gegenüber dem Staat der Fall ist. Nicht erfahrene Arbeiter haben hier eine gleich hohe Erwartungshaltung.*

Der in P3c formulierte Zusammenhang lässt sich auf die Möglichkeit erfahrener Arbeiter zurückführen, Unterschiede zwischen Staat und dem Unternehmen lange Zeit beobachtet haben zu können. Durch die entgegen gerichtete Entwicklung zwischen dem Erfahrungsreichtum und der Anforderung an das Unternehmen im Sinne des institutionellen Kollektivismus, kann der Wertetransfer aus dem gesellschaftlich/familiären Umfeld in das Unternehmensumfeld nur bei den weniger Erfahrenen angenommen werden. Seitens der weniger erfahrenen und insbesondere seitens der jüngeren Arbeiter (siehe P3a) ist davon auszugehen, dass aus den Wertvorstellungen, die sich im Rahmen der Erziehung und der Auseinandersetzungen im gesellschaftlich/familiären Umfeld bezüglich der Verantwortung des Staates gebildet haben, in das Unternehmen hineingespiegelt werden. Die Konfrontation mit den Wertvorstellungen der erfahrenen Arbeiter und insbesondere die Erfahrungen der Auswirkung realer Instrumente zur Förderung gemeinschaftlichen Handelns im Unternehmen stellen den Auslöser für eine veränderte Wertebasis im Unternehmen im Sinne des Veränderungsprozesses nach SWIDLER[637] dar. Die Veränderung der Bewertung des institutionellen Kollektivismus (P3c) basiert somit nicht auf einem Wertetransfer vom gesellschaftlich/familiäre Umfeld in das Unternehmensumfeld hinein. Die Basis ist hingegen die Reflektion unterschiedlicher Wirkungsbereiche von Staat und Unternehmen.

Einen wichtigen Aspekt stellt die Höhe der Arbeitserfahrung in einem anderen ausländischen Unternehmen dar, wie es durch P3b formuliert ist. Durch die Möglichkeit des Vergleichs zwischen der Unternehmenskultur mindestens zweier Tochtergesellschaften ausländischer Unternehmen ergibt sich für den Arbeiter die Möglichkeit zu erkennen, dass nicht das Unternehmen sondern insbesondere der Staat für eine Gleichverteilung von Ressourcen im Sinne einer sozialen Gerechtigkeit verantwortlich sein sollte und nicht die Unternehmen. Die Basis bildet hierfür Aussage P3c. Denn ohne kulturbeeinflussende Instrumente wäre kein anderes, grundsätzliches Verständnis über die Rolle des Unternehmens vermittelbar. Es entsteht in den Anforderungen mit höherer Erfahrung in anderen ausländischen Unternehmen ein Verständnis für die legitime Beschränkung des Handelns ausländischer Unternehmen bezüglich gerechter Ressourcenverteilung. Es ergibt sich auch eine Anschlussfähigkeit zu anderen Kulturdimensionen, wie beispielsweise der Zukunftsorientierung, bei welcher Entsprechendes postuliert wird.[638]

---

[637] Siehe hierzu Kapitel 3.4.3.

[638] Wie bei der Auswertung der Aussage zweiter Ordnung P2 aufgezeigt wird, ist den Arbeitern mit entsprechend großer Erfahrung in einem anderen ausländischen Unternehmen eine hohes Bewusstsein für die eigenen Wertvorstellungen im Unternehmenskontext zuzuschreiben. Es besteht das Verständnis, dass Veränderungen die Sicherung der Zukunft bedeuten können.

4.2.2.2.5.5 Veränderungen von Wertvorstellungen der Humanorientierung

Dass auch bei der Humanorientierung die Arbeiter gesondert zu betrachten sind, ergibt sich den durch die deskriptiv durchgeführte Analyse, welche eine unterschiedliche Bewertung der Humanorientierung bei den einzelnen Professionen aufzeigt (DA3, DA15). Neben der Nationalität sind insbesondere das Geschlecht und auch die Auslandserfahrungen als beeinflussende Faktoren anhand der Ergebnisse der deskriptiven Analyse auszuschließen (DA16, DA20, DA25).

Bezüglich des Unternehmensumfeldes ergeben sich innerhalb der Clusteranalyse unterschiedliche Aussagen. Einerseits wird bei Arbeitern mit kurzer Unternehmenszugehörigkeit eine höhere Bewertung der Humanorientierung beobachtet (CA33a), andererseits ergibt sich auch die Beobachtung, dass es keinen Zusammenhang zwischen der Dauer der Unternehmenszugehörigkeit und der Bewertung der Humanorientierung gibt (CA46). Keine Verbindungen lassen sich anhand der Varianzanalyse beobachten (VA58a), sodass keine eindeutige Aussage ableitbar ist. Da im Sinne der Beobachtungen CA46 und VA58b im gesellschaftlich/familiären Umfeld zwischen der Dauer der Unternehmenszugehörigkeit und der Bewertung der Humanorientierung kein Zusammenhang festzustellen ist, ist auch der gegensätzliche Zusammenhang aus CA33b nicht weiter zu berücksichtigen. Der Ausschluss aller weiterer demographischer Faktoren als potenzielle Einflussgrößen besiegelt schließlich die Nicht-Beobachtung in der Clusteranalyse bzw. die entsprechende Formulierung anhand der Varianzanalyse im Sinne von VA46. Auch ein direkter Vergleich zwischen der unternehmenskulturellen und landeskulturellen Bewertungen der Humanorientierung bringt keine relevanten Unterschiede hervor.

Somit lassen sich für die Humanorientierung keine Aussagen über die Veränderung der Wertevorstellungen von Arbeitern auf Basis der hier berücksichtigten demographischen Faktoren formulieren.

4.2.2.2.5.6 Veränderungen von Wertvorstellungen der Leistungsorientierung

Auch bei der Leistungsorientierung muss anhand der Professionen unterschieden werden. Die Bewertungen der Arbeiter grenzen sich insbesondere von jenen der (Mit-)Arbeiter mit Führungsaufgaben ab (DA11, DA12). Letztere sehen eine deutlich größere Notwendigkeit zur Belohnung von Exzellenz und Leistungsbereitschaft, als dies bei den Arbeitern der Fall ist. Eine Ausnahme bildet hierbei die Nationalität, nach welcher keine differenzierte Betrachtung der professionsbezogenen Subkulturen möglich ist (DA25).

Seitens der Arbeiter sind grundsätzlich keine differierenden Beobachtungen anhand des Geschlechts oder der Auslandsaufenthalten zu beobachten (DA16, DA20, DA21). Allerdings differenzieren Männer und Frauen gleichermaßen zwischen der unternehmens- und landeskulturellen Bewertung der Leistungsorientierungen (DA24c), sodass die Beobachtung von DA20 durch DA24a und DA24b zu relativieren sind.

Bezogen auf das gesellschaftlich/familiäre Umfeld können einzig seitens der landeskulturell abgegrenzten Cluster Zusammenhänge zwischen der Dauer der Unternehmenszugehörigkeit und der Leistungsorientierung identifiziert werden (CA47a). Diese sind jedoch weder bei den unternehmenskulturell abgegrenzten Clustern, noch bei der Varianzanalyse zu beobachten

(CA34b, VA63b). Auch anhand der anderen demographischen Faktoren werden keinerlei Einflüsse auf die landeskulturelle Bewertung der Leistungsorientierung beobachtet.

Auch der im Unternehmensumfeld anhand der landeskulturellen Clusterabgrenzung beobachtete Zusammenhang zwischen der Dauer der Unternehmenszugehörigkeit und der Leistungsorientierung (CA47b) muss mangels Validität durch die anderen Analysen verworfen werden. Die bezüglich der unternehmenskulturell abgegrenzten Cluster identifizierten Zusammenhänge zwischen Alter bzw. Arbeitserfahrung in einem anderen ausländischen Unternehmen (CA34a) werden einzig seitens der Varianzanalyse validiert (VA55a, VA63a). Allerdings hat dies beim Alter nur tendenziellen Charakter, sodass aufgrund der fehlenden Beobachtung seitens der landeskulturellen Clusterabgrenzung auch dieser Zusammenhang nicht angenommen werden kann. Bezogen auf die Arbeitserfahrung in einem anderen ausländischen Unternehmen ist die Standardabweichung bei CA34a so groß, dass auch diese Beobachtung zu relativieren ist. Ein wichtiges Indiz ist hierbei, dass das Cluster mit der durchschnittlich höheren Arbeitserfahrung in einem anderen ausländischen Unternehmen den niedrigeren Maximalwert aufweist (siehe Tabelle 21). Die Varianzanalyse weist zudem neben einem sehr niedrigen Signifikanzniveau auch einen deutlich geringeren Unterschied bei den Mittelwerten der Bewertungen von mehr und weniger arbeitserfahrenen Arbeitern auf (siehe Tabelle 40). Damit ist auch dieser Faktor nicht ausreichend valide, um eine Aussage zweiter Ordnung formulieren zu können.

Neben der demographischen Analyse der Bewertung der Leistungsorientierung der Arbeiter lässt sich anhand Tabelle 26, Tabelle 36 und Tabelle 40 beobachten, dass unabhängig der demographisch abgegrenzten Gruppen die landeskulturelle Bewertung höher ist als die unternehmenskulturelle Bewertung. Diese differenzierte Bewertung ist weder bei den anderen Subkulturen zu beobachten, noch ist sie bei den anderen Kulturdimensionen in dieser Konstellation vorzufinden.[639]

> *P4: Arbeiter bewerten die Leistungsorientierung (LO) im gesellschaftlich/familiären Umfeld grundsätzlich höher als im Unternehmensumfeld ein.*

Die aus der deskriptiven Analyse entstandene Beobachtung der differenzierten Bewertung männlicher Arbeiter kann durch Beobachtungen aus der Cluster- bzw. Varianzanalyse nicht bestätigt werden.

Die unterschiedliche Bewertung des Grads der Bedeutung und Belohnung von Exzellenz, Leistungsbereitschaft und -steigerung bei den ungarischen Arbeitern ist auf die Profession der Arbeiter beschränkt. Da eine geringe Bewertung im gesellschaftlich/familiären Umfeld nicht zu beobachten ist, diese jenen der anderen Professionen, insbesondere jenen der administrativen Arbeiter gleicht und kein demographischer Faktor als beeinflussender Faktor identifiziert werden konnte, muss die Unternehmenskultur genauer betrachtet werden.[640] Dabei ist auf die

---

[639] Beim Vergleich ungarischer Arbeiter ergibt sich zwischen unternehmenskultureller und landeskultureller Bewertung ein Delta von d = 0,41 auf der Likert-Skala. Bei den anderen Professionen sind dies d = 0,12 (Leiter) bzw. d = 0,13 (Administration). Ungarische Arbeiter stellen im Unternehmensumfeld mit einem Mittelwert von 3,67 auf der Likert-Skala die mit Abstand niedrigste Bewertung. Nicht-ungarische Nationalitäten wurden nicht berücksichtigt.

[640] Es sei hier nochmals darauf verwiesen, dass die Unternehmenskultur nicht mit professionsbezogenen Subkulturen gleichzusetzen ist. Siehe hierzu Kapitel 3.5.1.

Führung der Arbeiter und die eingesetzten Instrumente zur Identifikation und Koordination zu fokussieren, die es im Weiteren zu untersuchen gilt.

4.2.2.2.5.7 Veränderungen von Wertvorstellungen des Gruppenkollektivismus

Bei der Bewertung der Bedeutung der Identifikation mit der sozialen Einheit lassen sich zunächst Unterschiede zwischen der rein ausführenden Ebene und den (Mit-)Arbeitern mit Führungsaufgaben beobachten. Es ist von einer höheren Bewertung der Bedeutung der Identifikation mit dem Unternehmen und auch im gesellschaftlich/familiären Umfeld von Arbeitern mit Führungsaufgaben auszugehen (DA3, DA6b, DA7a, DA11). Auf ähnlich hohem Niveau bewegen sich Arbeiter und administrativ Beschäftigte (DA6a, DA6b, DA7a). Es lässt sich eine grundsätzliche Tendenz beobachten, dass die Identifikation im gesellschaftlich/familiären Umfeld unabhängig der Profession höher sein sollte als die Identifikation im bzw. mit dem Unternehmen (DA6b, DA26).

Seitens der demographischen Faktoren sind keine Einflüsse durch Auslandsaufenthalte beobachtbar (DA16, VA66). Hingegen ist dem Geschlecht zunächst die Möglichkeit einer Beeinflussung der Bewertung einzuräumen (DA20, DA24a, DA24b, DA24c). Die Einflussnahme bezieht sich einerseits auf die unterschiedliche Bewertung von Männern und Frauen innerhalb eines Umfeldes, andererseits auf die Differenz zwischen Unternehmens- und Landeskultur. Da aus der Clusteranalyse bezüglich der unternehmenskulturellen Bewertung des Gruppenkollektivismus gegenüber der deskriptiven Analyse eine gegenteilige Bewertung zu beobachten ist (DA24a, CA36b), kann für das gesellschaftlich/familiäre Umfeld keine Validierung der Aussage erfolgen (z.B. CA49b).

Generell finden die in der Clusteranalyse gemachten Beobachtungen im gesellschaftlich/familiären Umfeld (CA36c, CA49a) weder bezüglich der unternehmens- bzw. landeskulturell abgegrenzten Cluster (CA49b), noch durch die Varianzanalyse (VA53b) eine Bestätigung. Im Unternehmensfeld ist der bei CA49a beschriebene Zusammenhang bezüglich der Dauer der Unternehmenszugehörigkeit bzw. der Arbeitserfahrung in einem anderen ausländischen Unternehmen ebenfalls nicht bei den unternehmenskulturell abgegrenzten Clustern und auch nicht bei der Varianzanalyse beobachtbar. Als einziger Einflussfaktor kann somit das Alter identifiziert werden (CA36a, VA53a).[641] Somit ist für den Gruppenkollektivismus folgende Aussage zweiter Ordnung zu formulieren:

> *P5: Ältere Arbeiter haben an die Identifikation mit dem Unternehmen bzw. ihren Kollegen (K2) einen höheren Anspruch als jüngere Arbeiter.*

Da es sich beim Alter um einen generellen demographischen Faktor handelt und sich keine entsprechend validen Beobachtungen der Veränderung der Wertvorstellung beispielsweise bezüglich der Dauer der Unternehmenszugehörigkeit oder der Arbeitserfahrung in einem anderen ausländischen Unternehmen vorhanden sind, muss von einer Veränderung der Wahrnehmung bezüglich der Differenzen im Unternehmens- und gesellschaftlich/familiären Umfeld ausgegangen werden. Belegt wird dies auch durch die Beobachtung, dass jüngere Arbeiter im gesellschaftlich/familiären Umfeld die Bedeutung des Gruppenkollektivismus ähnlich

641 Dass dies anhand landeskulturell abgegrenzter Cluster nicht beobachtet werden kann, wird nicht zuletzt durch den hoch-signifikanten Unterschied bei der Varianzanalyse kompensiert (p(2-seitig) = 0,009).

hoch einschätzen wie die älteren Arbeiter (VA53b). Während bei Jüngeren über die jeweilige Subkultur kein Transfer der Wertevorstellung aus dem gesellschaftlich/familiären Umfeld bezüglich dieser Kulturdimension stattfindet, setzt diese mit einem höheren Alter ein. Dabei ist es wichtig zu berücksichtigen, dass dies unabhängig von der Dauer der Unternehmenszugehörigkeit oder anderen beruflichen Erfahrungen geschieht. Dies lässt den Schluss zu, dass bezüglich des Gruppenkollektivismus die Unternehmenskultur durch landeskulturelle Wertvorstellungen geprägt wird. Gleichzeitig ist innerhalb des Unternehmens aber auch von vornherein ein Spannungsverhältnis bezüglich der Bedeutung gemeinsamen Handelns mit entsprechendem Konfliktpotenzial zwischen jungen und älteren Arbeitern vorhanden.

Zweifelsohne sind Instrumente, welche die Identifikationsfunktion der Unternehmenskultur stärken, wichtig, um dem grundsätzlich vorhandenen Anspruch der Arbeiter an die Identifikationsmöglichkeit mit dem Unternehmen zu genügen. Die große Bedeutung der Identifikation im Unternehmensumfeld entsteht jedoch erst mit einem gewissen Lebensalter. Man kann dies als Erkenntnis älterer Arbeiter deuten, dass nicht nur im gesellschaftlich/familiären Umfeld eine Identifikation mit seiner sozialen Einheit notwendig und von Vorteil bei der Problemlösung ist, sondern auch, dass die soziale Einheit des Unternehmens und des Kollegiums für das eigene gesellschaftliche Leben von hoher Bedeutung ist und entsprechend gestärkt werden muss.

4.2.2.2.5.8 Veränderungen von Wertvorstellungen der Geschlechtergleichheit

Die Differenz zwischen der Forderung an das Unternehmen und der Forderung an das gesellschaftlich/familiäre Umfeld, dass etwas für eine tatsächliche Gleichbehandlung von männlichen und weiblichen Mitarbeitern getan werden sollte, ist nach den Aussagen der deskriptiven Analyse von der Profession abhängig (DA3), sodass die gesonderte Betrachtung der Arbeitern auch hier notwendig ist. Eine differenzierte Bewertung der Geschlechtergleichheit von männlichen und weiblichen Arbeitern im gesellschaftlich/familiären Umfeld ist deskriptiv nur in sehr geringem Ausmaß zu beobachten (DA1, DA20). Gestützt wird dies durch den Vergleich der unternehmenskulturell abgegrenzten Cluster (CA38b). Trotz des beim Vergleich der landeskulturell abgegrenzten Cluster beobachteten Unterschieds bei der Bewertung der Bedeutung der Geschlechtergleichheit männlicher und weiblicher Arbeiter, kann keine entsprechende Aussage formuliert werden (CA50). Auch die Beobachtung VA67b ändert daran nichts, da es sich hierbei nur um eine tendenzielle Beobachtung handelt. Den anderen demographischen Faktoren sind keine Einflüsse zuzuschreiben (DA16).

Für das Unternehmensumfeld kann angemerkt werden, dass die Beobachtungen CA38a, CA50 und VA67a erwartbar sind. Diese postulieren eine höhere Bedeutung der Förderung der Gleichbehandlung von Frauen und Männern im Unternehmen seitens weiblicher Arbeiter. Es ist folgende Aussage zweiter Ordnung zu formulieren:

> *P6: Weibliche Arbeiter bewerten die Bedeutung der Geschlechtergleichstellung und den implizierten Anspruch an das Unternehmen, entsprechend der Zielformulierung für eine Gleichbehandlung zu handeln, höher als männliche Arbeiter.*

Da sich der Unterschied im gesellschaftlich/familiären Umfeld nicht beobachten lässt, lässt dies ein anderes Rollenverständnis der Frau im Unternehmensumfeld vermuten. Eine besondere Bedeutung ergibt sich aus dem Umstand, dass im Unternehmen ca. 70% der Arbeiter weiblich sind. Dies bedeutet, dass die Wahrscheinlichkeit einer Konfrontation männlicher Arbeiter mit dem anderen Geschlecht in der eigenen Profession sehr hoch ist. Einer der Gründe für die geringere Bewertung der Notwendigkeit, dass das Unternehmen für die eigenen Ziele bezüglich der Gleichbehandlung aktiver sein sollte, liegt in der Rivalität zwischen beiden Subkulturen und auch im Unverständnis über eine Sonderbehandlung weiblicher Arbeiter. Dass Frauen dennoch eine hohe Wertschätzung erfahren, zeigt sich in der differenzierten Bewertung bezüglich der Geschlechtergleichheit im Unternehmens- und gesellschaftlich/familiären Umfeld.

4.2.2.2.5.9 Veränderungen von Wertvorstellungen der Bestimmtheit

Bei der Bestimmtheit ist das Geschlecht als beeinflussender Faktor auszuschließen (DA1, DA20). Nach den Beobachtungen aus der deskriptiven Analyse ergibt sich auf für die Auslandserfahrung nur ein begrenzter Einfluss auf die Bewertung der Bestimmtheit (DA23a, DA23b). Dieser Zusammenhang ist aber nicht im Rahmen der beiden anderen Analysen zu beobachten und damit nicht weiter zu verfolgen.

Seitens der landeskulturell abgegrenzten Cluster werden einerseits die Dauer der Unternehmenszugehörigkeit (CA51a) und andererseits die Arbeitserfahrung in einem anderen ausländischen Unternehmen (CA51b) als Einflussfaktor für die Bestimmtheit sowohl im Unternehmens- als auch im gesellschaftlich/familiären Umfeld identifiziert. Bereits bei den unternehmenskulturell abgegrenzten Cluster können diese Beobachtungen nicht bestätigt werden (CA39). Auch bei der Varianzanalyse werden weder für das Unternehmens- noch für das gesellschaftlich/familiäre Umfeld Beobachtungen über den Einfluss irgendeines demographischen Faktors gemacht (VA65, VA66).

4.2.2.3 Triangulation 2: Abgleich der Erkenntnisse aus der qualitativen und quantitativen Auswertung der Falleinheit A zur Herleitung von Aussagenteilsysteme über die Veränderung kultureller Wertvorstellungen bei Gastlandarbeitern

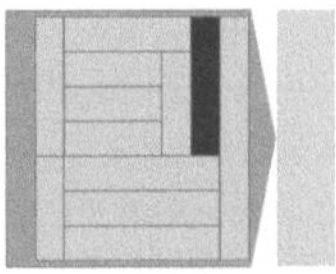

Die durch die qualitative und quantitative Auswertung gewonnenen Erkenntnisse und Aussagen der Kapitel 4.2.2.1.3 und 4.2.2.2.5 werden in den folgenden Abschnitten zusammengeführt. Ziel der Triangulation ist es in diesem Fall nicht, einzelne Aussagen auszuschließen, wie dies bei der Ergebnistriangulation der quantitativen Untersuchung der Fall war. Vielmehr sind sich gegenseitig ergänzende Erkenntnisse zusammenzuführen. Seitens der qualitativen Auswertung sind dies vor allem Aussagen zur Einbettung der Tochtergesellschaft in das unternehmerische und nationale Umfeld sowie zur Rolle und Ausprägung der Führung der Tochtergesellschaft. Seitens der quantitativen Analyse sind es hingegen die identifizierten Veränderungen kultureller Wertvorstellungen auf subkultureller Ebene, die in den Kontext eines international handelnden Unternehmens zu setzen sind. Zu unterscheiden sind hierbei einerseits Beeinflussungen unternehmenskultureller Wertvorstellungen, die in Kapitel 4.2.2.3.2 beschrieben werden und andererseits die Beeinflussung landeskultureller Wertvorstellungen, die Gegenstand von Kapitel 4.2.2.3.3 sind. Zunächst bedarf es der Betrachtung der Erkenntnisse zur Mutter-Tochter-Beziehung in Kapitel 4.2.2.3.1, welche aufgrund des geringen Beitrags seitens der quantitativen Auswertung maßgeblich auf den Erkenntnissen aus Kapitel 4.2.2.1.1 basieren.[642]

4.2.2.3.1 Zur Ausprägung der Mutter-Tochter-Beziehung unter besonderer Berücksichtigung des kulturellen Austauschs

Durch die Rolle als Off-Shore Factory und die ethnozentrische Führung der Tochtergesellschaft (F1, F2) findet zunächst ein umfangreicher Wissens- und Technologietransfer zwischen Mutter- und Tochtergesellschaft statt (F3). An Besonderheiten weist dieser Wissens- und Technologietransfer auf, dass er erstens teilweise gegenläufig vollzogen wird, d.h. gegebenenfalls auch Wissen und Know-how von der Tochter- zur Muttergesellschaft transferiert wird und zweitens, dass er nicht allein über die zentrale Führungsspitze der Tochtergesellschaft erfolgt, sondern auch auf ausführenden Ebenen (F3, F4, F5). Mit dem Austausch von Wissen und Know-how zwischen Mutter- und Tochtergesellschaft geht auch die Konfrontation mit unterschiedlichen Denkweisen, Arbeitsweisen und vor allem Kulturen einher (U1). Diese Differenzen beziehen sich unter anderem auf die Offenheit gegenüber Neuem, dem Zusammenhalt im gesellschaftlich/familiären Umfeld, der Akzepttanz zentraler Entscheidungsfindung, vorausschauendem Handeln oder dem Einsatz anderer Anreizsysteme (U2, U3, U4, KO1, KO3, KO5, KO7, KO10, KO11).[643]

Durch den kulturellen Austausch der Arbeiter oder auch der administrativ Beschäftigten wird auf subkultureller Ebene das Verständnis für kulturelle Unterschiede möglich, was auch zu einer Anpassung der Handlungsweisen führt. Hingegen ist nicht zu beobachten, inwiefern auch ein Austausch kultureller Wertvorstellungen stattfindet. Durch die hohe Identifikation mit der Tochtergesellschaft seitens der ungarischen Mitarbeiter und einem entsprechenden Zugehörigkeitsgefühl der deutschen Mitarbeiter ist zumindest eine Assimilation oder Kreation der Unternehmenskulturen auszuschließen (F6, U1, I1, I2, I3, I4). Ob es sich um eine reine Separation handeln kann, ist aufgrund der Verflechtung der Gesellschaften auf vielen unterschiedlichen Ebenen jedoch zumindest anzuzweifeln. Es ist davon auszugehen, dass die Unternehmenskultur der Tochtergesellschaft durch die Muttergesellschaft bezüglich Koordination und Identifikation in dem Maße beeinflusst wird, wie dies vom subkulturellen Austausch auf den unterschiedlichen Arbeitsebenen ermöglicht wird. Auf Seiten der Muttergesellschaft ist Ähnliches für diejenigen Mitarbeiter anzunehmen, die im Austausch mit der ungarischen Tochtergesellschaft sind und damit Kontakt zu den jeweiligen Subkulturen mit ihren Eigenschaften haben. Inwiefern die Unternehmenskultur der Tochtergesellschaft nun durch die Subkulturen beeinflusst wird, wird im nächsten Abschnitt behandelt.

4.2.2.3.2 Zur Beeinflussung kultureller Wertvorstellungen durch die Subkulturen der Tochtergesellschaften im Unternehmensumfeld

Bei der Beeinflussung der gelebten Unternehmenskultur ist zu unterscheiden, ob dies durch unternehmensbezogene demographische Faktoren bedingt ist oder ob es sich um demographische Faktoren handelt, die dem gesellschaftlich/familiären Umfeld zugeschrieben werden

---

[642] Die Triangulation der Aussagenteilsysteme ist in Anhang A.3 zu finden.

[643] Zu weiteren Erkenntnissen zwischen der deutschen und der ungarischen Kultur siehe insbesondere die Kapitel 4.1.2 und 4.2.1.1.

können. Zur ersten Kategorie zählt die Aussage P2, während die Aussagen P3a, P3c und P4 zur zweiten Kategorie zu zählen sind. Eine besondere Rolle nimmt die Aussage P4 ein, da hier kein demographischer Faktor als beeinflussend identifiziert werden konnte. Die Erklärung ist jedoch im Unternehmensumfeld zu suchen. Die Aussage, dass weibliche Arbeiter einer Umsetzung der entsprechend der Unternehmensziele vorgegebenen Anstrengung zur Gleichbehandlung von männlichen und weiblichen Mitarbeitern eher Bedeutung beimessen als männliche Arbeiter (P6), bleibt bestehen. Die qualitative Analyse hat jedoch keine weitere Aussage ergeben, die auf die Ursache dieser unterschiedlichen Bewertung schließen lassen. Insbesondere sind keine entsprechenden Beobachtungen bezüglich des kulturellen Unterschieds zwischen Mutter- und Tochtergesellschaft oder der Führung der Tochtergesellschaft zu machen. Aus diesem Grund wird diese Aussage nicht weiter verfolgt.

Bei der unterschiedlichen Bewertung der Bedeutung der Zukunftsorientierung im Unternehmensumfeld ist mit der Erfahrung in einem anderen ausländischen Unternehmen ein unternehmensbezogener Faktor als beeinflussender Faktor identifiziert worden (P2). Als erste Erklärung für die unterschiedliche Bewertung der Arbeiter wurde die Möglichkeit der Reflektion durch den Vergleich der Unternehmenskultur zwischen mindestens zwei ausländischen Unternehmen angegeben. Basis hierfür ist der bei SWIDLER beschriebene Veränderungsprozess kultureller Elemente auf Basis des Bewusstseins über kulturelle Differenzen, welches Arbeiter ohne Erfahrung in einem anderen ausländischen Unternehmen nicht vorweisen. Gestützt wird dieser Bezug seitens der qualitativen Auswertung durch das ausgeprägte Bewusstsein über die vorherrschende Unternehmenskultur. Dieses Bewusstsein entsteht einerseits durch die hohe Identifikation mit der Tochtergesellschaft, andererseits auch durch die Möglichkeit, sich von einer anderen Unternehmenseinheit und ihrer Unternehmenskultur abgrenzen zu können (U1, F6, I1, I2, I3).

Die bei der qualitativen Untersuchung beschriebene Tendenz, dass die Zukunftsorientierung auf der ausführenden Arbeitsebene nur eingeschränkt vorhanden ist (KO10), wird durch die in einem anderen ausländischen Unternehmen gesammelten Erfahrungen eingeschränkt. Es ist davon auszugehen, dass durch den Unternehmenswechsel ein größeres Bewusstsein der Arbeiter mit entsprechender Erfahrung für die eigene Situation entsteht. Schließlich geht mit einem Job- bzw. Unternehmenswechsel die grundsätzliche Frage nach der persönlichen Zukunft einher, sodass sich Anforderungen an die Zukunftsorientierung im Sinne der Wertvorstellungen und den tatsächlichen kulturellen Handlungen angleichen.[644] Notwendig für einen solchen Schritt ist ein grundsätzlich offener Umgang mit anderen Unternehmenskulturen und einer Aufgeschlossenheit gegenüber neuen Erfahrungen (U4). Dadurch, dass im Unternehmen diese Weitsicht bei den Arbeitern ohne entsprechende Erfahrung nicht gegeben ist, entsteht der Wunsch bei denjenigen Arbeitern mit Arbeitserfahrung in anderen ausländischen Unternehmen, dieses auch am aktuellen Arbeitsplatz inne zu haben. Im Unternehmensumfeld ergibt sich dadurch eine Veränderung kultureller Wertvorstellungen, während diese im gesellschaftlich/familiären Umfeld bereits zu Handlungen geführt haben. Somit werden die Wertvorstel-

[644] Die Aussage KO10 bezieht sich auf die Handlungsweisen, während sich die Ergebnisse aus der quantitativen Untersuchung auf Wertvorstellungen beziehen. Die bei der deskriptiven Analyse identifizierten Unterschiede zwischen den Professionen kann daher nicht direkt mit der Aussage KO10 verglichen werden.

lungen im gesellschaftlich/familiären Umfeld als selbstverständlich gewertet und somit weniger bewusst wahrgenommen.

Die Wertigkeit einer höheren Zukunftsorientierung bei den Arbeitern ergibt sich für die Tochtergesellschaft allerdings nur dann, wenn diese zu einer Erhöhung der organisatorischen Effizienz führt. Dazu muss seitens der Führung der Tochtergesellschaft eine entsprechende Produktionsphilosophie zur Wertschöpfung eingeführt werden. In den vier Falleinheiten wird dies entweder explizit durch den Anspruch an ein grundsätzlich vorausschauendes Handeln oder implizit durch die Einführung von Kaizen, 5S oder Lean-Management eingefordert. Durch die Etablierung eines Verständnisses über die Bedeutung zukunftsgerichteten Verhaltens (im Sinne von Wertvorstellungen) ergibt sich eine Grundlage für eine stärkere interne Verankerung der geforderten Produktionsphilosophie. Wie die qualitative Auswertung aufgezeigt hat, besteht seitens der Subkulturen noch eine gewisse Diskrepanz zum gewünschten zukunftsorientierten Verhalten für eine bessere Koordinationsleistung in der Tochtergesellschaft. Demnach bietet der Einsatz von (Mit-)Arbeitern mit entsprechender Erfahrung in anderen ausländischen Unternehmen die Möglichkeit, eine solche grundsätzliche Veränderung in der Unternehmenskultur zu ermöglichen bzw. zu beschleunigen.

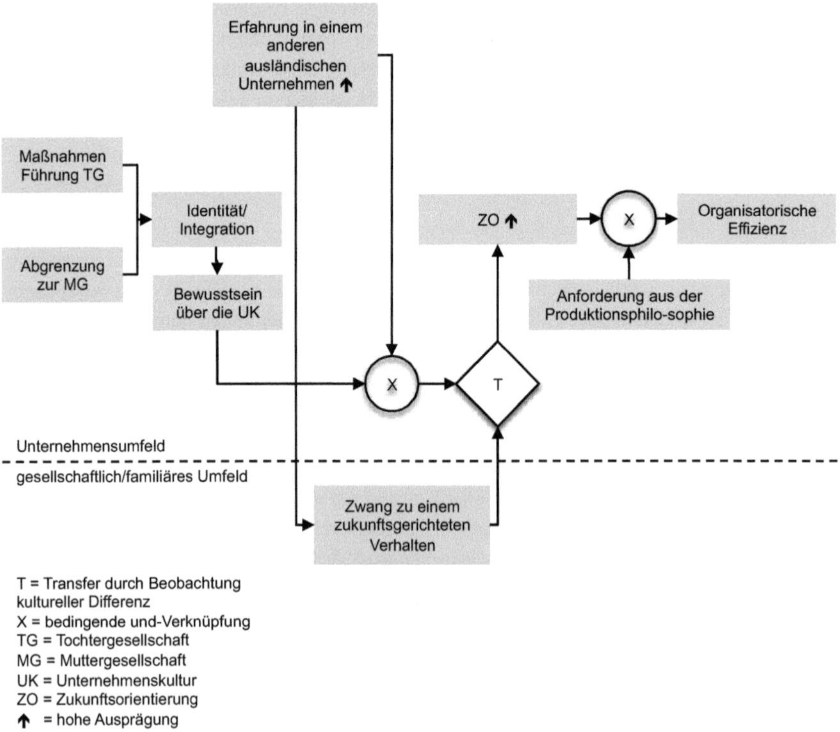

Abbildung 43: Aussagenteilsystem ATS1 zur Veränderung der Zukunftsorientierung bei Gastlandarbeitern.

Die Erklärung für den Umstand, dass bezüglich der Leistungsorientierung von Seiten der Arbeiter im Unternehmensumfeld eine niedrigere Bewertung vorgenommen wurde (P4), ist insbesondere auf die Koordination des Leistungsprozesses im Unternehmen zurückzuführen. Durch die genauen Arbeitsanweisungen bei den Tätigkeiten in der Fertigung ergibt sich keine große Flexibilität bei der Bewertung der geleisteten Arbeit (KO6). Es wird schnell ersichtlich, wer welchen Beitrag zur Entstehung des Gesamtoutputs der Fertigung geleistet hat. Durch die als gerecht empfundene Leistungsvergütung ergibt sich bei den Arbeitern kein Bedürfnis nach leistungsgerechter Entlohnung (KO13). Der Aspekt, dass die Leistungsorientierung andere Arten der Belohnungen mit einbezieht, ist bei der Subkultur der Arbeiter durch die Fixierung auf monetäre Entlohnung auszuschließen (KO12). Für die Führung der Tochtergesellschaft bedeutet dies bei den Arbeitern ein geringeres Spannungsverhältnis zwischen der internen Verankerung (Zufriedenheit mit der Entlohnung) und den externen Anforderungen (kosteneffiziente Produktion durch niedrige Gehälter) (U5).

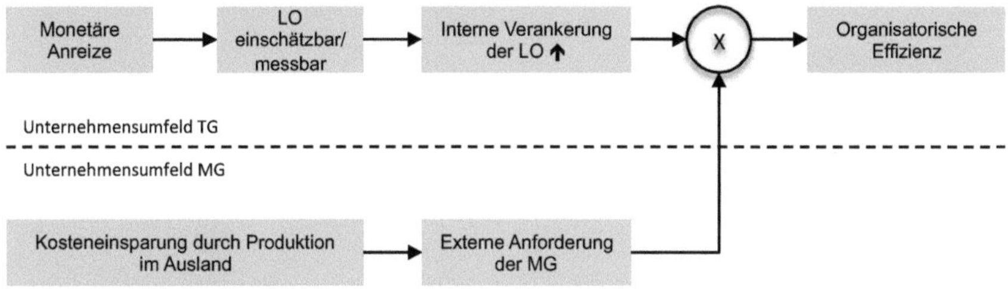

X = bedingende und-Verknüpfung
TG = Tochtergesellschaft
MG = Muttergesellschaft
LO = Leistungsorientierung
↑ = hohe Ausprägung

Abbildung 44: Aussagenteilsystem ATS2 zur Bedeutung der Leistungsorientierung bei der Steigerung organisatorischer Effizienz.

Der Unterschied zur landeskulturellen Bewertung der Leistungsorientierung ist hingegen durch die hohe Identifikation der Arbeiter mit der Tochtergesellschaft bedingt. Diese drückt sich im gesellschaftlich/familiären Umfeld in Form von Stolz aus, dass man als Arbeiter Teil des Unternehmens ist (I2, I3). Auch das gesellschaftliche Zusammensein der im Unternehmen gebildeten sozialen Einheiten unterstützt den Transfer der Bedeutung der Arbeit in diesem Unternehmen in das gesellschaftlich/familiäre Umfeld hinein (U2, U3). Dieser Stolz bewirkt die Bildung des Wunsches nach Anerkennung von anderen Personen aus dem gesellschaftlich/familiären Umfeld. Da diese nicht immer gegeben ist, im Unternehmen hingegen die eigene Leistung entsprechend bewertet wird, entsteht aus dieser für den Arbeiter beobachtbaren Differenz das Bestreben, dass auch im gesellschaftlich/familiären Umfeld eine gerechte Belohnung der erbrachten Leistung zugegen sein sollte. Die Art der Belohnung wäre in diesem Fall Anerkennung, Lob und Achtung vor der geleisteten Arbeit im Unternehmen. Durch die spezifische Ausprägung der Koordinations- und Identitätsfunktion der Unternehmenskultur ergibt sich somit ein Spannungsfeld zwischen interner Verankerung und externer Anforderung im zwischenmenschlichen Bereich. Denkbar wäre in diesem Zusammenhang, dass durch ein Unterstützen der Arbeiter bei der Kommunikation über die von ihnen geleisteten Arbeit in das gesellschaftlich/familiären Umfeld hinein, eine höhere Anerkennung aus dem gesellschaftlich/familiären Umfeld erreicht wird und somit eine Motivationssteigerung bei den Arbeitern entsteht. Aufgrund der hohen Selbstbestimmtheit kann es sich hierbei nur um indirekte Instrumente handeln, mit welchen das Unternehmen im gesellschaftlich/familiären Umfeld wirkt (KO3, KO7). Für das Unternehmen würde dies einen Imagegewinn ergeben und damit Vorteile beim Zugang zu qualifiziertem Fachpersonal bringen.

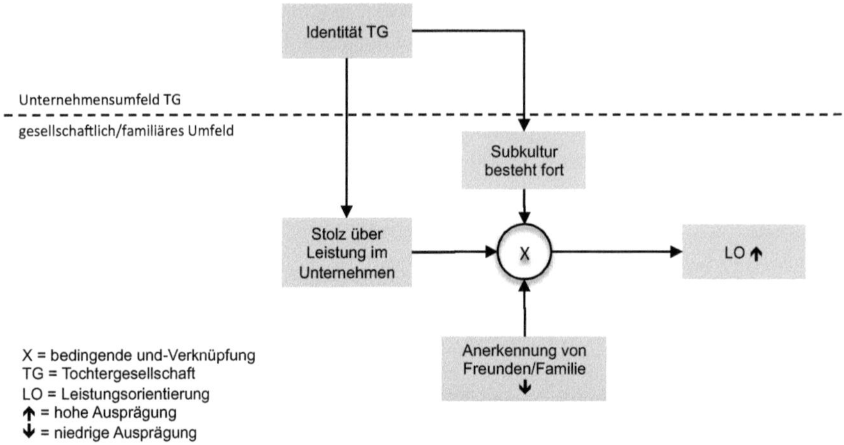

Abbildung 45: Aussagenteilsystem ATS3 zur Veränderung der Leistungsorientierung bei Gastlandarbeitern im gesellschaftlich/familiären Umfeld.

Der Unterschied zwischen der Bewertung der Bedeutung des Gruppenkollektivismus im Unternehmensumfeld von jüngeren und älteren Arbeitern (P5) ist bedingt durch einen Transfer kultureller Wertvorstellungen aus dem gesellschaftlich/familiären Umfeld in das Unternehmen hinein, da eine entsprechende Beobachtung bei der Dauer der Unternehmenszugehörigkeit nicht zu machen ist. Zwar muss seitens des Unternehmens eine Basis vorhanden sein, dass sich die Wertvorstellungen jüngerer Arbeiter ändern können. Die Veränderung selbst geschieht jedoch nur durch den Vergleich der Ist-Situation im Unternehmen und Lösungsmöglichkeiten aus dem gesellschaftlich/familiären Umfeld. Die Basis für die Veränderung ist in der Tochtergesellschaft durch die grundsätzlich hohe Identifikation mit dem Unternehmen gegeben (I2, I3). Auch die Bedeutung des Zusammenhalts zwischen Freunden und in der Familie steht durch sich mit dem Alter ergebende höhere Wahrscheinlichkeit, komplexen Situation und Problemen ausgesetzt zu sein, außer Frage. Auch die Lösungsmöglichkeiten älterer Menschen sind andere als jene jüngerer. Insbesondere bei beruflichen Tätigkeiten führen abnehmendes Konzentrations- und Leistungsvermögen[645] zur Notwendigkeit, diese Nachteile durch andere Eigenschaften zu kompensieren.

[645] Die Abnahme des Leistungsvermögens spiegelt sich in einer reduzierten X-Effizienz wider, welche ein optimales Leistungsniveau der Arbeitskräfte bedingt. Siehe zur X-Effizienz Leibenstein (1966). Zur Abnahme

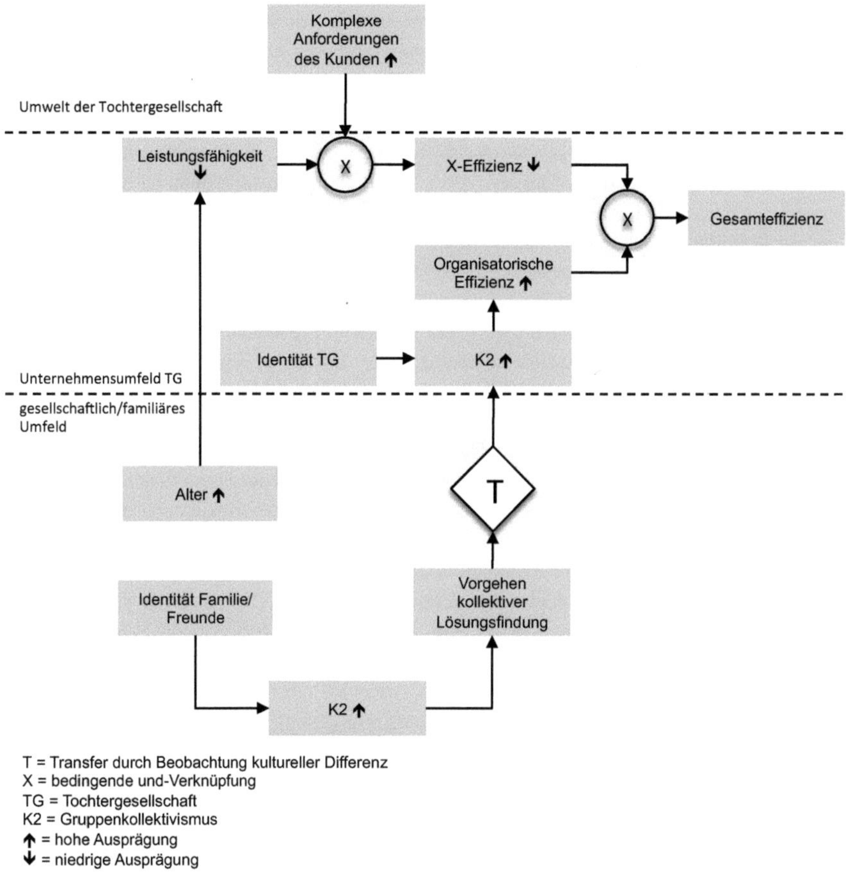

Abbildung 46: Aussagenteilsystem ATS4 zum veränderten Problemlösungsverhalten älterer Gastlandarbeiter.

Neben der im Lauf der Zeit gesammelten Erfahrung ist hier die Zusammenarbeit zu nennen. Es reift mit der Zeit die Erkenntnis, dass die im gesellschaftlich/familiären Umfeld notwendige kollektive Lösungsfindung komplexer Probleme auch einen großen Vorteil für die unternehmerische Leistungserstellung hat. Dass das relative Komplexitätsniveau von Problemen bei der Leistungserstellung mit dem Alter zunimmt, zeigt sich durch das langsamere Erlernen neuer Fertigungstechnologien (I1, U4, F3, F2, F4, KO2, KO4, KO8, KO11). Für die Führung der Tochtergesellschaft ist deshalb darauf zu achten, ältere Arbeiter bei Veränderungen in der Fertigung dort einzusetzen, wo sie ihre Erfahrung einbringen können. Bei der bereits etablierten teamorientierten Arbeitsweise wäre darauf zu achten, dass jüngere Mitarbeiter frühzeitig

der Leistungsfähigkeit mit höherem Alter in belastungsintensiven Berufen siehe z.B. Krenn/Vogt (2004) und grundlegend Ulich (2011).

mit eingebunden werden und somit ein Wissenstransfer im Sinne intrinsischen Lernens[646] möglich ist. Gleichzeitig kann auf die Leistungs- und Aufnahmefähigkeit zurückgegriffen werden. Es entsteht ein Gleichgewicht zwischen interner Verankerung und externen Anforderungen an die Leistungsprozesse der Tochtergesellschaft für eine effiziente Organisation.

Eine Sonderrolle nimmt hingegen die Aussage P3c ein, da hier nicht nur das Alter, sondern auch die Arbeits- und Lebenserfahrung (Alter, Unternehmenszugehörigkeit und Erfahrung in einem anderen ausländischen Unternehmen) als beeinflussender Faktor bestimmt wurde. Wie bei der Begründung der Aussage beschrieben wurde, ist in jüngeren Jahren zunächst von einem Wertetransfer aus dem gesellschaftlich/familiären Umfeld auszugehen. Dass nun die unternehmensbezogene Bewertung des institutionellen Kollektivismus der erfahrenen (und älteren) Arbeiter weit geringer ist, wird in der erhöhten Möglichkeit zur Reflektion von Unterschieden zwischen Staat und Unternehmen gesehen. Durch das Wirken einiger Instrumente der Unternehmensführung im gesellschaftlich/familiären Umfeld oder auch durch eine entsprechende Entgeltpolitik wird bei den Arbeitern ein Bewusstsein über die Rolle des Unternehmens im nationalen Umfeld geschaffen (U2, U3, U5, KO3, KO9, KO13). Da diese Unterschiede nur erkannt werden können, wenn entsprechende Erfahrungen mit dem Staat gemacht wurden, bedingt dies nicht nur eine erhöhte Unternehmenszugehörigkeit, sondern vor allem ein höheres Alter (P3c). Unternehmensseitig ist zudem wichtig, dass die Möglichkeit zur Erfahrung einer anderen Kultur und auch der damit einhergehenden landesspezifischen Regeln gegeben ist (F2, F4, F5). Zusammen mit der grundsätzlichen Offenheit gegenüber Anderem oder Neuem entsteht so die Möglichkeit zum Vergleich der Rollen von Staat und Unternehmen. Dies ermöglicht eine Neueinordnung der Bedeutung des Unternehmens bei einer gerechten Ressourcenverteilung (siehe Abbildung 48). Allein auf das Alter bezogen ist anzumerken, dass durch die gegebene Nähe zur Rente eine geringere Bedeutung für das Unternehmen antizipiert wird, da es für den folgenden Lebensabschnitt keine wesentliche Rolle mehr einnimmt. Für die Führung der Tochtergesellschaft bedeutet dies nun, dass sie durch die Unterstützung des kulturellen Austauschs ihre eigene Rolle im nationalen Umfeld klarer vermitteln kann. Dies führt zu einer geringeren Anforderung der Arbeiter bezüglich der Existenzsicherung aus dem externen Umfeld heraus an die Tochtergesellschaft. Es ergibt sich ein Beitrag zur organisatorischen Effizienz.

4.2.2.3.3 Zur Beeinflussung kultureller Wertvorstellungen im gesellschaftlich/familiären Umfeld

Als einzigem unternehmensbezogenen Faktor ist in der quantitativen Analyse der Dauer der Unternehmenszugehörigkeit ein Einfluss auf die Unsicherheitsvermeidung im gesellschaftlich/familiären Umfeld zugeschrieben worden (P1). Diese Aussage wird auch aus Unternehmensperspektive gestützt (K08). Als Begründung wurde die Transformation des Erlebnisses der komplexitätsreduzierenden Wirkung von Regeln und Normen im Unternehmen in einen Bedarf für das gesellschaftlich/familiäre Umfeld angeführt. Aus der qualitativen Analyse wird dies maßgeblich durch zwei Elemente ergänzt:

[646] Nur durch eine Zusammenarbeit jüngerer und älterer (Mit-)Arbeiter ist ein Erlernen intrinsischen Wissens bzw. der Erfahrungen von den älteren Arbeitern möglich. Siehe hierzu die Grundidee der Lerntheorie der Internationalisierung nach JOHANSON/VAHLNE in Kapitel 2.1.1.2.4.

Erstens handelt es sich um die im Vergleich zur Administration engere Bindung an Regeln bezüglich der Arbeitszeitflexibilität oder der Anweisungen für auszuübende Tätigkeiten (KO6). Dass sich bei den Arbeitern eine positive Denkweise über Regelungen im Sinne der Unsicherheitsvermeidung für das gesellschaftlich/familiäre Umfeld erst mit der Zeit entwickelt, weist auf einen längeren Veränderungsprozess hin. Eine Möglichkeit, dass die Veränderung eintritt, liegt in der Erfahrung der Vorteilhaftigkeit von Regelungen in einem anderen Umfeld. So wird durch die Entsendung der Arbeiter das Bewusstsein für das eigene Handeln nach bestimmten Regeln geschärft.

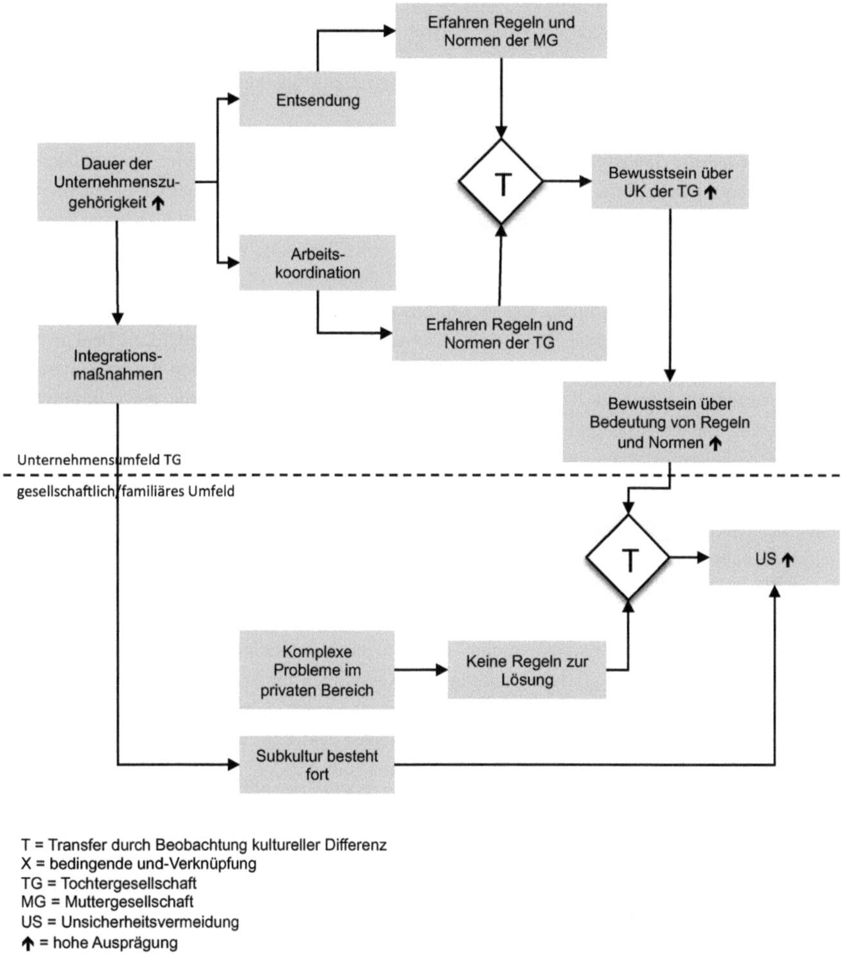

Abbildung 47: Aussagenteilsystem ATS5 zur Veränderung der Unsicherheitsvermeidung von Gastlandarbeitern im gesellschaftlich/familiären Umfeld.

Die Entsendung ermöglicht den Vergleich zwischen den eigenen Regeln und den Regeln der Mutter- oder Schwestergesellschaft. Die Konfrontation mit diesem Unterschied und das Hineintragen in die eigene kulturelle Umwelt der Tochtergesellschaft führen zu einem Austausch über entsprechende Regelungen zwischen den Arbeitern. Es steigt das zu beobachtende Bewusstsein über die eigene Unternehmenskultur samt seiner Normen, Regeln und Wertvorstellungen. Ähnliches drückt sich auch in dem Bewusstsein über sprachliche Unterschiede und der damit einhergehenden Reaktion, sich gegenseitig auszuhelfen, aus (F4, F6, KO2, KO4). Durch die Erfahrung, dass Regeln und Normen in einem anderen Umfeld (Entsendung) oder in unklaren Situationen (Kommunikation in verschiedenen Sprachen) nützlich sind und für eine bessere Eigenleistung bei der Arbeit sorgen, ergibt sich bei entsprechend komplexen und unsicheren Situationen im gesellschaftlich/familiären Bereich die Möglichkeit, entsprechend handeln zu können. Es bildet sich eine höhere Wertigkeit der Unsicherheitsvermeidung im gesellschaftlich/familiären Umfeld.

Zweitens wird die Transformation einer höheren Unsicherheitsvermeidung im gesellschaftlich/familiären Unternehmen dadurch gestützt, dass das Unternehmen auch Unterstützung bei der Lösung privater Probleme leistet. Das Besondere hierbei ist, dass es sich nicht nur um private Probleme mit Bezug zur Arbeit handelt (z.B. Pendeldienste), sondern dass es sich auch um rein private Probleme handeln kann (U2). Durch das im Unternehmen vorherrschende Verständnis über den Umgang mit Problemen (Unternehmenskultur) entsteht die Möglichkeit, die Vorteilhaftigkeit von Regeln im gesellschaftlich/familiären Umfeld zu beobachten. Für die Verbreitung und allgemeine Akzeptanz erscheint das Fortbestehen der im Unternehmen entstandenen sozialen Kontakte im gesellschaftlichen Umfeld durch die subkulturelle Abgrenzung für eine Akzeptanz entsprechender Normen und Wertvorstellungen seitens der Unsicherheitsvermeidung als sehr wichtig (U1).

Bezogen auf die Bedeutung gleicher und gerechter Verteilung von Ressourcen ergibt sich nach der Aussage P3b ebenfalls eine Beeinflussung eines unternehmensbezogenen demographischen Faktors auf die landeskulturelle Bewertung des institutionellen Kollektivismus. Eine hohe Arbeitserfahrung in einem anderen ausländischen Unternehmen führt unter Berücksichtigung des Bewusstseins über kulturelle Unterschiede zwischen der eigenen und der anderen ausländischen Tochtergesellschaft zu einer differenzierten Betrachtung der Rollen von Unternehmen und Staat bei der Gleichverteilung von Ressourcen im Sinne arbeitsbezogener bzw. sozialer Gerechtigkeit. Wie bei P3b erläutert, handelt es sich dabei um die Möglichkeit der Arbeiter im Sinne SWIDLERS Unterschiede beobachten und bewerten zu können. Durch die Abgrenzung der Subkulturen ergibt sich eine gemeinsame Basis, um anhand des gemeinsamen Verständnisses über die Bedeutung der Eigenständigkeit gegenüber der Muttergesellschaft auch entsprechende Anforderungen an den Staat abgrenzen zu können (U1, I1, I2, I3). Notwendig ist hierfür der direkte Vergleich der Normen und Regeln von zweier ausländischer Unternehmen. Damit kann eine eindeutige Zuordnung negativer Auswirkungen und deren jeweiligen Verursachern (Unternehmen oder Staat) vollzogen werden. So kann von den Arbeitern beobachtet werden, dass etwa indirekt staatlich bedingte Kürzungen beim Lohn eben nicht durch die Unternehmen ausgeglichen werden müssen, sondern der Staat hierfür die Verantwortung zu übernehmen hat (U4). Ohne die Erkenntnis, dass die Konsequenzen staatlicher Regeländerungen mehrere Unternehmen treffen, wäre das Bewusstsein für die Rolle der ausländischen Unternehmen eingeschränkt.

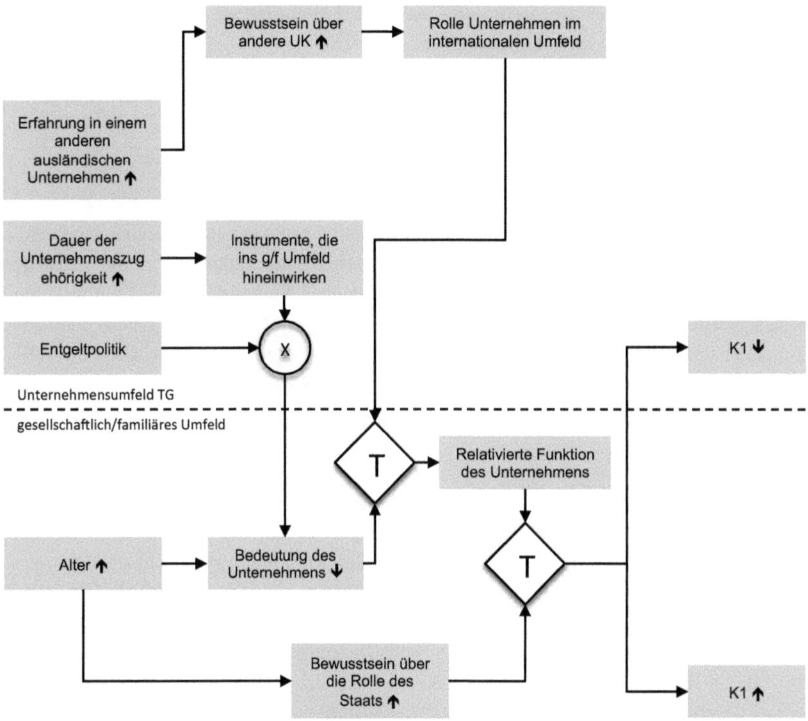

T = Transfer durch Beobachtung kultureller Differenz
X = bedingende und-Verknüpfung
TG = Tochtergesellschaft
g/f = gesellschaftlich/familiär
UK = Unternehmenskultur
K1 = institutioneller Kollektivismus
↑ = hohe Ausprägung
↓ = niedrige Ausprägung

Abbildung 48: Aussagenteilsystem ATS6 zur Veränderung des institutionellen Kollektivismus bei Gastlandarbeitern.

Es kann festgehalten werden, dass ein Transfer kultureller Wertvorstellungen aus dem Unternehmen in das gesellschaftlich/familiäre Umfeld nicht direkt erfolgt. Die hier beobachteten Veränderungen bei den landesbezogenen Kulturdimensionen basieren maßgeblich auf dem Bewusstsein über die kulturellen Differenzen zwischen der Mutter- und der Tochtergesellschaft. Die bewusste oder unbewusste Konfrontation mit anderen Regeln, Normen und auch Wertvorstellungen bildet die Basis für eine Reflektion der eigenen Wertvorstellungen im gesellschaftlich/familiären Umfeld. Wichtig erscheint hierbei, dass durch den Zusammenhalt der im Unternehmen gebildeten sozialen Einheiten im gesellschaftlich/familiären Umfeld eine breite Basis für eine allgemeine Akzeptanz dieser Wertvorstellungen geschaffen ist.

4.2.3 Ergebnisse aus der Untersuchung weiterer Falleinheiten: Unternehmen B – D und Triangulation aller Falleinheiten

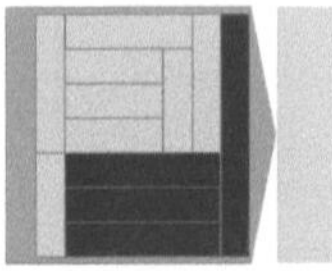

Die ausführliche Untersuchung der ersten Falleinheit mit ihren vielfältigen Erkenntnissen bildet die Basis für die Ergebnistriangulation mit den weiteren Falleinheiten dieser Fallstudie. Hierzu werden zunächst grundsätzliche Erkenntnisse der Falleinheiten B-D vorgestellt. Da bei diesen Falleinheiten keine quantitative Erhebung durchgeführt wurde, wird die Darstellung der Auswertung nicht einzeln, sondern vergleichend erfolgen. Für die anschließende Triangulation der Erkenntnisse der Falleinheit A mit jenen der Falleinheiten B-D gilt, dass nicht der Ausschluss einzelner Aussagen oder Erkenntnisse das Ziel ist, sondern bestehende Erkenntnisse ergänzt oder angepasst werden können. Zudem sind aufgrund der teils unterschiedlichen Rahmenbedingungen, beispielsweise bezüglich der Rolle der Tochtergesellschaft oder des zu bedienenden Marktes, Rückschlüsse auf den Einfluss dieser Faktoren auf Veränderungen kultureller Wertvorstellungen oder Handlungen zu eruieren.[647]

4.2.3.1 Qualitative Analyse B – D: Erkenntnisse aus der Analyse der Falleinheiten B – D

Wesentliche Unterschiede in der Führung der Tochtergesellschaft sind bei den drei Falleinheiten nicht zu beobachten. Es handelt sich jeweils um Geschäftsführer mit ungarischer Nationalität, welche Berufserfahrung in Deutschland haben, wenn auch in unterschiedlichem Ausmaß (IB185, IB224, IB225, IB226). Es findet ein reger und insbesondere persönlicher Austausch zwischen den Führungskräften der Mutter- und Tochtergesellschaft statt (IB178, IB194, IB230, IB322, IB325). Alle drei Unternehmen zeichnen sich dadurch aus, dass mit dem Einsatz einer neuen Führungsspitze in der Tochtergesellschaft viele Veränderungen einhergingen. Dies bezieht sich einerseits auf die Beziehung zwischen Mutter- und Tochtergesellschaft, andererseits auch auf die internen Prozesse und die Einführung einer neuen Arbeitskultur. Die Ursache für diesen Wandel ist zum Teil in der Krise zu sehen, andererseits aber auch durch den generellen Zwang, die eigene Wettbewerbsfähigkeit stärken zu müssen, um den Marktanforderungen auch unabhängig von der Wirtschaftskrise genügen zu können (IB196, IB227, IB228, IB234, OD6, IB277, IB278, IB280, IB282, IB284, IB287, IB288, IB290, IB327, IB337, OD33). Ursache für den unternehmenskulturellen Wandel ist vor allem bei Falleinheit B und C ein Schock.

Unterschiede sind bezüglich der Weite des steuernden Eingriffs der Muttergesellschaft und der Bestimmtheit der Tochtergesellschaften zu beobachten. Während bei Falleinheit C eine nahezu direkte Beeinflussung der operativen Prozesse zu beobachten ist (IB222, IB252), müssen die Tochtergesellschaften der Falleinheiten B und D Änderungen, Maßnahmen und teils ihre Leistungserstellungsprozesse mit der Muttergesellschaft absprechen (IB235, IB253, IB258, IB280, IB290, IB351), haben aber entsprechende Gestaltungsmöglichkeiten und insbesondere eine Eigenverantwortung bei der Umsetzung (IB244, IB253, IB254, IB298, IB339, IB340, IB347). Bei der Falleinheit B ist ein Wissens- und Technologiefluss von der Tochter- zur Muttergesellschaft zu beobachten, welcher sich auch in einer hohen Bestimmtheit der

[647] Die Triangulation der Erkenntnisse aus den Falleinheiten ist Anhang A.2 und A.4 zu entnehmen.

Tochtergesellschaft gegenüber der Muttergesellschaft ausdrückt (IB254, IB258, IB259). Dies geht direkt einher mit einer unterschiedlich ausgestalteten Rollen der Tochtergesellschaften im Unternehmensverbund. Während in der ungarischen Tochtergesellschaft der Falleinheiten C und D einzig produziert wird und der Know-how-Transfer sehr unidirektional von der Mutter- zur Tochtergesellschaft stattfindet (IB172, IB334), vertreibt die ungarische Tochtergesellschaft der Falleinheit B die Produkte selbst (IB223). Falleinheit B ist im Unternehmensverbund zudem Technologietreiber bezüglich des Fertigungs-Know-hows (IB232, IB233) oder auch bezüglich der internationalen Distribution (IB236). Dies lässt darauf schließen, dass die strategische Bedeutung des Werkes entweder weiter zunehmen und die Rolle einer Contributor Factory einnehmen wird (IB244, IB255, IB256, OD13) oder es durch den massiven Know-how-Transfer insbesondere bezüglich der Produktion effizientere internationale Standorte gibt und der Tochtergesellschaft keine Zukunft einzuräumen ist (IB232, IB233, OD14). Auch der Tochtergesellschaft der Falleinheit D sind im Zuge der grundsätzlichen Veränderungen zusätzliche Aufgaben zugeteilt worden, wobei es sich zum Teil auch um neue Fertigungstechnologien handelt, die in keiner der anderen Werke eingesetzt werden (IB287, IB288, IB334, OD25). Den Tochtergesellschaften der Falleinheiten B und C ist gemein, dass sie im Gegensatz zur Tochtergesellschaft der Falleinheit D weitere Schwestergesellschaften in anderen Ländern haben (IB168, IB172, IB179, IB231), wobei den ungarischen Tochtergesellschaften ein bedeutender Anteil an der Gesamtproduktion zukommt.

Bezüglich kultureller Differenzen ist zu beobachten, dass nach Einschätzung der Führung der Tochtergesellschaft der Falleinheit C keine wesentlichen kulturellen Differenzen zwischen Ländern innerhalb Europas vorhanden sind (IB210, IB216). Im Widerspruch hierzu lassen sich grundsätzliche kulturelle Unterschiede beobachten, die sich beispielsweise anhand der Reaktion auf von der Mutter eingesetzte Führungsinstrumente aufzeigen lassen (IB195, IB199, IB222). Diese Beobachtungen beziehen sich insbesondere auf den hohen Drang zur Bestimmtheit sowie auf den Wunsch geringer Machtdistanz. Diese vor allem auf die Unternehmenseinheit bezogenen kulturellen Unterschiede sind bei allen drei Falleinheiten zu beobachten (IB215, IB222, IB229, IB251, IB254, IB343, IB345, IB346). Das größte Bewusstsein über die Differenzen lässt sich bei der Führung der Tochtergesellschaft der Falleinheit B beobachten, welche im Vergleich zu den anderen Tochtergesellschaften eine weit höhere Stellung und Machtposition im Unternehmensverbund besitzt und durch die Eingliederung in einen internationale Fertigungs- und Distributionsverbund eine Sensibilität für kulturelle Unterschiede entwickeln konnte (IB233, IB236, IB238, IB239). Aber auch in der Falleinheit D ist dieses zu erkennen (IB343, IB345, IB346).

Der kulturelle Austausch beschränkt sich bei allen hier betrachteten Falleinheiten im Wesentlichen auf die Führungsebene oder Mitarbeiter in höheren Positionen (z.B. Entwicklungsingenieure). Einzig beim Transfer neuer Fertigungstechnologien wird auch den Arbeitern die Chance geboten, sich mit der Mutter- oder Schwestergesellschaft und den dortigen kulturellen Eigenheiten auseinanderzusetzen (IB192, IB194, IB238, IB240, IB299, IB334, IB335, IB336, IB343, IB345, IB346). Der oben beschriebene Wissensfluss von der ungarischen Tochtergesellschaft in den Unternehmensverbund der Falleinheit B hinein wird durch eine aktive Entsendungspolitik für ungarische Mitarbeiter begleitet (IB240, IB242, IB253, IB254, OD14). Damit sind auch Gesellschaften in den anderen Ländern gezwungen, sich mit den kulturellen Eigenheiten ungarischer Mitarbeiter auseinanderzusetzen. Durch den Know-how-Transfer von Fertigungstechnologien passiert dies auch auf der Ebene der Arbeiter. In Falleinheit D entsteht hingegen durch das Endkundengeschäft eine gewisse Reibung mit der Muttergesellschaft. Durch kurze Produktlebenszyklen und besondere Anforderungen an die Produktgestaltung und durch die Vorgaben des Marketings wird ein besonderer Druck bei der Fertigungsplanung und -steuerung von extern aufgebaut. Um diesen externen Ansprüchen zu genügen, bedarf es eines Verständnisses seitens der Muttergesellschaft für die unternehmenskulturellen Eigenheiten der ungarischen Tochtergesellschaft. Grundlegende Probleme liegen hier insbesondere im Verständnis kommunizierter Inhalte (IB339, IB340, IB342, IB346).

Der oben angesprochene gewünschte Wandel der Unternehmenskultur in den Tochtergesellschaften der Falleinheiten ist trotz eines Schocks als eine Ursache (Vorgaben durch die Muttergesellschaft bzw. durch die Wirtschaftskrise) in den Subkulturen nur schrittweise und sehr langsam durchführbar. Insbesondere stehen geforderte Handlungsweisen und die Vorstellungen der Mitarbeiter in Konflikt zueinander (IB206, IB207, IB208, IB215, IB280, IB281, IB282, IB291, IB297, OD7, OD8, OD9, OD10, OD22). Der Fokus der Veränderung in Falleinheit C liegt dabei auf dem Denken in Prozessen und der Berücksichtigung von Auswirkungen des eigenen Handelns auf nachfolgende Arbeitsschritte (IB184, IB196, IB201, IB203). Auch der Gruppengedanke in der Fertigung und auch in der Qualitätskontrolle wird gefördert und gefordert (IB175, IB176, IB195, IB201, IB203). Die Schwierigkeit der Etablierung dieser Aufforderung zum anders Denken und anders Handeln lässt auf eine geringe Akzeptanz autoritären Handelns und zentraler Entscheidungen zu (Machtdistanz) und beschreibt den Drang zu einer hohen Bestimmtheit. Dies drückt sich auch in dem Prozess aus, in welchem erfolgreiche Änderungen erfolgen. So ist eine grundsätzliche Aufgeschlossenheit gegenüber Neuem zu beobachten. Akzeptiert wird diese von den Arbeitern aber nur dann, wenn auch die Gruppenleiter davon überzeugt sind (IB206, IB207, IB208, IB215, OD37). Der Leistungswille ist bei den Arbeitern hingegen durch die Chance geprägt, mehr Geld zu verdienen. In diesem Sinne ist auch keine hohe Loyalität gegenüber dem Unternehmen zu beobachten. Neu erwerbbare, sprachliche Fähigkeiten führen beispielsweise zur Motivation, die Tochtergesellschaft für einen besser bezahlten Job im Ausland zu verlassen (IB212). Dennoch ist die Sprache, insbesondere auch die vielfältigen Deutschkenntnisse, für eine effektive Koordination bei der Leistungserstellung und vor allem beim Verständnis der Vorgaben der deutschen Muttergesellschaft unabdingbar. Sie bilden ein wesentliches integrierendes Instrument, durch welches auch eine bewusste Abgrenzung gegenüber der Muttergesellschaft möglich wird und als solche identitätsfördernd ist (IB186, IB187, IB188, IB192, IB194).

Durch die hohe Erfahrung mit anderen Unternehmens- und Landeskulturen in dem Unternehmensverbund der Falleinheit B wird versucht, die besten beobachteten kulturellen Verhaltensweisen in den anderen ausländischen Tochtergesellschaften zu implementieren (IB239). Der Änderungsprozess wird einerseits von Externen begleitet, andererseits werden alle Führungskräfte bis hin zur Gruppenleiterebene individuell geschult (IB243, IB247). Eine besondere Bedeutung kommt wie bei Falleinheit C den Gruppenleitern zu. Auch hier wird ihnen die Schlüsselrolle zugesprochen, einen tatsächlichen Wandel auf Ebene der Arbeiter ermöglichen zu können (IB247, IB248, IB249). Besonderer Wert wird dabei auf die Eigenständigkeit der Tochtergesellschaft gelegt, wohlweislich, dass dadurch die Akzeptanz von Veränderungen gestärkt wird (IB253, IB254, IB266). Dies drückt ebenso die geringe Akzeptanz autoritären Verhaltens seitens der Muttergesellschaft, wie auch eine hohe Bestimmtheit gegenüber der

Muttergesellschaft von Seiten der Subkulturen der Tochtergesellschaft aus (IB254, IB259, IB261). Durch dieses Verständnis über die Anforderungen an die Führung der Tochtergesellschaft wird die Gruppenarbeit gestärkt und Workshops zur Beeinflussung des Verständnisses durchgeführt (IB261, IB271). Umgekehrt bietet die Tochtergesellschaft zur Stärkung der Identifikation mit dem Unternehmen einige Maßnahmen an, die auch das gesellschaftlich/familiäre Umfeld mit einschließt (IB267, IB268, IB269, IB270).

In Falleinheit D wird der Aspekt berücksichtigt, dass eine erfolgreiche Implementierung neuer Denk- und Arbeitsweisen (z.B. die Einführung einer neuen Produktionsphilosophie) bei neuen Mitarbeiter leichter ist, da sie die jahrelang bewährten Denk- und Arbeitsmuster nicht kennen und sich von Grund auf mit den neuen Anforderungen auseinandersetzen können (IB292, IB293, IB294, IB295, OD24, OD25). Vor allem entsteht hierdurch die Möglichkeit, die sich aktuell aus dem Markt-, Landes- oder Unternehmensumfeld ergebenden Anforderungen (IB339, IB340, IB341), kommunizieren zu können, ohne auf erhebliche vergangenheitsbezogene Widerstände zu treffen. Durch Neueinstellungen ergibt sich somit die Chance, kurzfristig eine höhere organisatorische Effizienz durch die Reduzierung des Spannungsverhältnisses von interner Verankerung und externen Anforderungen zu erreichen. Dem gegenüber steht jedoch die Problematik der X-Effizienz bzw. Leistungsfähigkeit neuer Mitarbeiter (IB296, IB297). Entsprechend der anderen Falleinheiten lässt sich auch hier beobachten, dass eine Veränderung nicht autoritär bestimmt werden darf, sondern durch Einbezug der (Mit-)Arbeiter entwickelt und erlebt werden muss. Auf die einzelnen Hierarchieebenen bezogen lässt sich beobachten, dass die Akzeptanz bei den Arbeitern steigt, wenn auch die Führungskräfte an die entsprechenden Maßnahmen gebunden sind. Hierin besteht eine Übereinstimmung zwischen der Anforderung an die Denk- und Arbeitsweise von Seiten Führung und den in den Subkulturen tatsächlich vorhandenen Wertvorstellungen (IB303, IB304, IB307, IB317, IB320, IB323, IB329). Dies ist wiederum eine Bestätigung der Forderung einer geringen Machtdistanz seitens der ungarischen Arbeiter dieser Tochtergesellschaft. Teil der Veränderung in der Tochtergesellschaft der Falleinheit D ist entsprechend der anderen Falleinheiten, eine Prozess- und Gruppenorientierung bei der Leistungserstellung (IB310, IB311, IB314, IB316, IB332, IB354, IB357). Dabei wird zur höheren Identifikation mit der Tochtergesellschaft auf die Anforderung seitens der Arbeiter eingegangen, sich von der Muttergesellschaft abzugrenzen, sofern dies nicht die eigene Existenz gefährdet (IB297, IB321, IB326).

Bezüglich der Instrumente, die zur Beeinflussung bzw. Steuerung der Denk- und Verhaltensweisen der Mitarbeiter eingesetzt werden, lässt sich zwischen den Tochtergesellschaften der drei Falleinheiten nur ein Unterschied bezüglich der Intensität des Einbezugs des gesellschaftlich/familiären Umfeldes ausmachen. Es sind bei den Falleinheiten B und D im Vergleich zur Falleinheit C mehr Instrumente zu identifizieren, die auch über die gemeinsame Arbeitstätigkeit hinausgehen (IB265, IB267, IB268, IB269, IB270, IB348, OD1, OD2, OD3, OD38). Zur Unterstützung des Abstimmungs- und Ressourcentransferprozesses mit der Muttergesellschaft wird bei allen drei Falleinheiten auf die Förderung sprachlicher Fähigkeiten gesetzt, um Entsendungen und Abstimmungen beim Leistungserstellungsprozess effizient gestalten zu können (BI189, IB190, IB191, IB192, IB193, IB238, IB240, IB241, IB242, IB243, IB342, OD11). Zudem ist beobachtbar, dass die Instrumente zur Beeinflussung der grundsätzlichen Arbeitsweise insbesondere in der Fertigung eingesetzt werden (IB175, IB176, IB177, IB184, IB196, IB221, IB246, IB 289, IB292, IB309, IB310, IB313, IB318, IB319, IB350, OD30,

OD33). Damit geht eine engere Führung und weniger Verhaltensspielraum für die Arbeiter einher. Eine Ausnahme bildet die Falleinheit B, bei welcher der Anspruch besteht, dass die neuen Denk- und Arbeitsweisen unabhängig von der Hierarchieebene Gültigkeit besitzen und alle Mitarbeiter die sich aus dem Konzept heraus ergebenden Regeln und Normen gleichermaßen zu berücksichtigen haben (IB243, IB245). Bei Falleinheit D wurde die neue Denk- und Arbeitsweise zumindest auch für die indirekten Bereiche, allerdings auch hier nur auf der ausführenden Ebene eingeführt (IB302, IB314).

Ein weiteres wichtiges Instrument zur Steuerung der Koordination bzw. Stärkung der Identifikation mit dem Unternehmen ist in allen drei Falleinheiten ein monetäres Anreizsystem (IB199, IB200, IB201, IB262, IB300). Durch ein Prämiensystem soll der Blick für Verbesserungen geschärft und damit ein Verständnis für die Gesamtleistung der Tochtergesellschaft etabliert werden. Wobei hier, wie oben beschrieben, der Anspruch seitens der Führung der Tochtergesellschaften und die tatsächliche Umsetzung differieren. In den Falleinheiten B und D wird darüber hinaus für die Mitarbeiterzufriedenheit auch eine angenehme Arbeitsumgebung als essenziell angesehen (IB263, IB264, IB265, IB301, IB349).

4.2.3.2 *Triangulation 3: Herleitung fallübergreifender Aussagen aus den qualitativen Analysen der Falleinheiten A – D*

Die Triangulation der Aussagen aus den vier Falleinheiten kann sich nur auf jene Teile beziehen, die in allen Falleinheiten untersucht wurden. Damit können die Erklärungen für die Veränderung kultureller Wertvorstellungen keinen wesentlichen Beitrag liefern, sondern insbesondere die Erkenntnisse aus der qualitativen Analyse der Falleinheit A. Im Folgenden werden Vergleiche über die Führung der Muttergesellschaft, über die Beeinflussung der Koordination und Identifikation mit dem Unternehmen sowie über den kulturellen Austausch auf Subkulturebene durchgeführt. Ziel ist es, potenzielle Unterschiede der Einflussfaktoren auf die Ausgestaltung der Unternehmenskultur zu identifizieren und in den Kontext des Bezugsrahmens zu setzen.

Die Unterschiede ergeben sich nicht aus der strategischen Bindung an die Muttergesellschaft, welche bei allen betrachteten Falleinheiten eine ethnozentrische Orientierung aufweist. Es ist zwischen der Bedeutung und der Rolle der Tochtergesellschaft im Unternehmensverbund zu unterscheiden. Bezüglich der Bedeutung besitzen die Tochtergesellschaften der Falleinheiten C und D als rein produzierende Werke die geringste Bedeutung. Dem folgt die Falleinheit A, welche bezüglich der Fertigungstechnologie mit der Muttergesellschaft in vielen Fällen gleich gestellt ist und eine größere Unabhängigkeit bei der Entscheidungsfindung besitzt, auch wenn diese wie bei allen anderen Falleinheiten sehr begrenzt ist. Die größte Bedeutung ist der Tochtergesellschaft der Falleinheit B zuzuschreiben, welche neben der reinen Produktion auch weitere direkte und indirekte Funktionen für andere Schwestergesellschaften ausführt und auch eine eigene Entwicklungstätigkeiten durchführt. Zudem ist diese Tochtergesellschaft die einzige, die mit einer tragenden Rolle in ein globales Netzwerk der Unternehmenseinheiten eingebunden ist. Durch die damit einhergehende Konfrontation der Führung der Tochtergesellschaft mit einer Vielzahl an Unternehmens- und Landeskulturen der anderen Unternehmenseinheiten lässt sich eine erhöhte Sensibilität für kulturelle Differenzen beobachten. Die Besonderheit bei Falleinheit A ist der Einsatzes eines deutschen Geschäftsführer in der ungarischen Tochtergesellschaft, der sich stark mit dieser identifiziert und den kulturellen Unterschieden auseinandersetzt. Die grundsätzliche Sensibilität führt dazu, dass bei den Falleinheiten A und B im Vergleich zu den Falleinheiten C und D gegenüber der jeweiligen Muttergesellschaft stark für die Akzeptanz und für ein Verständnis der anderen kulturellen Ausprägung der ungarischen Tochtergesellschaft eingefordert und teils erreicht wird. Zu berücksichtigen ist hierbei, dass sich dieser Unterschied trotz einer gleichen Ausgangslage in allen Falleinheiten bezüglich der Bestimmtheit und einem hohen Grad der Identifikation der Mitarbeiter mit ihrer jeweiligen Tochtergesellschaft ergibt. Diese basieren nicht zuletzt auch auf Aktivitäten, die über die Arbeitstätigkeit im Unternehmen hinaus gehen (Falleinheit A, B, D). Allerdings sind einzig die Aktivitäten bei Falleinheit A derart gestaltet, dass sie auf das Handeln im gesellschaftlich/privaten Umfeld einen Einfluss haben. Für die Herleitung des Aussagensystems ist dies somit ein zu berücksichtigender Unterschied.

Entsendungen und die damit einhergehende direkte Konfrontation der Subkulturen untereinander findet in allen Falleinheiten statt. Bei den Falleinheiten C und D sind es maßgeblich Mitarbeiter einer höheren Hierarchieebene, die regelmäßig das Werk in Deutschland besuchen. Bei den Falleinheiten A und B passiert dies auch auf Arbeiterebene regelmäßig. Somit wird auch hierdurch ein Beitrag für die Akzeptanz und das Verständnis der Unternehmenskultur der Tochtergesellschaft ermöglicht, indem die Arbeiter und Führungskräfte selbst kulturelle Unterschiede beobachten können. Ohne eine physische Anwesenheit sind diese Unterschiede nur bedingt beobachtbar.

Bei Falleinheit D besteht hingegen durch das Endkundengeschäft ein größerer Abstimmungsbedarf zwischen Mutter- und Tochtergesellschaft. Bei dem notwendigen Abstimmungsprozess treten kulturelle Unterschiede auf Grund des mangelnden Verständnisses über Denk- und Arbeitsweisen in der jeweilig anderen Unternehmenseinheit in unterschiedlichen Funktionsbereichen auf. Daraus kann abgeleitet werden, dass je höher der Abstimmungsbedarf zwischen zwei Unternehmenseinheiten ist, kulturelle Unterschiede umso mehr zu organisatorischen Effizienzverlusten führen.

Die grundlegendste Erkenntnis, die sich bei allen Falleinheiten beispielsweise aufgrund des Einsatzes verschiedener Steuerungsinstrumente zur Implementierung gewünschter Denk- und Arbeitsweisen ergibt und die sich vor allem in den Ergebnissen der quantitativen Analyse der Falleinheit A zeigt, ist, dass sich Wertvorstellungen in den nach der Profession abgegrenzten Subkulturen unterscheiden. Es ist bei allen Falleinheiten ein geringerer Verhaltens- und Entscheidungsspielraum der Arbeiter zu beobachten.

Seitens der Führung der Tochtergesellschaft ist bei den Falleinheiten A, B und D ein Bewusstsein für die motivierende Wirkung und eine stärkere Identifikation mit dem Unternehmen sowohl durch eine entsprechende Arbeitsumgebung, als auch durch die Arbeit unterstützende Leistungen gegeben. Diesen Tochtergesellschaften ist ein grundsätzliches Verständnis für die Bedürftigkeit ihrer (Mit-)Arbeiter zuzuschreiben, was sich in einer hohen Identifikation mit dem Unternehmen ausdrückt und auch zur Abgrenzung gegenüber der Muttergesellschaft genutzt wird. Zwar ist bei Falleinheit C ebenfalls eine Identifikation mit dem Unternehmen beobachtbar. Die langfristige Bindung im Sinne einer loyalen Einstellung und eines Pflichtgefühls gegenüber dem Unternehmen ist jedoch nicht ganz so stark ausgeprägt wie bei den anderen Falleinheiten.

Als grundsätzliche Wertvorstellung sind eine hohe Bestimmtheit und eine geringe Machtdistanz bei allen Falleinheiten zu beobachten. Dem Wunsch, die eigene Einheit der ungarischen Tochtergesellschaft gegenüber der Muttergesellschaft abzugrenzen, steht dennoch bei allen Falleinheiten eine grundsätzliche Offenheit gegenüber Neuem gegenüber. Für eine erfolgreiche Implementierung grundlegender Änderungen der Denk- und Arbeitsweise wird seitens der Führung der Tochtergesellschaften grundsätzlich auf das Instrument der Gruppe gesetzt. Bei den Falleinheiten B und C sind hierbei die Gruppenleiter als Gatekeeper zu sehen, die eine Schlüsselrolle bei der Akzeptanz der Veränderungen bei den Arbeitern einnehmen. Bei Falleinheit A ist durch einen Geschäftsführer Produktion eine direkte Einflussnahme auf die Arbeiter zu beobachten. Allerdings sind in dieser Falleinheit im Gegensatz zu den anderen Falleinheiten in den letzten Jahren keine großen Änderungen bezüglich der Denk- und Arbeitsweise eingeführt worden. Hier wird auf einen steten Veränderungsprozess gesetzt. Es bleibt offen, ob Gruppenleiter bei einer grundsätzlichen Änderung der Denk- und Arbeitsweise eine entsprechende Rolle innehaben würden. Ein weiterer Aspekt bei der Einführung neuer Denk- und Arbeitsweisen lässt sich bei Falleinheit D beobachten. Durch viele Neueinstellungen waren tradierte Einstellungen nicht vorhanden und es konnte von Grund auf die gewünschten Denk- und Arbeitsweisen vermittelt werden. Dies ging jedoch mit technischen Effizienzverlusten einher.

Dennoch lassen sich auch bei Falleinheit A auf Arbeiterebene Schlüsselpersonen identifizieren, die maßgeblich an der Kommunikation kultureller Unterschiede sowohl in der Muttergesellschaft als auch in der Tochtergesellschaft Teil haben. Dies ergibt sich dadurch, dass sich ein bestimmter Personenkreis herausgebildet hat, welcher an einem Großteil der Entsendungen teilnimmt. Gleiches ist bei den Falleinheiten B und C zu beobachten. Getragen wird dies weniger durch die fachliche als durch die sprachliche Qualifikation. Dennoch werden in allen Falleinheiten – auch aufgrund des Eigeninteresses der Mitarbeiter – das Erwerben von Deutschkenntnissen gefördert. In der Falleinheit D ist ein spezifischer Personenkreis, welcher den Hauptteil des direkten Austausches mit der Muttergesellschaft trägt, nicht zu identifizieren. Dies liegt an der bereits oben angesprochenen größeren Leistungsverflechtung und dem damit einhergehenden, höheren Koordinationsaufwand.

Grundsätzlich lässt sich festhalten, dass je nach Rolle der Tochtergesellschaft unterschiedliche Anforderungen von der Muttergesellschaft an die Koordination und Steuerung der Wertschöpfungsprozesse gestellt werden. Hingegen sind die Anforderungen, die seitens der Arbeiter aus dem gesellschaftlich/familiären Umfeld heraus an die Tochtergesellschaft heran- bzw. in diese hineingetragen werden, bei allen Falleinheiten die gleichen. Die Herausforderung für die Führungen der Tochtergesellschaften besteht demnach darin, durch verschiedene Instrumente und Strategien die Spannung zwischen den externen Anforderungen und der internen Verankerung zu reduzieren.

Zusammenfassend lassen sich damit folgende Aussagen zu kulturellen Unterschieden aus der Triangulation der vier Falleinheiten nennen:

- TF1: Es besteht in allen Falleinheiten eine unternehmenskulturelle Differenz zwischen Mutter- und Tochtergesellschaft.
- TF2: Bei sich verändernden Wertvorstellungen muss grundsätzlich bezüglich der Profession differenziert werden.

- TF3: Die Sensibilität für kulturelle Unterschiede der Führung ermöglicht Verständnis und Akzeptanz für unternehmenskulturelle Unterschiede bei der Muttergesellschaft durch aktive Kommunikation der Unterschiede. Dies wird durch die Entsendung von Mitarbeitern von der Tochter- zur Muttergesellschaft getragen, da hier Arbeiter und Führungskräfte kulturelle Unterschiede direkt beobachten und erfahren können. Eine Anpassung der Muttergesellschaft kann hingegen nicht beobachtet werden.[648]

- TF4: Das Engagement im gesellschaftlich/familiären Umfeld bei Falleinheit A kann gesondert betrachtet werden.

- TF5: Je größer die Verflechtung der Leistungserbringung und des damit einhergehenden Koordinationsbedarfes mit der Muttergesellschaft ist, umso geringer ist der Beitrag der Koordinationsfunktion der Unternehmenskultur zur organisatorischen Effizienz. Dies ergibt sich aus den Anforderungen, die seitens der Muttergesellschaft gestellt werden und die auf keine tiefe Verankerung entsprechender Denk- und Arbeitsweisen in der Tochtergesellschaft stoßen.

- TF6: Eine hohe Identifikation mit der Tochtergesellschaft auf Basis hoher Bestimmtheit und geringer Machtdistanz führt zur bewussten Abgrenzung gegenüber der Muttergesellschaft, obgleich eine grundsätzliche Offenheit gegenüber Neuem besteht.

- TF7: Durch neue Mitarbeiter können andere Denk- und Arbeitsweisen schneller implementiert werden. Dies geht jedoch mit technischen Effizienzverlusten einher.

- TF8: Gruppenleiter in der Fertigung haben bei Änderungen der Unternehmenskultur im Sinne der Arbeits- und Prozesskoordination die Rolle von Gatekeepern. Sie wirken als Promotoren, sofern es sich um Änderungen handelt, die mit einem Schock behaftet sind. Diese Schocks basieren auf veränderten Anforderungen aus der Umwelt der Tochtergesellschaft (Muttergesellschaft oder Land).

- TF9: Eine feste Gruppe von Entsendeten ermöglicht einen kulturellen Austausch auf Ebene der Subkulturen. Dies beschränkt sich nicht nur auf die Konfrontation kultureller Eigenheiten der Tochtergesellschaft in der Muttergesellschaft, sondern betrifft auch die Kommunikation der durch die Entsendung möglichen Beobachtung kultureller Unterschiede in der Tochtergesellschaft.

4.3 Das Aussagensystem über die Veränderung kultureller Wertvorstellungen bei Gastlandarbeitern unter Berücksichtigung der Mutter-Tochter-Beziehung und der zugewiesenen Rolle der Tochtergesellschaft im Unternehmensverbund im Kontext des kulturellen Managements

Das im folgenden Abschnitt beschriebene Aussagensystem basiert auf der Triangulation der Aussagen aus den vier Falleinheiten. Die dort identifizierten Aussagen werden durch die Erkenntnisse über die Veränderung der Wertvorstellungen aus den Kapiteln 4.2.2.3.2 und 4.2.2.3.3 ergänzt. Diese Erkenntnisse aus der ersten Falleinheit fließen direkt ein, da aufgrund

[648] Die Aussage zur Wirkung der in dieser Fallstudie identifizierten kulturellen Sensibilität wird durch Forschungsarbeiten zur kulturellen Intelligenz gestützt. Siehe z.B. Ang et al. (2007); Ang/Van Dyne (2008); Graf/Mertesacker (2010) oder Moynihan/Peterson/Earley (2006).

des Vorgehens bei der Erhebung der Daten kein Zugang zu entsprechenden Informationen bei den anderen Falleinheiten möglich war. Im folgenden Kapitel 4.3.1 werden zudem Strategien für den Umgang mit kulturellen Differenzen innerhalb eines international handelnden Unternehmens aufgestellt und Handlungsempfehlungen zur Beeinflussung der organisatorischen Effizienz abgeleitet. In Abschnitt 4.3.2 wird des Aussagensystems diskutiert und Verstehens- und Erklärungslücken beschrieben. In Abschnitt 4.3.3 werden schließlich Implikationen für die Theorien des Internationalen Managements und der Kulturforschung beschrieben, die sich aus dem Aussagensystem ableiten lassen.

4.3.1 Das Aussagensystem zur Veränderung kultureller Wertvorstellungen bei Gastlandarbeitern im Kontext des kulturellen Managements

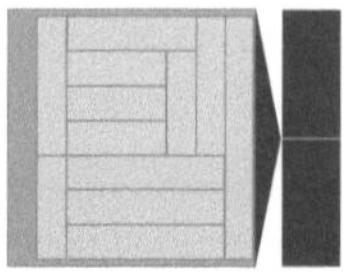

Ausgehend von der Forschungsfrage nach der Veränderung kultureller Wertvorstellungen von Gastlandarbeitern in ausländischen Tochtergesellschaften werden im Folgenden die Aussagen abstrahiert und im Abschnitt 4.3.1.1 zu einem Aussagensystem zusammengefasst. Grundlage sind die Aussagen aus der quantitativen Analyse der Falleinheit A bzw. deren Triangulation mit den Erkenntnissen aus der qualitativen Analyse aller Falleinheiten. Erkenntnistheoretisches Ziel ist hierbei, Muster in den in den Kapiteln 4.2.2.3 und 4.2.3.2 beschriebenen Zusammenhängen und Mechanismen der Veränderung kultureller Wertvorstellungen zu identifizieren und zu beschreiben.

Jene die Aussagenteilsysteme verbindende Fragestellung ist, in welchem Maße Veränderungen kultureller Wertvorstellungen der Tochtergesellschaft nützen und wie Wandel beeinflusst werden kann. Nach den im Bezugsrahmen beschriebenen Zusammenhängen ist es das Ziel eines Unternehmens, eine organisatorische Effizienz herbeizuführen. Diese ist gegeben, wenn ein möglichst kleines Spannungsfeld zwischen interner Verankerung und externen Anforderungen vorhanden ist. Hieraus ergeben sich für die Führung der Tochtergesellschaft generische Strategien, um ein Spannungsfeld abbauen zu können. Unter Einbezug der Kenntnisse über die Veränderung kultureller Wertvorstellungen der Gastlandarbeiter werden hieraus in Abschnitt 4.3.1.2 Handlungsempfehlungen zur Verbesserung einer organisatorischen Effizienz abgeleitet.

4.3.1.1 Zur Veränderung von Wertvorstellungen bei Gastlandarbeitern

Betrachtet man die einzelne Erkenntnisse aus den verschiedenen Auswertungen, so lässt sich übergreifend festhalten, dass es Veränderungen kultureller Wertvorstellungen bei Gastlandarbeitern sowohl bezüglich der Unternehmens- als auch bezüglich der Landeskultur gibt (ATS1, ATS3, ATS4, ATS5, ATS6). Zu unterscheiden sind diese veränderbaren Wertvorstellungen von Basiswertvorstellungen. Basiswertvorstellungen bilden einen grundsätzlichen Wertekonsens, den Subkulturen, die der selben Landeskultur angehören, unabhängig vom Umfeld teilen.[649] Dies erklärt die Beobachtung in allen Falleinheiten, dass die Unternehmenskultur, welche durch die Subkulturen gelebt wird, zwischen Mutter- und Tochtergesellschaft unterschiedlich ist.[650] Diese Basiswertvorstellungen bestimmen unter anderem, wie mit Neuem und

[649] Siehe die Aussagen TF2 und TF6.
[650] Siehe die Aussage TF1.

damit auch mit anderen Wertvorstellungen, Normen und Regeln umzugehen ist (siehe Abbildung 49).

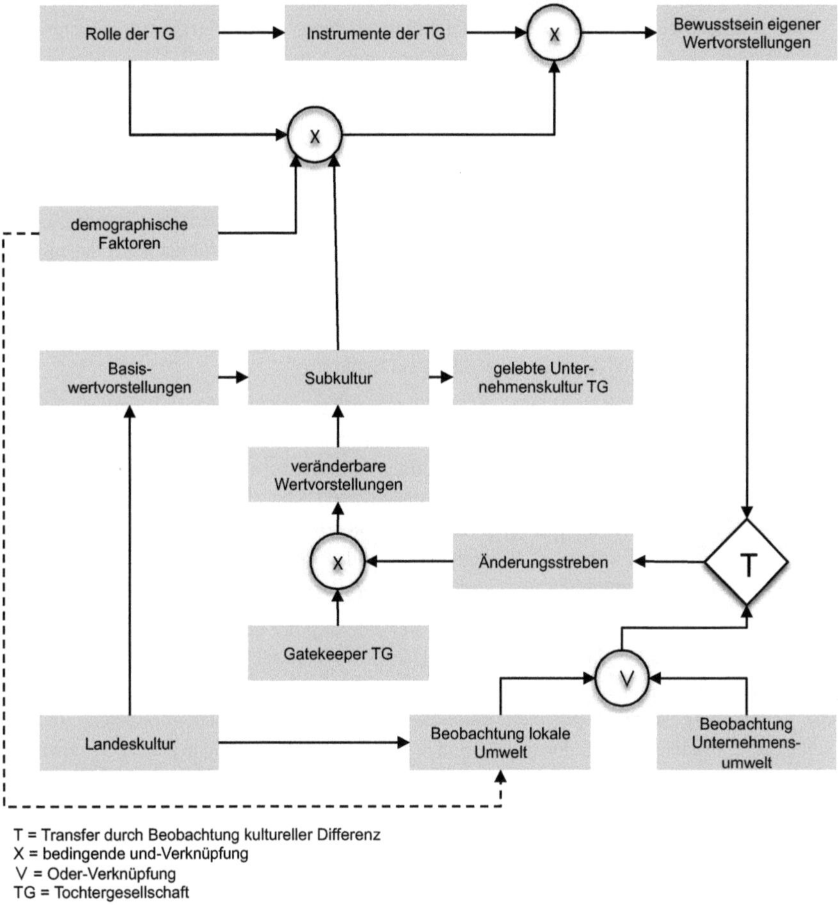

Abbildung 49: Aussagensystem zur Veränderung kultureller Wertvorstellungen.

Entsprechende Ausprägungen der Basiswertvorstellungen vorausgesetzt, ergibt sich hieraus das Bestreben, sich von der Muttergesellschaft abzugrenzen. Unterstützt durch identifikationsfördernde Instrumente seitens der Tochtergesellschaft und durch die Erfahrbarkeit des Andersseins aufgrund der Zusammenarbeit mit oder der kommunizierten Anforderungen von der Muttergesellschaft wird ein Abgleich differierender Unternehmenskulturen möglich. Durch Instrumente wie die Entsendung, unternehmensübergreifende Aktivitäten oder Methoden und Instrumente bestimmter Arbeits- und Produktionsphilosophien wird die Basis für eine Sensibilität für kulturelle Differenzen geschaffen. Die Subkultur, bei welcher diese Sensibilität entsteht, ist von dem Einsatz der Instrumente zum kulturellen Austausch abhängig. Diese Instrumente sind durch die Rolle der Tochtergesellschaft bedingt. So werden bei einem

Technologieaustausch insbesondere Arbeiter entsendet, während in einer Source Factory der Fokus auf dem Austausch zwischen Entwicklungsingenieuren liegt.[651] Darüber hinaus bestimmen einzelne demographische Faktoren, ob bestimmte Instrumente zum Tragen kommen. So hat beispielsweise ein erst seit kurzem dem Unternehmen angehöriger Arbeiter keine oder wenig Möglichkeiten, an einer Entsendung teilgenommen zu haben (ATS5). Eine Sonderrolle nimmt hier das Alter ein, welches insbesondere Auswirkungen auf die Erfahrung in der lokalen Umwelt hat (P3c, P5).[652]

Die Sensibilität für kulturelle Unterschiede ermöglicht nun den Abgleich zwischen dem Status quo und der eigenen Situation. Der Status quo kann sich jedoch nicht nur auf die Umwelt der Tochtergesellschaft (ATS1, ATS2, ATS4), sondern auch auf die lokale Umwelt (ATS2, ATS4, ATS5, ATS6) beziehen. Zur Umwelt der Tochtergesellschaft zählen dabei sowohl die Unternehmenskultur der Muttergesellschaft oder eines früheren Arbeitgebers als auch Anforderungen, die von der Muttergesellschaft, Lieferanten oder Kunden gestellt werden. Das Spektrum der lokalen Umwelt beinhaltet z.B. Anforderungen oder Vorgaben der Regierung oder kulturelle Merkmale des Freundes- oder Familienkreises.

Durch den Austausch in der Subkultur wird ermöglicht, dass sich Wertvorstellungen manifestieren und differierende Subkulturen im gesellschaftlich/familiären und im Unternehmensumfeld bestehen können. Einen maßgeblichen Einfluss haben dabei Gatekeeper, die aus der Subkultur kommen und durch ihre Funktion (Gruppenleiter) oder auch durch die Auswahl der Instrumente zum kulturellen Austausch (z.B. Entsendete) neue Wertvorstellungen kommunizieren und praktizieren können.[653] Wie ein solcher Adaptionsprozess erfolgt, ist mit den bisherigen Theorien zur kulturellen Veränderung nicht erklärbar.

Zusammenfassend ist festzuhalten, dass eine Veränderung der gelebten Unternehmenskultur bzw. der grundlegenden Wertvorstellungen bei einer subkulturellen Abgrenzung möglich ist. Dies bedeutet jedoch nicht, dass es sich um einen steuerbaren Prozess handelt. Elementar für die Veränderung ist die Möglichkeit, kulturelle Differenzen beobachten zu können. Die Beschäftigung in einem international handelnden Unternehmen ermöglicht dies unter gewissen Rahmenbedingungen. Eine dieser Rahmenbedingungen betrifft die Orientierung des Gesamtunternehmens. Die hier gewonnenen Erkenntnisse beziehen sich auf ethnozentrisch geführte Tochtergesellschaften, womit zwangsweise eine Integration der Wertschöpfungsprozesse einhergeht und damit die Möglichkeit des Einsatzes von Instrumenten zum kulturellen Austausch gegeben ist. Des Weiteren ist im Einzelfall zu untersuchen, inwiefern demographische Faktoren einen Einfluss auf die Veränderungen haben. Eine allgemeingültige Aussage, welche dies sind, kann hier nicht getroffen werden. Dies gilt ebenso für die Ausprägung der Basiswertvorstellungen. Wenn diese nicht den Wunsch nach Abgrenzung fordern, wird die Effektivität der Sensibilisierung für kulturelle Unterschiede einzig von den in der Tochtergesellschaft eingesetzten Instrumenten getragen. Ob dies ausreichend ist, konnte im Rahmen dieser Untersuchung allerdings nicht geprüft werden.

---

[651] Dies ergibt sich aus den Aussagen TF2 und TF9 sowie den Beobachtungen zur Rolle der Tochtergesellschaften in den einzelnen Falleinheiten.

[652] In der Abbildung durch einen gestrichelten Pfeil gekennzeichnet.

[653] Siehe hierzu die Aussagen TF8 und TF9.

4.3.1.2 Zur Beeinflussbarkeit der organisatorischen Effizienz durch ein kulturelles Management mit besonderem Fokus auf die Subkultur der Gastlandarbeiter

Bevor die eigentlichen Zusammenhänge abgeleitet werden können, müssen für eine Strukturierung generische Strategien für eine Beeinflussung der organisatorischen Effizienz benannt werden. Diese ergeben sich aus Maßnahmen, die eine Reduktion des Spannungsverhältnisses zwischen den externen Anforderungen und der internen Verankerung ermöglichen. Dabei sind folgende Maßnahmen zu unterscheiden:

- *Beeinflussung der externen Anforderung von der Muttergesellschaft durch die Bildung von Akzeptanz und Bewusstsein für die kulturellen Unterschiede:* Dies kann direkt (durch die Führung) und indirekt durch den Austausch auf Basis der Subkulturen geschehen. (Bewusstere Auswahl und Konzeption der Entsendungspolitik nicht nur nach fachlichen Fähigkeiten, sondern auch nach der Fähigkeit zur anschließenden Kommunikation der Erfahrungen in der Tochtergesellschaft.)

- *Beeinflussung der externen Anforderung auf Seite des gesellschaftlich/familiären Umfeldes:* Dies umfasst insbesondere das Befriedigen des Strebens nach Existenzsicherheit der Arbeiter während und nach Beendigung der Beschäftigung in der Tochtergesellschaft. Als Beispiele wären hier Beratungsleistungen, Familientage oder auch die klare Kommunikation des Verantwortungsbereichs des Unternehmens gegenüber dem Staat zu nennen. Es handelt sich um eine lokale Anwendung der Instrumente des Public Affairs Management.[654]

- *Beeinflussung der externen Anforderungen seitens des Staates und von Interessenverbänden:* Dies ist im Sinne des Public Affairs Managements durch diverse Instrumente möglich. Mit Bezug zu kulturellen Veränderungen ergibt sich hier keine Anschlussfähigkeit, da die jeweiligen Subkulturen in ihrer Größe keine entscheidende Macht besitzen. Denkbar wäre dies einzig bei Industrieclustern, bei welchen in vielen Unternehmen ähnliche Bedingungen bezüglich der Rolle der Unternehmenseinheit und der externen Anforderungen herrschen.[655]

- *Beeinflussung der externen Anforderungen seitens der Kunden oder Lieferanten:* Je nach Ausgestaltung der Beziehungen zu den Marktpartnern bzw. der Art des Machtgefälles muss es das Ziel sein, die Anforderungen so zu beeinflussen, dass sie der eigenen Leistungsfähigkeit sowie den etablierten Denk- und Arbeitsweisen entgegen kommen.

- *Beeinflussung der internen Verankerung durch Beeinflussung der Unternehmenskultur*: Dies erfolgt zur stärkeren Identifikation mit der Unternehmenseinheit und der impliziten Koordination der Wertschöpfungsprozesse.

Allein die Übersicht über die generischen Strategien zeigt auf, dass deutlich mehr Möglichkeiten zur Reduktion externer Anforderungen und der Anpassung an diese Anforderungen

---

[654] Siehe zum Public Affairs Management einführend z.B. Corley/Cochran/Comstock (2001); Getz (2001); Holtbrügge/Welge (2010), S. 443ff. oder Kettl (1997).

[655] Als Beispiel sind hier die Investitionen der OEMs der Automobilindustrie in Ungarn zu nennen, die in der jeweiligen Region hohe Investitionen der Zulieferindustrie nach sich ziehen.

bestehen, als eine Erhöhung der internen Verankerung. Der Vorteil der internen Verankerung liegt jedoch in der höheren Intensität der Beeinflussbarkeit. Die Handlungsmöglichkeiten der Führung der Tochtergesellschaft beziehen sich einerseits auf die bei der Triangulation der Falleinheit A aufgezeigten Zusammenhänge, andererseits auf die Triangulation der Aussagen aller Falleinheiten. Hierbei ist zu berücksichtigen, dass sich die Erkenntnisse einzig auf die wertschöpfenden Tätigkeiten (TF2) einer ethnozentrisch geführten Tochtergesellschaft beziehen. Da einige Instrumente über die veränderbaren Wertvorstellungen wirken, muss zudem die Ausprägung der Basiswertvorstellungen entsprechend sein. In diesem Sinne treffen die Aussagen nur auf Subkulturen zu, die grundsätzlich an Neuem interessiert und offen gegenüber fremden Kulturen sind (TF6). Zudem ist von einer hohen Selbstbestimmtheit auszugehen. Unter Berücksichtigung dieser Rahmenbedingungen können in der Fallstudie folgende Faktoren identifiziert werden, die zu einer Steigerung der organisatorischen Effizienz beitragen können: in die lokale Umwelt hineinreichende Instrumente, monetäre Anreize, Mitarbeiterstruktur, und die Gestaltung des kulturellen Austauschs (siehe Abbildung 50).

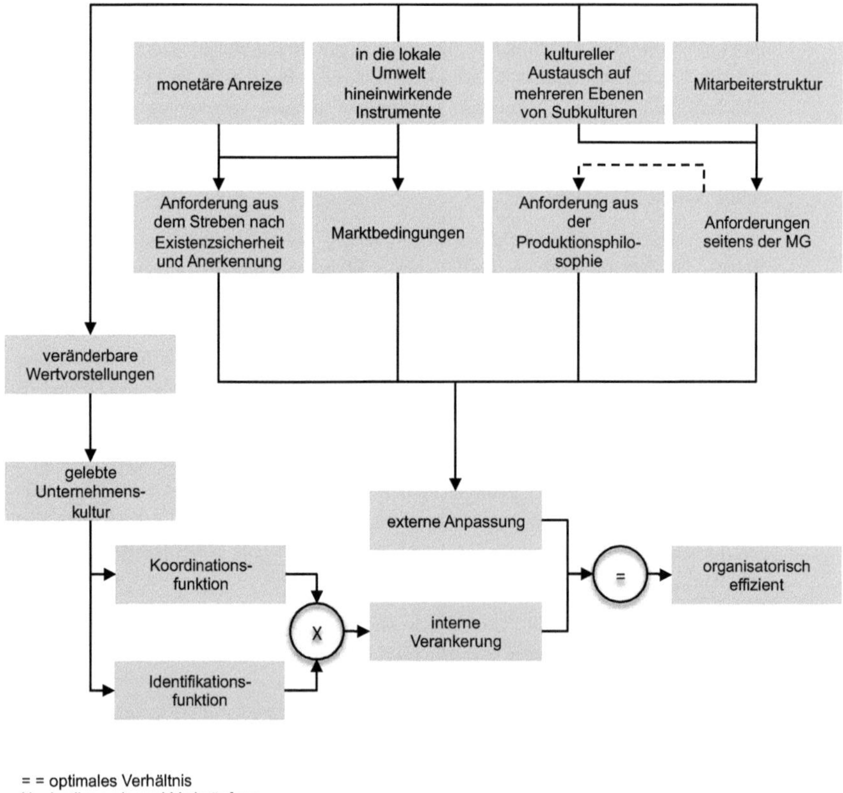

Abbildung 50: Maßnahmen zur Beeinflussung der organisatorischen Effizienz in international handelnden Unternehmen.

In die lokale Umwelt hineinwirkende Instrumente: Diese umfassen sowohl Maßnahmen, die den Zusammenhalt der Subkulturen im gesellschaftlich/familiären Umfeld fördern als auch Maßnahmen, die den Arbeitern bei der Bewältigung privater Probleme helfen. Hierdurch ergibt sich die Möglichkeit, die Rolle der Tochtergesellschaft bewusster von jener des Staats abzugrenzen, sodass eine geringere Anforderung an die Ressourcenverteilung gegenüber der Tochtergesellschaft gestellt wird (P1, P3, P4, TF4). Förderlich sind hier ebenfalls Maßnahmen aus dem Public Affairs Management, welche durch höhere Transparenz ein positives Image des Unternehmens bei den Angestellten, deren Angehörigen und potenziellen Fachkräften erzeugen und somit ein besserer Zugriff auf den Arbeitsmarkt gewährt wird (P4).

Monetäre Anreize: Anders als zu erwarten, sind monetäre Anreize kein Instrument, durch welches die interne Verankerung beeinflusst wird (P4). Aufgrund der beobachteten einfachen Motivierbarkeit der Arbeiter durch monetäre Anreize ist im Sinne der Leistungsorientierung das Streben nach Existenzsicherung erfüllt. Darüber hinaus ermöglicht ein entsprechendes Prämiensystem die Kommunizierbarkeit der Wertigkeit der geleisteten Arbeit in das lokale Umfeld hinein. Durch die von den Arbeitern gewünschte Anerkennung aus dem gesellschaftlich/familiären Umfeld ergibt sich eine höhere Zufriedenheit, welche wieder die Anforderungen der Arbeiter an das Unternehmen senkt. Die beobachtete, geringere Leistungsorientierung ist derart zu deuten, dass sie durch die in der Fertigung mögliche Messbarkeit der erbrachten Leistung und der damit einhergehenden Entlohnung keine hohe Ausprägung erfährt. Dies führt dazu, dass die externe Anforderung seitens der Muttergesellschaft, dass kosteneffizient und günstig produziert wird, durch die interne Verankerung der Zufriedenheit mit der Entlohnung im Sinne einer geringeren Bewertung der Wertvorstellung der Leistungsorientierung[656] einhergeht. Es besteht somit durch das kleinere Spannungsfeld eine größere organisatorische Effizienz in der Tochtergesellschaft. Für die Führung der Tochtergesellschaft bedeutet dies im Umkehrschluss, dass durch ein geeignetes Prämien- und Entlohnungssystem die organisatorische Effizienz gesteigert werden kann. Die in der Motivationstheorie postulierte kurzfristig motivierende Eigenschaft monetärer Anreize ist somit differenziert nach der Subkultur einer Unternehmenseinheit zu untersuchen.

Mitarbeiterstruktur: Das bewusste Nutzen der unterschiedlichen Fähigkeiten demographisch abgegrenzter Gruppen führt insbesondere beim Altersunterschied, bei dem Grad der Erfahrung mit anderen (Unternehmens-)Kulturen sowie bei der Dauer der Unternehmenszugehörigkeit zu Chancen für eine Verbesserung der organisatorischen Effizienz:

- Durch eine gruppenorientierte Arbeitsweise ergibt sich die Möglichkeit, einen intrinsischen Wissenstransfer zwischen jungen und älteren Arbeitern zu initiieren. Dies basiert auf der gewonnenen Erkenntnis, dass ältere Arbeiter andere Lösungsmöglichkeiten haben, als dies bei jüngeren Arbeitern der Fall ist. Andererseits können durch die höhere Leistungs- und Aufnahmefähigkeit der jüngeren Arbeiter technische Effizienzverluste der älteren Arbeiter kompensiert werden (P2, P5).

[656] Es sei an dieser Stelle nochmals darauf hingewiesen, dass die Leistungsorientierung nicht den Willen zur Leistungserstellung ausdrückt, sondern das Bedürfnis der Achtung der Leistung und damit vor allem bei Arbeitern eine einhergehende gerechte Entlohnung für Leistung ausdrückt.

- Durch den Einsatz von Arbeitern, die bereits Erfahrung mit anderen (Unternehmens-) Kulturen sammeln konnten, steigt die Wahrscheinlichkeit, dass sich eine Sensibilität gegenüber kulturellen Unterschieden ergibt und über den kulturellen Austausch mit der Muttergesellschaft bei der Muttergesellschaft ein Verständnis für die kulturellen Unterschiede besteht (P3, P2, P1; siehe auch den Faktor zum kulturellen Austausch). Die Folge hiervon ist eine einfachere Koordination der Leistungserstellung mit der Muttergesellschaft, was eine höhere organisatorische Effizienz bedeutet (TF3, TF5).
- Eine grundsätzliche Eigenschaft von Mitarbeitern ohne lange Unternehmenszugehörigkeit ist, dass sie bei gewünschten Veränderungen in der Denk- und Arbeitsweise (z.B. bei der Produktionsphilosophie) nicht vorbelastet sind und damit u.U. weniger Barrieren gegen diese Änderung aufbauen (TF7). Aufgrund der mit Neueinstellungen einhergehenden technischen Effizienzverluste müssen Neueinstellungen gezielt erfolgen.

Als weitere, nicht durch demographische Faktoren abzugrenzende Gruppe sind für eine Veränderung kultureller Wertvorstellungen Gatekeeper zu berücksichtigen (TF8, TF9). Relevant ist hierbei, dass die Arbeiter dieser Gruppe nicht nur über fachliche Fähigkeiten verfügen, sondern auch entsprechende Führungskompetenzen und vor allem ein Verständnis für notwendige Veränderungen vorweisen müssen.

Gestaltung des kulturellen Austauschs auf der Ebene mehrerer Subkulturen: Das primäre Ziel von Entsendungen ist unbestreitbar der Wissens- und Know-how-Transfer. Dennoch zeigen die Ergebnisse der Fallstudie, dass durch Entsendungen einerseits ein Verständnis für die kulturellen Unterschiede bei der Muttergesellschaft entstehen kann, andererseits auch die Kommunikation beobachteter kultureller Unterschiede in der Tochtergesellschaft wichtig ist, um auch intern ein Verständnis für Anforderungen seitens der Muttergesellschaft entwickeln zu können. Konsolidiert führt dies zu einer besseren Koordinationsleistung, die auf die Anforderungen der Muttergesellschaft angepasst ist. Konkret bedeutet dies, dass eine feste Gruppe von Entsendeten als Einheit zu bilden ist, die einen Einfluss auf verschiedene Subkulturen im Unternehmen hat (P1, TF8, TF9). Der kulturelle Austausch auf mehreren Ebenen führt dazu, dass auf einer Ebene kommunizierte kulturelle Differenzen (beispielsweise durch die Führung der Tochtergesellschaft) von einer anderen Subkultur in der adressierten Unternehmenseinheit (z.B. Arbeiter der Muttergesellschaft) beobachtet und verifiziert werden können.

Als Handlungsempfehlungen für die Führung von Tochtergesellschaften international handelnder Unternehmen lassen sich aus den oben benannten Faktoren zur Beeinflussung der organisatorischen Effizienz folgende ableiten:

- Bei der Einstellung von (Mit-)Arbeitern sind die Erfahrungen mit anderen (Unternehmens-)Kulturen als ein wichtiges Einstellungskriterium zu berücksichtigen.
- Die Besetzung von Teams in der Produktion muss anhand der Fähigkeiten aufgrund verschiedener demographischer Eigenschaften erfolgen. Die Fähigkeiten beziehen sich hierbei nicht nur auf das Fachliche zur Beeinflussung der X-Effizienz, sondern insbesondere auf ‚weiche' Fähigkeiten zur Beeinflussung der organisatorischen Effizienz.

- Der kulturelle Austausch mit der Muttergesellschaft und anderen Tochtergesellschaften muss zur Bildung von Verständnis über kulturelle Unterschiede auf verschiedenen Ebenen und unabhängig voneinander erfolgen.
- Bei einer gemeinsamen Wertschöpfung von Mutter- und Tochtergesellschaft ist die Anzahl der Schnittstellen zwischen den Gesellschaften so klein wie möglich zu halten und genau zu spezifizieren. Je weiter der Eingriff der Muttergesellschaft in die Leistungserstellung der Tochtergesellschaft hineinreicht, desto geringer ist die organisatorische Effizienz der Tochtergesellschaft aufgrund kultureller Unterschiede. Eine Reduktion der Schnittstellen ist jedoch obsolet, solange diese zu einer Erhöhung der X-Effizienz beitragen und diese einer organisatorischen Ineffizienz überwiegt.
- Die Implementierung einer von der Führung der Tochtergesellschaft gewünschten Unternehmenskultur gelingt nur durch den Einbezug von Gatekeepern. Diese müssen im Unternehmen identifiziert und auch bezüglich kommunikativer Fähigkeiten, Führungskompetenz und Sensibilität für kulturelle Unterschiede geschult werden.
- Ungenutztes Potenzial im interkulturellen Management besteht beim Einsatz von Instrumenten, die in das gesellschaftlich/familiäre Umfeld hineinreichen. Relevant ist hierbei der Einsatz von Instrumenten, die das Handeln der Arbeiter im gesellschaftlich/familiären Umfeld im Interesse der Unternehmenseinheit beeinflussen und indirekte Effekte für die Leistungserbringung im Unternehmen erzeugt werden.
- Es ist ein transparentes und leicht kommunizierbares Entlohnungs- und Prämiensystem einzusetzen. Dies wirkt nicht nur auf den Grad der Koordination in der und Identifikation mit der Tochtergesellschaft, sondern auch auf die externen Anforderungen seitens der Arbeiter und deren soziales Umfeld.
- Die Unterstützung des Fortbestehens von Subkulturen im gesellschaftlich/familiären Bereich bildet die Basis für die Veränderung kultureller Wertvorstellungen, die sich wiederum auf die Koordinations- und Identifikationsfunktion der Unternehmenskultur auswirken.

4.3.2 Verstehens- und Erklärungslücken des Aussagensystems zur Veränderung kultureller Wertvorstellungen in international handelnden Unternehmen

Neben den Beiträgen, die das hier entwickelte Aussagensystem zur Internationalen Managementforschung und zur Kulturforschung leisten kann, ist zunächst auf einige Verstehens- und Erklärungslücken des Aussagensystems hinzuweisen. Gemäß des gesetzten Erkenntnisziels in Form eines erklärenden Verstehens beziehen sich diese einerseits auf die geleisteten Erklärungen zu kulturellen Unterschieden, anderseits auf das Verstehen der Beeinflussung kultureller Wertvorstellungen und ihrer Beziehung zur organisatorischen Effizienz.

Grundsätzlich ist anzumerken, dass viele der identifizierten Erklärungsaussagen zur Veränderung kultureller Wertvorstellungen im Rahmen der Triangulation der quantitativen Analysemethoden verworfen werden mussten. Wie im Rahmen der Auswertung der einzelnen Analyseergebnisse zu erkennen ist, sind deutlich mehr Unterschiede in den kulturellen Wertvorstellungen vorhanden, als letztlich erklärt werden konnten. Demnach umfassen die in dieser Forschungsarbeit verwendeten demographischen Faktoren nur einen geringen Teil möglicher

Erklärungsvariablen. Zudem ist denkbar, dass es nicht ein einzelner Faktor ist, der zu berücksichtigen ist, sondern u. U. Kombinationen verschiedener Faktoren, die unterschiedliche Bewertungen verursachen. Insbesondere wenn diese beeinflussenden Faktoren aus dem gesellschaftlich/familiären Umfeld kommen, ist ein Erfassen dieser durch die hohe Komplexität deutlich schwieriger, als wenn sie aus dem Unternehmensumfeld kommen. Studien, wie beispielsweise die WVS, die ihren Fokus auf das persönliche Umfeld des Probanden legt, könnten Hinweise auf weitere zu berücksichtigende Einflussfaktoren liefern.

Eine weitere Erklärungslücke ergibt sich bezüglich der identifizierten Einflussfaktoren zur Erklärung kultureller Unterschiede von Wertvorstellungen. So konnte kein allgemein gültiger demographischer Faktor identifiziert werden, welcher zu Veränderungen führt. Dies widerspricht den makro-analytischen Vergleichsstudien, die allgemeine Erklärungen für den kulturellen Wandel von Gesellschaften postulieren. Diesen Widerspruch mikro-analytischer und makro-analytischer Erkenntnisse auf Seiten der Landeskulturen konnte durch das Aussagensystem nicht gelöst werden.

Seitens des Verständnisses, das dem Aussagensystem zugrunde liegt, besteht eine Lücke bei den kulturbeeinflussenden Instrumenten. Trotz der im zweiten Teil des Aussagensystems abstrahierten Systematisierung der Bereiche, die die organisatorische Effizienz auf Basis kultureller Wertvorstellungen beeinflussen, besteht keine allgemeine Erkenntnis über den Einsatz konkreter Instrumente. Es können lediglich jene Instrumente aufgeführt werden, die im Rahmen der Fallstudie erfasst wurden. Zwar konnten gestalterische Hinweise auf einen zielgerichteten Einsatz dieser Instrumente hergeleitet werden. Eine Weiterentwicklung dieser Instrumente vermag das Aussagensystem aber nicht zu liefern. Des Weiteren ist durch das Forschungsdesign eine Einschränkung der Erkenntnisse auf die Branche im Allgemeinen und die Vorgaben aus dem Bezugsrahmen im Besonderen gegeben. Es ist nicht ersichtlich, ob die dargestellten Instrumente auch unter anderen Kontextbedingungen zielgerichtet eingesetzt werden können.

Ein weiterer Bereich, in welchem Verständnislücken bestehen, bezieht sich auf den Zusammenhang zwischen den Elementen innerhalb des Aussagensystems. Zwar sind die aufgezeigten Zusammenhänge aus dem Vorwissen und den Beobachtungen systematisch hergeleitet worden. Dennoch ist zu prüfen, inwiefern andere Theorien einen Beitrag zur mikro-analytischen Betrachtung des kulturellen Managements beitragen können. Dies bezieht sich insbesondere auf das Zusammenwirken unternehmenskultureller und landeskultureller Einflüsse. Wie bei HOUSE ET AL. beschrieben, bieten sich hierzu die Social-Network-Theorie, der Resource-Dependency-Ansatz oder der Neo-Institutionalismus an.[657] Ziel muss es sein, durch Berücksichtigung dieser Theorien ein Verständnis über die im Aussagensystem beschriebenen Mechanismen zur Veränderung kultureller Wertvorstellungen und deren Einfluss auf die organisatorische Effizienz zu entwickeln. Damit könnte die hier hinterlassene Lücke in der Wirkung der identifizierten mikro-analytischen Zusammenhänge geschlossen oder zumindest verringert werden. Darüber hinaus könnten diese Theorien einen Beitrag zur Beeinflussbarkeit organisatorischer Effizienz an für sich liefern. Auch wenn es nicht das Erkenntnisziel dieser Forschungsarbeit ist, stellt der Zusammenhang zwischen Unternehmenskultur und or-

[657] Siehe hierzu Kapitel 3.3.4.1.

ganisatorischer Effizienz ein wichtiges Element des konzeptionellen Bezugsrahmens dar. Es ist ein tieferes Verständnis über diesen Zusammenhang notwendig, um die Auswirkungen kultureller Veränderungen bzw. kulturbeeinflussender Maßnahmen im Kontext unternehmerischen Handelns bewerten zu können.

4.3.3 Implikationen des Aussagensystems zur Veränderung kultureller Wertvorstellungen bei Gastlandarbeitern für die Kultur- und Managementforschung

Aus dem Aussagensystem zur Veränderung kultureller Wertvorstellungen lassen sich Implikationen zu einigen, der in dieser Forschungsarbeit dargestellten Theorien und Konzepte ableiten. Diese treten in Form von Einschränkungen oder Erweiterungen auf. Im Folgenden werden die Einschränkungen und Erweiterungen der verwendeten Theorien und Konzepte zur Herleitung des Untersuchungsobjekts und zur Herleitung des konzeptionellen Bezugsrahmens getrennt diskutiert.

4.3.3.1 Implikationen für die Forschung im Internationalen Management

Implikationen, die das internationale Management betreffen, beschränken sich maßgeblich auf die in Kapitel 2.2 behandelten Konzepte zur Abgrenzung international handelnder Unternehmen. Die Internationalisierungstheorien wurden nur bei einigen der Herleitungen der Zusammenhänge zwischen den Beobachtungen und Aussagen direkt oder indirekt herangezogen. Dies betrifft allein schon die Fokussierung der Forschungsarbeit auf die Ausnutzung von Lohnkostenvorteilen als Beweggrund der Internationalisierung. Aber auch die Lerntheorie, der Ressourcentransferorientierte Bezugsrahmen, die Produktlebenszyklustheorie oder die verhaltensorientierte Theorie der Internationalisierung wurden implizit zur Begründung einzelner Zusammenhänge zwischen den einzelnen Aussagen und Beobachtungen verwendet. Bei den Konzepten zur Abgrenzung international handelnder Unternehmen sind vor allem das EPRG-Profil nach PERLMUTTER, die Führungstypologie nach BARTLETT/GHOSHAL sowie die Rollentypologie nach FERDOWS mit den Erkenntnissen aus der Fallstudie zu konfrontieren.

Bezüglich des EPRG-Profils ist zunächst anzumerken, dass die untersuchten Falleinheiten grundsätzlich ethnozentrisch orientiert sind. Dies umfasst die Steuerung der Tochtergesellschaft durch die Muttergesellschaft, zum Großteil den Wissens- und Know-how-Transfer von der Muttergesellschaft zur Tochtergesellschaft, die fehlende Entscheidungsfreiheit sowie die Negation kultureller Unterschiede seitens der Muttergesellschaft. Auch die sich hieraus ergebenden Effizienzverluste konnten im Rahmen der Fallstudie unabhängig von der Theorie identifiziert werden. Das hergeleitete Aussagensystem geht jedoch noch einen Schritt weiter, indem durch die Unterscheidung zwischen Basiswertvorstellungen und veränderbaren Wertvorstellungen bei differierenden Basiswertvorstellungen zwischen den Ländern der Mutter- bzw. Tochtergesellschaft es zu einer unterschiedlichen gelebten Unternehmenskultur kommt. Logisch auszuschließen ist damit, dass Konzepte wie die geozentrische Orientierung oder auch die ‚Transnationale Lösung' bei BARTLETT/GHOSHAL, welche eine von den jeweiligen Ländern unabhängige Unternehmenskultur und eine unternehmenseigene Ausprägung von Werten, Normen und Regeln postulieren, in der Realität umgesetzt werden können. Dies bekräftig die Aussage von BARTLETT/GHOSHAL, welche die Transnationale Lösung als ideale Ausgestaltung international handelnder Unternehmen in ihrer Führungstypologie hergeleitet und nicht empirisch nachgewiesen haben.

Bei PERLMUTTERS EPRG-Profil fehlt eine grundlegende Orientierung, die trotz enger Anbindung der Tochtergesellschaft an die Muttergesellschaft im Sinne der polyzentrischen Orientierung dennoch ein Bewusstsein für kulturelle Unterschiede zulässt und ein Anpassen der Steuerungsinstrumente erlaubt. In Konsequenz der im Aussagensystem beschriebenen Maßnahmen zur Beeinflussung der organisatorischen Effizienz unter Berücksichtigung einer nicht nachlassenden technischen Effizienz würde sich ein anzustrebendes optimales Effizienzniveau ergeben, das in den bisherigen Theorien noch nicht dargestellt wurde. Auch die regiozentrische Orientierung wird diesem Anspruch nicht gerecht, wird hier unter geographischer Abgrenzung der Größenordnung ganzer Kontinente gedacht. Durch die Fallstudie konnte jedoch gezeigt werden, dass auch bei geographischer bzw. kultureller Nähe Unternehmenskulturen differenziert werden müssen, sofern nicht dieselben Basiswertvorstellungen zugrunde liegen.

Deutlich näher an dem hier hergeleiteten Aussagensystem ist die Idee des geteilten Kontexts und der Kultur als Haupttreiber der Koordination in Megacorporations von GHOSHAL/MORAN/ALMEDA-COSTA. Die Autoren postulieren die Notwendigkeit international besetzter Teams für eine bessere Koordination über die Grenzen der Unternehmenseinheiten hinweg. Auch wenn die Grundaussage, dass zur effizienten Steuerung der Leistungserstellung weder rein hierarchische noch rein marktliche Steuerungs- und Koordinationsinstrumente genügen, die selbe ist, ist der Bezugsrahmen bei GHOSHAL/MORAN/ALMEDA-COSTA durch die Betrachtung von Megacorporations ein gänzlich anderer. So ist gegenüber den hier international handelnden Unternehmen bei multinationalen Unternehmen ein größerer Bedarf des internationalen Austausches gegeben. Der in dieser Forschungsarbeit gesetzte Fokus auf die physische Wertschöpfung und die damit einhergehenden Rollen der Tochtergesellschaften nach FERDOWS als Off-Shore oder Source Factory ermöglicht nur einen begrenzten Einsatz von Instrumenten des kulturellen Austauschs. Es konnte gegenüber der Idee des geteilten Kontextes und der Kultur als Haupttreiber der Koordination in Megacorporations mit der Unterscheidung in Basiswertvorstellungen und veränderbaren Wertvorstellungen die Grundlage für die nachfolgenden Aktivitäten zur Steigerung der organisatorischen Effizienz erarbeitet werden. Zudem konnte im Aussagensystem aufgezeigt werden, dass ein kultureller Austausch auf mehreren Ebenen notwendig ist, um Barrieren gegenüber kulturellen Unterschieden bei einzelnen Unternehmenseinheiten abbauen zu können. Diesen Punkt nennen GHOSHAL/MORAN/ALMEDA-COSTA nur implizit durch die Notwendigkeit einer Governance zur strukturierten Arbeit in Teams, die aus unterschiedlichen Unternehmenseinheiten zusammengesetzt sind.

Bei den Internationalisierungsstrategien ist auf die Modalität des Internationalisierungsprozesses einzugehen. Die einzige Maßnahme, die hierfür eine Bedeutung hat, ist jene der Neueinstellung von Mitarbeitern. So könnte es für eine Neugründung einer Tochtergesellschaft sprechen, dass durch neue Mitarbeiter eine organisatorische Effizienz schneller erreichbar ist. Der Konjunktiv ist an dieser Stelle bewusst gewählt, da bei einer Neugründung der Aufbau der Leistungserstellung und das Erreichen technischer Effektivität zunächst im Vordergrund stehen. Andererseits begünstigt ein Verständnis über kulturelle Unterschiede gerade die Implementierung gewünschter Veränderungen in der Ablauforganisation. Zwar werden damit vertiefende Betrachtungen der Theorien und Konzepte durch das Aussagensystem ermöglicht.

Eine grundsätzliche Erweiterung der Internationalisierungstheorie oder -strategie erfolgt durch das Aussagensystem jedoch nicht.

Weitere Implikationen lassen sich aus den beschriebenen Maßnahmen im Rahmen der Strategien zur Reduktion des Spannungsfeldes zwischen externer Anforderung und interner Verankerung ableiten. Diese sind aufeinander abzustimmen und je nach Grad der Intensität des Spannungsfeldes anzupassen. Dies impliziert auch, dass sich Maßnahmen aus im Rahmen dieser Forschungsarbeit nur angeschnittenen Themenfeldern der Betriebswirtschaftslehre, wie die Corporate Social Responsibility, dem Public Affairs Management, die internationale Personalführung und unterschiedliche Arbeits- und Produktionsphilosophien, gegenseitig beeinflussen und Interdependenzen bestehen. Diese Interdependenzen sind in der Internationalen Managementforschung nur selten auf mikro-analytischer Ebene erforscht.[658] Das hergeleitete Aussagensystem kann dazu dienen, die Schnittstellen zwischen den einzelnen Themenbereichen zu systematisieren und es kann erste Erklärungsansätze für die Interdependenzen bereit stellen. Ebenfalls ermöglicht das Aussagensystem eine andere Perspektive aufdie Motivationstheorien. Anhand der monetären Anreize kann beispielsweise gezeigt werden, dass diese nicht nur eine kurzfristig motivierende Wirkung haben, sondern unter Berücksichtigung des gesellschaftlich/familiären Umfeldes auch zur langfristigen Steigerung organisatorischer Effizienz beitragen können. Dies ist wiederum von der Subkultur abhängig, was durch die unterschiedliche Bewertung der Leistungsorientierung und der Unsicherheitsvermeidung bei Arbeitern und administrativ Beschäftigten gezeigt werden konnte.

4.3.3.2 Implikationen für die kulturvergleichenden Forschung und die Kulturforschung im Organisationsbereich

Die grundlegenden Implikationen für die Kulturforschung beziehen sich maßgeblich auf die Verwendung des Begriffs der Unternehmenskultur sowie auf die Potenziale des Vergleichs von Kulturen. Auf Basis der im vorhergehenden Teilkapitel aufgeführten Implikationen zur Transnationalen Lösung ist die Bedeutung solcher Konzepte zumindest bei international handelnden Unternehmen mit Fokus auf eine landesübergreifende Wertschöpfung gering. Dagegen konnte durch die Fallstudie aufgezeigt werden, dass Veränderungen auf Basis der Wertvorstellungen vor allem durch Differenzen in der Wahrnehmung und durch Erfahrung von kulturellen Unterschieden möglich sind. Wie gezeigt werden konnte, werden Veränderungen nicht nur durch Schocks oder anderweitige, plötzliche Ereignisse verursacht, sondern auch durch alltägliche Herausforderungen und durch an die Unternehmenseinheit herangetragenen externen Anforderungen. Der Verbund von Mutter- und Tochtergesellschaft ist damit ein komplexes und sensibles, soziales System, bei welchem durch gezielte Impulse die Lösungsfindung kultureller und – aus Perspektive der Organisation – koordinativer Probleme gefördert werden kann.

Bezüglich des Begriffs der Unternehmenskultur kann anhand der Interviews in den Falleinheiten festgehalten werden, dass ein unterschiedliches Verständnis besteht. Zwar besteht Konsens, dass die Unternehmenskultur einzig von den Mitarbeitern respektive den Subkulturen getragen wird, doch werden häufig auch Maßnahmen, die der Koordination des Leistungser-

[658] Siehe zur Kritik an der bisherigen Internationalen Managementforschung insbesondere Kostova/Roth/Dacin (2008).

stellungsprozesses dienen, als Unternehmenskultur verstanden. Demnach ist zwischen einer gelebten Unternehmenskultur im Sinne vorherrschender Wertvorstellungen und Handlungen einerseits sowie Anforderungen an eine spezifische Arbeits- und Produktionsphilosophie im Sinne von Denk- und Arbeitsweisen andererseits zu unterscheiden.[659] Dies widerspricht zwar nicht den grundlegenden Konzepten von SCHEIN oder OSGOOD, erschwert aber den Zugang und die Beschreibung ‚einer' Unternehmenskultur deutlich. Es ist nicht differenzierbar, ob eine bestimmte Handlung ein Resultat der Anforderungen ist oder aufgrund der vorherrschenden Wertvorstellung in dieser Form ausgeführt wurde.

Ein weiterer Punkt, der bei der Beschreibung ‚einer' Unternehmenskultur mitzudenken ist, ergibt sich aus den im Rahmen der Fallstudie identifizierten Unterschieden bei den Wertvorstellungen der einzelnen Subkulturen. Zwar wird in der hier verwendeten Definition zur Unternehmenskultur die Vielfältigkeit von Normen, Regeln und Verhaltensweisen explizit berücksichtigt, jedoch wird gemäß der Konzeptionen von SCHEIN und OSGOOD von einer gemeinsamen Wertebasis ausgegangen. Wie im Aussagensystem aufgezeigt wurde, beschränkt sich die Gemeinsamkeit nur auf einen Teil möglicher Kulturdimensionen, nämlich auf jene, die auf gemeinsame landeskulturelle Wertvorstellungen aufbauen.[660] Es ist anzuzweifeln, ob dies ausreichend ist, um von ‚einer' Unternehmenskultur sprechen zu können. Als Gegenargument ist anzuführen, dass die in dieser Forschungsarbeit identifizierten Unterschiede meist signifikant, aber nicht sehr groß ausfallen. Bis auf wenige Ausnahmen ist von gleichen Tendenzen bei den der gelebten Unternehmenskultur zugrunde liegenden Wertvorstellungen auszugehen. Dennoch können auch kleine absolute Unterschiede durch einen relativen Vergleich zu großen Differenzen in der Einschätzung von Problemsituationen und die dadurch implizit bestimmten Handlungen führen. Die Heterogenität aufgrund der Subkulturen im Unternehmen spiegelt sich dennoch in der Formulierung der verwendeten Unternehmenskulturdefinition wider, sodass der Begriff mit der hier postulierten Deutung weiter verwendet werden kann.

Die Unterschiede, die sich bei den anhand der Profession abgegrenzten Subkulturen beobachten lassen, führen zu dem Schluss, dass die Ergebnisse kultureller Vergleichsstudien nur bedingt verallgemeinerbar sind. Die Beschränkung der großen kulturvergleichenden Studien von HOFSTEDE oder HOUSE ET AL. auf das mittlere und höhere Management sowie auf Sachbearbeiter verzerrt die Bewertung kultureller Unterschiede. Erkenntnisse zu kulturellen Differenzen nach der Studie von HOFSTEDE bleiben in ihrem Geltungsbereich auf ein multinationales Dienstleistungsunternehmen beschränkt, was die eigentliche Leistung der Entwicklung einer allgemeinen Systematisierung für kulturelle Unterschiede keineswegs schmälert. Doch diese Systematisierung auf die Daten anzuwenden, aus welchen die Systematisierung entwickelt wurde und diese fallbezogenen Unterschiede statistisch zu generalisieren, ist bezüglich des wissenschaftlichen Vorgehens zumindest fragwürdig. Im Sinne der Qualitätskriterien ist bei kulturvergleichenden Studien grundsätzlich auf die Güte der externen Validität zu achten.

Bei der Abgrenzung der Subkulturen ist jedoch nicht nur der Profession sondern auch anderen demographischen Faktoren eine Schlüsselrolle bei der differenzierten Bewertung von Wert-

[659] Diese Unterscheidung ist anschlussfähig zu der in der Organisationstheorie vorherrschenden Diskussion um formale und informelle Regelungen in der Ablauforganisation.
[660] Aufgezeigt wurden beispielsweise Unterschiede zwischen administrativ Beschäftigten und Arbeitern beim institutionellen Kollektivismus oder der Humanorientierung.

vorstellungen zuzuschreiben. Selbst bei kleinen, abgegrenzten Falleinheiten (wie hier die Arbeiter der Falleinheit A), die in einem engen Umfeld mit einer viel geringeren Wahrscheinlichkeit einer Differenzierung der Einflussfaktoren zur Ausprägung der Wertvorstellungen aktiv sind, kann eine hohe Streuung bei der Bewertung der Wertvorstellungen beobachtet werden. Dies schließt eine statistische Generalisierung kultureller Eigenschaften grundsätzlich aus. Wesentlich zielführender erscheint der Ansatz, einen Querschnitt der Bevölkerung in der Stichprobe abzubilden, wie dies beispielsweise bei der WVS praktiziert wird. Es bleibt dann noch immer die Herausforderung bestehen, den Spagat zwischen Landeskultur und der Koordinations- und Identifikationsleistung der Unternehmenskultur zu schaffen. Der hier aufgezeigte Weg über die Einbindung von Subkulturen kann dabei helfen, die Lücke zwischen einer nationalen Makroperspektive mit der notwendigen differenzierten Perspektive kultureller Aspekte in der Organisationsforschung auf mikro-analytischer Ebene zu schließen.

5 Schlussbetrachtung

Nach vier Kapiteln voller Informationen und Erkenntnissen über kulturelle Veränderungen bei Gastlandarbeitern in international handelnden Unternehmen bedarf es abschließend einer Reflektion der geleisteten Arbeit. Diese Reflektion umfasst eine kritische Diskussion über das abgegrenzte Themenfeld, die Forschungsfrage, das Forschungsdesign und die verwendeten Methoden zur Datensammlung und Auswertung sowie über die gewonnenen Erkenntnisse in Form des Aussagensystems. Schlicht nicht zu unterschlagen ist, dass während der geleisteten Forschungszeit mehr Fragen über das Thema im Allgemeinen, aber auch zur Weiterentwicklung im Speziellen aufgekommen sind. Dies ist als Indiz für eine gute Forschungsarbeit zu werten, sofern mit den aufkommenden Fragen auch Ideen zu Erarbeitung der Antworten beschrieben werden. Diese Ideen werden im abschließenden Abschnitt durch Forschungsperspektiven beschrieben.

5.1 Kritische Reflektion

Das zu Beginn der Forschungsarbeit formulierte Ziel, Erkenntnisse über Veränderungen kultureller Wertvorstellungen bei Gastlandarbeitern zu gewinnen, wurde anhand des verwendeten Forschungsdesigns erreicht. Im Sinne der abgeleiteten Forschungsfragen konnten sowohl Erkenntnisse über die Beschreibung der kulturellen Beziehung zwischen Mutter- und Tochtergesellschaft, als auch Erkenntnisse zu den eingesetzten Instrumenten zur Beeinflussung kultureller Wertvorstellungen erarbeitet werden. Bezüglich der Mutter-Tochter-Beziehung ist darauf hinzuweisen, dass die vielfältigen Typologien zur Beschreibung dieser zur Abgrenzung international handelnder Unternehmen mit Vorsicht einzusetzen sind. Insbesondere die Missdeutungen über deren Aussagegehalt in der Sekundärliteratur stellen eine Gefahr für die richtige Einordnung von Untersuchungsobjekt und Beobachtungen dar, wie es am Beispiel des Transnationalen Unternehmens nach BARTLETT/GHOSHAL diskutiert wurde. Auch wenn die Typologien in der Regel aus objektiven Forschungsansätzen heraus entstanden sind, bilden sie für mikro-analytische Untersuchungen wichtige Anhaltspunkte, um den Kontext erfassen und beschreiben zu können. Bezogen auf diese Forschungsarbeit ermöglichte die Ausarbeitung des konzeptionellen Bezugsrahmens anhand der Typologien nach PERLMUTTER, BARTLETT/GHOSHAL und FERDOWS eine klare Abgrenzung und Beschreibung des Raumes zur analytischen Generalisierung. Gleichzeitig ergeben sich durch die klare Beschreibung auch Räume, in welchen ein Test des Aussagensystems dieser Forschungsarbeit erfolgen kann.

Kritisch zu betrachten ist die Identifikation der die kulturellen Wertvorstellungen beeinflussenden Instrumente. Aus den im Rahmen der Datenerhebung gewonnenen Informationen konnten keine Muster über den Einsatz spezifischer Instrumente gewonnen werden. Dies kann dahingehend gedeutet werden, dass die Führung der unternehmerischen Einheiten sich der Wirkung bestimmter Maßnahmen auf kulturelle Elemente nur bedingt bewusst sind. Anhand des Aussagenteilsystems zur Beeinflussung der organisatorischen Effizienz konnte jedoch eine Systematik erarbeitet werden, nach welcher Instrumente erfasst werden können, die einen Einfluss auf die organisatorische Effizienz ermöglichen. Entsprechend des evolutionären Begriffsverständnisses der Kultur kann es nicht das Ziel des Managements sein, die Kultur direkt beeinflussen zu wollen. Vielmehr eröffnen die Kenntnisse über Unterschiede kultureller Wertvorstellungen die Möglichkeit, Instrumente zur zielgerichteten Beeinflussung der organisatorischen Effizienz einsetzen zu können. Aus wissenschaftstheoretischer Sicht bedeutet das Zusammenspiel kultureller Wertvorstellungen und der Instrumente zur Beeinflussung organisatorischer Effizienz eine Krümmung des Subjekt-Objekt-Kontinuums.

Kritisch zu betrachten ist darüber hinaus auch die Diskussion über den Begriff der Unternehmenskultur. Durch die vielen unterschiedlichen Arten des Begriffsverständnisses und der teils mangelnden Abgrenzung zum allgemeinen Kulturbegriff sind Missverständnisse im wissenschaftlichen Diskurs unausweichlich. In dieser Forschungsarbeit ist dies an der oben angesprochenen Neudeutung des Begriffs der Unternehmenskultur zu beobachten. Wurde zu Beginn des dritten Kapitels eine Definition der Unternehmenskultur gegeben, hat sich die Interpretation dieser im Lauf des Forschungsprozesses geändert. Im Rahmen der Interviews konnte beobachtet werden, dass der Begriff der Unternehmenskultur mit Denk- und Arbeitsweisen zur Ausführung von Tätigkeiten am Arbeitsplatz gleichgesetzt wurden. Durch die Einführung oder Änderung von Produktionsphilosophien oder von spezifischen Daten- und Informationssystemen sind Anpassungen der Denk- und Arbeitsweise unumgänglich. Dass diese Philosophien oder Systeme effektiv genutzt werden, bestimmt nicht die Ausprägung der Wertvorstellungen in den Subkulturen, welche die gelebte Unternehmenskultur prägt. Vielmehr stellt sich die Frage nach der Effizienz solcher Philosophien und Systeme, wenn sie mit kulturellen Wertvorstellungen und Handlungen konfligieren. Aus den Ergebnissen dieser Forschungsarbeit kann geschlossen werden, dass es für das Verständnis und auch für die Erklärung dieser Zusammenhänge insbesondere mikro-analytischer Erkenntnisse bedarf. Durch die Besonderheiten, die jedes Land, jede Region, jede Branche, jedes Unternehmen und schließlich jede unternehmerische Einheit in sich birgt, müssen die Aussagen über die Beeinflussbarkeit der organisatorischen Effizienz und auch über das kulturelle Management in international handelnden Unternehmen kontextabhängig getroffen werden. Wobei angemerkt sei, dass insbesondere zur Erfassung dieser Kontextfaktoren kulturvergleichende Studien einen wesentlichen Beitrag leisten. Kritisch zu betrachten ist hierbei allerdings, ob die abgeleiteten Kulturdimensionen klar voneinander abgrenzbar sind. Wie oben bereits angesprochen, ist insbesondere auch die Interpretation eines um 0,5 Punkte höheren Wertes auf der fünf- oder siebenstufigen Likert-Skala schwierig. Dies gilt umso mehr, je weniger Kontextfaktoren zur Orientierung und Einordnung der Erkenntnisse gegeben sind. Mit dieser grundsätzlichen Kritik an einer Orientierung an Kulturdimensionen ist auch diese Forschungsarbeit zu konfrontieren. Ein anderes Forschungsdesign ist zur Identifikation von Erklärungsvariablen für kulturelle Unterschiede jedoch nicht denkbar. Die Bedeutung der Veränderung kultureller Wertvorstellungen in einzelnen Kulturdimensionen ist ein notwendiges Zwischenergebnis, um durch die Identifikation von Veränderungsmustern eine analytische Generalisierung herbeiführen zu können. Diese basiert letztlich nicht auf der Interpretation eines um 0,5 Punkte höheren Wertes auf der Likert-Skala in einer Kulturdimension, sondern darauf, dass es diesen Unterschied überhaupt gibt und auch was die Erklärung hierfür ist. Daher trifft die Kritik an dem Ansatz kulturvergleichender Studien bei dieser Forschungsarbeit nicht zu. Es kann anhand der Ergebnisse dieser Forschungsarbeit zudem die Wahl des Mixed-Method-Ansatzes als zielgerichtet und ergebnisorientiert bewertet werden. Der dadurch entstandene hohe Aufwand bei der quantitativen und qualitativen Datenerhebung sowie deren Auswertung ist durch die Güte der gewonnenen Erkenntnisse gerechtfertigt.

Die vierte abgeleitete Forschungsfrage zum Einfluss landeskultureller Ausprägung auf die Unternehmenskultur der Muttergesellschaft ist durch die im Aussagesystem beschriebenen

Mechanismen beantwortet. Zwar ist offen zu lassen, inwiefern eine Veränderung der gelebten Unternehmenskultur in der Muttergesellschaft durch den kulturellen Austausch der Subkulturen erfolgt. Es konnte jedoch gezeigt werden, dass durch den kulturellen Austausch auf mehreren Hierarchieebenen bzw. von verschiedenen Professionen die Bildung einer Sensibilität für den anderen Umgang mit Problemen aufgrund anderer kultureller Wertvorstellungen und Handlungen in den Subkulturen der Muttergesellschaft fördert. Da diese Sensibilität für kulturelle Veränderungen als Grundlage zur Initiierung kultureller Wandlung angesehen wird, ist durch den dargelegten Mechanismus zumindest die Basis für Veränderungen in der Muttergesellschaften gelegt. Hingegen konnte nicht aufgezeigt werden, unter welchen Umständen Veränderungen in der Muttergesellschaft tatsächlich eintreten.

Bezüglich der Abgrenzung des Untersuchungsobjekts ist anzumerken, dass durch die Berücksichtigung lediglich einer ausländischen Tochtergesellschaft die Realität stark vereinfacht wurde. Zwar wurde dies auch mit der Fokussierung auf kleine und mittlere Unternehmen begründet. Dennoch stellt diese Abgrenzung einen Ausschluss weiterer Einflüsse durch eine Multikulturalität dar. Besonders drastisch fallen diese Einflüsse aus, wenn Mitarbeiter einer Tochtergesellschaft gezwungen werden, ihr Know-how an Kollegen einer anderen Unternehmenseinheit weiterzugeben, um Kosteneinsparungen in der Tochtergesellschaft im Sinne von Stellenkürzungen oder der Schließung der Tochtergesellschaft zu ermöglichen. In solchen und anderen Situationen stellt sich der Einfluss von Differenzen in den Subkulturen und dem kulturellen Austausch anderen Herausforderungen. Das in dieser Forschungsarbeit entwickelte Aussagensystem kann dieser Komplexität der multinationalen und multikulturellen Verflechtungen nicht begegnen. Es bildet mit den dargestellten Mechanismen dennoch eine Grundlage für eine theoretische Erweiterung.

Aufgrund der praktischen Relevanz ist das in dieser Forschungsarbeit bearbeitete Themenfeld zielgerichtet gewählt. Dies ist auch auf die positiven Rückmeldungen durch alle an der Erhebung beteiligten Personen begründet. Kritische Rückmeldungen sind einzig bezüglich der Komplexität und des im Vorfeld ungewissen Ergebnisses vorgebracht worden. Da dies jedoch dem begründeten Forschungsdesign geschuldet ist, kann dies nicht als grundsätzliche Kritik an der Forschungsarbeit gewertet werden. Einige kritische Anmerkungen bezüglich des Forschungsdesigns sind auf Basis der Gütekriterien anzuführen. Die gegenüber der qualitativen Forschung grundsätzlich angeführte Kritik einer mangelnden Begründungsfähigkeit zur Beschreibung allgemein gültiger Theorien ist insofern Rechnung zu tragen, als dass mit dem Aussagensystem dieser Forschungsarbeit kein Anspruch auf Allgemeingültigkeit erhoben werden kann. Wie beschrieben, ist die Gültigkeit der Aussagen maßgeblich auf international handelnde Unternehmen beschränkt, deren Tochtergesellschaft physische Wertschöpfung betreibt. Dies grenzt insbesondere die Aussagen zu Unterschieden in kulturellen Wertvorstellungen und deren Erklärungsvariablen ein. Hingegen ist das Aussagensystem aufgrund der sich wiederholenden Muster und Mechanismen in den Aussagenteilsystemen auf einer höheren Abstraktionsebene anzuordnen. Anzuführen ist hier einerseits die Differenzierung zwischen kulturellen Basiswertvorstellungen und veränderbaren Wertvorstellungen. Diese Differenzierung liefert einen Beitrag zur Diskussion um die Bildung von Transkulturalität und trägt zur Lösung des Dissens zwischen der Culture-bound- und Culture-free-These im Allgemeinen bei. Darüber hinaus wird ein Beitrag zum kulturellen Verständnis im international handelnden Unternehmen bzw. zum differenzierten Umgang mit dieser durch den Mechanismus kultureller Sensibilität geleistet. Andererseits ist mit dem Verständnisbeitrag zur organisatorischen Effizienz ein allgemeiner Beitrag zur Notwendigkeit einer mikro-analytischen Perspektive auf die Beeinflussung der Effizienz von Unternehmen dargestellt. Auch wenn zu diesen beiden Punkten im Rahmen dieser Forschungsarbeit keine statistische Generalisierung erfolgt ist, stellt das Aussagensystem dennoch einen theoretischen und pragmatischen Erkenntnisgewinn im Sinne analytischer Generalisierung dar. Welche Anschlussfähigkeit an weiterführende Forschungsvorhaben bestehen, wird im folgenden Kapitel diskutiert.

5.2 Forschungsperspektiven

Weitere zu bearbeitende Themenfelder ergeben sich insbesondere aus der hier gewählten Abgrenzung des Themas bzw. des Untersuchungsobjekts. Zu klassifizieren sind die weiteren Forschungsthemen insbesondere nach der Ausprägung der Region, der Branche und der Organisation. Bezüglich der Unternehmensorganisation wurde im vorhergehenden Kapitel bereits die Betrachtung eines landesübergreifenden Netzwerkes an Unternehmenseinheiten und die Problematik des Erkenntnistransfers dieser Forschungsarbeit auf ein solches Untersuchungsobjekt diskutiert. Bezüglich der Organisation sind zudem die Konkretisierung der Instrumente zur Beeinflussung der organisationalen Effizienz unter Berücksichtigung kultureller Unterschiede anzuführen. Anhand des erarbeiteten Schemas ist die Art der eingesetzten Instrumente in international handelnden Unternehmen zu erfassen. Dies erfordert auch eine differenzierte Betrachtung der Unternehmen im Sinne der Führungstypologie nach BARTLETT/GHOSHAL. In Anlehnung an GHOSHAL/MORAN/ALMEIDA-COSTA, die maßgeblich Multinationale Unternehmen untersucht haben, ist davon auszugehen, dass in Unternehmen, die ein internationales Netzwerk an Unternehmenseinheiten haben, durch die höhere Bedeutung international besetzter Teams auf Projekt- und Managementebene auch andere Instrumente zur Beeinflussung der organisatorischen Effizienz eingesetzt werden, als dies in Internationalen Unternehmen der Fall ist.

Weitere Forschungsfelder ergeben sich aus der Erweiterung der hierarchischen Koordination durch die Berücksichtigung von Kooperationen oder von Marktpartnern. Schließlich stellen insbesondere in der Industrie die Einbindung des Lieferanten in den Wertschöpfungsprozess oder die effiziente Steuerung ganzer Supply Chains einen maßgeblichen Faktor zum Erhalt oder der Erhöhung der Wettbewerbsfähigkeit dar. Hierbei ergeben sich nicht nur landeskulturelle Fragestellungen im Zuge des interkulturellen Managements. Auch branchenspezifische Eigenheiten können die Koordination und Steuerung dieser Netzwerke behindern. Wie in der Abgrenzung der Subkulturen beschrieben, wird den Branchen gar eine eigene Kultur zugesprochen. Nach den hier gewonnenen Erkenntnissen zur Begrifflichkeit Unternehmenskultur und der gelebten Unternehmenskultur in den Subkulturen der Unternehmenseinheit sollte die Branchenkultur nach ihrer vorhandenen Denk- und Arbeitsweise erfasst und beschrieben werden, um im Anschluss auf Mikroebene den Einfluss auf die Wertvorstellungen und Handlungen der Subkulturen zu untersuchen. Damit könnten Erkenntnisse über kulturelle Regionen identifiziert werden, die der Denk- und Arbeitsweise einer Branche mit ihrer kulturellen Prägung eher entsprechen. Als Grundlage für eine solche Untersuchung ist jedoch die grundsätzliche Frage zu klären, inwiefern das hier entwickelte Aussagensystem auch für andere Branchen eine Aussagekraft hat. Insbesondere der völlig andere Kontext bei Dienstleistern, der sich durch den direkten Kundenkontakt bei der Leistungserstellung ergibt, birgt eine zusätzliche Komplexität, welche den subjektbezogenen Erkenntnisgewinn zusätzlich erschwert. Generell lässt sich damit festhalten, dass die hier behandelten interkulturellen Fragestellungen sich nicht nur auf Länder und Regionen beschränken, sondern auch auf Branchen bezogen werden können oder in Geschäftsbeziehungen untersuchbar sind. Die gemeinsame Basis stellt die Differenzierung nach Subkulturen anhand landeskultureller, professionsbezogener oder fachlicher Eigenheiten dar. Unabhängig der Landesherkunft lassen sich die Fragestellungen auch auf die interdisziplinäre Zusammenarbeit beziehen, sofern eine Differenz in der Denk- und Arbeitsweise zwischen den Disziplinen besteht. Als Beispiel sei die Arbeit des Produktmanagers angeführt, welcher die Interessen von Marketing, Forschung und Entwicklung, Produktion und Einkauf nicht nur in Einklang bringen muss, sondern sich mit den jeweiligen Verantwortlichen überhaupt erst einmal fachlich verständigen können muss. Die Basis hierfür liegt im Verständnis über die disziplinären Besonderheiten der Denk- und Arbeitsweise einer jeden Disziplin. Das Zusammenwirken bezöge sich nicht mehr auf die Unternehmens- und Landeskultur. Stattdessen wären die kulturellen Eigenheiten der Disziplinen zu erfassen und in Bezug zu grundsätzlichen Anforderungen an die Denk- und Arbeitsweisen in den Unternehmen zu setzen.

Durch ein Verständnis darüber, welche Denk- und Arbeitsweisen im Sinne der Unternehmenskultur von bestimmten kulturell abgrenzbaren Regionen getragen werden, können auch Erkenntnisse über die Internationalisierungsstrategie erarbeitet werden. Dies bezieht sich bei der Wahl der Eigentumsform beispielsweise auf Merger & Acquisitions, bei welchen ein Verstehen der Beeinflussung der organisatorischen Effizienz durch einen mikro-analytischen Ansatz auf Basis subkultureller Unterschiede zusätzliche Erkenntnisse zu den dominierenden objekt-bezogenen Erklärungen zur Akkulturation liefern kann. Damit können mikroanalytische Ansätze Erkenntnisse zur Modalität und Lokalität der Internationalität beitragen. Zu der in dieser Forschungsarbeit herausgearbeiteten Erkenntnislücke bei der Temporalität der Internationalisierung ist hingegen kein Erkenntnisgewinn zu erwarten.

Einen Beitrag zur Lokalität der Internationalisierung ergibt sich durch die Untersuchung weiterer Länder in dem hier beschriebenen Forschungsansatz. Die Betrachtung weiterer Länder bzw. Regionen bezieht sich insbesondere auf das Konstrukt der Differenzierung zwischen nichtveränderbaren Basiswertvorstellungen und veränderbaren Wertvorstellungen in den Subkulturen. Entsprechend der zwei Dimensionen ‚kulturelle Entfernung' und ‚geographische Entfernung', wäre es das vorrangige Ziel, zu identifizieren, inwiefern sich die Basisvariablen unterscheiden. Es wäre denkbar, dass beispielsweise die Türkei trotz der geographischen Nähe bezüglich der Basiswertvorstellungen kulturell weiter entfernt ist, als die USA. Der Zusammenhang wird zwar auf makro-analytischer Ebene von kulturvergleichenden Studien dargelegt und diskutiert. Um die Beeinflussungsmöglichkeit auf die organisatorische Effizienz verstehen zu können, bedarf es jedoch einer mikro-analytischen Betrachtung im Sinne der Untersuchung auf subkultureller Ebene. In Anlehnung an diese Forschungsarbeit könnte dies durch die Untersuchung eines international handelnden Unternehmens erfolgen, das in mehreren Ländern produziert und dessen Tochtergesellschaften die annähernd gleiche Rolle innehaben. Dies ermöglicht einen Blick auf die Frage, warum kulturell und geographisch entfernten Regionen wie Asien oder Afrika die Unternehmen nicht nur bezüglich der Effizienz, sondern vor allem bezüglich der Effektivität Probleme aufweisen.[661] Der Erkenntnisgewinn würde sich aus der Beantwortung der Frage ergeben, ob bei einem Konflikt zwischen Anforderungen aus der Unternehmenskultur bezüglich Denk- und Arbeitsweise mit bestimmten Ausprägungen der Basiswertvorstellungen nicht die Effizienz, sondern die Effektivität negativ beeinflusst werden würde.

Die Gemeinsamkeit der hier beschriebenen Forschungsperspektiven ist der mikro-analytische Ansatz, welcher das Verstehen über kulturelle Zusammenhänge in den Fokus rückt. Eine Forschungslücke, die im vorhergehenden Kapitel angesprochen wurde, ist die Tiefe des Verständnisses der Zusammenhänge. Wie bereits bei der GLOBE-Studie aufgezeigt wird, ist die Begründung von Zusammenhängen auf Basis grundlegender Theorien aus den Wirtschafts- oder Sozialwissenschaften zielführend. Im internationalen und interkulturellen Kontext bietet sich beispielsweise der Neo-Institutionalismus an, um die identifizierten Mechanismen, die bei international handelnden Unternehmen aufgrund kultureller Unterschiede greifen, verstehen zu können. Zudem bietet der Neo-Institutionalismus durch seine Elemente, wie der Institution oder des organisationalen Feldes, eine Anschlussfähigkeit an die komplexen Kontextbedingungen eines international handelnden Unternehmens und dessen Subkultur. Ziel muss es sein, Veränderungen in der Unternehmenskultur und in den Subkulturen auf Basis der Mechanismen der Institutionalisierung zu verstehen und zu beschreiben. Durch die Beschreibung der Institutionalisierung des kulturellen Austauschs könnten sowohl theoretische Erkenntnisse über die Wirkzusammenhänge identifiziert werden, als auch das pragmatische Wissenschaftsziel durch Ableitungen von Gestaltungsempfehlungen zur besseren Koordinations- und Identifikationsleistung bei international handelnden Unternehmen angestrebt werden. Dies könnte beispielsweise zur Schließung der im vorhergehenden Kapitel angesprochenen Verstehens- und Erklärungslücke beim Instrumentarium zur Beeinflussung der organisatorischen Effizienz im international handelnden Unternehmen beitragen. Zudem wäre hiermit eine gemeinsame theoretische Basis gelegt, um das Zusammenwirken der unterschiedlichen Disziplinen des Internationalen und kulturellen Managements interdisziplinär betrachten zu können.

Alles in allem ist im Internationalen Management und im kulturellen Management bereits vieles erforscht worden. Wie in dieser Forschungsarbeit dargelegt wurde, muss es nicht immer das Ziel sein, neue Themenfelder zu entdecken und zu bearbeiten. Ein Erkenntnisfortschritt ist auch dann gegeben, wenn bereits bestehende Themenfelder und Zusammenhänge besser verstanden und aus einem unbekannten Blickwinkel betrachtet werden. Schließlich sind die realen Objekte in ihrer Anzahl begrenzt, deren Phänomene und deren Verständnis jedoch unerschöpflich. Oder wie es in dem dieser Forschungsarbeit vorangestellten Zitat von PROUST heißt:

„*The real voyage of discovery consists not in seeking new landscapes, but in having new eyes.*"

[661] Diese Problemdifferenzierung konnte auf Basis von Interviews mit Vertretern deutscher Unternehmen in den genannten Regionen gewonnen werden.

Anhang A Dokumentation zur Kategorisierung und Zuordnung der Aussagen der unterschiedlichen Triangulationsebenen

A.1 Erhebung der Falleinheit A

In den folgenden Unterkapiteln werden die Grundalgen zur Herleitung der Aussagenteilsysteme gelegt. Dies umfasst die grundlegenden Aussagen, die durch die qualitative Analyse bestimmt werden konnten, als auch deren Kategorisierung und Zusammenfassung zu Aussagen erster Ordnung. Im zweiten Teil werden die Aussagen aus der quantitativen Auswertung beschrieben sowie kategorisiert und ebenfalls die daraus resultierenden Aussagen 1. Ordnung begründet.

A.1.1 Grundlegende Aussagen aus der qualitativen Erhebung der Falleinheit A

Aus datenschutzrechtlichen Gründen nicht Bestandteil der Veröffentlichung.

A.1.2 Kategorisierung der Aussagen der qualitativen Erhebung der Falleinheit A

Die Kategorisierung der Daten aus der qualitativen Erhebung der Falleinheit A erfolgt anhand der Kulturdimensionen nach GLOBE sowie subkulturellen Bezügen zum Unternehmen (Arbeitsweise, Identifikation und Anforderung an das Unternehmen), zum Land (Verhaltensweise, Identifikation und Anforderung an das Land; zusammengefasst unter SK_Land), unternehmenskulturellen Bezügen (Aussagen zu beeinflussenden Instrumenten sowie zur Koordinationsfunktion und Integrations-/Identifikationsfunktion) und anhand der Beziehung zwischen der Mutter- und Tochtergesellschaft (Führung der Tochtergesellschaft, Rolle der Tochtergesellschaft und Maßnahmen des kulturellen Austauschs). Darüber hinaus wird eine Zuordnung zu unterschiedlichen Professionen vorgenommen, die insbesondre der Triangulation mit den Erkenntnissen aus der quantitativen Analyse der Falleinheit A dient.

Quelle	ID	US	MD	K1	K2	GE	BH	ZO	LO	HO	SK_U_ArbW	SK_U_Ident	SK_U_Anf	SK_Land	SK_L_Verhalt	SK_L_Ident	SK_L_Anf	UK_Inst	UK_Koord	UK_Ident	MT_Fü	MT_RolleTG	MT_Kulturaust	Alle Professionen	Arbeiter	Leitung	Administration
IB	3			x									x	x			x							x			
IB	5						x		x		x										x			x		x	
IB	6	x	x				x				x													x			
IB	7	x									x																
IB	8						x				x								x					x			
IB	9						x				x								x					x			
IB	10						x				x								x					x			
IB	11							x			x							x	x						x		x
IB	12						x		x	x	x								x					x			
IB	13						x				x								x						x		x

IB	14						x				x								x						x		
IB	16						x		x	x	x																x
IB	17							x			x														x		
IB	18		x				x	x			x								x						x		
IB	19		x				x	x			x								x								x
IB	20		x				x	x	x										x								x
IB	21	x						x	x		x								x					x			
IB	22	x					x	x	x		x													x			
IB	23	x					x	x															x	x			
IB	24	x	x				x		x	x	x								x				x	x			
IB	25																	x	x				x		x		
IB	26	x			x						x							x	x	x			x				x
IB	27	x	x		x						x								x						x	x	
IB	28			x					x		x		x					x		x				x			
IB	29	x			x					x	x	x		x		x								x			
IB	30	x						x															x	x			
IB	31								x		x	x								x			x				x
IB	32	x						x			x								x								x
IB	33	x									x								x				x	x			
IB	34		x				x				x	x							x					x			
IB	35									x			x						x	x					x		
IB	36		x								x								x	x						x	
IB	37		x	x						x	x		x						x	x						x	
IB	38	x						x			x								x					x			
IB	39											x								x				x			
IB	40											x							x	x	x					x	
IB	41	x	x	x	x	x	x	x	x	x		x								x	x		x	x			
IB	42				x		x					x								x			x	x			
IB	43			x	x							x								x				x			
IB	44	x		x								x						x		x				x			
IB	45			x	x							x								x	x		x		x		
IB	46			x									x	x			x							x			
IB	47			x									x	x			x							x			
IB	48	x			x						x			x	x				x					x			
IB	49	x			x									x	x									x			
IB	50	x			x									x	x				x					x			
IB	51	x			x									x	x				x					x			

IB	52	x											x	x	x			x					x			
IB	53																	x							x	
IB	55	x										x	x	x			x						x				
IB	56	x	x	x	x	x	x	x	x	x				x		x										x	
IB	57	x	x	x	x	x	x	x	x	x				x		x					x					x	
IB	58	x	x	x	x	x	x	x	x	x								x			x		x				
IB	59	x	x	x	x	x	x	x	x	x																	
IB	60	x	x		x				x		x										x		x		x		
IB	61	x					x												x			x	x		x		
IB	62	x																	x				x				
IB	63	x								x	x								x		x		x	x			
IB	64	x							x										x				x				
IB	65			x	x		x						x	x		x							x	x			
IB	66				x		x		x			x						x		x			x	x	x		x
IB	67	x	x	x	x	x	x	x	x	x										x	x		x	x			
IB	68				x													x		x			x				
IB	69	x	x	x	x	x	x	x	x	x												x					
IB	70	x	x	x	x	x	x	x	x	x												x					
IB	71	x	x	x	x	x	x	x	x	x												x				x	
IB	72								x	x	x		x									x			x		
IB	73	x	x	x	x	x	x	x	x	x											x	x	x		x		
IB	74		x	x			x														x	x					
IB	75	x	x																			x				x	
IB	76		x		x		x					x								x		x		x			
IB	77				x															x	x	x	x				
IB	78				x														x			x		x			
IB	79																					x					
IB	80																					x					
IB	81																		x		x						
IB	82																				x						
IB	83																				x		x			x	
IB	84																				x						
IB	85																	x	x		x		x			x	
IB	86	x	x	x	x	x	x	x	x	x									X		x		x			X	
IB	87																				x	x		x			
IB	89																				x						
IB	90										x								x	x	x		x			x	

IB	92	x	x	x	x	x	x	x	x	x									x	x	x		x			x	
IB	93	x		x			x												x		x						
IB	94	x	x				x												x		x						
IB	95	x							x	x	x							x	x		x						x
IB	96	x						x			x										x		x				x
IB	97	x	x				x												x		x		x	x		x	
IB	98							x	x										x		x		x			x	
IB	99								x		x							x			x			x			
IB	100																			x	x					x	
IB	101								x	x										x		x		x			
IB	102						x					x								x				x			
IB	103		x						x											x							
IB	104	x																	x								
IB	105	x			x				x		x								x								
IB	106	x					x			x	x								x	x				x			
IB	107		x		x						x								x					x			
IB	108																			x		x				x	
IB	109													x	x					x				x			
IB	110																		x	x		x					
IB	111			x			x												x	x							
IB	112												x					x		x							
IB	113				x					x																	
IB	114			x					x		x		x					x							x		x
IB	115			x					x				x												x		x
IB	116	x		x					x									x	x							x	
IB	117					x			x	x								x									
IB	118			x	x					x		x	x					x						x			
IB	119	x					x											x						x			
IB	120								x				x					x	x					x			
IB	121			x				x	x					x			x	x	x					x			
IB	122				x					x	x							x	x					x			
IB	123								x				x					x							x		
IB	124			x			x		x	x			x	x	x		x	x						x			
IB	125				x					x			x					x									
IB	126													x			x	x						x			
IB	127	x		x						x			x					x						x			
IB	128	x	x		x						x	x							x	x				x			

IB	129																	x					x			x	
IB	131	x	x			x			x		x	x							x		x		x	x			
IB	135	x	x				x	x	x	x									x							x	
IB	136																		x							x	
IB	138	x	x				x			x	x							x	x					x			
IB	140	x	x				x				x								x						x		x
IB	141	x					x				x								x								x
IB	142	x					x			x	x								x					x			
IB	143	x					x				x								x					x			
IB	144	x					x				x								x						x		
IB	145	x					x				x								x						x		x
IB	148	x					x	x											x					x			x
IB	150							x	x				x					x	x								
IB	152	x	x						x	x									x					x			
IB	153								x		x							x	x								
IB	154	x																	x				x		x		
IB	155	x			x					x	x		x						x					x			
IB	156				x			x										x	x	x			x				
IB	157				x							x						x		x				x			
IB	158	x							x									x	x							x	
IB	159				x							x						x		x					x		
IB	160		x		x					x			x	x	x	x			x							x	
IB	161																			x			x				
IB	164				x		x						x					x		x				x			
IB	165				x							x								x			x	x			
IB	167			x	x							x						x		x							
OD	41	x									x									x					x		
OD	42	x									x									x					x		x
OD	43																										
OD	44									x								x									
OD	45	x	x		x		x				x							x	x					x			
OD	46	x						x			x							x							x	x	x
OD	47								x		x		x					x	x					x			

A.1.3 Zusammenfassung der Aussagen aus der qualitativen Analyse der Falleinheit A zu Aussagen 1. Ordnung

Die in Kapitel 4.2.2.1.3 zusammengefassten Aussagen erster Ordnung aus der qualitativen Analyse der Falleinheit werden in der folgenden Tabelle mit den ursprünglichen Aussagen belegt.

ID	Aussage	Untersuchungsebene	Einbezogene Aussagen aus der qualitativen Analyse der Falleinheit A
F1	Es liegt eine ethnozentrische Orientierung bei der Führung der Tochtergesellschaft zu Grunde, die sich jedoch aus einer eher polyzentrischen Orientierung in den letzten Jahren entwickelt hat.	Mutter-Tochter-Beziehung	IB41, IB42, IB57, IB67, IB74, IB81, IB82, IB83, IB84, IB85, IB86, IB89, IB90, IB98
F2	Die Tochtergesellschaft nimmt die Rolle einer Off-Shore Factory ein. Sie verfügt über keine bzw. nur geringe eigene Entwicklungskapazitäten, was einen Technologie- und Know-how-Transfer von der Mutter- zur Tochtergesellschaft bedingt.	Mutter-Tochter-Beziehung	IB60, IB69, IB70, IB71, IB73, IB74, IB80
F3	Die Tochtergesellschaft ist bei den Fertigungstechnologien auf nahezu dem selben Stand wie die deutsche Schwestergesellschaft.	Mutter-Tochter-Beziehung	IB73, IB74 IB76, IB77 IB101, IB108
F4	Der Austausch zwischen Mutter- und Tochtergesellschaft erfolgt nicht nur über die Führung der Tochtergesellschaft, sondern insbesondere auch auf der Arbeitsebene.	Mutter-Tochter-Beziehung	IB25, IB26, IB45, IB48, IB58, IB60, IB61, IB62, IB63, IB64 IB66, IB67, IB68, IB95, IB105, IB156
F5	Die Entscheidungsfindung bei zentralen Themen erfolgt grundsätzlich unter Einbezug der Muttergesellschaft.	Mutter-Tochter-Beziehung	IB74, IB82, IB93, IB98
F6	Die Führung der Tochtergesellschaft hat das Bestreben, Akzeptanz bei der Muttergesellschaft für kulturelle Unterschiede zwischen Mutter- und Tochtergesellschaft zu schaffen.	Mutter-Tochter-Beziehung	IB23, IB40, IB41, IB77, IB86, IB92, IB94, IB100, IB131
U1	Es bestehen unternehmenskulturelle Unterschiede zwischen Mutter- und Tochtergesellschaft.	Umwelt der Tochtergesellschaft	IB23, IB30, IB33, IB41, IB42, IB65, IB67, IB129, IB131, IB161, IB165
U2	Soziale Kontakte im Unternehmen werden auch im gesellschaftlich/familiären Umfeld gepflegt. Es besteht somit eine hohe Durchlässigkeit landeskultureller Wertvor-	Umwelt der Tochtergesellschaft	IB43, IB157, IB165

	stellung in das Unternehmen anhand verschiedener Subkulturen.		
U3	Die Unterstützung der Mitarbeiter durch die Tochtergesellschaft reicht auch in das gesellschaftlich/familiäre Umfeld hinein.	Umwelt der Tochtergesellschaft	IB28, IB35, IB37, IB55, IB72, IB112, IB114, IB153, IB119, IB120, IB121, IB124, IB125, IB126, IB127, IB157, OD44, OD45, OD46, OD47
U4	Es besteht eine große Offenheit gegenüber Dingen aus der Umwelt der Tochtergesellschaft sowie im Umgang unter den Mitarbeitern. Diese unternehmenskulturelle Eigenschaft wird durch die Subkulturen der Tochtergesellschaft getragen.	Umwelt der Tochtergesellschaft	IB101, IB102, IB103, IB106, IB111, IB119, IB128, OD41, OD42
U5	Bezüglich der leistungsgerechten Entlohnung ergibt sich ein Spannungsfeld bezüglich interner Verankerung und externer Anpassung. Trotz des Bewusstseins über die Wertigkeit jedes einzelnen Mitarbeiters müssen bei der Entlohnung bzw. Vertragsgestaltung die externen Marktbedingungen berücksichtigt werden.	Umwelt der Tochtergesellschaft	IB28, IB35, IB78, IB99, IB114, IB117, IB120, IB121, IB123, IB150, IB153, IB154, OD47
I1	Eine Assimilation oder Kreation der Unternehmenskultur ist auf Grund des ausgeprägten Dranges nach Eigenständigkeit seitens der Subkulturen in der Tochtergesellschaft nicht möglich. Dies wird auch von der Führung der Tochtergesellschaft unterstützt. Dies steht einer stärkeren Integration der Tochtergesellschaft in die Muttergesellschaft entgegen. Es ergibt sich somit ein Spannungsfeld zwischen interner Verankerung und externer Anpassung.	Unternehmenskultur	IB25, IB26, IB40, IB58, IB65, IB66, IB67, IB68, IB76, IB77, IB85, IB90, IB92, IB95, IB97, IB98, IB109, IB117, IB129, IB156, IB158, IB159, IB161, IB164, IB167
I2	Es besteht eine hohe Identifikation der Mitarbeiter mit der Tochtergesellschaft.	Unternehmenskultur	IB25, IB39, IB42, IB44, IB45, IB63, IB76, IB77, IB94, IB159, IB164, IB165, IB167
KO1	Bei der Einführung von Neuerungen auf Initiative der Muttergesellschaft ist das Bestreben seitens der Führung der Tochtergesellschaft, ein reflektionsorientiertes Annahmeverhalten bzw. einer Denkweise bei den Mitarbeitern der Tochtergesellschaft zu etablieren.	Unternehmenskultur	IB11, IB31,IB32, IB33, IB38, IB63, IB97, IB117, IB138, IB145, IB148, IB150, IB158, OD45, OD46
KO2	Ein kultureller Austausch findet in der Fertigung durch die Notwendigkeit von Entsendungen zur Sicherstellung des Know-	Unternehmenskultur	IB25, IB45, IB58, IB60, IB61, IB62,

	how-Transfers statt.		IB63, IB64
KO3	Zur Verhaltensbeeinflussung der Mitarbeiter in der Tochtergesellschaft werden auch indirekte Instrumente eingesetzt. Dies basiert auf einer hohen kulturellen Abneigung gegenüber Dominanz und autoritärem Verhalten.	Unternehmenskultur	IB8, IB9, IB10, IB12, IB13, IB14, IB40, IB51, IB52, IB86, IB92, IB131, IB135, IB136, IB138, IB140, IB160
KO4	Der Informationsaustausch in der Tochtergesellschaft wird trotz vorhandener sprachlicher Barrieren für eine bessere Koordination gefördert.	Unternehmenskultur	IB8, IB9, IB10, IB12, IB27, IB104, IB107, IB122, IB155
KO5	Auf Ebene der Unternehmenskultur wird zur besseren Koordination versucht, ein problemlösungsorientiertes Verhalten bei den Mitarbeitern zu etablieren. Dem stehen von Seiten der Subkulturen hohe Anforderungen an die Eigenständigkeit sowie eine geringe Akzeptanz zentraler Entscheidungsfindung entgegen.	Unternehmenskultur	IB14, IB21, IB24, IB27, IB36, IB37, IB38, IB122, IB148, IB155, OD45
KO6	Zur zielgerichteten Koordination müssen seitens der Mitarbeiter Arbeitsanweisungen und grundlegende Regeln zur Leistungserstellung akzeptiert werden. Diese Regeln sind in der Fertigung enger gefasst als in der Administration.	Unternehmenskultur	IB24, IB140, IB141, IB142, IB143, IB144, IB145
I3	Es ist ein großer Wunsch nach Identifikation mit dem Unternehmen zu beobachten. Es lässt sich bei den Arbeitern und bei den administrativ Beschäftigten eine soziale Einheit beobachten, welche nach außen, insbesondere gegenüber der Muttergesellschaft, bewusst gezeigt wird.	Subkultur	IB21, IB27, IB29, IB31, IB34, IB39, IB40, IB41, IB42, IB43, IB44, IB45, IB66, IB76, IB95, IB102, IB118, IB128, IB131, IB138, IB157, IB159, IB165, IB167, OD45
KO7 /I4	Durch einen hohen zu beobachtenden Grad der Bestimmtheit sind vor allem indirekte Anreizsysteme zur Verhaltensbeeinflussung im Sinne der unternehmerischen Koordination und Identifikation notwendig. Anhand der anders gearteten Tätigkeit ist den administrativ Beschäftigten ein höheres Streben nach Bestimmtheit zuzuschreiben.	Subkultur	IB6, IB8, IB9, IB10, IB12, IB13, IB14, IB16, IB17, IB18, IB19, IB20, IB21, IB38, IB138, IB140, IB144, IB145
KO8	Sowohl bei den Arbeitern als auch in der Administration ist ein hohes Streben nach Unsicherheitsvermeidung zu beobachten. Diese basiert vor allem auf der oben beschriebenen Leidensfähigkeit, Neuerungen zu Gunsten der Einhaltung bestehender	Subkultur	IB6, IB21, IB22, IB24, IB26, IB27, IB32, IB60, IB95, IB96, IB144, IB145, OD42

	Regelungen nicht aktiv zu hinterfragen.		
KO9	Zentrale Entscheidungsgewalt und autoritäres Verhalten werden innerhalb der Tochtergesellschaft nicht geschätzt. Dieses Grundverständnis gilt insbesondere gegenüber Mitarbeiter oder Führungskräfte, die sich auf Grund einer anderen Nationalität autoritär verhalten.	Subkultur	IB14, IB16, IB18, IB19, IB27, IB60, IB107, IB138, IB140, IB144
KO10	Die Notwendigkeit einer zukunftsgerichteten und vorausschauenden Handlungsweise ist bei den rein ausführenden Professionen bzw. Subkulturen nur eingeschränkt zu beobachten.	Subkultur	IB11, IB17, IB18, IB19, IB20, IB21, IB22, IB24, IB32, IB38
KO11	Einem fairen Umgang der Mitarbeiter untereinander wird eine hohe Bedeutung beigemessen.	Subkultur	IB12, IB14, IB26, IB27, IB29, IB37, IB48, IB60, IB63, IB95, IB105, IB106, IB107, IB122, IB128, IB155, IB155, OD45, OD46
KO12	Es besteht eine hohe Leistungsorientierung. Zwischen den Professionen der Arbeiter und der Administration ist bezüglich der Art wirkender Anreize zu differenzieren.	Subkultur	IB12, IB21, IB22, IB28, IB31, IB60, IB72, IB95, IB99, IB114, IB115, IB153, OD47
KO13	Nach Meinung der Mitarbeiter steht die Tochtergesellschaft bezüglich des Lohns in der Pflicht, eine gerechte Verteilung zu erzeugen. Dass der Staat dies wesentlich mitbeeinflusst, wird in der Regel nicht erkannt.	Subkultur	IB3, IB28, IB47, IB55, IB112, IB114, IB115, IB118, IB120, IB123, IB124, IB127, IB150, OD47

A.1.4 Mittelwerttabelle zur deskriptiven Auswertung der Falleinheit A

	US	US	ZO	ZO	MD	MD	K1	K1	HO	HO
Arbeiter	3,55	3,50	3,83	3,91	2,28	2,13	3,21	3,76	3,97	4,16
Arbeiter mit Führungsaufgaben	3,84	3,83	3,72	4,25	2,79	2,40	3,08	3,91	3,78	4,22
Administration	3,63	3,53	4,05	3,73	2,67	2,29	2,93	3,68	3,45	3,84
ohne Auslandserfahrung	3,61	3,52	3,85	3,91	2,31	2,18	3,18	3,77	3,91	4,14
Auslandserfahrung	3,86	3,75	3,94	3,92	2,65	2,25	3,11	3,75	3,89	4,28
ungarisch	3,62	3,53	3,86	3,91	2,34	2,19	3,17	3,77	3,88	4,14
deutsch	4,00	3,50	4,50	4,00	1,67	1,50	3,67	3,25	3,63	4,38

weiblich	3,54	3,42	3,96	3,96	2,28	2,08	3,14	3,73	3,92	4,20
männlich	3,78	3,74	3,73	3,84	2,45	2,35	3,23	3,82	3,88	4,10

	LO	LO	K2	K2	GE	GE	BH	BH
Arbeiter	3,67	4,08	3,54	4,20	3,45	3,41	2,97	3,00
Arbeiter mit Führungsaufgaben	4,31	4,41	4,25	4,59	3,22	3,50	2,83	2,88
Administration	3,95	4,08	4,16	4,27	3,67	3,47	2,91	2,67
ohne Auslandserfahrung	3,81	4,14	3,67	4,25	3,46	3,40	2,95	2,95
Auslandserfahrung	3,89	4,20	3,80	4,35	3,45	3,44	2,80	2,91
ungarisch	3,81	4,14	3,69	4,25	3,46	3,40	2,94	2,95
deutsch	3,63	4,50	2,50	4,00	3,75	3,50	2,50	2,33
weiblich	3,78	4,13	3,72	4,24	3,61	3,52	2,96	2,98
männlich	3,88	4,19	3,66	4,29	3,24	3,23	2,88	2,89

A.1.5 Grundlegende Aussagen der quantitativen Erhebung der Falleinheit A

Aus datenschutzrechtlichen Gründen nicht Bestandteil der Veröffentlichung.

A.1.6 Kategorisierung der Erkenntnisse der quantitativen Erhebung der Falleinheit A

Diese Tabelle beschreibt die Kategorien, in welche die Erkenntnisse aus den quantitativen Analysen eingeordnet wurden. Dies umfasst neben dem Bezug zu unternehmens- bzw. landeskulturellem Umfeld (UK, LK, UK-LK), auch die neun Kulturdimensionen nach GLOBE sowie die Zuordnung zu einzelnen Professionen bzw. demographischen Faktoren. Diese Tabelle bildet zusammen mit der vorhergehenden Tabelle die Basis für die in Kapitel 4.2.2.2.5 generierten Aussagen zur Veränderung kultureller Wertvorstellungen bei Arbeitern.

Quelle	ID	UK	LK	UK-LK	US	MD	K1	K2	GE	BH	ZO	LO	HO	Profession allgemein	Arbeiter	Leiter	Administration	Alter	Unternehmenszugehörigkeit	Arbeitserfahrung in ausländischem	Auslandserfahrung	Nationalität	Geschlecht
DA	1			x	x				x	x				x									
DA	2a	x				x								x	x	x	x						
DA	2b			x		x								x	x	x	x						
DA	3		x		x	x	x	x	x	x	x	x	x	x									
DA	4			x	x	x	x	x	x	x	x	x	x	x									
DA	5			x			x							x									
DA	6a	x						x							x		x						
DA	6b			x				x							x		x						
DA	7a	x						x							x	x	x						
DA	7b	x									x				x	x	x						
DA	9	x	x		x	x	x	x	x	x	x	x	x	x								x	
DA	10a			x		x																	x
DA	10b			x		x																	x
DA	11	x						x				x			x	x							
DA	12	x										x				x							
~~DA~~	~~13~~	x				x								x									
DA	14	x									x				x	x	x						
DA	15	x				x							x		x	x	x						
DA	16	x			x		x	x	x	x	x	x	x	x							x		
DA	17	x				x															x		
DA	18	x					x															x	
DA	19	x				x																x	
DA	20	x			x	x	x	x	x	x	x	x	x			x	x						x
DA	21	x										x			x	x	x				x		
DA	22	x				x									x	x	x				x		
DA	23a	x	x	x						x					x						x		
DA	23b	x	x	x						x					x	x	x				x		
DA	24a	x						x				x			x								x

DA	24b		x					x				x			x								x
DA	24c			x				x				x			x								x
DA	25	x			x	x	x	x	x	x	x	x	x		x							x	
DA	26			x			x	x							x	x	x	x	x	x	x	x	x
CA	27a	x			x										x			x	x	x			
CA	27b		x		x										x			x					
CA	29a	x									x				x			x			x	x	x
CA	29b	x									x				x				x	x			
CA	29c			x							x				x				x	x			
CA	31a	x	x			x									x						x		x
CA	31b	x	x			x									x			x					
CA	31c	x	x			x									x				x				
CA	31d	x	x			x									x					x			
CA	32a	x					x								x			x	x				
CA	32b		x				x								x			x	x				
CA	32c			x			x								x			x	x				
CA	33a	x											x		x				x				
CA	33b		x	x									x		x				x				
CA	34a	x										x			x			x		x			
CA	34b		x	x								x			x			x		x			
CA	34c	x	x									x			x				x				
CA	36a	x						x							x			x					
CA	36b	x						x							x								x
CA	36c			x				x							x			x					
CA	38a	x							x						x								x
CA	38b			x					x						x								x
CA	39	x								x					x								
CA	40a		x		x										x				x				
CA	40b	x		x	x										x				x				
CA	41a	x	x	x							x				x				x	x			
CA	41b	x	x								x				x			x					x
CA	43a		x			x									x			x	x		x	x	x
CA	43b	x	x			x									x					x			
CA	44a		x				x								x			x		x			
CA	44b	x		x			x								x			x		x			
CA	44c		x				x								x				x				
CA	46		x										x		x			x	x	x	x	x	x
CA	47a		x									x			x				x		x		

CA	47b	x		x								x			x				x		x		
CA	49a	x	x	x				x							x								
CA	49b		x					x							x			x					x
CA	50	x	x	x					x						x								x
CA	51a	x	x	x						x					x				x				
CA	51b	x	x	x						x					x					x			
VA	52a	x				x									x			x					
VA	52b		x	x		x									x			x					
VA	53a	x						x							x			x					
VA	53b		x	x				x							x			x					
VA	54a	x					x								x			x					
VA	54b		x	x			x								x			x					
VA	55a	x										x			x			x					
VA	55b		x	x								x			x			x					
VA	56a	x					x								x				x				
VA	56b		x	x			x								x				x				
VA	58a	x											x		x				x				
VA	58b		x	x									x		x				x				
VA	59a		x		x										x				x				
VA	59b	x		x	x										x				x				
VA	61a		x			x									x				x				
VA	61b	x		x		x									x				x				
VA	62a	x									x				x					x			
VA	62b		x	x							x				x					x			
VA	63a	x										x			x					x			
VA	63b		x	x								x			x					x			
VA	64a		x				x								x					x			
VA	64b	x		x			x								x					x			
VA	65	x	x						x	x					x					x			
VA	66	x	x		x	x	x	x	x	x	x	x	x		x						x		
VA	67a	x						x	x						x								x
VA	67b		x						x						x								x

A.1.7 Triangulation der Erkenntnisse aus der quantitativen Analyse zu Aussagen 2. Ordnung

Die folgende Tabelle ordnet die Basisaussagen aus der quantitativen Analyse den in Kapitel 4.2.2.2.5 triangulierten Aussagen zweiter Ordnung zu. Dies umfasst auch die verworfenen Erklärungen zur Machtdistanz, zur Humanorientierung und zur Bestimmtheit.

ID	Aussage 2. Ordnung	Einbezogene Aussagen aus der quantitativen Analyse
P1	Arbeiter mit längerer Unternehmenszugehörigkeit bewerten im gesellschaftlich/familiären Umfeld die Notwendigkeit von Normen und Riten zur Vermeidung von Unsicherheit (US) deutlich höher als Arbeiter mit kürzerer Unternehmenszugehörigkeit.	DA1, DA3, CA27a, CA27b, CA40a, CA40b, VA59a, VA59b
P2	Arbeiter mit größerer Erfahrung in einem anderen ausländischen Unter-nehmen messen der Bedeutung zukunftsgerichteten Verhaltens im Unter-nehmen einen höheren Wert bei als Arbeiter mit weniger oder keiner Erfahrung in einem anderen ausländischen Unternehmen.	DA16, DA20, DA25, CA29a, CA29b, CA29c, CA41b, VA62a, VA62b, VA66
P3a	Jüngere Arbeiter haben einen höheren Anspruch an die Förderung einer gemeinschaftlichen Verteilung von Ressourcen und gemeinschaftlicher Handlungsweisen seitens des Unternehmens.	DA18, DA20, DA25, CA32a, CA32b, CA44a, CA44c, VA54a, VA56b, VA64a
P3b	Arbeiter mit einer größeren Arbeitserfahrung in einem anderen ausländischen Unternehmen haben einen höheren Anspruch an den Staat bezüglich des institutionellen Kollektivismus als Arbeiter mit weniger Arbeitserfahrung in einem anderen ausländischen Unternehmen.	DA18, DA20, DA25, CA32a, CA32b, CA44a, CA44c, VA54a, VA56b, VA64a
P3c	Arbeiter mit großer Lebens- und Arbeitserfahrung schätzen die Bedeutung des Unternehmens bezüglich der Förderung gemeinschaftlichen Handelns niedriger ein, als dies gegenüber dem Staat der Fall ist. Nicht erfahrene Arbeiter haben hier eine gleich hohe Erwartungshaltung.	DA5, CA32c, CA44b, VA54b, VA64b
P4	Arbeiter bewerten die Leistungsorientierung (LO) im gesellschaftlich/familiären Umfeld grundsätzlich höher als im Unternehmensumfeld ein.	DA11, DA12, DA16, DA20, DA21, DA24a, DA24b, DA24c, DA25, CA34a, CA34b, CA47a, CA47b, VA44a, VA63a, VA63b
P5	Ältere Arbeiter haben an die Identifikation mit dem Unternehmen bzw. ihren Kollegen (K2) einen höheren Anspruch als jüngere Arbeiter.	DA3, DA6a, DA6b, DA7a, DA11, DA16, DA26, DA20, DA24a, DA24b, DA24c, CA36a, CA36b, CA36c, CA49a, CA49b, VA53a, VA53b, VA66
P6	Weibliche Arbeiter bewerten die Bedeutung der Geschlechtergleichstellung und den implizierten Anspruch an das Unternehmen, entsprechend der Zielformulierung für eine Gleichbehandlung zu handeln, höher als männliche Arbeiter.	DA1, DA3, DA16, DA20, CA38a, CA38b, CA50, VA67a, VA67b
–	Verworfene Erklärungen zur Machtdistanz	DA2a, DA2b, DA3, DA10a, DA10b, DA15, DA20, DA22, DA25, CA31a, CA31b, CA31c, CA31d, CA43a, CA43b, VA52a, VA52b, VA61a, VA61b, VA66
-	Verworfene Erklärung zur Humanorientierung	DA3, DA15, DA16, DA20, DA25, CA33a, CA33b, CA46, VA58a, VA58b
-	Verworfene Erklärung zur Bestimmtheit	DA1, DA20, DA23a, DA23b, CA39, CA51a, CA51b, VA65, VA66

A.2 Erhebung der Falleinheiten B-D

A.2.1 Beschreibung der grundlegenden Aussagen aus der qualitativen Analyse der Falleinheiten B-D

Aus datenschutzrechtlichen Gründen nicht Bestandteil der Veröffentlichung.

A.2.2 Kategorisierung der Aussagen aus der qualitativen Erhebung der Falleinheiten B-D

Die Kategorisierung der Daten aus der qualitativen Erhebung der Falleinheiten B-D erfolgt anhand der Kulturdimensionen nach GLOBE sowie subkulturellen Bezügen zum Unternehmen (Arbeitsweise, Identifikation und Anforderung an das Unternehmen), zum Land (Verhaltensweise, Identifikation und Anforderung an das Land), unternehmenskulturellen Bezügen (Aussagen zur Koordinationsfunktion, Integrations-/Identifikationsfunktion sowie zu beeinflussenden Instrumenten) und anhand der Beziehung zwischen der Mutter- und Tochtergesellschaft (Führung der Tochtergesellschaft, Rolle der Tochtergesellschaft und Maßnahmen des kulturellen Austauschs).

Quelle	ID	US	MD	K1	K2	GE	BH	ZO	LO	HO	SK_U_ArbW	SK_U_Ident	SK_U_Anf	SK_Land	SK_L_Verhalt	SK_L_Ident	SK_L_Anf	UK_Inst	UK_Koord	UK_Ident	MT_Fü	MT_RolleTG	MT_Kulturaust
IB	167																				x		
IB	168																				x	x	
IB	169																			x			
IB	170																				x	x	
IB	171																				x	x	
IB	172																					x	
IB	173																					x	
IB	174																					x	
IB	175																	x	x				
IB	176																	x	x				
IB	177																	x		x	x		
IB	178																				x		
IB	179																					x	
IB	180																					x	
IB	181																					x	
IB	182																					x	
IB	183																					x	
IB	184																	x	x				
IB	185																				x		
IB	186																		x				
IB	187																		x				
IB	188																		x				
IB	189								x									x					
IB	190							x	x									x		x			
IB	191							x	x									x					
IB	192																	x	x				x
IB	193			x	x				x									x		x			x
IB	194																		x		x		x
IB	195																		x		x		x
IB	196		X		x		x	x										x	x		x		
IB	197											X						X					

IB	198	X					X				X												
IB	199		x						x	x			x					x					
IB	200								x									x					
IB	201				x				x		x							x	x				
IB	202				x				x	x			x					x					
IB	203	x							x		x								x				
IB	204				x			x	x		x	x											
IB	205																				x		
IB	206	x	x										x						x	x			
IB	207		x		x						x								x				
IB	208		x		x						x								x				
IB	209																						
IB	210													x								x	x
IB	211								x		x												
IB	212								x		x								x				
IB	213																						
IB	214								x									x					
IB	215	x						x				x							x				x
IB	216																						x
IB	217									x										x			
IB	218								x	x										x			
IB	219																						
IB	220																			x	x		
IB	221	x							x			x						x					
IB	222								x		x										x		x
O	33									x								x			x		
O	34									x									x			x	
O	35									x									x			x	
O	36								x			x											
O	37													x					x				
O	38													x				x		x			
O	39																						
O	40																		x		x		
IB	223																				x	x	
IB	224																				x		
IB	225																				x		
IB	226																				x		x
IB	227																		x	x	x		
IB	228																		x	x	x		
IB	229																						x
IB	230																				x	x	
IB	231																					x	
IB	232																					x	
IB	233																					x	x
IB	234							x	x												x		
IB	235																		x		x	x	
IB	236																					x	x
IB	237	x	x		x						x								x				
IB	238																	x		x			x
IB	239																		x				x
IB	240																	x					x
IB	241																	x					
IB	242										x							x					x
IB	243																	x	x				
IB	244																				x	x	
IB	245	x	x				x		x		x							x					
IB	246																	x					
IB	247										x								x				
IB	248										x								x				
IB	249																		x				
IB	250								x										x				
IB	251								x		x		x						x	x	x		

IB	252																			x			
IB	253																		x		x		x
IB	254			x	x		x					x	x						x	x	x		x
IB	255																					x	
IB	256													x								x	
IB	258																				x		
IB	259																		x		x		
IB	260								x										x				
IB	261				x						x								x				
IB	262								x				x					x					
IB	263								x	x		x	x					x					
IB	264																	x					
IB	265																	x					
IB	266		x				x				x								x				
IB	267				x							x						x		x			
IB	268				x					x				x				x		x			
IB	269											x						x		x			
IB	270											x		x				x		x			
IB	271				x				x		x								x				
IB	272																			x			
IB	273										x	x							x				
IB	274										x								x				
IB	275										x								x				
IB	276										x								x				
O	1																	x					
O	2																	x					
O	3																	x					
O	5																	x					
O	6																				x		
O	7								x										x				
O	8								x				x						x				
O	9									x			x						x				
O	10																		x				
O	11				x				x									x					
O	12							x	x					x				x					
O	13							x	x					x						x		x	
O	14	x						x														x	x
O	15													x									
O	16							x						x									
O	17									x				x									
O	18									x				x									
O	19				x			x						x									
O	20													x									
O	21							x	x					x									
O	22	x					x		x										x				
O	23																	x					
O	39			x										x									
IB	277																				x		
IB	278		x				x														x		
IB	279								x												x		
IB	280		x																x	x	x		
IB	281	x	x					x	x										x		x		
IB	282																		x		x		
IB	283	x					x		x		x								x				
IB	284							x	x												x		
IB	285	x						x	x		x		x								x		
IB	286																				x		
IB	287							x	x												x	x	
IB	288										x								x		x	x	
IB	289							x	x		x							x	x				
IB	290																				x		
IB	291	x						x			x	x							x				

IB	292																x	x					
IB	293				x							x						x					
IB	294	x									x							x					
IB	295								x									x					
IB	296								x									x					
IB	297	x			x							x							x				
IB	298						x				x							x		x			
IB	299		x				x		x		x									x		x	
IB	300		x							x			x				x	x					
IB	301								x	x			x				x	x					
IB	302							x									x						
IB	303		x															x					
IB	304		x				x		x				x					x					
IB	307	x	x						x									x					
IB	308				x				x									x					
IB	309				x				x			x					x	x	x				
IB	310				x						x						x	x					
IB	311				x						x							x					
IB	312	x						x			x												
IB	313								x		x						x						
IB	314							x	x		x						x	x					
IB	315																x						
IB	316		x					x										x					
IB	317																	x					
IB	318	x	x										x				x						
IB	319				x				x		x						x						
IB	320	x							x		x							x					
IB	321											x							x				
IB	322																			x			
IB	323		x										x					x	x				
IB	324																				x	x	
IB	325																			x			
IB	326		x	x															x		x		
IB	327	x	x					x												x			
IB	328																			x			
IB	329				x			x										x					
IB	330											x											
IB	331											x											
IB	332																	x					
IB	334																				x	x	
IB	335																					x	
IB	336																					x	
IB	337																			x			
IB	338																					x	
IB	339																	x		x		x	
IB	340																	x		x		x	
IB	341										x							x				x	
IB	342										x						x					x	
IB	343				x					x				x								x	
IB	344	x	x											x									
IB	345	x		x										x								x	
IB	346	x					x	x	x		x			x								x	
IB	347																			x			
IB	348																					x	
IB	349				x												x						
IB	350				x												x						
IB	351		x																	x			
IB	352									x								x	x				
IB	353																	x	x				
IB	354		x		x				x		x							x					
IB	355	x	x		x		x		x		x							x					
IB	356		x						x	x								x					

IB	357		x	x	x														x				
O	24				x				x	x									x				
O	25																		x			x	
O	26									x				x									
O	27									x				x									
O	28									x				x									
O	29									x				x									
O	30				x				x									x					
O	31								x									x					
O	32							x						x									
O	39													x									

A.3 Triangulation der Aussagen aus der qualitativen Erhebung der Falleinheit A zur Herleitung der Aussagenteilsysteme (ATS)

Die durch die Triangulation abgeleiteten Aussagenteilsysteme werden in der folgenden Tabelle in Bezug zu den zu Grunde liegenden Aussagen 1. Ordnung aus der quantitativen und qualitativen Analyse der Falleinheit A gesetzt.

Aussagenteilsystem	Aussagen 2. Ordnung	Berücksichtigte Kulturdimension	Beeinflussender demographischer Faktor	Bezug zur Umwelt der Tochtergesellschaft
ATS1	P2, U1, F6, I1, I2, I3, KO10, U4	Zukunftsorientierung	Erfahrung in einem anderen ausländischen Unternehmen	
ATS2	P4, KO6, KO13, KO12, U5	Leistungsorientierung	keiner	Anforderungen der Muttergesellschaft
ATS3	P4, I2, I3, U2, U3, KO3, KO7	Leistungsorientierung	keiner	gesellschaftlich/ familiäres Umfeld
ATS4	P5, I1, I2, I3, U4, F2, F3, F4, KO2, KO4, KO8, KO11	Gruppenkollektivismus	Alter	gesellschaftlich/ familiäres Umfeld; Marktumwelt
ATS5	P1, KO8, KO6, F4, F6, KO2, KO4, U2, U1	Unsicherheitsvermeidung	Dauer der Unternehmenszugehörigkeit	gesellschaftlich/ familiäres Umfeld
ATS6	P3c, P3b, U1, U2, U3, U4, U5, KO3, KO9, KO13, F2, F4, F5, I1, I2, I3	institutioneller Kollektivismus	Erfahrung in einem anderen ausländischen Unternehmen Dauer der Unternehmenszugehörigkeit Alter	gesellschaftlich/ familiäres Umfeld

A.4 Triangulation der Aussagen aus den Falleinheiten A – D

Die Triangulation der Aussagen 3. Ordnung in Kapitel 4.2.3.2 erfolgt auf Basis der Aussagen aus den qualitativen Analysen der vier Falleinheiten und werden im Folgenden beschrieben.

ID	Aussage 3. Ordnung der Falleinheiten A-D	Einbezogene Aussagen aus der qualitativen Analyse
TF1	Es besteht in allen Falleinheiten eine unternehmenskulturelle Differenz zwischen Mutter- und Tochtergesellschaft.	IB195, IB199, IB210, IB215, IB216, IB222, IB229, IB251, IB254, IB343, IB345, IB346, U1, I1
TF2	Bei sich verändernden Wertvorstellungen muss grundsätzlich bezüglich der Profession differenziert werden.	IB175, IB176, IB177, IB184, IB196, IB221, IB243, IB245, IB246, IB289, IB292, IB302,IB309, IB310, IB313, IB314, IB318, IB319, IB350, OD30, OD33, KO6, KO7, KO10, KO12,
TF3	Die Sensibilität für kulturelle Unterschiede der Führung ermöglicht Verständnis und Akzeptanz für unternehmenskulturelle Unterschiede bei der Muttergesellschaft durch aktive Kommunikation der Unterschiede. Dies wird durch die Entsendung von der Tochter- zur Muttergesellschaft getragen, da hier Arbeiter und Führungskräfte kulturelle Unterschiede direkt beobachten und erfahren können. Eine Anpassung seitens der Muttergesellschaft kann hingegen nicht beobachtet werden.	IB178, IB185, IB194, IB210, IB216, IB224, IB225, IB226, IB230, IB233, IB236, IB238, IB239, IB322, IB343, IB345, IB346, F4, F6, I1, KO2, KO9
TF4	Das Engagement im gesellschaftlich/familiären Umfeld bei Falleinheit A kann gesondert betrachtet werden.	IB267, IB268, IB269, IB270, IB265, IB348, OD1, OD2, OD3, OD38, U2, U3, KO3
TF5	Je größer die Verflechtung der Leistungserbringung und des damit einhergehenden Koordinationsbedarfes mit der Muttergesellschaft ist, umso geringer ist der Beitrag der Koordinationsfunktion der Unternehmenskultur zur organisatorischen Effizienz. Dies ergibt sich aus den Anforderungen, die seitens der Muttergesellschaft gestellt werden, die auf keine tiefe Verankerung entsprechender Denk- und Arbeitsweisen in der Tochtergesellschaft stoßen.	IB175, IB176, IB184, IB195, IB196, IB201, IB203, IB206, IB207, IB208, IB215, IB280, IB281, IB282, IB291, IB297, OD7, OD8, OD9, OD10, OD22, I1, KO1, KO5, I3, KO9
TF6	Eine hohe Identifikation mit der Tochtergesellschaft auf Basis hoher Bestimmtheit und geringer Machtdistanz führt zur bewussten Abgrenzung gegenüber der Muttergesellschaft, obgleich eine grundsätzliche Offenheit gegenüber Neuem besteht.	IB186, IB187, IB188, IB192, IB194, IB239, IB243, IB247, IB253, IB254, IB266, IB254, IB259, IB261, IB297, IB321, IB326, F6, I1, I2, I3, I4, KO9, KO11
TF7	Durch neue Mitarbeiter können andere Denk- und Arbeitsweisen schneller implementiert werden. Dies geht jedoch mit technischen Effizienzverlusten einher.	IB292, IB293, IB294, IB295, IB296, IB297, IB339, IB340, IB342, IB346, OD24, OD25, KO8, KO12
TF8	Gruppenleiter in der Fertigung haben bei Änderungen der Unternehmenskultur im Sinne der Arbeits- und Prozesskoordination die Rolle von Gatekeepern. Sie wirken als Promotoren, sofern es sich um Änderungen handelt, die mit einem Schock behaftet sind. Diese Schocks basieren auf veränderten Anforderungen aus der Umwelt der Tochtergesellschaft (Muttergesellschaft oder Land).	IB175, IB176, IB195, IB201, IB203, IB206, IB207, IB208, IB215, IB247, IB248, IB249, IB303, IB304, IB307, IB317, IB320, IB323, IB329, OD37, U5, KO2, KO4, KO5

TF9	Eine feste Gruppe von Entsendeten ermöglicht einen kulturellen Austausch auf Ebene der Subkulturen. Dies beschränkt sich nicht nur auf die Konfrontation kultureller Eigenheiten der Tochtergesellschaft in der Muttergesellschaft, sondern betrifft auch die Kommunikation der durch die Entsendung möglichen Beobachtung kultureller Unterschiede in der Tochtergesellschaft.	IB189, IB190, IB191, IB192, IB193, IB194, IB238, IB240, IB241, IB242, IB243, IB253, IB254, IB299, IB310, IB311, IB314, IB316, IB332, IB334, IB335, IB336, IB342, IB343, IB345, IB346, IB354, IB357, OD11, OD14, F2, F3, F5, KO1, KO2, KO4

Literaturverzeichnis

A

Abbott, A. D. (2004): Methods of discovery: Heuristics for the social sciences. New York 2004.

Abele, E. et al. (2012): Überwindung von Zielkonflikten in Netzwerken der Automobilindustrie. In: Industrie Management, 28(2012)5, S. 29–32.

Abels, H. (2010): Identität. 2. Aufl., Wiesbaden 2010.

Adler, N. J. (1983a): A typology of management studies involving culture. In: Journal of International Business Studies, 14(1983)2, S. 29–47.

Adler, N. J. (1983b): Cross-cultural management research: The ostrich and the trend. In: Academy of Management Review, 8(1983)2, S. 226–232.

Adler, N. J. (1991): International dimensions of organizational behavior. 2. Aufl., Boston 1991.

Adler, P. S./Goldoftas, B./Levine, D. I. (1999): Flexibility versus efficiency? A case study of model changeovers in the Toyota Production System. In: Organization Science, 10(1999)1, S. 43–68.

Agle, B. R./Caldwell, C. B. (1999): Understanding research on values in business. In: Business & Society, 38(1999)3, S. 326–387.

Aharoni, Y. (1966): The foreign direct investment decision prozess. Boston 1966.

Alasuutari, P. (1995): Researching culture: Qualitative method and cultural studies. London/Thousand Oaks 1995.

Alvesson, M. (2002): Understanding organizational culture. London 2002.

Alvesson, M./Ashcraft, K. L. (2009): Critical methodology in management and organization research. In: Buchanan, D. A. (Hrsg.): Handbook of Organizational Research Methods. London 2009, S. 61–77.

Alvesson, M./Hardy, C./Harley, B. (2008): Reflecting on reflexitivity: Reflexive textual practices in organization and management theory. In: Journal of Management Studies, 45(2008)3, S. 480–501.

Alvesson, M./Kärreman, D. (2011): Qualitative research and theory development: Mystery as method. London 2011.

Alvesson, M./Sandberg, J. (2011): Generating research questions through problematization. In: Academy of Management Review, 36(2011)2, S. 247–271.

Ang, S. et al. (2007): Cultural intelligence: Its measurement and effects on cultural judgment and decision making, cultural adaptation and task performance. In: Management and Organization Review, 3(2007)3, S. 335–371.

Ang, S./Van Dyne, L. (Hrsg.) (2008): Handbook on cultural intelligence: Theory, measurement and applications. Armonk 2008.

Arikan, G. (2011): Economic individualism and government spending. In: World Values Research, 4(2011)3, S. 73–96.

B

Bacharach, S. B. (1989): Organizational theories: Some criteria for evaluation. In: The Academy of Management Review, 14(1989)4, S. 496–515.

Bachmann, R./Lane, C. (2003): Vertrauen und Macht in zwischenbetrieblichen Kooperationen. Zur Rolle von Wirtschaftsrecht und Wirtschaftsverbänden in Deutschland und Großbritannien. In: Sydow, J. (Hrsg.): Management von Netzwerkorganisationen. Beiträge aus der "Managementforschung". 3. Aufl., Wiesbaden 2003, S. 75–106.

Bachmann-Medick, D. (2009): Cultural Turns : Neuorientierungen in den Kulturwissenschaften. 3. Aufl., Reinbek 2009.

Baetge, J. (1979): Motivation von Mitarbeitern im Unternehmen. In: Mellwig, W. et al. (Hrsg.): Unternehmenstheorie und Unternehmensplanung. Wiesbaden 1979, S. 11–30.

Baetge, J. et al. (2007): Unternehmenskultur und Unternehmenserfolg: Stand der empirischen Forschung und Konsequenzen für die Entwicklung eines Messkonzepts. In: Journal für Betriebswirtschaft, 57(2007)3-4, S. 183–219.

Baldwin, C. Y/Clark, T. B (2006): Where do transactions come from? A network design perspective on the Theory of The Firm. n.d. 2006 .

Baliga, B. R./Jaeger, A. M. (1984): Multinational corporations. Control systems and delegation issues. In: Journal of International Business Studies, 15(1984)2, S. 25–40.

Barkema, H. G./Bell, J. H./Pennings, J. M. (1996): Foreign entry, cultural barriers, and learning. In: Strategic Management Journal, 17(1996), S. 151–166.

Barley, N. (1999): Traurige Insulaner: Als Ethnologe bei den Engländern. Stuttgart/ München 1999.

Barley, S./Meyer, G. W./Gash, D. (1988): Cultures of culture: Academcis, practitioners, and the pragmatics of normative control. In: Administrative Science Quarterly, 33(1988)1, S. 24–60.

Barnard, C. J. (1938): The functions of the executive. Cambridge 1938.

Barney, J. B. (1986): Organizational culture: Can it be a source of sustained competitive advantage? In: Academy of Management Review, 11(1986)3, S. 656–665.

Barney, J. B. (1997): Gaining and sustaining a competitive advantage. New York 1997.

Bartlett, C. A./Ghoshal, S. (1986): Tap your Subsidiaries for Global Reach. In: Harvard Business Review, 64(1986)November-Dezember, S. 87–94.

Bartlett, C. A./Ghoshal, S. (1987a): Managing across borders: New organizational responses. In: Sloan Management Review, 29(1987)1, S. 43–53.

Bartlett, C. A./Ghoshal, S. (1987b): Managing Across Borders: New strategic requirements. In: Sloan Management Review, 28(1987)4, S. 7–17.

Bartlett, C. A./Ghoshal, S. (1989): Managing across borders. The transnational solution. Boston 1989.

Bartlett, C. A./Ghoshal, S. (1990): Internationale Unternehmensführung. Innovation, globale Effizienz, differenziertes Marketing. Frankfurt a. M./New York 1990.

Bartlett, C. A./Ghoshal, S. (2000): Transnational management: Text, cases, and readings in cross-border management. 3. Aufl., Boston u.a. 2000.

Barton, A. H./Lazarsfeld, P. F. (1979): Einige Funktionen von qualitativer Analyse in der Sozialforschung. In: Hopf, C./Weingarten, E. (Hrsg.): Qualitative Sozialforschung. Stuttgart 1979, S. 41–89.

Bäuerle, P. (1989): Zur Problematik der Konstruktion praktikabler Entscheidungsmodelle. In: Zeitschrift für Betriebswirtschaft, 59(1989)2, S. 175–192.

Beamish, P.W. (2008): Joint Venturing. Charlotte 2008.

Beerman, L./Stengel, M. (1999): Werte im interkulturellen Vergleich. In: Bergemann, N./Sourisseaux, A. L. J. (Hrsg.): Interkulturelles Management. Heidelberg 1999, S. 7–34.

Berelson, B./Steiner, G. (1964): Human behavior: An inventory of scientific findings. New York 1964.

Berg, N./Holtbrügge, D. (1997): Wettbewerbsfähigkeit von Nationen. Der Diamant Ansatz von Porter. In: WiSt, 26(1997)4, S. 199–201.

Berthoin Antal, A./Dierkes, M./Helmers, S. (1993): Unternehmenskultur: Eine Forschungsagenda aus Sicht der Handlungsperspektive. In: Dierkes, M./Rosenstiel, L. v./Steger, U. (Hrsg.): Unternehmenskultur in Theorie und Praxis. Frankfurt a. M. 1993, S. 200–218.

Beyfuß, J./Eggert, J. (2000): Auslandsinvestitionen der deutschen Wirtschaft und ihre Arbeitsplatzeffekte. Aktuelle Trends, Ergebnisse einer Unternehmensbefragung und die Bedeutung der staatlichen Förderung. Beiträge zur Wirtschafts- und Sozialpolitik des Instituts der deutschen Wirtschaft, Nr. 258. Köln 2000.

Birkinshaw, J. M./Morrison, A. J. (1995): Configurations of strategy and structure in subsidiaries of multinational corporations. In: Journal of International Business Studies, 26(1995)4, S. 729–753.

Black, J. S./Gregersen, H. B. (1999): The right way to manage expats. In: Harvard Business Review, 77(1999)2, S. 52–62.

Blazejewski, S./Dorow, W. (2007): Multinationale Unternehmen auf der Suche nach einer kulturellen Balance. In: Auer-Rizzi, W. et al. (Hrsg.): Unternehmenskulturen in globaler Interaktion: Analysen, Erfahrungen, Lösungsansätze. Wiesbaden 2007, S. 5–16.

Bössmann, E. (1983): Unternehmungen, Märkte, Transaktionskosten: Die Koordination ökonomischer Aktivitäten. In: WiSt, 12(1983)3, S. 105–111.

Boxall, P./Putcell, J. (2003): Strategy and human resource management. New York 2003.

Boyacigiller, N. A. et al. (2004): Conceptualizing culture: Elucidating the streams of research in international cross-cultural management. In: Punnett, B. J./Shenkar, O. (Hrsg.): Handbook for international management research. 2. Aufl., Cambridge/Blackwell 2004, S. 99–167.

Brandt, W. K./Hulbert, J. M. (1977): Headquarters guidance in marketing strategy in the multinational subsidiary. In: Columbia Journal of World Business, 12(1977)4, S. 7–14.

Brewer, M. B./Chen, Y.-R. (2007): Where (and who) are collectives in collectivism? Toward conceptual clarification of individualism and collectivism. In: Psychological Review, 114(2007)1, S. 133–151.

Brewer, M. B./Gardner, W. (1996): Who is this “We”? Levels of collective identity and self representations. In: Journal of Personality and Social Psychology, 71(1996)1, S. 83–93.

Brewer, P. (2007): Psychic distance and Australian export market selection. In: AJM, 32(2007)1, S. 73–94.

Brodbeck, F. C. et al. (2004): Societal culture and industrial sector influences. In: House, Robert J et al. (Hrsg.): Culture, leadership, and organizations: The GLOBE study of 62 societies. Thousand Oaks 2004, S. 654–668.

Broszinsky-Schwabe, E. (2011): Interkulturelle Kommunikation. Missverständnisse, Verständigung. Wiesbaden 2011.

Brown, W. B. (1976): Islands of conscious power: MNCs in the theory of the firm. In: MSU Business Topics, 24(1976), S. 37–45.

Brüsemeister, T. (2008): Qualitative Forschung: Ein Überblick. 2. Aufl., Wiesbaden 2008.

Bryman, A. (2000): Quantitative and Qualitative research: Further reflections on their integration. In: Brannen, J. (Hrsg.): Mixing methods: Qualitative and quantitative research. Aldershot 2000, S. 58–78.

Bryman, A./Bell, E. (2007): Business research methods. Oxford 2007.

Bryman, A./Buchanan, D. A. (2009): The present and futures of organizational research. In: Buchanan, David A. (Hrsg.): Handbook of organizational research methods. London 2009, S. 705–718.

Burckhardt, J. (1868-1873): Weltgeschichtliche Betrachtungen. Essen 1905.

Burrell, G./Morgan, G. (1979): Sociological paradigms and organizational analysis. London 1979.

C

Cameron, K. S./Quinn, R. E. (2006): Diagnosing and changing organizational culture. Hoboken 2006.

Cantner, U./Krüger, J./Hanusch, H. (2007): Produktivitäts- und Effizienzanalyse. Der nichtparametrische Ansatz. Berlin/Heidelberg 2007.

Caves, R. E. (1974): The causes of direct investment: Foreign firms' shares in Canadian and U.K. manufacturing industries. In: Review of Economics and Statistics, 56(1974)3, S. 279–293.

Cavusgil, S./Knidght, G./Riesenberger, J. (2008): International business. Strategy, management, and the new realities. Upper Saddle River 2008.

Chatman, J./Jehn, K. A. (1994): Assessing the relationship between industry characteristics and organizational culture: How different can you be? In: Academy of Management Journal, 37(1994)3, S. 522–553.

Chen, G. et al. (2010): When does cross-cultural motivation enhance expatriate effectiveness? A multilevel investigation of the moderating roles of subsidiary support and cultural distance. In: Acadamey of Management Journal, 53(2010)5, S. 1110–1130.

Chhokar, J. S./Brodbeck, F. C./House, R. J. (Hrsg.) (2008): Culture and leadership across the world the GLOBE book of in-depth studies of 25 societies. Mahwah 2008.

Chmielewicz, K. (1979): Forschungskonzeptionen der Wirtschaftswissenschaft. 2. Aufl., Stuttgart 1979.

Christensen, E./Gordon, G. G. (1999): An exploration of industry, culture and revenue growth. In: Organization Studies, 20(1999)3, S. 397–422.

Clarke, A. E. (2010): Situationsanalyse. Grounded Theory nach dem Postmodernen Turn. Wiesbaden 2010.

Clee, G. H./DiScipio, A. (1959): Creating a world enterprise. In: Harvard Business Review, 37(1959)November-Dezember, S. 77–89.

Coase, R. (1937): The nature of the firm. In: Economica 4(1937)16, S. 386–405.

Coch, L./French, J. R. P. (1948): Overcoming resistance to change. In: Human Relations, 1(1948)6, S. 512–532.

Coelli, T. J. et al. (2005): An introduction to efficiency and productivity analysis. 2. Aufl., New York 2005.

Colberg, W. (1989): Internationale Präsenzstrategien von Industrieunternehmen. Kiel 1989.

Colquitt, J./Zapata-Phelan, C. P. (2007): Trends in the theory building and theory testing: A five-decade study of the academy of management journal. In: Academy of Management Journal, 50(2007)6, S. 1281–1303.

Contractor, F. J./Lorange, P. (1988): Why should firms cooperate? The strategy and economics basis for cooperative ventures. In: Contractor, F. J./Lorange, P. (Hrsg.): Cooperative strategies in international business. Joint ventures and technology partenership between firms. Lexington 1988, S. 3–30.

Corley, K. G./Cochran, P. L./Comstock, T. G. (2001): Image and the impact of public affairs management on internal stakeholders. In: Journal of Public Affairs, 1(2001)1, S. 53–67.

Cottyn, J. et al. (2011): A method to align a manufacturing execution system with lean objectives. In: International Journal of Production Research, 49(2011)14, S. 4397–4413.

Courpasson, D./Dany, F./Clegg, S. (2011): Resisters at work: Generating productive resistance in the workplace. In: Organization Science, 23(2011)3, S. 801–819.

Crossland, C./Hambrick, D. C. (2011): Differences in managerial discretion across countries: How nation-level institutions affect the degree to which ceos matter. In: Strategic Management Journal, 32(2011), S. 797–819.

Cyert, R. M./March, G. M. (1963): A behavioral theory of the firm. Englewood Cliffs 1963.

D

Daft, R. L./Lewin, A. Y. (2008): Rigor and relevance in organization studies - Idea migration and academic journal evolution. In: Organization Science, 19(2008)1, S. 177 – 183.

Danner, H. (1979): Methoden geisteswissenschaftlicher Pädagogik : Einführung in Hermeneutik, Phänomenologie und Dialektik. München u.a. 1979.

Davis, H./Rasool, S. A. (1988): Values research and managerial behavior: Implications for devising culturally consistent managerial styles. In: Management International Review, 28(1988)3, S. 11–20.

Davis, M. S. (1971): That's interesting! Towards a phenomenology of sociology and a sociology of phenomenology. In: Philosophy of the Social Sciences, 1(1971)2, S. 309–344.

D'Cruz, J. (1986): Strategic management of subsidiaries. In: Etemad, H./Dulude, L. S. (Hrsg.):Managing the multinational subsidiary. Response to environmental changes and to host nation R&D policies. Crom Helm et al. 1986, S. 75-89.

Deal, T./Kennedy, A. A. (1982): Corporate cultures, the rites and rituals of corporate life. Reading 1982.

Delios, A./Beamish, P. W. (2002): Survival and profitability: The roles of experience and intangible assets in foreign subsidiary performance. In: Academy of Managemant Journal, 44(2002)5, S. 1028–1038.

Denison, D. R./Mishra, A. K. (1995): Toward a theory of organizational culture and effectiveness. In: Organization Science, 6(1995)2, S. 204–223.

Deutsche Bundesbank (2012): Bestandserhebung über Direktinvestitionen. April 2012. Statistische Sonderveröffentlichung 10. Frankfurt a. M. 2012.

Dickmann, P. (2009): Schlanker Materialfluss mit Lean-production, Kanban und Innovationen. 2. Aufl., Berlin/Heidelberg 2009.

Dickson, M. W./BeShears, R. S./Gupta, V. (2004): The impact of societal culture and industry on organizational culture: Theoretical explanations. In: House, Robert J et al. (Hrsg.): Culture, leadership, and organizations: The GLOBE study of 62 societies. Thousand Oaks 2004, S. 74–90.

Dickson, M. W./Den Hartog, D. N./Castano, N. (2009): Understanding leadership across cultures. In: Bhagat, R. S./Steers, R. M. (Hrsg.): Cambridge Handbook of culture, organization, and work. Cambridge 2009, S. 219–244.

DIHK (2008): Investitionen im Ausland. Ergebnisse einer DIHK-Umfrage bei den Industrie- und Handelskammern Frühjahr 2008. Berlin 2008.

Dill, P./Hügler, G. (1987): Unternehmenskultur und Führung betriebswirtschaftlicher Organisationen. Ansatzpunkte für ein kulturbewußtes Management. In: Heinen, E. (Hrsg.): Unternehmenskultur. Oldenburg/München/Wien 1987, S. 141–209.

Dilthey, W. (1964): Gesammelte Schriften V. Die Geistige Welt. Einleitung in die Philosophie des Lebens. 4. Aufl., Stuttgart 1964.

DiMaggio, P. (1994): Culture and economy. In: Smelser, N. J./Swedberg, R. (Hrsg.): The handbook of economic sociology. Princeton/New York 1994, S. 27–57.

DiMaggio, P. (1995): Comments on "What theory is not." In: Administrative Science Quarterly, 40(1995)3, S. 391–397.

Doreian, P. (1979): Mathematics and the study of social relations. London 1979.

Dorfman, P. W./Hanges, P. J./Brodbeck, F. C. (2004): Leadership and cultural variation: The identification of culturally endorsed leadership profiles. In: House, Robert J et al. (Hrsg.): Culture, leadership, and organizations: The GLOBE study of 62 societies. Thousand Oaks 2004, S. 669–720.

Dow, D./Karunaratna, A. (2006): Developing a multidimensional instrument to measure psychic distance stimuli. In: Journal of International Business Studies, 37(2006)5, S. 578–602.

Doz, Y. L./Hamel, G. (1998): Alliance advantage. The art of creating value through partnering. Boston 1998.

Doz, Y. L./Prahalad, C. K. (1991): Managing DMNCs: A search for a new paradigm. In: Strategic Management Journal, 12(1991)S1, S. 145–164.

dpa (2012): Macs bald wieder „Made in USA". In: Handelsblatt.com, Düsseldorf. Zugleich online im Internet: http://www.handelsblatt.com/unternehmen/it-medien/apple-plant-heimische-fertigung-macs-bald-wieder-made-in-usa/7488632.html (Zugriff am: 12.06.2012).

Drori, G. S./Jang, Y. S./Meyer, J. W. (2006): Sources of rationalized governance: Cross-national longitudinal analyses, 1985–2002. In: Administrative Science Quarterly, 51(2006)2, S. 205–229.

Drumm, H. J. (1992): Organisationsplanung. In: Frese, E. (Hrsg.): Handwörterbuch der Organisation. 3. Aufl., Stuttgart 1992, S. 1589–1602.

DUIHK (2011): Konjunkturbericht 2011. Budapest 2011.

DUIHK (2012a): DUIHK-Vergütungsreport 2012/2013. Budapest 2012.

DUIHK (2012b): Konjunkturbericht 2012. Budapest 2012.

Dülfer, E. (1981): Zum Problem der Umweltberücksichtigung im "Internationalen Management". In: Pausenberger, E. (Hrsg.): Internationales Management: Ansätze und Ergebnisse betriebswirtschaftlicher Forschung. Stuttgart 1981, S. 1–44.

Dülfer, E. (1991): Organisationskultur: Phänomen - Philosophie - Technologie. In: Organisationskultur. 2. Aufl., Stuttgart 1991, S. 1–20.

Dülfer, E:/Jöstingmeier, B. (2008): Internationales Management in unterschiedlichen Kulturbereichen. München u.a. 2008.

Dunning, J. H. (1979): Explaining changing patterns of international production: In defence of the eclectic theory. In: Oxford Bulletin of Economics and Statistics, 41(1979)4, S. 269–295.

Dunning, J. H. (1980): Toward an eclectic theory of international production: Some empirical tests. In: Journal of International Business Studies, 11(1980)1, S. 9–31.

Dunning, J. H. (1981): Explaining the International Direct Investment Position of Countries: Towards a Dynamic or Developmental Approach. In: Weltwirtschaftliches Archiv, 117(1981), S. 30–64.

Dunning, J. H. (1993): Internationalizing Porter's diamond. In: Management International Review, 33(1993)2 Special Issue, S. 7–17.

Dunning, J. H./Lundan, S. M. (2008): Multinational enterprise and the global economy. 2. Aufl., Cheltenham/Northampton 2008.

Dyer, W. G. J. (1985): The cycle of cultural evolution in organizations. In: Kilmann, R. H./Saxton, M. J./Serpa, R. (Hrsg.): Gaining control of the corporate culture. San Francisco 1985, S. 200–229.

E

Earley, P. C. (2006): Leading cultural research in the future: A matter of paradigms and taste. In: Journal of International Business Studies, 37(2006)6, S. 922–931.

Ebers, M. (1985): Organisationskultur. Ein neues Forschungsprogramm? Wiesbaden 1985.

Edström, A./Galbraith, J. R (1977): Transfer of managers as a coordination and control strategy in multinational organizations. In: Administrative Science Quarterly, 22(1977)2, S. 248–263.

Eibl, K. (2007): Zwei Kulturen? Zwei Denkweisen und ihre biologischen Ursprünge. In: Eibl, K./Mellmann, K./Zymner, R. (Hrsg.): Im Rücken der Kulturen. Paderborn 2007, S. 31–48.

Eisenhardt, K. M. (1989): Building theories from case study research. In: Academy of Management Review, 14(1989)4, S. 532–550.

Eisenhardt, K. M./Graebner, M. (2007): Theory building from cases. Opportunities and challenges. In: Academy of Management Journal, 50(2007)1, S. 25–32.

Elbert, R./Müller, F. (2008a): Innovationsmanagement in regionalen Unternehmensnetzwerken: Ansätze für das strategische Kompetenzmanagement kleiner und mittelständischer Unternehmen. In: Eisenkopf, A./Opitz, C./Proff, H. (Hrsg.): Strategisches Kompetenz-Management in der Betriebswirtschaftslehre. Eine Standortbestimmung. Wiesbaden 2008, S. 283–300.

Elbert, R./Müller, F. (2008b): Kompetenzen kleiner und mittlerer Unternehmen für das Clustermanagement. In: Meyer, J.-A. (Hrsg.): Management-Kompetenz in kleinen und mittleren Unternehmen. Köln 2008, S. 161–175.

Elbert, R./Yang, G./Saric, S. (2009): Logistics service providers in clusters – Perils and pitfalls for service innovations in China and Germany. In: Braet, J. (Hrsg.): The Proceedings of the 4th European Conference on Entrepreneurship and Innovation (ECEI). September 10-11, 2009. Antwerpen 2009, S. 641–648.

Elbert, R./Zuber, C. (2008): Cluster and the need for collaboration. The transformation of clusters by organizational discourse: A case study in the automotive industry. In: Keenoy, T. et al. (Hrsg.): Organizational Discourse: Translations, Transformations and Transgressions. Leicester 2008, S. 60–62.

Emrich, C. G./Denmark, F. L./Den Hartog, D. N. (2004): Cross-cultural differences in gender egalitarianism: Implications for societies, organizations, and leaders. In: House, Robert J et al. (Hrsg.): Culture, leadership, and organizations: The GLOBE study of 62 societies. Thousand Oaks 2004, S. 343–394.

Emrich, C. (2010): Interkulturelles Management: Erfolgsfaktoren im globalen Business. Stuttgart 2010.

Engelhard, J./Blei, C. (1996): Markteintrittsstrategien deutscher Unternehmen in der ehemaligen UdSSR. In: Welge, M. K./Holtbrügge, D. (Hrsg.): Wirtschaftspartner Rußland. Rahmenbedingungen - Kooperationsstrategien - Erfahrungsberichte. Wiesbaden 1996, S. 181–211.

Epstein, M. (2009): Transculture: A broad way between globalism and multiculturalism. In: American Journal of Economic and Sociology, 68(2009)1, S. 327–351.

Erez, M. (2008): Social-cultural influences on work motivation. In: Kanfer, R./Chen, G./Pritchard, R. D. (Hrsg.): Work motivation: Past, present, and future. Mahwah 2008, S. 501–538.

Erez, M. (2011): Cross-cultural and global issues in organizational psychology. In: American Psychological Association (Hrsg.): APA handbook of industrial and organizational psychology. Volume 3: Maintaining, expanding, and contracting the organization. Washington 2011, S. 807–854.

Erez, M./Drori, G. (2009): World culture and its impact on global organizational values and on the self: A macro-micro perspective. In: Bhagat, R. S./Steers, R. M. (Hrsg.): Handbook of culture, organizations, and work. Cambridge 2009, S. 148–173.

Erez, M./Earley, P. C. (1993): Culture, self-identity, and work. New York 1993.

Erez, M./Gati, E. (2004): A dynamic, multi-level model of culture: From the micro level of the individual to the macro level of a global culture. In: Applied Psychology: An International Review, 53(2004)4, S. 583–598.

Erez, M./Shokef, E. (2008): The culture of global organizations. In: Smith, P./Peterson, M./Thomas, D. (Hrsg.): The handbook of cross-cultural management research. Thousand Oaks 2008, S. 285–300.

Eriksson, PäP. (2008): Qualitative methods in business research. Los Angeles/London 2008.

Evans, J./Treadgold, A./Mavondo, F. (2000): Explaining export development through psychic distance. In: International Marketing Review, 17(2000)2, S. 164–169.

Ewenstein, B./Whyte, J. (2009): Knowledge practices in design: The role of visual representations as `Epistemic Objects'. In: Organization Studies, 30(2009)1, S. 7–30.

F

Fayerweather, J. (1969): International business management: A conceptual framework. New York 1969.

Fayerweather, J. (1975): Internationale Unternehmensführung. Ein Begriffssystem. Berlin 1975.

Fayerweather, J. (1978): International Business Strategy and Administration. Cambrige 1978.

Ferdows, K. (1989): Mapping international factory networks. In: Ferdows, K. (Hrsg.): Managing international manufacturing. Amsterdam u.a. 1989, S. 3–21.

Ferdows, K. (1997): Making the most of foreign factories. In: Harvard Business Review, 75(1997)2, S. 73–88.

Fessmann, K.-D. (1980): Organisatorische Effizienz in Unternehmungen und Unternehmungsteilbereichen. Düsseldorf 1980.

Fey, C. F./Denison, D. R. (2003): Organizational culture and effectiveness: Can American theory be applied in Russia? In: Organization Science, 14(2003)6, S. 686–706.

Filbeck, G./Preece, D. (2003): Fortune's best 100 companies to work for in america: Do they work for shareholders? In: Journal of Business Finance & Accounting, 30(2003)5-6, S. 771–797.

Filstead, W. J. (1979): Qualitative methods: A needed perspective in evaluation research. In: Cook, T. D./Reichardt, C. S. (Hrsg.): Qualitative and quantitative methods in evaluation research. Beverly Hills 1979.

Flick, U. (2008a): Design und Prozess qualitativer Forschung. In: Flick, U./Kardoff, E. v./Steinke, I. (Hrsg.): Qualitative Forschung: Ein Handbuch. 6. Aufl., Reinbek 2008, S. 252–265.

Flick, U. (2008b): Triangulation in der qualitativen Forschung. In: Flick, U./Kardoff, E. v./Steinke, I. (Hrsg.): Qualitative Forschung: Ein Handbuch. 6. Aufl., Reinbek 2008, S. 309–331.

Flick, U. (2008c): Was ist qualitative Forschung? Einleitung und Überblick. In: Flick, U./Kardoff, E. v./Steinke, I. (Hrsg.): Qualitative Forschung: Ein Handbuch. 6. Aufl., Reinbek 2008, S. 13–29.

Flick, Uwe (2012): Qualitative Sozialforschung: Eine Einführung. 5. Aufl., Reinbek bei Hamburg 2012.

Folger, R./Skarlicki, D. P. (1999): Unfairness and resistance to change: Hardship as mistreatment. In: Journal of Organizational Change Management, 12(1999)1, S. 35–50.

Forsgren, M. (1990): Managing the international multi-centre firm: Case studies from Sweden. In: European Management Journal, 8(1990)1, S. 261–267.

Forsgren, M. (2002): The concept of learning in the Uppsala internationalization process model: A critical review. In: International Business Review, 11(2002)3, S. 257–277.

Forsgren, M./Pedersen, T. (1997): Centres of excellence in multinational companies. The case of Denmark. Working Paper 2/1997, Institute of International Economics and Management. Kopenhagen, 1997.

Frese, E. (2005): Grundlagen der Organisation. Entscheidungsorientiertes Konzept der Organisationsgestaltung. 9. Aufl., Wiesbaden 2005.

Frese, E./Werder, A. v. (1993): Zentralbereiche. Organisatorische Formen und Effizienzbeurteilung. In: Frese, E./Werder, A. v./Maly, W. (Hrsg.): Zentralbereiche. Theoretische Grundlagen und praktische Erfahrungen. Stuttgart 1993, S. 1–50.

Friedman, T. L (2005): The world is flat: A brief history of the twenty-first century. Princeton 2005.

Frost, P. J. (1996): Cross roads. In: Organization Science, 7(1996)4, S. 444–445.

Frost, P. J. et al. (1985): Organizational culture. Beverly Hills 1985.

Fuchs-Wegner, G./Welge, M. K. (1974a): Kriterien für die Beurteilung und Auswahl von Organisationskonzeptionen. 1. Teil. In: Zeitschrift für Organisation, 43(1974)2, S. 71–82.

Fuchs-Wegner, G./Welge, M. K. (1974b): Kriterien für die Beurteilung und Auswahl von Organisationskonzeptionen. 2. Teil. In: Zeitschrift für Organisation, 43(1974)3, S. 163–170.

Fülbier, R. (2004): Wissenschaftstheorie und Betriebswirtschaftslehre. In: WiSt, 33(2004)5, S. 266–271.

Fulmer, I. S./Gerhart, B./Scott, K. S. (2003): Are the 100 best better? An empirical investigation of the relationship between being a "great place to work" and firm performance. In: Personnel Psychology, 56(2003)4, S. 965–993.

G

Gabler Verlag (Hrsg.) (n.d.): Galber Wirtschaftslexikon, Stichwort: Wertschöpfung. Zugriff am: 10.01.2012: http://wirtschaftslexikon.gabler.de/Archiv/54898/wertschoepfung-v6.html.

Gadamer, H.-G. (1975): Wahrheit und Methode: Grundzüge einer philosophischen Hermeneutik. 4. Aufl., Tübingen 1975.

Gallus, P. (2011): Effiziente Organisationsformen im Regionalflugsegment von Netzwerk-Carriern. Lohmar/Köln 2011.

Gates, S./Egelhoff, W. G. (1986): Centralization in headquarters-subsidiary relationships. In: Journal of International Business Studies, 17(1986)2, S. 71–92.

Gelfand, M. J./Erez, M./Aycan, Z. (2007): Cross-country or regional comparisons. In: Annual Review of Psychology, 58(2007)1, S. 479–514.

Geertz, C. (1993): Religion as a cultural system. In: Geertz, C. (Hrsg.): The interpretation of cultures: selected essays. New York 1993, S. 87-125.

Getz, K. A. (2001): Public affairs and political strategy: theoretical foundations. In: Journal of Public Affairs, 1(2001)4, S. 305–329.

Geyskens, I./Steenkamp, J.-B. E. M/Kumar, N. (2006): Make, buy, or ally: a transaction cost theory meta-analysis. In: Academy of Management Journal, 49(2006)3, S. 519–543.

Ghemawat, P. (2001): Distance still matters: The hard reality of global expansion. In: Harvard Business Review, 79(2001)5, S. 137–147.

Ghoshal, S./Moran, R./Almeida-Costa, L. (1995): The Essence of the Megacorporation. In: Journal of International and Theoretical Economics, 151(1995)4, S. 748–759.

Giesecke, M./Rappe-Giesecke, K. (1997): Supervision als Medium kommunikativer Sozialforschung. Frankfurt a. M. 1997.

Giesen, B. (1987): Beyond reductionism: Four models relating micro and macro levels. In: Alexander, J. C. (Hrsg.): The Micro-macro Link. 2. Aufl., Berkeley 1987, S. 337–355.

Giesen, B. (1999a): Identität und Versachlichung: Unterschiedliche Theorieperspektiven auf kollektive Identität. In: Willems, H./Hahn, A. (Hrsg.): Identität und Moderne. Frankfurt a. M. 1999, S. 389–402.

Giesen, B. (1999b): Kollektive Identität. Die Intellektuellen und die Nation. Frankfurt a. M. 1999.

Giesen, B./Schmid, M. (1976): Basale Soziologie: Wissenschaftstheorie. München 1976.

Glaser, B. G./Strauss, A. L. (1967): The discovery of grounded theory: Strategies for qualitative research. New York 1967.

Gläser, J./Laudel, G. (2009): Experteninterviews und qualitative Inhaltsanalyse. 3. Aufl., Wiesbaden 2009.

Gong, Y. (2003): Toward a dynamic process model of staffing composition and subsidiary outcomes in multinational enterprises. In: Journal of Management, 29(2003)2, S. 259–280.

Gorz, A. (2000): Arbeit zwischen Misere und Utopie. Frankfurt a.M. 2000.

Gourlay, S. (2006): Conceptualizing knowledge creation: A critique of Nonaka's theory. In: Journal of Management Studies, 43(2006)7, S. 1415–1436.

Graf, A./Mertesacker, M. (2010): Interkulturelle Kompetenz als Erfolgsfaktor. In: Zeitschrift für Management, 5(2010)1, S. 3–27.

Graham, E. M. (1978): Transatlantic investment by multinational firms: A rivalistic phenomenon? In: Journal of Post Keynesian Economics, 1(1978)1, S. 82–99.

Gregory, K. L. (1983): Native-view paradigms: Multiple cultures and culture conflicts in organizations. In: Administrative Science Quarterly, 9(1983)2, S. 359–376.

Grochla, E. (1978): Einführung in die Organisationstheorie. Stuttgart 1978.

Guba, E. G. (1985): The context of emergent paradigm research. In: Lincoln, Y. S. (Hrsg.): Organization theory and inquiry: The paradigm revolution. Beverly Hills 1985.

Guba, E. G./Lincoln, Y. S. (2003): Fourth generation evaluation. 13. Aufl., California u.a. 2003.

Gupta, A. K./Govindarajan, V. (1991): Knowledge flows and the strucutre of control within multinational corporations. In: Academy of Management Review, 16(1991)4, S. 768-792.

Gupta, A. K./Govindarajan, V. (1994): Organizing for knowledge flows within MNCs. In: International Business Review, 3(1994)4 Special Issue, 443-457.

Gupta, A. K./Govindarajan, V. (2000): Knowledge flows within multinational corporations. In: Strategic Management Journal, 21(2000)4, S. 473–496.

Gupta, V./Luque, M. S. d./House, R. J. (2004): Multiscore construct validity of GLOBE scales. In: House, Robert J et al. (Hrsg.): Culture, leadership, and organizations: The GLOBE study of 62 societies. Thousand Oaks 2004, S. 152–177.

Gussmann, B./Breit, C. (1987): Ansatzpunkte für eine Theorie der Unternehmenskultur. In: Heinen, E. (Hrsg.): Unternehmenskultur. Oldenbourg/München/Wien 1987, S. 107–139.

H

Haasis, H.-D./Elbert, R. (2008): Bringing regional networks back-into global supply chains: Strategies for logistics service providers as integrators' of regional networks within global supply chains. In: Kersten, W./Blecker, T./Flämig, H. (Hrsg.): Global logistics management. Sustainability, quality, risks. Berlin 2008, S. 21–31.

Hall, Edward T./Hall, Mildred R. (1990): Understanding Cultural Differences. Yarmouth 1990.

Hammer, R. (1998): Strategische Planung und Frühaufklärung. 3. Aufl., München 1998.

Hanges, P. J./Dickson, M. W. (2004): The development and validation of the GLOBE culture and leadership scales. In: House, Robert J et al. (Hrsg.): Culture, leadership, and organizations: The GLOBE study of 62 societies. Thousand Oaks 2004, S. 122–151.

Hanges, P. J./Lord, R. G./Dickson, M. W. (2000): An information processing perspective on leadership and culture: A case for connectionist architecture. In: Applied Psychology: An International Review, 49(2000)1, S. 133–161.

Hanvanich, S. et al. (2003): An event study of the effects of partner and location cultural differences in joint ventures. In: International Business Review, 12(2003)1, S. 1–16.

Harzing, W./Hofstede, G. (1996): Planned change in organizations: the influence of national culture. In: Bacharach, S. B./Bamberger, P. A./Erez, M. (Hrsg.): Research in the Sociology of Organizations: Cross-cultural analysis of organizations. Greenwich 1996, S. 297–340.

Hasenstab, M. (1999): Interkulturelles Management: Bestandsaufnahme und Perspektiven. Sternenfels 1999.

Hayes, J./Prakasam, R. (1989): Culture: The efficacy of different modes of consultation. In: Leadership & Organization Development Journal, 10(1989)1, S. 24–32.

Hebert, L./Beamish, P. W. (2005): Expatriation as a bridge over troubled water: A knowledge-based perspective applied to cross-border acquisitions. In: Organization Studies, 26(2005)10, S. 1455–1476.

Heckscher, E. F. (1919): The effect of foreign trade on the distrivution of income. In: Ekonomisk Tidskrift, 21(1919), S. 497–512.

Hedberg, B./Nystrom, P. C./Starbuck, W. (1976): Camping on seesaws: Prescriptions for a self-designing organization. In: Administrative Science Quarterly, 21(1976)1, S. 41–65.

Hedlund, G. (1980): The role of foreign subsidiaries in strategic decision-making in swedish multinational corporations. In: Strategic Management Journal, 1(1980)1, S. 23–36.

Hedlund, G. (1986): The hypermodern MNC: A heterarchy? In: Human Resource Management, 25(1986)1, S. 9–35.

Hedlund, G./Kogut, B. (1993): Managing the MNC: The end of the missionary era. In: Hedlund, G. (Hrsg.): Organization of transnational corporations. The United Nations Library on transnational corporations, Bd. 6. London/New York 1993, S. 343–358.

Heenan, D. A./Perlmutter, H. V. (1979): Multinational organization development. Reading/Mass. 1979.

Heinen, E. (1987): Unternehmenskultur. Perspektiven für Wissenschaft und Praxis. München 1987.

Heisig, U./Littek, W. (1995): Wandel von Vertrauensbeziehungen im Arbeitsprozeß. In: Soziale Welt, 4(1995)3, S. 282–304.

Helmers, S. (1993): Beiträge der Ethnologie zur Unternehmenskultur. In: Dierkes, M./Rosenstiel, L. v./Steger, U. (Hrsg.): Unternehmenskultur in Theorie und Praxis. Frankfurt a. M. 1993, S. 147–187.

Helmers, S./Knie, A. (1992): Wie lernen Unternehmen bei der Entwicklung von Technik? In: Zeitschrift für Führung und Organisation, 61(1992)1, S. 36–41.

Henisz, W. J./Delios, A. (2001): Uncertainty, imitation, and plant location: Japanese multinational corporations, 1990 1996. In: Administrative Science Quarterly, 46(2001)3, S. 443–475.

Hennart, J.-F./Kim, D.-J./Zeng, M. (1998): The impact of joint venture status on the longevity of Japanese stakes in U.S. manufacturing affiliates. In: Organization Science, 9(1998)3, S. 382–395.

Hennart, J.-F./Roehl, T./Zietlow, D. S. (1999): "Trojan horse" or "Workhorse"? the evolution of U.S.-Japanese joint ventures in the United States. In: Strategic Management Journal, 20(1999)1, S. 15–29.

Hentze, J./Kammel, A. (1994): Aspekte interkultureller Personalführung. Berichte des Instituts für Wirtschaftswissenschaften der TU Braunschweig Nr. 9/94. Braunschweig 1994.

Herder, J. G. (1967): Auch eine Philosophie der Geschichte zur Bildung der Menschheit. Frankfurt am Main 1967.

Hickson, D. J. et al. (1974): The culture-free context of organization structure: A tri-national comparison. In: Sociology, 8(1974)1, S. 59–80.

Hickson, D. J./Pugh, D. S./Pheysey, D. L. (1969): Operations technology and organizations-Structure: An empirical reappraisal. In: Administrative Science Quarterly, 14(1969)3, S. 378–397.

Hill, C. (2008): Global business today. 5. Aufl., Boston 2008.

Hines, P. (1996): Purchasing for lean production: The new strategic agenda. In: International Journal of Purchasing & Materials Management, 32(1996)1, S. 2–10.

Hinner, M. (2010): The interface of business and culture. Frankfurt a. M. 2010.

Hofmann, M. L./Korta, T./Niekisch, S. (2006): Vorwort. In: Hofmann, M. L./Korta, T./Niekisch, S. (Hrsg.): Culture Club II: Klassiker der Kulturtheorie. Frankfurt a. M. 2006, S. 7–10.

Hofstede, G. et al. (1990): Measuring organizational cultures: A qualitative and quantitative study across twenty cases. In: Administrative Science Quarterly, 35(1990)2, S. 286–316.

Hofstede, G: (1996): Riding the waves of commerce: A test of Trompenaars′ „model" of national culture differences. In: International Journal of Intercultural Relations, 20(1996), S. 189–198.

Hofstede, G: (1998): Identifying organizational subculutres: An empiical approach. In: Journal of Management Studies, 35(1998)1, S. 1–12.

Hofstede, G. (1999): The universal and the specific in 21st-century global management. In: Organization Dynamics, 28(1999)1, S. 34–43.

Hofstede, G: (2001): Culture's consequences : comparing values, behaviors, institutions, and organizations across nations. 2. Aufl., Thousand Oaks 2001.

Hofstede, G: (2010): Business Goals and Corporate Governance. In: Hinner, M. B. (Hrsg.): The interface of business and culture. Frankfurt am Main 2010, S. 63–80.

Hofstede, G. (2006): What did GLOBE really measure? Researchers' minds versus respondents' minds. In: Journal of International Business Studies, 37(2006)6, S. 882–896.

Hofstede, G./Bond, M. H. (1984): Hofstede's culture dimensions: An independent validation using Rokeach's value survey. In: Journal of Cross-Cultural Psychology, 15(1984)4, S. 417–433.

Hofstede, G./Bond, M. H. (1988): The Confucius connection: From cultural roots to economic growth. In: Organizational Dynamics, 16(1988)4, S. 417–433.

Hofstede, G./Hofstede, G. J. (2009): Lokales Denken, globales Handeln : interkulturelle Zusammenarbeit und globales Management. 4. Aufl, München 2009.

Hofstede, G./Peterson, M. F. (2000): National values and organizational practice. In: Ashkanasy, Neal/Wilderom, Celeste P.M./Peterson, Mark F. (Hrsg.): Handbook of organizational culture & climate. Thousand Oaks Calif. 2000, S. 401–416.

Hogrebe, F./Zuber, C. (2010): Hermeneutik in der Betriebswirtschaftslehre. Hamburg 2010.

Holden, N. (2002): Cross-cultural management: A knowledge management perspective. Harlow/New York 2002.

Holliday, A. (2011): Intercultural communication and ideology. London 2011.

Holt, M. K. (2011): Culture-free or culture-bound? Two views of swaying branches. In: International Journal of Business, Humanities and Technology, 1(2011)3, S. 80–87.

Holtbrügge, D. (1996): Perspektiven internationaler Unternehmenstätigkeit in der Postmoderne. In: Engelhard, J. (Hrsg.): Strategische Führung internationaler Unternehmen. Paradoxien, Strategien und Erfahrungen. Wiesbaden 1996.

Holtbrügge, D. (2005): Management internationaler Strategischer Allianzen. In: Zentes, J./Swoboda, B./Morschett, D. (Hrsg.): Allianzen und Netzwerke in der realen und der ivrtuellen Ökonomie. 2. Aufl., Wiesbaden 2005, S. 1181–1201.

Holtbrügge, D. (1999): Betriebsiwrtschaftliche Implikationen der Monetarisierung der russischen Wirtschaft. In: Osteuropa-Wirtschaft, 44(1999)2, S. 160–176.

Holtbrügge, D. (2003a): Internationale Unternehmungskooperationen. In: Holtbrügge, D. (Hrsg.): Internationalisierung kleiner und mittlerer Unternehmungen. Festschrift zum 60. Geburtstag von Helmut Haussmann. Stuttgart 2003, S. 3–30.

Holtbrügge, D. (2003b): Personalmanagement in Multinationalen Unternehmungen. In: Holtbrügge, D. (Hrsg.): Management Multinationaler Unternehmungen. Heidelberg 2003, S. 199–215.

Holtbrügge, D. (2006): Die russische Automobilindustrie. Struktur und Perspektiven für in- und ausländische Unternehmungen. In: Osteuropa-Wirtschaft, 51(2006)2, S. 140–159.

Holtbrügge, D./Enßlinger, B. (2004): Exportstrategien von Born Global Firms. In: Zentes, J./Morschett, D./Schramm-Klein, H. (Hrsg.): Außenhandel. Marketingstrategien und Managementkonzepte. Wiesbaden 2004, S. 369–388.

Holtbrügge, D./Puck, J. F. (2006): Mergers and acquisitions in China. Rahmenbedingungen, Strategien, Erfolgsfaktoren. In: Seidenschwarz, W. (Hrsg.): Prozessorientiertes M&A Management. München 2006, S. 183–210.

Holtbrügge, D./Puck, J. F. (2008): The cahnge of foreign investors' ownership modes in the PRC. Theoretical framework and empirical results. In: Meckl, R./Rongping, M./Fanchen, M. (Hrsg.): Technology and innovations management. München/Wien 2008, S. 84–95.

Holtbrügge, D./Welge, M. K. (2010): Internationales Management. Theorien, Funktionen, Fallstudien. 5. Aufl., Stuttgart 2010.

Holzmüller, H. H. (1995): Konzeptionelle und methodische Probleme in der interkulturellen Management- und Marketingforschung. Stuttgart 1995.

House, R. et al. (2004): Culture, leadership, and organizations : the GLOBE study of 62 societies. Thousand Oaks 2004.

House, Robert J./Javidan, M. (2004): Overview of GLOBE. In: House, Robert J et al. (Hrsg.): Culture, leadership, and organizations: The GLOBE study of 62 societies. Thousand Oaks 2004, S. 9–28.

Howard-Grenville, J. et al. (2011): Liminality as Cultural process for cultural change. In: Organization Science, 22(2011)2, S. 522–539.

Hu, Y./Fan, W. (2011): An exploratory study on intercultural communication research contents and methods: A survey based on the international and domestic journal papers published from 2001 to 2005. In: International Journal of Intercultural Relations, 35(2011)5, S. 554–566.

Hungenberg, H./Wulf, T. (2011): Grundlagen der Unternehmensführung: Berlin; Heidelberg u.a. 2011.

Huntington, S. P. (1996): Kampf der Kulturen. Die Neugestaltung der Weltpolitik im 21. Jahrhundert. München/Wien 1996.

Hymer, S. (1960): The international operations of national firms: A study of direct investment. Boston 1960.

I

Ibarra, H./Andrews, S. B. (1993): Power, social influence, and sense making: Effects of network centrality and proximity on employee perceptions. In: Administrative Science Quarterly, 38(1993)2, S. 277–303.

Inglehart, R./Welzel, C. (2005): Modernization, cultural change, and democracy: The human development sequence. Cambridge 2005.

Inglehart, R./Welzel, C. (2010): Changing mass priorities: The link between modernization and democracy. In: Perspectives on Politics, 8(2010)2, S. 551–567.

J

Jack, G/Westwood, R. (2010): International and cross-cultural management studies: A postcolonial reading. Basingstoke/New York 2010.

Jang, H.-Y. (1997): Cultural differences in an interorganizational network: Shared public relations firms among Japanese and American companies. In: Public Relations Review, 23(1997)4, S. 327–341.

Janis, I. L./Mann, L. (1977): Decision making: A psychological analysis of conflict, choice and commitment. New York 1977.

Jaques, E. (1951): The changing culture of a factory. London 1951.

Javidan, M./House, Robert J./Dorfman, Peter W (2004): A nontechnical summary of GLOBE findings. In: House, Robert J et al. (Hrsg.): Culture, leadership, and organizations: The GLOBE study of 62 societies. Thousand Oaks 2004, S. 29–48.

Javidan, M. et al. (2006): Conceptualizing and measuring cultures and their consequences: A comparative review of GLOBE's and Hofstede's approaches. In: Journal of International Business Studies, 37(2006)6, S. 897–914.

Jarillo, J. C./Martinez, J. I. (1990): Different roles for subsidiaries: The case of multinational corporations in spain. In: Strategic Management Journal, 11(1990)7, S. 501-512.

Jelinek, M./Smircich, L./Hirsch, P. (1983): Introduction: A code of many colors. In: Administrative Science Quarterly, 28(1983), S. 331–338.

Jick, T. (1983): Mixing qualitative and quantitative mehtods: Triangulation in action. In: Maanen, J. v. (Hrsg.): Qualitative methodology. London/Thousand Oaks/New Delhi 1983, S. 135–148.

Johanson, J./Vahlne, J.-E. (1977): The internationalization process of the firm. A model of knowledge development and increasing foreign market commitments. In: Journal of International Business Studies, 8(1977)1, S. 23–32.

Johanson, J./Vahlne, J.-E. (1990): The mechanism of internationalization. In: International Marketing Review, 7(1990)4, S. 11–24.

Johanson, J./Vahlne, J.-E. (2009): The Uppsala internationalization process model revisited: From liability of foreignness to liability of outsidership. In: Journal of International Business Studies, 40(2009)9, S. 1411–1431.

Jong, E. d. (2009): Culture and economics : On values, economics and international business. London 2009.

Junge, M. (2009): Kultursoziologie: Eine Einführung in die Theorien. Konstanz 2009.

K

Kanter, R. M. (1992): The change masters. 9. Aufl., New York 1992.

Kelle, U./Erzberger, C. (2008): Qualitative und quantitative Methoden - kein Gegensatz. In: Flick, U./Kardorff, E. v./Steinke, I. (Hrsg.): Qualitative Forschung: Ein Handbuch. 6. Aufl., Reinbek bei Hamburg 2008, S. 299–309.

Keller, E. v. (1982): Management in fremden Kulturen. Bern 1982.

Kern, H./Schumann, M. (1984): Das Ende der Arbeitsteilung? Rationalisierungsprozesse in der industriellen Produktion. München 1984.

Kettl, D. F. (1997): The global revolution in public management: Driving themes, missing links. In: Journal of Policy Analysis and Management, 16(1997)3, S. 446–462.

Kiechl, R. (1990): Ethnokultur und Unternehmungskultur. In: Lattmann, Charles (Hrsg.): Die Unternehmenskultur. Heidelberg 1990, S. 107–130.

Kieser, A. (2007): Entwicklung von Organisationstheorien als Zeitgeistphänomen. In: Zeitschrift für betriebswirtschaftliche Forschung, 59(2007)6, S. 678–705.

Kieser, A./Walgenbach, P. (2010): Organisation. 6. Aufl., Stuttgart 2010.

Killing, J. P. (1983): Strategies for joint ventures success. New York 1983.

Kincaid, L./Kincaid, L. (1987): The convergence theory of communication, self-organization, and cultural evolution. In: Communication theory. New York 1987, S. 209–222.

Kindleberger, C. P. (1969): American business abroad: Six lectures on direct investment. New Haven 1969.

Kircher, D. P. (1964): Now the Transnational Enterprise. In: Harvard Business Review, 42(1964)März-April, S. 6–10 und 172–176.

Klein, S. (1996): Interorganisationssysteme und Unternehmensnetzwerke. Wechselwirkungen zwischen organisatorischer und informationstechnischer Entwicklung. Wiesbaden 1996.

Kleining, G. (1982): Umriss zu einer Methodologie qualitativer Sozialforschung. In: Kölner Zeitschrift für Soziologie und Sozialpsychologie, 34(1982)2, S. 224–253.

Kluckhohn, C. (1951): The study of culture. In: Lerner/Lasswell (Hrsg.): The policy studies. Stanford 1951, S. 86-101.

Kluckhohn, F. R. /Strodtbeck, F. L. (1961): Variations in value orientations. Elmsford 1961.

Knickerbocker, F. T. (1973): Oligopolistic reaction and multinational enterprise. Boston 1973.

Van Knippenberg, D./Schippers, M. C. (2007): Work group diversity. In: Annual Review of Psychology, 58(2007)1, S. 515–541.

Koch, E./Speiser, S. (Hrsg.) (2008): Interkulturelles Management: Neue Ansätze - Erfahrungen - Erkenntnisse. Beiträge zum Fünften Internationalen Tag. Mering 2008.

Kogut, B. (1988): A study of the life cycle of joint ventures. In: Management International Review, 28(1988)Special Issue, S. 29–52.

Kogut, B./Zander, U. (1993): Knowledge of the firm and the evolutionary theory of the multinational corporation. In: Journal of International Business Studies, 24(1993)4, S. 625–645.

Kogut, B. (1985): Designing global strategies: Profiting from operation flexibility. In: Sloan Management Review, 27(1985)1, S. 27–38.

Kogut, B. (1989): Research notes and communications a note on global strategies. In: Strategic Management Journal, 10(1989)4, S. 383–389.

Kogut, B./Singh, H. (1988): The effect of national culture on the choice of entry mode. In: Journal of International Business Studies, 19(1988)3, S. 411–432.

Kolbeck, C./Nicolai, A. (1996): Von der Organistion der Kultur zur Kultur der Organisation. Marburg 1996.

Kolman, L. et al. (2003): Cross-cultural differences in Central Europe. In: Journal of Managerial Psychology, 18(2003)1, S. 76–88.

Kolodko, G. W. (2003): Globalization and catching-up in emerging market economies. In: Kolodko, G. W. (Hrsg.): Emerging market economies: Globalization and development. Aldershot, Hants/Burlington, VT 2003, S. 3–45.

Konegen, N./Sondergeld, K. (1985): Wissenschaftstheorie für Sozialwissenschaftler. Eine problemorientierte Einführung. Opladen 1985.

Kontinen, T./Ojala, A. (2012): Internationalization pathways among family-owned SMEs. In: International Marketing Review, 29(2012)5, S. 496–518.

Kostova, T./Kendall, R. (2003): Social capital in multinational corporations and a micro-macro model of its formation. In: Acadamey of Management Review, 28(2003)2, S. 297–317.

Kostova, T./Roth, K./Dacin, M. T: (2008): Institutional theory in the study of multinational corporations: A critique and new directions. In: Academy of Management Review, 33(2008)4, S. 994–1006.

Kotler, P./Caslione, J. A. (2009): Chaotics: The business of managing and marketing in the age of turbulence. New York 2009.

Krenn, M./Vogt, M. (2004): Ältere Arbeitskräfte in belastungsintensiven Tätigkeitsbereichen. FORBA Forschungsbericht 1/2004. Wien 2004.

Kreutzer, R. (1990): Global Marketing: Konzeption eines länderübergreifenden Marketing. Wiesbaden 1990.

Kroeber, A. L./Kluckhohn, C. (1952): Culture: A critical review of concepts and definitions. Cambridge 1952.

Kunda, G. (2006): Engineering culture : control and commitment in a high-tech corporation.Philadelphia 2006.

Kutschker, M./Schmid, S. (2008): Internationales Management. 6. Aufl., München 2008.

L

Lamb, P./Sandberg, J./Liesch, P. W. (2011): Small firm internationalisation unveiled through phenomenography. In: Journal of International Business Studies, 42(2011)5, S. 672–693.

Lamnek, S: (2010): Qualitative Sozialforschung. 5. Aufl., Weinheim/Basel 2010.

Lane, H. W. et al. (2009): International management behavior: Leading with a global mindset. 6. Aufl., Chichester 2009.

Lang, K./Ohl, K. (1993): Lean Production. Herausforderung und Handlungsmöglichkeiten. Köln 1993.

Lang, R. (Hrsg.) (1995): Wandel von Unternehmenskulturen in Ostdeutschland und Osteuropa: Nachlese vom II. Chemnitzer Ostforum, 6. - 9. März 1995. Chemnitz 1995.

Lässig, A. (2002): Gestaltung der Organisationskultur: Evaluation kultureller Veränderungsprozesse. Frankfurt a. M. u.a. 2002.

Launer, M. A. (2005): Coordination of foreign subsidiaries in multinational enterprises. Lohmar u.a. 2005.

Lauring, J. (2011): Intercultural organizational communication: The social organizing of interaction in international encounters. In: Journal of Business Communication, 48(2011)3, S. 231–255.

Lazarsfeld, P. F. (1973): Methodische Probleme der empirischen Sozialforschung. In: Hartmann, H. (Hrsg.): Moderne amerikanische Soziologie. Neuere Beiträge zur soziologischen Theorie. Stuttgart 1973, S. 136–168.

Lee, H. et al. (2012): SME survival: The impact of internationalization, technology resources, and alliances. In: Journal of Small Business Management, 50(2012)1, S. 1–19.

Leibenstein, H. (1966): Allocative efficiency versus "X-Efficiency". In: American Economic Review, 58(1966)3, S. 392–415.

Leontief, W. (1956): Factor proportions and the structure of american trade: Further theoretical and empirical analysis. In: Review of Economics and Statistics, 38(1956)11, S. 368–407.

Levine, J. M./Moreland, R. L. (1990): Progress in small group research. In: Annual review of psychology. Palo Alto 1990, S. 585–634.

Levy, D. L. (1997): Lean Production in an international supply chain. In: Sloan Management Review, 38(1997)2, 94-102.

Lewin, K. (1947): Field theory in social science: Selected theoretical papers. New York 1947.

Lilienthal, D. (1960): The Multinational Corporation. In: Anshen, M./Leland, G. (Hrsg.): Management and Corporations 1985. A Symposium Held on the Occasion of the 10th Anniversary of the Graduate School of Industrial Administration. erneut abgedruckt in 1975. Westport 1960, S. 119–158.

Lincoln, Y. S. (1995): Emerging criteria for quality in qualitative and interpretive research. In: Qualitative Inquiry, 1(1995)3, S. 275–289.

Locke, E. A. (1991): The motivation sequence, the motivation hub, and the motivation core. In: Organizational Behavior and Human Decision Processes, 50(1991)2, S. 288–299.

Lohmer, M./Wernz, C. (2000): Zwischen Veränderungsdruck und Homöostaseneigung: Die narzißtische Balance in therapeutischen Institutionen. In: Lohmer, M. (Hrsg.): Psychodynamische Organisationsberatung. Stuttgart 2000, S. 233–254.

Lord, R. G./Brown, D. J./Freiberg, S. M. (1999): Understanding the dynamics of leadership: The role of follower self-concepts in the leader/follower relationship. In: Organizational Behavior and Human Decision Processes, 78(1999)3, S. 167–203.

Lord, R./Maher, K. J. (1991): Leadership and information processing: Linking pereptions and performance. Boston 1991.

Losee, J. (1977): Wissenschaftstheorie: Eine historische Einführung. München 1977.

Louis, M. R. (1983): Organizations as culture-bearing milieux. In: Pondy, L. et al. (Hrsg.): Organizational Symbolism. Greenwich 1983, S. 39–54.

Lüders, C. (2008): Herausforderungen qualitativer Forschung. In: Flick, U./Kardoff, E. v./Steinke, I. (Hrsg.): Qualitative Forschung: Ein Handbuch. 6. Aufl., Reinbek 2008, S. 632–642.

Lüscher, L. S./Lewis, M. W. (2008): Organizational change and managerial sensemaking: Working through paradox. In: Academy of Management Journal, 51(2008)2, S. 221–240.

M

Maanen, J. v. (1988): Tales of th eField. Chicago 1988.

Maanen, J. v./Barley, S. R. (1984): Occupational communities: Culture and control in organizations. In: Staw, B./Cummings, L. (Hrsg.): Research in Organizational Behaviour. Greenwich 1984, S. 287–365.

Maanen, J. v./Barley, St. R. (1985): Cultural organization. In: Frost, P. J. et al. (Hrsg.): Organizational culture. Beverly Hills 1985.

Maas, P./Schüller, A. (1990): Organisationskultur und Führung. In: Wiendieck, G./Wiswede, G. (Hrsg.): Führung im Wandel. Stuttgart 1990, S. 157–179.

Macharzina, K./Engelhard, J. (1991): Paradigm shift in international business research. From partist and eclectic approaches to the GAINS paradigm. In: Management International Review, 31(1991)Special Issue, S. 23–43.

Madlock, P. E. (2012): The influence of power distance and communication on Mexican workers. In: Journal of Business Communication, 49(2012)2, S. 169–184.

Mahoney, J./Goertz, G. (2006): A tale of two cultures: Contrasting quantitative and qualitative research. In: Political Analysis, 14(2006)3, S. 227–249.

Malinowski, B. (1988): Eine wissenschaftliche Theorie der Kultur : und andere Aufsätze. 3. Aufl., Frankfurt a. M. 1988.

Malpass, R. S. (1977): Theory and method in cross-cultural psychology. In: American Psychologist, 32(1977)12, S. 1069–1079.

Marcoulides, G. A./Heck, R. H. (1993): Organizational culture and performance: Proposing and testing a model. In: Organization Science, 4(1993)2, S. 209–225.

Martin, J. (1992): Cultures in organizations: Three perspectives. New York 1992, S. 111-114.

Martin, J. (2002): Organizational Culture: Mapping the Terrain. Thousand Oaks 2002.

Martin, J./Frost, P. (1996): Organizational culture war games. In: Clegg, S. R./Hardy, C./Nord, W. R. (Hrsg.): Handbook of Organization Studies. London 1996, S. 599–621.

Martin, J./Siehl, C. (1983): Organizational culture and counterculture: An uneasy symbiosis. In: Organization Dynamics, 12(1983)2, S. 52–64.

Martin, X./Swaminathan, A./Mitchell, W. (1998): Organizational evolution in the interorganizational environment: Incentives and constraints on international expansion strategy. In: Administrative Science Quarterly, 43(1998)3, S. 566–601.

Martinez, J. I./Jarillo, J. C. (1989): The evolution of research on coordination mechanisms in multinational corporations. In: Journal of International Business Studies, 20(1989)3, S. 489–514.

May, T. (1997): Organisationskultur: Zur Rekonstruktion und Evaluation heterogener Ansätze in der Organisationstheorie. Opladen 1997.

Mayo, E. (1945): The social problems of Iindustrial civilization. Boston 1945.

McClelland, D. C. et al. (Hrsg.) (1953): The achievement motive. Norwalk 1953.

McClelland, D. C. (1961): The achieving society. Princeton 1961.

McClelland, D. C. (1985): Human motivation. Glenview 1985.

McDonald, F./Burton, F. (2002): International business. London u.a. 2002.

Meek, V. L. (1988): Organizational culture: Origins and weaknesses. In: Organizational Studies, 9(1988)4, S. 453–473.

Menzel, S. (2012): Die Autokonzerne loben Ungarn. In: Handelsblatt.com, Düsseldorf, S. 1–2.

Merkens, H. (1989): Branchentypische und firmenspezifische Wertvorstellungen in Unternehmungskulturen. In: Dürr, W. et al. (Hrsg.): Wertvorstellungen in Unternehmenskulturen. Baltmannsweiler 1989, S. 9–31.

Mertesacker, M. (2010): Die Interkulturelle Kompetenz im Internationalen Human Resource Management. Eine konfirmatorische Evaluation. Lohmar/Köln 2010.

Meschi, P.-X./Roger, A. (1994): Cultural context and social effectiveness in international joint ventures. In: Management International Review, 34(1994)3, S. 197–215.

Meyerson, D./Martin, J. (1987): Cultural change: An integration of three different views. In: Management Studies, 24(1987)6, S. 623–647.

Miles, M. B./Huberman, A. M. (1994): Qualitative data analysis. Thousand Oaks 1994.

Miller, D./Kets de Vries, M. F./Toulouse, J. (1982): Top excecutive locus of control and its relationship to strategy-making, structure, and environment. In: Acadamey of Management Review, 25(1982)2, S. 237–353.

Millington, A. I./Bayliss, B. T. (1990): The process of internationalisation: UK companies in the EC. In: Management International Review, 30(1990)2, S. 151–161.

Mills, C. W. (1959): The sociological imagination. Oxford/New York 1959.

Mintzberg, H. (1978): Patterns in strategy formation. In: Management Science, 24(1978)9, S. 934–948.

Mintzberg, H. (1983): Structure in fives: Designing effective organizations. Englewood Cliffs 1983.

Mintzberg, H. (2007): Klassiker der Organisationsforschung. In: Organisations Entwicklung, 26(2007)4, S. 85 – 91.

Morgan, G./Smircich, L. (1980): The case of qualitative research. In: Acadamey of Management Review, 5(1980)4, S. 491–500.

Morrill, C. (2008): Culture and organization theory. In: The ANNALS of the American Academy of Political and Social Science, 619(2008)1, S. 15–40.

Morschett, D. (2007): Institutionalisierung und Koordination von Auslandseinheiten. Analyse von Industrie- und Dienstleistungsunternehmen. Wiesbaden 2007.

Morschett, D./Schramm-Klein, H./Zentes, J. (2009): Strategic international management: Text and cases. Wiesbaden 2009.

Moynihan, L./Peterson, R. S./Earley, P. C. (2006): Exploring new aspects of multinational teams. In: Chen, Y. R./Mannix, E. (Hrsg.): Research in the management of groups and teams. Greenwich 2006, S. 299–323.

Müller, J. (2009): Projektteamübergreifender Wissensaustausch. Fehlervermeidung und organisationales Lernen durch interaktive Elemente einer Wissenskultur. Insbruck 2009.

Müller, S./Kornmeier, M. (2002): Strategisches internationales Management. München 2002.

Musson, G./Tietze, S. (2004): Places and spaces: The role of metonymy in organizational talk. In: Journal of Management Studies, 41(2004)8, S. 1301–1323.

N

Nahapiet, J./Ghoshal, S. (1998): Social capital, intellectual capital, and the organizational advantage. In: Academy of Management Review, 23(1998)2, S. 242–266.

Neuberger, O./Kompa, A. (1987): Wir, die Firma. Der Kult um die Unternehmenskultur. Weinheim/Basel 1987.

Ng, S. H. et al. (1982): Human values in nine countries. In: Rath, R. et al. (Hrsg.): Diversity and unity in cross-cultural psychology. Lisse 1982, S. 196–205.

Niedermann, J. (1941): Kultur: Werden und Wandlungen des Begriffs und seiner Ersatzbegriffe von Cicero bis Herder. California 1941.

Nohria, N./Ghoshal, S. (1994): Differentiated fit and shared values: Alternatives for managing headquarters-subsidiary relations. In: Strategic Management Journal, 15(1994)6, S. 491–502.

Nonaka, I. (2007): The knowledge-creating company. In: Harvard Business Review, Juli-August 2007, S. 162-171.

Nonaka, I./Takeuchi, H. (2012): Die Organisation des Wissens: Wie japanische Unternehmen eine brachliegende Ressource nutzbar machen. 2. Aufl., Frankfurt a. M. 2012.

Nonaka, I./Von Krogh, G. (2009): Tacit knowledge and knowledge conversion: controversy and advancement in organizational knowledge creation theory. In: Organization Science, 20(2009)3, S. 635-652.

Norris, P./Inglehart, R. (2009): Cosmopolitan communications: Cultural diversity in a globalized world. Cambrige 2009.

Nystrom, P. C./Starbuck, W. H. (1984): To avoid organizational crises, unlean. In: Organizational Dynamics, 12(1984)4, S. 53–65.

O

O'Reilly, C. (1989): Corporations, culture, and commitment: Motivation and social control in organizations. In: California Management Review, 31(1989)4, S. 9–25.

O'Reilly, C./Chatman, J. (1986): organizational commitment and psychological attachment: The effects of compliance, identification, and internalization on prosocial behavior. In: Journal of Applied Psychology, 71(1986)3, S. 492–499.

O'Reilly, C. A./Chatman, J./Caldwell, D. F. (1991): People and organizational culture: A profile comparison approach to assess person-organization fit. In: Academy of Management Journal, 34(1991)3, S. 487–516.

Oevermann, U. et al. (1979): Die Methodologie einer "objektiven Hermeneutik" und ihre allgemeine forschungslogische Bedeutung in den Sozialwissenschaften. In: Soeffner, H. G. (Hrsg.): Interpretative Verfahren in den Sozial- und Textwissenschaften. Stuttgart 1979, S. 352–433.

Ohlin, B. (1933): Interregional and international trade. Cambridge 1933.

Olejnik, Edith/Swoboda, B. (2012): SMEs' internationalisation patterns: Descriptives, dynamics and determinants. In: International Marketing Review, 29(2012)5, S. 466–495.

Oreg, S./Vakola, M./Armenakis, A. (2011): Change recipients' reactions to organizational change: A 60-year review of quantitative studies. In: The Journal of Applied Behavioral Science, 47(2011)4, S. 461–524.

Ott, J. S. (1989): The organizational culture perspective. Chicago 1989.

Otterbeck, L. (1981): The management of joint ventures. In: Otterbeck, L. (Hrsg.): The management of headquarters-susidiary relationships in MNC. Hampshire 1981, S. 269–296.

Ouchi, W. G. (1981): Theory Z. Reading 1981.

P

Parsons, T. (1960): Structure and process in modern societies. New York 1960.

Parsons, Talcott (1951): The social system. New York 1951.

Pascale, Richard Tanner (1990): Managing on the edge. New York 1990.

Pauli, K. S. (1990): Franchising. Düsseldorf u.a. 1990.

Penrose, E. (1959): The theory of the growth of the firm. Oxford 1959.

Perlitz, M. (2004): Internationales Management. 5. Aufl., Stuttgart 2004.

Perlmutter, H. V. (1965): L'Enterprise internationale. In: Revue Economique et Sociale, 23(1965)2, S. 151–165.

Perlmutter, H. V. (1969): The tortuous evolution of the multinational corporation. In: The Columbia Journal of World Business, 4(1969)1, S. 9–18.

Peters, T. J./Waterman, R. H. (1982a): Auf der Suche nach Spitzenleistungen: Was man von den bestgeführten US-Unternehmen lernen kann. Frankfurt am Main 1982.

Peters, T. J./Waterman, R. H. (1982b): In search of excellence: Lessons from America's best-run companies. New York 1982.

Pettigrew, A. M. (1979): On studying organizational cultures. In: Administrative Science Quarterly, 24(1979)4 , S. 570 – 581.

Petty, M. M. et al. (1995): Relationships between organizational culture and organizational performance. In: Psychological Reports, 76(1995)2, S. 483–492.

Pfohl, H.-Chr. (1977): Problemorientierte Entscheidungsfindung in Organisationen. Berlin/New York 1977.

Pfohl, H.-Chr. (Hrsg.) (2006): Betriebswirtschaftslehre der Mittel- und Kleinbetriebe: Größenspezifische Probleme und Möglichkeiten zu ihrer Lösung. 4. Aufl., Berlin 2006.

Pfohl, H.-Chr. (2010): Logistiksysteme. Betriebswirtschaftliche Grundlagen. 8. Aufl. Berlin 2010.

Pfohl, H.-Chr. et al. (2007): Mitarbeiter erfolgreich führen: Eine Untersuchung deutsch-ungarischer Joint Ventures. Veszprém 2007.

Pfohl, H.-Chr./Braun, G. E. (1981): Entscheidungstheorie: Normative und deskriptive Grundlagen des Entscheidens. Landsberg am Lech 1981.

Pfohl, H.-Chr./Buse, H.-P. (1997): Führung in kleinen und mittleren Unternehmen in Deutschland und Frankreich: Eine kulturvergleichende empirische Untersuchung. In: Engelhard, J. (Hrsg.): Interkulturelles Management: Theoretische Fundierung und funktionsbereichsspezifische Konzepte. Wiesbaden 1997, S. 261–292.

Pfohl, H.-Chr./Elbert, R./Zuber, C. (2009a): Methoden und Instrumente für die robuste Planung von Produktionsprozessen im Wertschöpfungssystem. In: Dangelmaier, W./Blecken, A./Rüngener, N. (Hrsg.): Nachhaltigkeit in flexiblen Produktions- und Liefernetzwerken. Münster 2009, S. 307–321.

Pfohl, H.-Chr./Elbert, R./Zuber, C. (2009b): Zentren für Logistik: Typologie und Entwicklungstendenzen. Erste Ergebnisse einer aktuellen Studie über logistische Zentren in Deutschland. In: Logistik für Unternehmen, 23(2009)4, S. 52–54.

Pfohl, H.-Chr./Häusler, P./Möller, K. (2000): Nutzung regionaler Produktionsnetzwerke zur Überwindung von Kapazitätsengpässen. In: Lutz, S./Windt, K./Wiendahl, H. P. (Hrsg.): Produktionsmanagement in Unternehmensnetzwerken. Dortmund 2000, S. 103–125.

Pfohl, H.-Chr./Stölzle, W. (1997): Planung und Kontrolle: Konzeption, Gestaltung, Implementierung. 2. Aufl., München 1997.

Phatak, A. V. (1981): International dimensions of management. 2. Aufl., Boston 1981.

Phatak, A. V./Bhagat, R. S./Kashlak, R. J. (2005): International management: Managing in a diverse and dynamic global environment. New 2005.

Picard, J. (1977): Factors of variance in multinational marketing control. In: Mattson, L.-G./Wiedersheim-Paul, F. (Hrsg.): Recent research on the internationalization of business. Uppsala 1977, S. 220–232.

Picot, A. et al. (2012): Organisation: Theorie und Praxis aus ökonomischer Sicht. 6. Aufl., Stuttgart 2012.

Poole, M. S./Van de Ven, A. (1989): Using paradox to build management and organization theories. In: Academy of Managemant Review, 14(1989)4, S. 562–578.

Popper, K. R. (1994): Vermutungen und Widerlegung. Teilband I: Vermutungen. Tübingen 1994.

Popper, K. R. (1968): The logic of scientific discovery. New York 1968.

Porter, M. E. (1985): Competitive advantage. Creating and sustaining superior performance. New York 1985.

Porter, M. E. (1989): Der Wettbewerb auf globalen Märkten: Ein Rahmenkonzept. In: Porter, M. E. (Hrsg.): Globaler Wetbewerb. Wiesbaden 1989.

Porter, M. E. (1991): Nationale Wettbewerbsvorteile. Erfolgreich konkurrieren auf dem Weltmarkt. München 1991.

Porter, M. E. (1998): Competitive strategy. Techniques for analyzing industries and competitors. New York 1998.

Porter, M. E./Fuller, M. B. (1989): Koalitionen und globale Strategien. In: Porter, M. E. (Hrsg.): Globaler Wetbewerb. Wiesbaden 1989, S. 363–399.

Pothukuchi, V. et al. (2002): National and organizational culture differences and international joint venture performance. In: Journal of International Business Studies, 33(2002)2, S. 243–265.

Prahalad, C. K/Hamel, G. (1990): The core competetence of the corporation. In: Harvard Business Review, (1990)3, S. 79–91.

Prahalad, C. K./Doz, Y. L. (1987): The multinational mission. Balancing local demands and global vision. New York 1987.

Prasad, P./Prasad, A. (2009): Endless crossroads: Debates, deliberations and disagreements on studying organizational culture. In: Buchanan, David A./Bryman, A. (Hrsg.): The Sage Handbook of organizational research methods. Los Angeles u.a. 2009, S. 128–142.

Priem, R. L./Butler, J. E. (2001a): Tautology in the resource-based view and the implications of externally determined resource value: Further comments. In: Academy of Management Review, 26(2001)1, S. 57–66.

Priem, R. L./Butler, J. E. (2001b): Is the resource-based view a useful perspective for strategic management research. In: Academy of Management Review, 26(2001)1, S. 22–40.

Prott, J. (2004): Unternehmenskultur und Personalführung im betrieblichen Alltag : begriffliche Zusammenhänge und empirische Erkenntnisse. München/Mering 2004.

Pudelko, M. (Hrsg.) (2011): International strategy and cross-cultural management. Düsseldorf 2011.

Pugh, D. S. et al. (1968): Dimensions of organization structure. In: Administrative Science Quarterly, 13(1968)1, S. 65–105.

Pugh, D. S. (1976): The "Aston" approach to the study of organizations. In: Hofstede, G./Kassem, M. S. (Hrsg.): European contributions to organization theory. Assen 1976, S. 62–78.

Pugh, D. S. (1981): The Aston programme perspective. The Aston program of research. Retrospect and prospect. In: Van de Ven, A. H./Joyce, W. S. (Hrsg.): Perspectives on organization design and behavior. New York 1981, S. 155–166.

R

Raffée, H. (1974): Grundprobleme der Betriebswirtschaftslehre. Göttingen 1974.

Rall, W. (1986): Globalisierung von Industrien und ihre Konsequenzen für die Wirtschaftspolitik. In: Kuhn, H. (Hrsg.): Probleme der Stabilitätspolitik. Festgabe zum 60. Geburtstag von N. Kloten. Göttingen 1986, S. 152–174.

Reher, S. (2011): Peace through integration or peace through seperateion? In: World Values Research, 4(2011)4, S. 97–119.

Ricardo, D. (1817): On the principles of political economy and taxation. London 1817.

Richard, F. D./Bond, D. F./Stokes-Zoota, J. J. (2003): One hundred years of social psychology quantitatively describHrsg. In: Review of General Psychology, 7(2003)4, S. 331–363.

Ricks, D. A. (1985): International business research: Past, present, and future. In: Journal of International Business Studies, 16(1985)Sommer, S. 1–4.

Rosenstiel, L. v. (1993): Unternehmenskultur - einige einführende Anmerkungen. In: Dierkes, M./Rosenstiel, L. v./Steger, U. (Hrsg.): Unternehmenskultur in Theorie und Praxis. Konzepte aus Ökonomie, Psychologie und Ethnologie. Frankfurt a. M./New York 1993.

Röth, C. (2011): Internationalisierung von Logistikdienstleistern. Berlin 2011.

Rousseau, D. M. (1990): Normative beliefs in fund-raising organizations: Linking culture to organizational performance and individual responses. In: Group & Organization Management, 15(1990)4, S. 448–460.

Rugman, A./Collinson, S. (2009): International business. 5. Aufl., Harlow 2009.

S

Sackmann, S. A. (1985): Cultural knowledge in organizations: The link between strategy and organizational processes. Los Angeles 1985.

Sackmann, S. A. (1989): "Kulturmanagement": Läßt sich Unternehmenskultur "machen"? In: Sander, K. (Hrsg.): Politische Prozesse in Unternehmen. Berlin 1989, S. 157–184.

Sackmann, S. A. (1990): Möglichkeiten der Gestaltung von Unternehmenskultur. In: Lattmann, C. (Hrsg.): Die Unternehmenskultur, ihre Grundlagen und ihre Bedeutung für die Führung der Unternehmung. Heidelberg 1990, S. 153–188.

Sackmann, S. A. (1992): Culture and subcultures: An analysis of organizational knowledge. In: Administrative Science Quarterly, 37(1992)1, S. 140–161.

Sackmann, S. A. (2002): Unternehmenskultur: Erkennen, Entwickeln, Verändern. Neuwied/Kriftel 2002.

Saffold, G. (1988): Culture traits, strength, and organizational performance: Moving beyond "Strong" culture. In: Academy of Management Review, 13(1988)4, S. 546–558.

Sala-i-Martin, X./Schwab, K. (2011): The global competitiveness report 2011-2012. Geneve 2011.

Sathe, V. (1985): Culture and related corporate realities. Homewood 1985.

Schanz, G. (1988): Methodologie für Betriebswirte. 2. Aufl., Stuttgart 1988.

Schein, E. H. (1983a): Organization development: Theory, practice, and research. Plano 1983.

Schein, E. H. (1983b): The role of the founder in creating organizational culture. In: Organizational Dynamics, 12(1983)1, S. 13-28.

Schein, E. H. (1984a): Soll und kann man die Organisations-Kultur ändern? Organisationsentwicklung vor neuen Fragestellungen. In: gdi-impuls Gruppendynamik - Zeitschrift für Sozialwissenschaft, o. Jg.(1984)2, S. 31–43.

Schein, E. H. (1984b): Coming to a new awareness of organizatioal culture. In: Sloan Management Review, 25(1984)2, S. 3–16.

Schein, E. H. (1985): Organizational culture and leadership. San Francisco 1985.

Schein, E. H. (1991): Organisationskultur: Ein neues unternehmerisches Konzept. In: Dülfer, E. (Hrsg.): Organisationskultur. 2. Aufl., Stuttgart 1991, S. 23–37.

Schein, E: H (1995): Unternehmenskultur. Frankfurt a. M. 1995.

Schein, E. H. (1996): Über Dialog, Kultur und Organisationslernen. In: Fatzer, G. (Hrsg.): Organisationsentwicklung und Supervision: Erfolgsfaktoren bei Veränderungsprozessen. Köln 1996, S. 209–228.

Schein, E. H. (2010): Organisationskultur : the Ed Schein corporate culture survival guide. 3. Aufl., Bergisch Gladbach 2010.

Scherm, E. (1995): Internationales Personalmanagement. München 1995.

Schmid, S. (1996): Multikulturalität in der internationalen Unternehmung. Konzepte-Reflexionen-Implikationen. Wiesbaden 1996.

Schmidt, S. (2008): Unternehmenskultur: Die Grundlage für den wirtschaftlichen Erfolg von Unternehmen. 3. Aufl., Weilerswist 2008.

Schneider, U./Hirt, C. (2007): Multikulturelles Management. München/Wien 2007.

Schoenberger, E. (1998): The cultural crisis of the firm. Cambridge/Oxford 1998.

Scholz, C./Hofbauer, W. (1995): Organisationskultur: Die vier Erfolgsprinzipien. Wiesbaden 1995.

Scholz, C. (1992): Effektivität und Effizienz, organisatorische. In: Frese, E. (Hrsg.): Handwörterbuch Organisation. 3. Aufl., Stuttgart 1992, p. Sp. 533–552.

Schreyögg, G. (2008): Organisation - Grundlagen moderner Organisationsgestaltung. 5. Aufl., Wiesbaden 2008.

Schreyögg, G. (2012): Grundlagen der Organisation Basiswissen für Studium und Praxis. Wiesbaden 2012.

Schreyögg, G./Steinmann, H. (1987): Strategic control: A new perspective. In: Academy of Management Review, 12(1987)1, S. 91–103.

Schreyögg, G. (1989): Unternehmenskultur und Inovation. Eine schwierige Beziehung auf dem Prüfstand. In: Personal - Mensch und Arbeit, 41(1989)9, S. 370–373.

Schreyögg, G. (1990): Unternehmenskultur in multinationalen Unternehmen. In: Betriebswirtschaftliche Forschung und Praxis, 42(1990)5, S. 379–390.

Schreyögg, G. (1991a): Kann man Unternehmenskulturen ändern? In: Dülfer, Eberhard (Hrsg.): Organisationskultur, Phänomen - Philosophie - Technologie. Stuttgart 1991.

Schreyögg, G. (1991b): Kann und darf man Unternehmenskultur ändern? In: Dülfer, Eberhard (Hrsg.): Organisationskultur. 2. Aufl., Stuttgart 1991, S. 201–214.

Schreyögg, G. (1991c): Die internationale Unternehmung im Spannungsfeld von Landeskultur und Unternehmungskultur. In: Marr, R. (Hrsg.): Euro-strategisches Personalmanagement. München/Mering 1991, S. 17–42.

Schreyögg, G. (1998): Die Bedeutungder Unternehmenskultur für die Integration multinationaler Unternehmen. In: Kutschker, M. (Hrsg.): Integration in der internationalen Unternehmung. Wiesbaden 1998, S. 27–50.

Schreyögg, G. (2004): Unternehmenskultur zwischen Stabilität und Wandel. In: Lange, H./Manske, F. (Hrsg.): Kultur im Veränderungsprozess. Baden Baden 2004, S. 23–35.

Schreyögg, G./Grieb, C. (1998): Branchenkultur - Ein neues Forschungsgebiet. In: Glaser, H./Schröder, Ernst F./Werder, A. v. (Hrsg.): Organisation im Wandel der Märkte. Erich Frese zum 60. Geburtstag. Wiesbaden 1998, S. 359–384.

Schuh, S. (1989): Organisationskutlur. Integration eines Konzepts in die empirische Forschung. Wiesbaden 1989.

Schuler, R. S./Rogovsky, N. (1998): Understanding compensation practice variations across firms: The impact of national culture. In: Journal of International Business Studies, 29(1998)1, S. 159–177.

Schuler, R./Jackson, S: (2001): HR issues and activities in mergers and acquisitions. In: European Management Journal, 19(2001)3, S. 239–253.

Schultz, M. (1994): On studying organizational cultures. Berlin 1994.

Schwartz, S. H. (1992): Universals in the content and structure of values: Theoretical advances and empirical tests in 20 countries. In: Zanna, M. (Hrsg.): Advances in Experimental social Psychology, Bd. 25. San Diego u.a. 1992, S. 1–65.

Schwartz, S. H./Bilsky, W. (1990): Toward a theory of the universal content and structure of values: Extensions and cross cultural replications. In: Journal of Personality and Social Psychology, 58(1990), S. 878–891.

Schwartz, S.H. (1994): Are there universal aspects in the content and structure of values? In: Journal of Social Issues, 50(1994), S. 19–45.

Seelmann-Holzmann, H. (2010): Cultural Intelligence. Die Erfolgsformel für Wachstum in einer multipolaren Wirtschaftswelt. Wiesbaden 2010.

Seitz, D. (1993): Gruppenarbeit in der Produktion. Ein Beitrag zur Systematisierung von Entwicklungsstand und -perspektiven. In: Binkelmann, Peter/Bracyk, H. J./Seltz, R. (Hrsg.): Entwicklung der Gruppenarbeit in Deutschland. Frankfurt a. M./New York 1993, S. 32–73.

Senghaas-Knobloch, E: (1995): Die Grenzen der Normierbarkeit des Arbeitshandelns. Subjektivität und Sozialität in ihrer Bedeutung für eine menschengerechte Arbeits- und Technikgestaltung. In: Lange, H./Müller, W. (Hrsg.): Kooperation in der Arbeits- und Technikgestaltung. Münster 1995, S. 41–64.

Senghaas-Knobloch, E. (2004): Widerständigkeiten von Arbeitskulturen unter veränderten organisatorischen Rahmenbedingungen. Das Verlangen nach Anerkennung und soziale Identitätsprobleme am Beispiel von Meistern. In: Lange, H./Manske, F. (Hrsg.): Kultur im Veränderungsprozess. Baden-Baden 2004, S. 37–53.

Senghaas-Knobloch, E./Nagler, B./Dohms, A: (1996a): Industrielle Gruppenarbeit aus Erlebnisperspektive. Herausforderungen an die beruflichen Selbstbilder. In: Arbeit. Zeitschrift für Arbeitsforschung, Arbeitsgestaltung und Arbeitspolitik, 5(1996)1, S. 80–100.

Senghaas-Knobloch, E./Nagler, B./Dohms, A. (1996b): Zukunft der industriellen Arbeitskultur. Persönliche Sinnansprüche und Gruppenarbeit. Münster 1996.

Sethi, S. P. (1971): Comparative cluster analysis for world markets. In: Journal of Marketing Research, 8(1971)3, S. 348–354.

Shama, A. (1995): Entry strategies of US firms to the newly independent states, Baltic states and eastern European countries. In: California Management Review, 37(1995)3, S. 90–109.

Shane, S./Venkataraman, S./MacMilan, I. (1995): Cultural differences in innovation championing strategies. In: Journal of Management, 21(1995)5, S. 931–952.

Shenkar, O. (2012a): Beyond cultural distance: Switching to a friction lens in the study of cultural differences. In: Journal of International Business Studies, 43(2012)1, S. 12–17.

Shenkar, O. (2012b): Cultural distance revisited: Towards a more rigorous conceptualization and measurement of cultural differences. In: Journal of International Business Studies, 43(2012)1, S. 1–11.

Shrivastava, P. (1985): Integrating strategy formulation with organizational culture. In: Journal of Business Strategy, 5(1985)3, S. 103–111.

Siehl, C./Martin, J. (1988): Measuring organizational culture: Mixing qualitative and quantiative methods. In: Jones, M. O./Moore, M. D./Snyder, R. C. (Hrsg.): Inside Organizations: understanding the human dimension. Newbury Park 1988.

Siggelkow, N. (2007): Persuasion with case studies. In: Academy of Management Journal, 50(2007)1, S. 20–24.

Silberer, G. (1991): Werteforschung und Werteorientierung im Unternehmen. Stuttgart 1991.

Simmel, G. (1908): Vom Wesen der Kultur. In: Österreichische Rundschau, 15(1908)1, S. 36–42.

Simmet-Blomberg, H. (1998): Interkulturelle Marktforschung im europäischen Transformationsprozeß. Stuttgart 1998.

Singh, D. A. (2009): Export performance of emerging market firms. In: International Business Review, 18(2009), S. 321–330.

Skaupy, W. (1995): Franchising. Handbuch für die Betriebs- und Rechtspraxis. 2. Aufl., München 1995.

Smircich, L. (1983): Concepts of culture and organizational analysis. In: Administrative Science Quarterly, 28(1983), S. 339–358.

Smith, A. (1776): An inquiry into the nature and causes of the wealth of nations. Liberty Classic Hrsg. 1981. Indianapolis 1776.

Smith, P. B. (2006): When elephants fight, the grass gets trampled: the GLOBE and Hofstede projects. In: Journal of International Business Studies, 37(2006)6, S. 915–921.

Sørensen, J. B. (2002): The strength of corporate culture and the reliability of firm performance. In: Administrative Science Quarterly, 47(2002)1, S. 70–91.

Staehle, W. H./Grabatin, G. (1979): Effizienz von Organisationen. In: Die Betriebswirtschaft, 39(1979)1, S. 89–102.

Stake, R. (1995): The art of case study research. Thousand Oaks/London 1995.

Stake, Robert (2006): Multiple case study analysis. New York/London 2006.

Steinke, I. (2008): Gütekriterien qualitativer Forschung. In: Flick, U./Kardoff, E. v./Steinke, I. (Hrsg.): Qualitative Forschung: Ein Handbuch. 6. Aufl., Reinbek 2008, S. 319–331.

Steinmann, H./Schreyögg, G./Koch, J. (2005): Management : Grundlagen der Unternehmensführung Konzepte - Funktionen - Fallstudien. 6. Aufl., Wiesbaden 2005.

Stiksrud, H. A. (1979): Zur Operationalisierung von Wertpräferenzen. In: Klages, H./Kmieciak, D. (Hrsg.): Wertwandel und gesellschaftlicher Wandel. Frankfurt a. M./New York 1979, S. 463–479.

Stöttinger, B./Schlegelmilch, B. B. (1998): Explaining export development through psychic distance: Enlightening or elusive? In: International Marketing Review, 15(1998)5, S. 357–372.

Strebel, P. (1996): Why do employees resist change? In: Harvard Business Review (Hrsg.): Harvard Business Review on change. Boston, Mass. 1996, S. 139–159.

Strodtbeck, F. L. (1964): Consideratoins of meta-method in cross-cultural studies. In: American Anthropologist, 66(1964)3, S. 223–229.

Suddaby, R. (2006): From the Editors: What grounded theory is not. In: Academy of Management Journal, 49(2006)4, S. 633–642.

Surlemont, B. (1996): Types of centers within multinational corporations. An empirical investigation. In: Institute of International Business (Hrsg.): Innovation and international business. Band 2. Stockholm 1996, S. 745-765

Sutton, R./Staw, B. (1995): What theory is not. In: Administrative Science Quarterly, 40(1995)3, S. 371–384.

Swidler, A. (1986): Culture in action: Symbols and strategies. In: Sociological Review, 51(1986)2, S. 273–286.

Swidler, A. (2001): Talk of Love: How Culture Matters. Chicago 2001.

Swoboda, B./Meyer, S. (1999): MittelstandsBarometer 1998 - Internationalisierung in mittelständigen Unternehmen. Saarbrücken/Stuttgart 1999.

Sydow, J. (2010): Management von Netzwerkorganisationen. In: Sydow, J. (Hrsg.): Management von Netzwerkorganisationen. Beiträge aus der "Managementforschung". 5. Aufl., Wiesbaden 2010, S. 373–470.

Sydow, J. (1995): Strategische Netzwerke: Evolution und Organisation. Wiesbaden 1995.

T

Taggart, J. H. (1997a): Autonomy and procedural justice: A framework for evaluating subsidiary strategy. In: Journal of International Business Studies, 28(1997)1, S. 51-76.

Taggart, J. H. (1997b): An evaluation oft he integration-responsiveness framework: MNC Manufacturing subsidiaries in the UK. In: Management International Review, 37(1997)4, S. 295-318.

Taras, V./Steel, P./Kirkman, B. L. (2010): Examining the impact of Culture's Consequences: A three-decade, multilevel, meta-analytic review of Hofstede's cultural value dimensions. In: Journal of Applied Psychology, 95(2010)3, S. 405–439.

Taylor, F. (1911): The Principles of Scientific Management. New York 1911.

Teece, D. J. (1980): Economies of scope and the scope of the enterprise. In: Journal of Economic Behavior & Organization, 1(1980)3, S. 223–247.

Thom, N./Wenger, A. P. (2010): Die optimale Organisationsform. Wiesbaden 2010.

Thomas, D. C./Pekerti, A. A. (2003): Effect of culture on situational determinants of exchange behavior in organizations: A comparison of New Zealand and Indonesia. In: Journal of Cross-Cultural Psychology, 34(2003)3, S. 269–281.

Thornborrow, T./Brown, A. D. (2009): 'Being regimented': Aspiration, discipline and identity work in the British parachute regiment. In: Organization Studies, 30(2009)4, S. 355–376.

Tietel, E. (2004): Subkultur in Organisationen. In: Lange, H./Manske, F. (Hrsg.): Kultur im Veränderungsprozess. Baden-Baden 2004, S. 55–84.

Tietz, B. (1991): Handbuch Franchising. Zukunftsstrategien für die Marktbearbeitung. 2. Aufl., Landsberg a.L. 1991.

Torkkeli, L. et al. (2012): The effect of network competence and environmental hostility on the internationalization of SMEs. In: Journal of International Entrepreneurship, 10(2012)1, S. 25–49.

Triandis, H. C. (1995): Individualism and collectivism. San Francisco 1995.

Trice, H. M. (1993): Occupational subcultures in the workplace. Ithaca/New York 1993.

Trice, H. M./Beyer, J. M. (1984): Studying organizational cultures through rites and ceremonies. In: Academy of Managemant Review, 9(1984)4, S. 653–669.

Trommsdorff, V. (2004): Konsumentenverhalten. Stuttgart 2004.

Trompenaars, F./Hampden-Turner, C. (2002): Riding the waves of culture: Understanding cultural diversity in business. 2. Aulf., London 2002.

Trompenaars, F./Woolliams, P. (2004): Business weltweit: Der weg zum interkulturellen management. Hamburg 2004.

Turner, B (1986): Sociological aspects of organizational symbolism. In: Organization Studies, 7(1986)1, S. 101–115.

Turner, V. W. (1967): The forest of symbols: Aspects of Ndembu ritual. Ithaca 1967.

Turner, V. W. (1977): Variations on a theme of liminality. In: Moore, S. F./Meyerhoff, B. G. (Hrsg.): Secular Ritual. Assen 1977, S. 36–52.

Turner, V. W. (1982): From Ritual to Theater: The Human Seriousness of Play. New York 1982.

Turner, V. W. (1987): The anthropology of performance. New York 1987.

Tylor, E. B. (1873): Die Anfänge der Cultur: Untersuchungen über die Entwicklung der Mythologie, Philosophie, Religion, Kunst und Sitte. Leipzig 1873.

Ulich, Eberhard (2011): Arbeitspsychologie. Zürich 2011.

Ulrich, P./Hill, W. (1979): Wissenschaftstheoretische Grundlagen der Betriebswirtschaftslehre. In: Raffée, H./Abel, B. (Hrsg.): Wissenschaftstheoretische Grundfragen der Wirtschaftswissenschaften. München 1979, S. 161–190.

Ulrich, Peter (1984): Systemsteuerung und Kulturentwicklung. Auf der Suche nach einem ganzheitlichen Paradigma der managementlehre. In: Die Unternehmung, 38(1984)4, S. 303–325.

Unterreitmeier, A. (2004): Unternehmenskultur bei Mergers & Acquisisions. Wiesbaden 2004.

V

Vaara, E. (2000): Constructions of cultural differences in post-merger change processes: A sensemaking perspective on finnish-swedish cases. In: Management, 3(2000)3, S. 81–110.

Vernon, R. (1966): International investment and international trade in the product cycle. In: Quarterly Journal of Economics, 80(1966), S. 190–207.

Voland, E. (2007): Seine Kultur ist des Menschen Natur. In: Eibl, K./Mellmann, K./Zymner, R. (Hrsg.): Im Rücken der Kulturen. Paderborn 2007, S. 11–30.

W

Weber, M. (1904a): Die "Objektivität" sozialwissenschaftlicher und sozialpolitischer Erkenntnis. In: Archiv für Sozialwissenschaft und Sozialpolitik, 19(1904), S. 22–87.

Weber, M. (1904b): Die protestantische Ethik und der "Geist" des Kapitalismus. In: Archiv für Sozialwissenschaft und Sozialpolitik, 20(1904), S. 1–54.

Weber, M. (1922): Wirtschaft und Gesellschaft: Grundriß der verstehenden Soziologie. Tübingen 1922.

Weick, K. E. (1989): Theory construction as disciplined imagination. In: Academy of Management Review, 14(1989)4, S. 516–531.

Weick, K. E./Quinn, Robert E. (1999): Organizational change and development. In: Annual Review of Psychology, 50(1999)1, S. 361–386.

Weihermüller, M. (1982): Die Lizenzvergabe im internationalen Markt. Entscheidungsgrundlagen und Gestaltungsbereiche. München 1982.

Weik, E. (2005): Ansätze des Verstehens, Hermeneutik und Phänomenologie. In: Weik, E./Lang, R. (Hrsg.): Moderne Organisationstheorien 1. Handlungsorientierte Ansätze. 2. Aufl., Wiesbaden 2005, S. 95–120.

Welge, M./Al-Laham, A. (2012): Strategisches Management: Grundalgen - Prozesse - Implementierung. 6. Aufl., Wiesbaden 2012.

Welge, M. K./Borghoff, T. (2009): The contribution of information and communication technologies (ICT) to the globalisation process of firms. In: Schmidt, S. (Hrsg.): Management der Internationalisierung. Wiesbaden 2009, S. 203–231.

Welsch, W. (1999): Transculturality: The puzzling form of cultures today. In: Featherstone, M./Lash, S. (Hrsg.): Spaces of culture: City, Nation, World. London 1999, S. 194–213.

Weltz, F. (1991): Der Traum von der absoluten Ordnung un die doppelte Wirklichkiet der Unternehmen. In: Hildebrandt, E. (Hrsg.): Betriebliche Sozialverfassung unter Veränderungsdruck. Konzepte, Varianten, Entwicklungstendenzen. Berlin 1991, S. 85–97.

Welzel, C./Inglehart, R. (2008): The role of ordinary people in democratization. In: Journal of Democracy, 19(2008)1, S. 126–140.

Wenger, A. P. (1999): Organisation Multinationaler Konzerne. Grundlagen, Konzeption und Evaluation. Bern 1999.

Werder, A. v./Grundei, J. (2000): Organisation des Organisationsmanagements: Gestaltungsalternativen und Effizienzbewertung. In: Frese, E. (Hrsg.): Organisationsmanagement. Neuorientierung der Organisationsarbeit. Stuttgart 2000, S. 97–141.

Wernerfelt, B. (1984): A resource-based view of the firm. In: Strategic Management Journal, 5(1984)2, S. 171–180.

Westphal, J./Khanna, P. (2003): Keeping directors in line: Social distancing as a control mechanism in the corporate elite. In: Administrative Science Quarterly, 48(2003), S. 361–398.

White, R. E./Poynter, T. A. (1984a): Organizing world wide advantage. In: Business Quarterly, 54(1984)1, S. 84–89.

White, R./Poynter, T. A. (1984b): Strategies for foreign-owned subsidiaries in Canada. In: Business Quarterly, Sommer 1984, S. 59-69.

Wilkins, A./Ouchi, W. G. (1983): Efficient cultures: Exploring the relationship between culture and organizational performance. In: Administrative Science Quarterly, 28(1983), S. 468–481.

Williamson, O. E. (1975): Markets and hierarchies. Analysis and antitrust implications. A study in the economics of internal organization. New York/London 1975.

Williamson, O. E. (1990): Die ökonomischen Institutionen des Kapitalismus: Unternehmen, Märkte, Kooperationen. Tübingen 1990.

Williamson, O. E. (1993): Transaktionskostenökonomik. In: Dietl, H. et al. (Hrsg.): Ökonomische Theorie der Institutionen. Hamburg 1993.

Williamson, O. E. (2000): The new instituional economics: Taking stock, looking ahead. In: Journal of Economic Literature, 38(2000)3, S. 595–613.

Winter, J. C. F. d./Dodou, D. (2010): Five-point likert items: t test versus Mann-Whitney-Wilcoxon. In: Pracitical Assessment, Research & Evaluation, 15(2010)11, S. 1–12.

Witzel, A. (1982): Verfahren der qualitativen Sozialforschung. Überblick und Alternativen. Frankfurt/Main 1982.

Y

Yin, R. K. (1981): The case study crisis: Some answers. In: Administrative Science Quarterly, 26(1981)1, S. 58–65.

Yin, R. K. (2009): Case study research - design and methods. 4. Aufl., Thousand Oaks u.a. 2009.

Yin, R. K. (2011): Applications of case study research. 3. Aufl., Thousand Oaks 2011.

Yuchtman, E./Seashore, S. (1967): System resource approach to organizational effectiveness. In: American Sociological Review, 32(1967)6, S. 891–903.

Z

Zaheer, S: (1995): Overcoming the liability of foreignness. In: Academy of Management Journal, 38(1995)2, S. 341–363.

Ziegler, L. J. (1980): Betriebswirtschaftslehre und wissenschaftliche Revolution: Eugen Schmalenbachs Betriebswirtschaftslehre zum Gedächtnis. Stuttgart 1980.

Zou, S./Fang, E./Zhao, S. (2003): The effect of export marketing capabilities on export performance: An investigation of chinese exporters. In: Journal of International Marketing, 11(2003)4, S. 32–55.

PLANUNG, ORGANISATION UND UNTERNEHMUNGSFÜHRUNG

Herausgegeben von Prof. Dr. Dr. h. c. Norbert Szyperski, Köln, Prof. Dr. Udo Winand, Kassel, Prof. (em.) Dr. Joachim Griese, Bern, Prof. Dr. Harald F. O. von Kortzfleisch, Koblenz, und Prof. Dr. Ludwig Theuvsen, Göttingen

Band 129
Swantje Hartmann
External Embeddedness of Subsidiaries – Influences on Product Innovation in MNCs
Lohmar – Köln 2011 • 392 S. • € 66,- (D) • ISBN 978-3-8441-0037-2

Band 130
Melanie Kramp
Zukunftsperspektiven für das Prozessmanagement – Der Umgang mit Komplexität
Lohmar – Köln 2011 • 304 S. • € 59,- (D) • ISBN 978-3-8441-0069-3

Band 131
Andreas Palm
Post Merger Integration von Unternehmenskulturen – Interkulturelles Integrationskonzept unter besonderer Berücksichtigung einer ganzheitlichen Kommunikationsstrategie
Lohmar – Köln 2012 • 192 S. • € 49,- (D) • ISBN 978-3-8441-0137-9

Band 132
Katja Theuerkorn
Corporate Social Responsibility als Erfolgsfaktor bei M&A-Transaktionen
Lohmar – Köln 2013 • 360 S. • € 64,- (D) • ISBN 978-3-8441-0233-8

Band 133
Christian Zuber
Kulturelle Veränderungen bei international handelnden Unternehmen – Der Bedarf eines kulturellen Managements im internationalen Wertschöpfungsverbund
Lohmar – Köln 2013 • 340 S. • € 63,- (D) • ISBN 978-3-8441-0254-3

JOSEF EUL VERLAG